工业废水处理与资源化技术原理及应用

杨敏　张昱　高迎新　等编著

U0390027

GONGYE FEISHUI CHULI YU
ZIYUANHUA JISHU YUANLI JI YINGYONG

化学工业出版社

·北京·

本书主要介绍了废水处理与资源化的基本单元、石油化工废水处理工艺及工程应用、精细化工废水处理工艺及工程应用、煤化工废水处理工艺及工程应用、发酵类制药废水处理工艺及工程应用、工业园区废水处理工艺及工程应用，以及其他典型行业废水处理工艺与工程案例等内容。

本书理论与实际紧密结合，为读者展示了工业废水处理与资源化技术研发与应用的技术进展，帮助读者提升解决工业废水处理实际问题的能力，不仅适合从事工业废水处理领域的科研人员、技术人员和管理人员阅读，也适合高等学校环境科学与工程及相关专业的师生参考。

图书在版编目（CIP）数据

工业废水处理与资源化技术原理及应用/杨敏等编著.
北京：化学工业出版社，2019.1（2023.2重印）
ISBN 978-7-122-33204-2

Ⅰ.①工…　Ⅱ.①杨…　Ⅲ.①工业废水处理-研究
Ⅳ.①X703

中国版本图书馆 CIP 数据核字（2018）第 242294 号

责任编辑：刘兴春　卢萌萌
责任校对：王素芹　　　　　　　　　　　　　装帧设计：王晓宇

出版发行：化学工业出版社（北京市东城区青年湖南街 13 号　邮政编码 100011）
印　　装：北京建宏印刷有限公司
787mm×1092mm　1/16　印张 17¼　字数 422 千字　2023 年 2 月北京第 1 版第 6 次印刷

购书咨询：010-64518888　　　　　　　　　　　售后服务：010-64518899
网　　址：http://www.cip.com.cn
凡购买本书，如有缺损质量问题，本社销售中心负责调换。

定　　价：98.00 元

一、把握废水水质特征是解决工业废水处理问题的关键

我从广岛大学博士毕业后，进入奥加诺株式会社综合研究所从事废水处理技术研究，这使我有机会系统地接触实际的工业废水处理。 在进入该公司不久的一次废水研究组组会上，一位同事报告了某新建废水处理工程除氟系统不达标的问题。 当时我承担的是废水膜处理系统的研发，但出于好奇，我就问了一句："除氟使用的是什么技术？"同事回答说，就是加消石灰形成氟化钙沉淀。 我感到很奇怪，氟化钙沉淀除氟不是一个非常简单的化学过程吗？ 这么简单的反应怎么还会出现问题呢？ 当时的组长(现在已经是研究所所长)明贺春树博士接着说，除氟工程确实经常出现问题，你有兴趣就做做试试？ 这一句话就使我在公司的研究重点转移到除氟技术上了。

首先，我想看看氟离子和钙离子的沉淀反应本身有什么特点，就用氟化钠配制不同浓度的模拟废水，以氯化钙溶液作为钙源进行了几组氟化钙沉淀的烧杯实验。 当氟离子浓度达到 100mg/L 以上时，氟化钙沉淀很容易形成，氟离子的去除效果也非常稳定。 但是，当氟离子浓度降低至 50mg/L 时，氟离子去除效果就不太稳定，而当氟离子浓度进一步降低到 20mg/L 时，即使钙离子投加量高达 1000mg/L，也观察不到氟化钙的沉淀。 这个现象说明，氟化钙沉淀的形成与废水中氟离子的含量有关。 氟化钙的沉淀需要两个氟离子与一个钙离子结合，当氟离子浓度较低时，氟离子与钙离子的碰撞概率大幅下降，晶种形成的可能性就很小。 只有极大地提高水中钙离子含量才有可能形成有效的晶种。 因此，我提出了把所有的钙源投加到一部分（10% ~ 20%）废水中，形成晶种后再与剩余废水混合的含氟废水处理方法，并把这种方法命名为分注法除氟。 实验结果表明，这种分注法确实可以显著提高低浓度含氟废水处理的效果和稳定性。

但是，当我们用不同来源的实际含氟废水进行实验时，发现不同的废水有时处理效果会相差很大，这说明除了初始氟离子浓度效应，废水中还存在其他的干扰氟化钙沉淀形成的物质。 其实，电子行业的含氟废水主要来自晶片的加工，一般使用氢酸或氢酸-氟化铵混合溶液对晶片进行刻蚀，因此，由此产生的废水组成也应该比较简单。 最有可能成为干扰氟化钙沉淀形成的共存物质应该是氟硅酸根离子，这是氢酸与硅酸盐反应的产物。 为了验证这一推测，我用氟硅酸钠配置了含氟溶液，同样利用氯化钙作为钙源进行氟化钙沉淀反应。 结果发现，氟硅酸钠溶液也可以形成氟化钙沉淀，但与氟化钠溶液相比，氟的残留浓度高出不少，这证实了含氟废水中氟硅酸根离子的存在会影响除氟效果的假设。

那么，如何消除氟硅酸根离子的这种干扰呢？ 氟硅酸钙不能沉淀，因此，必须使氟硅酸根离子解离为氟离子，然后通过形成氟化钙沉淀来去除水中的氟元素。 考虑到 pH 值是影响离子解离的一个关键因素，我评价了 pH 值对氟硅酸钠溶液除氟效果的影响，发现碱性条件不利于氟元素的去除，该结果也就揭示了实际废水处理工程效果不佳的另外一个原因：一般除氟工程均使用消石灰作为钙源，利用 pH 值进行消石灰投加量的控制——把 pH 值控制终点设置在 11 以上，确保废水中有足够的 Ca^{2+}。 但恰恰是这样一个消石灰投加量控制策略导致了很多工程的失败。

我在奥加诺公司工作了 6 年半的时间，其中，针对组成极其简单的含氟废水的技术研发耗费了 25% ~ 30% 的时间，申请了 15 项专利。 而在此之前，日本各公司已经在除氟技术方面申请了 200 项以上的专利。 这个例子可能比较特殊，但也充分说明了认识废水水质特征的重要性。 基于这样一个深刻的体会，回国后，我一直把认识废水水质特征作为解决工业废水处理问题的核心。 在这方面，最典型的例子是针对抗生素废水的研究。

1998 年回国后，有幸认识了华北制药集团环保所原副所长任立人先生，他是我们开展制药行业废水处理技术研究的引路人。 起初是从生物脱氮技术研究入手的。 当时国家对总氮排放还没有要求，但任先生认为，抗生素行业废水中氨氮含量很高（例如土霉素废母液中氨氮含量高达 1000mg/L 以上），今后必须解决脱氮问题。 但土霉素发酵废母液中主要有机物是草酸，不能作为反硝化的碳源。 汤鸿霄先生转给我的博士生马文林承担了这个研究任务，她设计了碳氮同时去除的生物处理工艺，其中一个关键措施是设置了一个水解酸化单元，使用的是颗粒污泥床反应器。 在水解酸化过程中，草酸把 SO_4^{2-} 还原为硫化物，而硫化物可以作为电子供体用于反硝化，这就解决了反硝化电子供体不足的问题。 然而，在研究中发现，一旦降低废母液的稀释比，生物污泥床中的颗粒污泥就会出现上浮甚至解体的现象，由此想到土霉素废母液中应该残留有不少土霉素。 抗生素是抑制细菌生长的物质，利用以细菌为核心的污泥来处理高抗生素含量的废水是一种合理的选择吗？ 更重要的是，在高浓度抗生素存在下，污泥中的细菌会不会携带抗性基因，从而引起环境和健康风险？

2004 年，我们申请了一个针对制药废水中抗生素和抗性基因研究的基金项目，从北京大学生命学院到我课题组做硕博连读的李栋着手进行这个基金项目的研究，他很快就建立了抗生素和抗药基因的检测方法，并以土霉素和青霉素两种生产废水为对象开展了系统的研究。 结果发现，每千克土霉素废母液中土霉素含量达几百到上千毫克，每千克菌渣中其含量更是高达上万毫克；废水处理污泥中相关抗性基因的丰度非常高，筛选出的细菌大多具有多重耐药性，而且针对目标抗生素的耐药性极强。 显然，高浓度抗生素的存在不仅会抑制废水处理微生物的活性，而且还会导致大量多重耐药菌的产生和排放。 那么，什么水平的抗生素浓度会导致抗性的发展，什么水平又会导致废水处理系统的崩溃？

来自山东大学的硕博连读生张红承担了这个研究任务。 她利用 5 个生物膜反应器研究了 4 种抗生素的效应。 这是一个周期非常长的研究，反应器连续运行了 600 多天。 结果发现，不同的抗生素影响不一样，链霉素、土霉素导致抗性发展的浓度基本上都在 mg/L 水平以下，而导致生物处理效果恶化的浓度水平要高很多。 但无论是从抗性发展控制的角度还是废水处理系统稳定的角度，必须在废水进入生化处理系统之前除掉其中的抗生素。 博士生李魁晓和其他多位研究者的工作表明，抗生素可以通过各种氧化技术进行去除。 但问题是，在大量其他的有机污染物共存的条件下，通过化学氧化方法把抗生素含量降低到 mg/L 水平以下的成本高得企业无法承受。 因此，必须建立一种选择性去除抗生素的废水预处理技术。

这项任务落在博士生易其臻的肩上。 我们知道很多抗生素都有易水解的特性，当然，这种水解的过程通常很长，最短的半衰期也在数天甚至几十、上百天以上。 那么，能不能采取一些措施促进这种水解过程，使得抗生素能在极短的时间内完全水解呢？ 我们发现，通过加热等方式可以显著加速某些类型抗生素的水解，同时，均相或非均相催化剂会催化这一水解过程。 而且，水解后的抗生素几乎都丧失了抑菌效价。 为了验证强化水解作为废水预处理技术的有效性，我们在河北省一家生产土霉素的企业进行了为期 3 个月的现场中试。 实验非常辛苦，但效果很好。 预处理后的废母液可以直接进入 UASB 反应器进行厌氧生物处理，在容积负荷为 5~6kg/m³ 的条件下 COD 去除率可达 70%。 而同时运行的实际厌氧处理系统，在负荷为 1kg/m³ 的条件下处理 3~4 倍稀释后的废母液，其 COD 去除率不到 50%。 更为重要的是，经过预处理后生物处理系统中的抗性发展得到有效控制。 厂家也高度认可该技术，采用该技术对现有水处理系统进行了改造，取得了良好的效果。

这是证明深入认识废水水质特征重要性的又一个例证。 我国是世界上抗生素原料药的主要生产国，解决抗生素生产过程中的废水处理难题，特别是实现常规污染物和抗性基因的同时控制对于我国抗生素产业的可持续发展具有重要意义。 我们发明的这种废母液强化预处理技术是我们对全球环境抗性发展控制的一种重要贡献，我们正在与有关部门和企业合作，努力在全行业推广该技术。 同时，我们的研究成果也得到国际同行的高度认可，2017年 7 月在荷兰召开的世界卫生组织抗性与环境专家研讨会上，张昱研究员作为中方唯一代表参加了会议，介绍了我们在环境抗性控制方面的最新进展和成果。

二、本书的编著目的和意义

中国被称为世界工厂，承担了大量的工业生产任务，高强度的工业生产带来了大量的工业废水排放。 近年来，我们在废水治理方面已经取得了很大的进步，但是，精细化工、石油化工、煤化工、制药等高浓度难降解典型工业废水在实现强化提效、降耗及安全处理的目标方面仍然面临诸多挑战。 在这样的条件下，如何保障我们的水环境及饮用水安全，是环境工作者必须认真思考的一个重要问题。

本书针对目前我国污染严重、难治理的典型工业废水的突出问题及特点，指出把握废水水质特征在解决工业废水处理问题上的关键作用，聚焦工业废水处理与资源化技术原理及应用中的关键环节，同时结合典型案例分析介绍了编著者在石油化工、精细化工、制药、工业园区等工业废水处理与资源化技术研究及应用方面的思考和进展。本书选用的案例均来自编著者的研究进展、科研项目成果和工程实践，反映了近年来编著者团队及其合作者的研究和实践成果。

　　近年来我国整体科研实力得到了前所未有的提升，研究条件也得到了显著改善。因此，只要我们采取科学务实的态度来潜心研究，相信这种挑战也将是历史给予我们的一个重大机遇，我们将会在不远的将来成为世界上引领工业废水处理技术发展的一只关键力量。

杨　敏

2018 年 12 月

FOREWORD
前言

中国被称为世界工厂，已经成为全球各种大宗化学品的主要生产基地，导致污染物呈现高强度、集中排放的特征。国务院正式发布的"水污染防治行动计划"（即"水十条"）中将"狠抓工业污染防治"列为首条，将专项整治的焦化、原料药制造、制革等十大重点行业废水的达标改造技术、深度处理技术等列为重点工作内容，强调严格环境风险控制，防范环境风险。在这种形势下，确保废水处理实现达标排放已经成为影响企业可持续发展甚至存亡的关键条件。但上述典型工业废水危害大、污染重、治理难，实现强化提效、降耗及安全处理的目标仍然面临诸多挑战，还需要不断探索。

《工业废水处理与资源化技术原理及应用》针对典型工业废水的突出问题及特点，提出把握废水水质特征是解决工业废水处理问题关键的观点，结合典型案例分析介绍了编著者在石油化工、精细化工、制药、工业园区等工业废水处理与资源化技术研究及应用方面的思考和进展。图书内容包括：工业废水相关的废水处理与资源化的基本单元；以苯酚、丙酮和橡胶交联剂生产废水为例的石油化工废水处理工艺及工程应用；以高含硫制药中间体生产废水和磺胺类药物等生产废水为例的精细化工废水处理工艺及工程应用；煤化工焦化废水和煤制气废水处理工艺及工程应用；抗生素生产废水处理中的残留效价及评价，螺旋霉素、6-氨基青霉素烷酸和土霉素等典型发酵类制药废水处理工艺及工程应用；化学制药工业园区和制药综合园区废水的处理工艺及工程应用；其他典型行业包括光伏线切废水处理与资源化、电子工业含氟废水处理与资源化和合成氨冷凝液资源化处理工程等。本书内容具有较强的技术性和可操作性，可供工业废水处理领域的科研人员、技术人员和管理人员阅读，也可供高等学校环境科学与工程及相关专业师生参考。

本书由杨敏、张昱、高迎新等编著，具体编著分工如下：第一章由杨敏、刘媛编著；第二章由丁一泓、丁伟编著；第三章、第四章、第六章第一节，第七章第一节、第三节由高迎新、丁然编著；第五章第一节、第二节、第四节，第六章第二节由张昱编著；第五章第三节、第六章第二节由任立人编著；第七章第二节由杨敏编著。全书最后由张昱统稿、定稿。

本书是笔者及其团队与丁伟博士、任立人先生等的合作结晶，选用的案例均来自编著者的科研项目成果和工程实践；同时，日本奥加诺公司（ORGANO Co. Ltd）也为我们的除氟技术案例慷慨地提供了资料。此外，参与本书校正工作的还有刘媛、唐妹、孙光溪、栾晓等同志。 本书材料在张昱研究员于中国科学院大学资源环境学院开设的《工业废水处理与资源化》专业普及课的授课过程中已经进行了试用，课程学习过程中田野、胡雨晴等对第一章进行了校正，在此一并表示感谢！

限于编著者编著水平和时间，书中不足和疏漏之处在所难免，诚请读者及同行提出修改建议。

编著者

2018 年 10 月

CONTENTS

目录

↙ 第二章　石油化工废水处理工艺及工程应用

↙ 第三章　精细化工废水处理工艺及工程应用

↙ 第四章　煤化工废水处理工艺及工程应用

第七章 其他典型行业废水处理工艺与工程案例

第一章 废水处理与资源化的基本单元

Chapter 01

第一节 预处理单元

预处理单元主要包括格栅、调节池、混凝沉淀池、气浮池/罐等（图 1-1）[1]。格栅主要是利用机械筛分的原理来阻拦水中较大的悬浮物或漂浮物，以保障后续处理系统的安全稳定运行。调节池对来水的水质、水量进行调节，削峰填谷，确保后续处理系统能够在一个合理的负荷条件下进行处理，防止负荷的冲击。混凝沉淀池主要是利用铝系或铁系混凝剂在水中形成絮体，通过吸附、络合、裹带等方式对水中悬浮颗粒物、胶体物质、高分子以及部分阴离子等进行去除，从而实现对废水的初步净化，满足后续生物处理、过滤等处理单元的水质要求。气浮处理是通过高度分散的微米级气泡将悬浮颗粒或油滴包裹后浮到水面，从而实现固液或油水分离。与混凝沉淀相比，气浮处理的对象通常是相对密度较小的悬浮颗粒、胶体物质或油脂类，在食品加工、石油化工等行业应用较为广泛。气浮一般对设备要求较高，为保证处理效果，近年来越来越多的工程中采用定型设备。

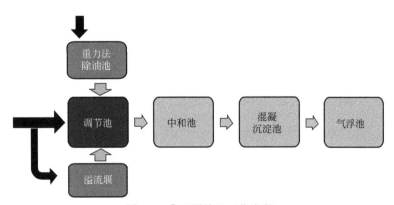

图 1-1 典型预处理工艺流程

此外，当废水 pH 偏酸或偏碱性时，需要对废水的 pH 值进行中和后再进入下一步的处理。为节约成本，优先使用废酸或废碱进行中和。使用药剂进行中和时，一般酸用硫酸或盐酸，碱多用熟石灰。但熟石灰为固体，而且在现场使用时也是泥浆状态，所以在工程中需要考虑泵等设备的选型，否则容易出现故障。

当废水中含有一定的油脂类物质时，通常需要增设一个隔油池对废油进行回收，防止油脂对后续处理工艺的影响。

第二节   常规分离单元

一、介质过滤

介质过滤是利用介质材料拦截水中颗粒物，是一种常用的水处理方法，一般用于去除废水中少量的颗粒物。普通过滤采用粒状滤料，常用的滤料为石英砂、无烟煤和核桃壳，普通过滤出水悬浮物浓度一般可达到 5mg/L，滤速为 6～10m/h[2]。有时为了提高周期制水量和滤速，也有采用双层滤料的，双层滤料通常由无烟煤和石英砂构成。通常介质过滤采用重力流方式，但为了保证系统密封性或提高滤速，也有采用加压过滤方式的。目前，除了传统的现场浇灌过滤池（V 形滤池、D 形滤池）外，各种成型的标准化过滤罐的使用也越来越普遍。

近年来，为了提高过滤效率，国内外开发出了各种各样的滤料。纤维束滤池是一种结构先进、性能优良的重力式过滤系统，采用一种新型的纤维束软填料取代传统石英砂作为滤料，替代石英砂发挥过滤作用。纤维滤料的直径可达几十微米甚至几微米，具有比表面积和表面自由能大（纤维束 $d50\mu m$，$80000m^2/m^3$；石英砂 $d1000\mu m$，$6000m^2/m^3$）、过滤阻力小、滤速高、截污容量高等优点[3]。

纤维束滤池由池底、滤料、滤板、布水系统、布气系统、纤维密度调节装置、反冲洗泵等组成[4]。纤维的一端固定在滤床的底部，废水从上部进入滤床，反冲洗的气和水从底部进入，由于纤维被固定在滤床上，所以反冲洗强度可以很大。在滤池内设有纤维密度调节装置，目的是针对实际运行的水质和过滤要求对纤维束滤料的密度进行调节，以充分发挥纤维滤料的特点。高效纤维滤池运行时，纤维密度调节装置控制一定的滤层压缩量，使滤层孔隙度沿水流方向逐渐缩小，密度逐渐增大，相应滤层孔隙直径逐渐减小，实现了理想的深层过滤。当滤层达到截污容量需清洗再生时，纤维束滤料在气水脉动作用下即可方便地进行清洗，达到有效恢复纤维束滤料过滤性能的目的。滤层的加压及放松过程无需额外动力，均可通过水力自动实现[4]。日本奥加诺公司研发的长纤维滤料型滤池（图 1-2）的滤速可达 20～100m/h，是传统石英砂滤池的 3～8 倍，且占地面积仅仅是传统石英砂滤池的 1/3～1/2。

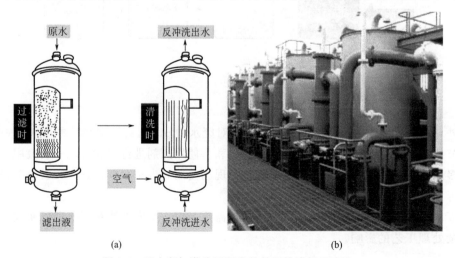

图 1-2   日本奥加诺公司研发的长纤维滤料型滤池

此外，国内近年来采用滤布滤池的情况也越来越多。滤布滤池技术是一种新型表面过滤技术，它使液体通过一层隔膜（滤料）的机械筛滤，去除悬浮于液体中的颗粒物质[5]。在技术上可以替代传统的深床过滤设备。与传统过滤技术相比，滤布型滤池具有以下特点：结构紧凑、水头损失小（一般水损≤0.2m）、占地面积少（高程上无需前端设置二次提升泵池）、处理费用低、滤布表面清洗效率高、耗水少等[6]。

滤布滤池的过滤器隔膜材料有金属织物、以不同方式编织的滤布和多种合成材料，也称为滤布转盘过滤器（见图1-3[7]）。滤盘设在中空管上，通过中空管收集滤后水；反冲洗装置由反冲洗水泵、管配件及控制装置组成；排泥装置由集泥井、排泥管、排泥泵及控制装置组成。其工作原理如下[5]：待处理水自外而内以重力流进入滤池，通过滤布过滤，过滤液通过中空管收集。过滤中部分污泥吸附于滤布外侧，逐渐形成污泥层。随着滤布上污泥的积聚，滤布过滤阻力增加，滤池水位上升，当达到预设的清洗水位时，滤盘驱动电机启动，转动滤盘，抽吸水泵通过负压抽吸，将滤布外层附着的污物排走，即使在清洗时仍能实现过滤。过滤期间，滤盘处于静态，有利于污泥的池底沉积。

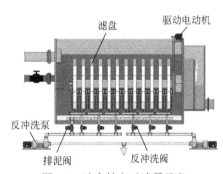

图1-3　滤布转盘过滤器示意

滤布滤池滤盘数量根据滤池设计流量而定，一般为1~15片，每片滤盘分成6小块，滤布表面清洗效率高，耗水少[5]。滤布一般采用纤维滤布，平均孔径≤10μm。其过滤效果与砂滤相当，SS的一般设计进水浓度为30mg/L以下，出水浓度≤10mg/L[6]。一般清洗间隔时间为1~2h，清洗历时1min左右，清洗水量仅为处理水量的1%~3%。

水处理领域应用较多的滤池有V形滤池、D形滤池、活性砂滤池及转盘滤池等。各种滤池各有优缺点，对各种滤池进行技术经济综合比较，结果见表1-1[7]。表1-1表明，滤布转盘滤池一次性工程投资较高，但运行费用最低，占地面积小，运行维护管理方便。

表 1-1　多种滤池对比

考察项目	V形滤池	D形滤池	活性砂滤池	滤布转盘滤池
过滤介质	颗粒滤料	纤维滤料	活性砂滤料	纤维滤布
过滤类型	深床过滤	深床过滤	深床过滤	表面过滤
运行形式	间歇	间歇	连续	连续
反冲洗方式	气水联合反冲洗	气水联合反冲洗	在线洗砂	水反冲洗
自用水量/%	10	5	3	1~3
滤层水头损失/m	1.5~2.5	1~2	0.8~1	约0.3
占地面积	较大	较大	小	较小
设备运行维护	组件多,集成度低,部分位于池底,维护较复杂	组件多,集成度低,部分位于池底,维护较复杂	组件少,集成度高,维护较简单	组件少,集成度高,维护较简单
工程投资/万元	1376	1570	1505	1852
运行成本	高	较高	较低	最低

二、化学沉淀法

化学沉淀法作为传统的废水处理方法得到了较多的应用，尤其是针对含重金属废水（机械加工业、矿山冶炼和部分化工企业等废水）的处理。除重金属废水的处理以外，化学沉淀法亦被广泛应用在各种工业废水中氮的去除和回收，如：通过将镁盐和磷酸盐加入焦化蒸氨废水中回收氨氮，生成的白色晶体粉末状磷酸铵镁（$MgNH_4PO_4 \cdot 6H_2O$）沉淀（又称鸟粪石，MAP）作为高效的缓释肥为植物生长过程提供必需的 N、Mg、P 元素。

根据沉淀类型的不同，针对重金属去除和回收的化学沉淀法可分为中和沉淀法、絮凝沉淀法、硫化物沉淀法和铁氧化体法[8,9]。

1. 中和沉淀法

中和沉淀法又称氢氧化物沉淀法，是一种应用较广的方法。其原理是：当重金属废水中加入碱后，其中的金属阳离子以氢氧化物或盐（亚砷酸钙、砷酸钙等）的形式沉淀析出。但如果废水中的重金属离子以络合物形式存在，中和沉淀后水中重金属离子含量仍有可能超标。常用的沉淀剂有 NaOH、$CaCO_3$、$Ca(OH)_2$、CaO 等。从成本角度考虑，一般工业上处理含有重金属离子废水时多采用的沉淀剂为 $CaCO_3$、$Ca(OH)_2$ 或 CaO。pH 值是影响重金属沉淀的关键因素之一。pH 值控制过低时，重金属离子不能完全沉淀析出；pH 值控制过高时会出现金属氢氧化物的反溶，使水溶液中的重金属离子含量增高。虽然中和沉淀方法处理含重金属的废水具有技术成熟、投资少、处理成本低、适应性强、管理方便、自动化程度高等诸多优点，但是该方法存在的不足是产生重金属污泥，并可能产生二次污染。沉淀氢氧化物溶度积常数较大的重金属离子时需要将 pH 值调整到 10～11，而处理后排放时又需外加酸将 pH 值调回 6～9，增加了处理成本。

氢氧化物处理废水后的固液分离，完全依赖于沉淀的重力作用，其最终沉降速度取决于沉淀的形状、粒径、密度以及废水的浓度和黏度。如何改善絮凝、混凝沉降效果成为氢氧化物沉淀法的一个研究方向。另外，石灰以石灰粉形式或是分段加入，可改进固液分离效果[10]。改平流池、浓缩池为斜管、斜板澄清池、加速澄清池等可以提高固液分离效率。为进一步去除上述设备处理后的溢流液中的悬浮物可再加砂滤池等。

目前，处置沉淀渣的方法主要有：送尾矿库与尾矿混堆，送往废石堆堆存，单独建库堆存及综合利用等。综合利用沉淀渣常见的工艺有：①部分沉淀渣泥返回处理流程，如北京矿冶研究总院已完成了多项 HDS（高浓度泥浆）工艺工业实验、工程设计及项目实施，江西铜业集团公司德兴铜矿废水处理站采用 HDS 工艺改造、铜化集团新桥铁矿废水处理站改造、韶关冶炼厂废水处理工业实验、新建葫芦岛锌厂污酸废水处理工程等；②固化沉淀渣，如制砖、水泥等，不仅解决了沉渣的出路，还节省制砖、水泥用土；③充填，如遂昌金矿采用以干尾砂为充填物料，完全用沉淀渣浆作为造浆水的方案，可处理全部沉淀渣浆；④湿法处理沉淀渣以回收有用金属。

2. 絮凝沉淀法

絮凝沉淀法借助加入或利用废水中原有的 Fe^{3+}、Fe^{2+}、Al^{3+} 和 Mg^{2+} 等离子，并加入碱且调节 pH 值至适当水平生成氢氧化物胶体，并与水中的重金属离子进一步反应生成难溶盐化合物的方式去除或回收金属。具体的方法有石灰-铝盐法、石灰-高铁法、石灰-亚铁法[11]。

刘小澜等[12] 采用化学沉淀剂 $MgCl_2 \cdot 6H_2O$ 和 $Na_2HPO_4 \cdot 12H_2O$（或 $MgHPO_4 \cdot 3H_2O$）与焦化废水中的 NH_4^+ 反应，生成磷酸铵镁沉淀，探讨了不同操作条件对氨氮去除率的影响。在

pH 值为 8.5～9.5 的条件下，投加的药剂 Mg^{2+}：NH_4^+：PO_3^{4-}（摩尔比）为 1.4：1：0.8 时，废水氨氮的去除率达 99% 以上，出水氨氮的质量浓度由 2000mg/L 降至 15mg/L。

3. 硫化物沉淀法

常用的硫化物沉淀剂有 Na_2S、$NaHS$、H_2S 等。硫化物沉淀法对 pH 值条件要求苛刻。只有当溶液的 pH 值大于硫化物沉淀平衡 pH 值时，金属硫化物沉淀才可以析出，pH 值低时会生成有毒的 H_2S 气体。此外，控制溶液的 pH 值还可以选择性地沉淀析出溶度积较小的金属硫化物。在处理酸性含重金属离子的废水中，硫化物沉淀法具有许多优点：①可以选择性地回收废水中的金属，生产金属硫化物产品，收益可以抵消水处理成本；②处理后的出水可以循环使用或者达标排放；③与中和沉淀法结合使用，硫化物沉淀法可以减少石灰的用量及硫酸钙渣的产生，同时可减少伴随石灰产生的二氧化碳排放量；④硫化物沉淀法回收重金属的成本随浓度变化较小，和同样规模的石灰处理系统相比，投资成本较低。

但是，由于硫化物沉淀剂本身在水中残留，遇酸后生成 H_2S 气体，产生二次污染，需要采用相关的尾气吸收及净化装置来控制或消除 H_2S 污染。当投加的硫化物沉淀剂过量时还会导致水溶性多硫化物的生成，从而降低重金属离子的去除效率。此外，由于硫化物沉淀细小，不易沉降，应考虑添加助凝剂使之形成大絮体后共沉降。

4. 铁氧化体法[13]

铁氧化体法是化学沉淀法中一个新型的工艺，它是 1973 年由日本电气公司（NEC）首先提出的一种处理含重金属离子的方法，其原理是通过向废水中投加铁盐，并控制工艺条件，使废水中的铁氧化体包裹重金属离子并将其夹带进入铁氧体的晶格中，形成复合铁氧体，最后通过固液分离的手段一次性将废水中的多种重金属离子去除。按照产物生成过程的不同，可以将铁氧化法分为中和法和氧化法两种。中和法是将 Fe^{2+} 与铁氧溶液混合，在一定条件下通过碱的中和作用直接形成尖晶石型铁氧体；氧化法则是通过 Fe^{2+} 与其他可溶性重金属离子溶液混合，调节 pH 值后曝气，将 Fe^{2+} 部分氧化而形成晶石型铁氧体。

铁氧化体法具有良好的重金属废水处理效果，尤其是针对工业生产过程中产生的含有多种重金属离子的废水。在自然条件下，铁氧法工艺不仅产生的沉渣少，不易二次污染，而且可以将铁氧体作为磁性材料进行回收利用。但是铁氧体的形成过程中一般需要加热，能耗较高。由于多种重金属离子被同时沉淀，铁氧法不能用来回收有用的特有金属。另外，铁氧法还有不适宜处理含 Hg 和络合物的废水等缺点，且反应温度高、能耗大、不能连续操作、处理时间长、沉淀物不易分离。为此许多学者提出了铁氧体法与其他污水处理方法相结合的工艺，如电偶（GT）-铁氧体法、电解-铁氧体法、铁氧体-高梯度磁分离（HGMS）法、离子交换-铁氧体法、活性炭吸附-铁氧体法、铁氧体-磁流体法等[14~16]。

随着对铁氧体法处理重金属废水工艺的深入研究，日本又发明了铁氧体法处理含重金属废水的反应器[14]。国外还出现了一种将过滤吸附和铁氧体法结合的工艺。日本电气公司发明了用超声波作用使铁氧体粗粒化，而易于进行固液分离的废水处理新方法[17]。目前，铁氧体工艺正由单极向多极和多种工艺复合的趋向发展，与其他处理工艺相结合，互相取长补短，构成新工艺，使重金属废水处理更加完善。

三、吸附和离子交换

1. 吸附

吸附法主要用于去除水中溶解态的有机物、重金属离子以及一些无机阴离子等污染物，是一种成熟而简单易行的方法，特别适用于水量大、污染物浓度低的废水。根据吸附的机理不同，主要分为物理吸附和化学吸附[18]。物理吸附是吸附剂通过分子间力吸附，对溶液pH值依赖性普遍较大[19]；而化学吸附主要是基于化学键合成作用，吸附力更强。但这两种机理实际上很难完全分开。

对于水中有机物的吸附，最常用的吸附剂是活性炭。活性炭可用于废水的深度处理，也可用于卤代烃等挥发性有机物的去除，但对于极性较强的有机物去除效果较差。用于挥发性有机物去除时，可通过加热再生的方式将吸附的有机物脱除后循环利用。活性炭在应用中主要有粉末活性炭和颗粒活性炭两种形态。使用粉末活性炭时需要考虑活性炭的分离，通常是利用混凝沉淀的方式进行活性炭分离，利用膜进行分离也是一种方式。颗粒活性炭吸附通常是在吸附塔或池中进行，需要定期进行反冲洗，防止炭床的堵塞。

但对于大分子有机物、胶体类有机物，利用铁盐或铝盐的混凝吸附往往是一种比较经济有效的手段。这些金属盐水解形成的羟基氧化物形态通常带有正电，可通过电中和、羟基交换等方式去除带负电荷的有机物。

活性氧化铝是一种表面带有丰富活性羟基的吸附剂，可通过电中和、羟基交换等方式去除水中各种阴离子型污染物，在除砷、除氟方面有较广泛的应用。吸附饱和后可利用硫酸铝进行再生。近年来，羟基氧化铁、稀土类金属氧化物以及铁-铈、铁-锰等复合金属氧化物对砷、氟、磷酸盐等阴离子污染物的高吸附能力也受到关注。

2. 离子交换法

离子交换法是指利用离子交换树脂的交换、选择、吸附和催化等功能，去除废水中的有害阴阳离子的过程。通过阳离子与 H^+ 或者 Na^+，阴离子与 OH^- 的交换，工业废水中的重金属、贵金属和稀有金属可以被回收，有毒物质被净化，废水中酸性或碱性有机物（如酚、酸、胺）亦可得以去除。因其具有除盐、分离、精制、脱色和催化等功能，被广泛应用于电力、化工、冶金、医药、食品和核工业等部门[20]。

离子交换树脂是一种含有离子交换基团的交联聚合物，是一种多孔性网状高分子材料。它由基本骨架和以固定离子和可交换离子组成的活性基团组成，不溶于酸碱溶液及各种有机溶剂，具有交换、选择、吸附和催化等功能。每一个树脂颗粒都由交联的具有三维立体空间结构的网络骨架组成，在骨架上连接着许多较为活泼的功能基团。这种功能基团能解离出离子，从而与溶液中的带有相反电荷的离子进行交换[21]。

根据离子交换树脂所带的活性基团的性质，其可分为强酸型阳离子、弱酸型阳离子、强碱型阴离子、弱碱型阴离子、螯合型、两性及氧化还原型树脂[22]。

根据离子交换树脂的孔型，其可分为凝胶型和大孔型。凝胶型树脂交换容量大，但孔径小、易堵塞；而大孔型树脂则具有较强的抗有机污染的能力[23]。

根据合成离子交换树脂单体的不同，其可分为苯乙烯系、丙烯酸系、环氧系、酚醛系和脲醛系等。其中苯乙烯系树脂生产数量最多，应用最广[23]。

离子交换的程度受以下因素的影响[1]：①交换离子的价态；②废水中交换离子的浓度；③交换树脂的物理和化学方面特性；④温度。

阳离子交换的容易度为[17]：

$$Ra^{2+} > Ba^{2+} > Sr^{2+} > Ca^{2+} > Ni^{2+} > Cu^{2+} > Co^{2+} > Zn^{2+} > Mn^{2+} > UO_2^{2+} > Ag^+ > Cs^+ > K^+ > NH_4^+ > Na^+ > Li^+$$

阴离子交换的容易度为[17]：

$$HCrO_4^- > CrO_4^{2-} > ClO_4^- > SeO_4^{2-} > SO_4^{2-} > NO_3^- > Br^- > HPO_4^-，HAsO_4^-，SeO_3^{2-} > CO_3^{2-} > CN^- > NO_2^- > Cl^- > H_2PO_4^-，H_2AsO_4^-，HCO_3^- > OH^- > CH_3COO^- > F^-$$

离子交换树脂法适宜处理浓度低、排放量大、含有毒金属的废水，其中以危害最大的工业废水之一含汞废水为代表。应用离子交换法处理重金属废水的过程可以分为以下几个步骤[24]：①废水中的重金属离子通过对流和扩散到达树脂表面的静止液膜；②重金属离子通过静止液膜扩散到树脂表面，并进一步扩散到树脂内部；③浸入树脂的重金属离子与树脂上的活性基团进行交换；④交换下的离子扩散至树脂内部，并通过静止液膜扩散进入溶液；⑤交换下的离子在溶液中对流、扩散。

叶一芳[25] 选用离子交换树脂并经过两年的运行表明：硫化钠-明矾化学凝聚沉淀预处理后，通过离子交换树脂法的二级处理，可使低浓度含汞废水达到排放标准，且能实现封闭循环、连续稳定的运行，排放的废水可以作为冷却水回用。失效后的树脂不再回收，作为汞废渣进行汞的回收，防止了二次污染。因此，应用离子交换法处理低浓度含汞废水，有明显的社会效益和经济效益。

离子交换树脂还在含锌、含铀、含镉废水等含有重金属离子废水分离和提纯金属方面有着广泛的用途。刘宝敏等[26] 应用强酸性阳离子交换树脂去除焦化废水中的氨氮，系统考察了强酸性阳离子交换树脂对高浓度焦化废水中氨氮的吸附行为。实验表明，强酸性阳离子交换树脂对高浓度焦化废水中氨氮具有吸附平衡快、吸附能力强的特点；应用树脂脱除焦化废水中的氨氮，废水流速在 $0.139 \sim 1.667 mL/s$ 范围时，对废水中氨氮吸附量和吸附率没有明显影响。树脂失效后，经再生可反复使用。同时也对其吸附去除氨氮的机理进行了分析与阐述。

离子交换技术能去除废水中的重金属，净化后出水中重金属离子浓度远低于化学沉淀法处理后出水中重金属离子的浓度，通过再生，回收再生后溶液，可以实现重金属的回收，降低重金属离子进入环境的风险，同时也避免采用化学沉淀法处理重金属废水时产生的大量污泥，具有较高的经济合理性，对增加可利用资源和改善环境质量具有十分重要的意义。

第三节　化工分离技术单元

一、结晶法除磷、氟

结晶脱磷即通过提高 pH 值或同时投加药剂增加金属离子浓度，使废水中的 PO_4^{3-}、NH_4^+、Ca^{2+}、Mg^{2+} 及 HCO_3^- 流经脱磷反应器，在反应器内部经过晶核形成和晶核成长两个步骤产生的磷晶种表面相互反应，并生成不溶性晶体物质羟基磷酸钙 [$Ca_5(PO_4)_3OH$，HAP] 和磷酸铵镁（$MgNH_4PO_4 \cdot 6H_2O$，MAP，俗称鸟粪石）并析出，从而将磷去除[27]。磷矿石或骨炭中含有 P、Ca 组分，常被用作磷晶种，优先吸附水中的 Ca^{2+}、HPO_4^{2-}、PO_4^{3-}。结晶法除氟是一种改进的化学沉淀法，通过在含氟水中加入晶种 [CaF_2、$Ca_{10}(PO_4)_6F_2$ 等] 后再投加钙盐，有效促进含氟沉淀的生成并诱导结晶。

1. HAP 结晶法除磷

HAP 形式的结晶法一般通过福斯特里普（Phostrip）法首先将废水中的 P 富集到浓缩液中，然后使浓缩液通过专门的反应器（固定床或流化床），并在适当的条件下使其中的磷

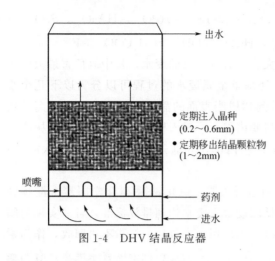

- 定期注入晶种
  (0.2~0.6mm)
- 定期移出结晶颗粒物
  (1~2mm)

出水

喷嘴

药剂

进水

图 1-4　DHV 结晶反应器

酸盐在反应器内磷晶种表面结晶析出最终产品。为加速晶体的成核速度，可向反应器内投加磷晶种，主要有石英砂、方解石、磷矿石、骨炭、氧化镁炉渣或者矿渣等。在众多 HAP 结晶技术中，DHV 结晶反应器（DHV Crytalactor^{TM} Pelletiser）（图 1-4）处于主导地位，该反应器利用的是 HAP 在流化床内的石英砂晶种表面的结晶，反应 pH 值为 9.0~10.0（烧碱或者石灰乳调节），具有结晶速度快的特点，全程可自动控制晶种的更新与结晶物的清除[28]。此外还有如 CSIR 流化床结晶柱（CSIR fluiclised bed crystallsation column）和 Kurita 固定床结晶柱（Kurita fixed bed crystallisation column）[27]。HAP 结晶反应式如式（1-1）所列：

$$5Ca^{2+} + 7OH^- + 3H_2PO_4^- \longrightarrow Ca_5(PO_4)_3OH\downarrow + 6H_2O \tag{1-1}$$

其中，反应溶度积 $pK_s = 55.9$（25℃）。此方法的主要优点是结晶产物几乎不含水，产物包括 40%~50% 的 HAP 回用于磷酸盐工业和 30%~40% 的晶种材料。碳酸盐是此过程的重要影响因素，需要投加浓硫酸调节 pH 值至 3.0，将碳酸盐转化为 CO_2 释放。而为了 HAP 的生成，碱性是必须条件，pH 值需要再被调至 9.0，增加了运行成本。

现有研究结果表明，吹脱曝气可以作为一种有效的预处理，消除原水碱度对结晶过程的不利影响。耿震等[29]对城市污水二级生物处理出水吹脱曝气结晶除磷的实验研究表明，不投加药剂的吹脱结晶法可使出水磷浓度达到 GB 18918—2002 的一级排放标准。意大利的 Treviso 污水厂建有处理厌氧消化上清液能力为 20m³/h 的流化床结晶反应器，仅通过吹脱 CO_2 达到适宜的 pH 值（8.3~8.7），利用水中原有硬度，不需添加任何药剂，可生成 HAP，沉积在作为晶种的砂子表面[30]。

针对欧洲磷酸盐工业协会（CEEP）提出的关于 HAP 结晶过程的化学试剂和相关费用等问题，Moriyama 等[31]提出了用雪硅钙石（5CaO·6SiO₂·5H₂O）作为晶种的解决方案。因为晶种诱导结晶需要较高的 pH 值条件，需要去除 CO_2 以控制 $CaCO_3$ 在较高 pH 值条件下的沉淀；废水的有机物浓度要低，因为较高的有机物浓度会干扰此结晶过程。因此，日本三菱材料公司与 Hanshin 工程公司共同开发成功了从再生废水（除去废淤浆中悬浮固体物后的废水）中回收磷化合物的新工艺。新工艺使用 0.5~1.0mm 大小的硅酸钙水合物（雪硅钙石）作晶种，碳酸根离子不会沉积在硅酸钙水合物上，故不需要脱除碳酸盐。将再生废水注入装有硅酸钙水合物晶种的固定床反应器中，pH 值控制在 8.0 左右。废水中的磷化合物与晶种相结合，生成一层与磷肥中的羟基磷灰石结构一样的羟基磷灰石。此反应在室温下进行，接触时间为 6~12min，废水中磷酸盐的浓度从 3.0mg/L 降到 0.5mg/L。此操作可反复进行直到磷酸盐的质量分数达到化肥的标准（15%，以 P_2O_5 计）。成品肥料中不含重金属，反应过程也不产生其他残渣。

2. MAP 结晶法除磷

MAP 是由镁、氨和磷以相同的摩尔比组成的白色粉末晶体，密度为 1.7g/cm³，在碱性条件下呈高度不溶性。MAP 最早于 1939 年被 Rawn 等在污水处理厂排放消化污泥上清液的管道中发现[32]。由 MAP 引起的问题则于 1960 年左右在洛杉矶的 Hyperion 污水处理厂发现，其中消化污泥流经的管道内径由 0.9m 被堵塞至 0.3m[33]。随后利用 MAP 现象同时去除污水中的氮和磷的研究在欧美及日本开展起来。自 1978 年以来，MAP 结晶装置在日本已有几套开始运行，其污水处理能力在 $100\sim500\text{m}^3/\text{d}$ 之间，MAP 生产能力为 $100\sim500\text{kg}/\text{d}$。

MAP 过程主要受两个操作参数影响：Mg^{2+}、NH_4^+ 和 PO_4^{3-} 三者的比例和 pH 值。其反应式为式(1-2)，其中，$pK_s=2.6$（25℃）。

$$Mg^{2+} + NH_4^+ + PO_4^{3-} + 6H_2O \longrightarrow MgNH_4PO_4 \cdot 6H_2O\downarrow \qquad (1\text{-}2)$$

MAP 法更适用于高磷浓度（$100\sim200\text{mg}/\text{L}$）污水，该过程可同时除去氨氮，但当污水中氨氮和磷的浓度与形成 MAP 的条件不符时便不再适用。日本的 Shinji 污水净化中心建有处理能力为 $1150\text{m}^3/\text{d}$ 的 MAP 系统，其流程如图 1-5 所示。该中心每天可回收 $500\sim550\text{kg}$ MAP，以每吨 250 欧元的价格出售给肥料公司[34]。Battistoni 等[30] 以石英砂为晶种，采用吹脱 CO_2 的方法，用流化床处理含磷量为 $164\text{mg}/\text{L}$ 的厌氧消化污泥上清液，利用原水中的 Mg^{2+} 和 NH_4^+，不用添加任何化学药剂，实现了 80% 的磷（MAP）回收。

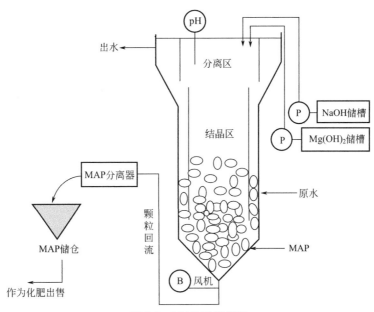

图 1-5　MAP 系统流程

日本的 Unitika 公司开发的 MAP 沉淀工艺已在 Ube Industrice 公司的污水处理厂应用，并于 1998 年投入运行，处理能力为 $45000\text{m}^3/\text{d}$。Unitika 公司已从出售名为 "GreenMAP Ⅱ" 的 MAP 产品中获得收益，该产品作为一种环境友好肥料在日本受到欢迎。

在美国的 Slough 污水厂，经计算，每年可回收 84t MAP，出售这些 MAP 可带来 17000 美元的收入，每年的操作费用为 52000 美元。表面看来，MAP 带来的收益只占操作费用的 1/3。但采用回收 MAP 技术所带来的减少昂贵的更换管道费用（尤其是管道处于地下时）和由于管道堵塞造成的污水厂停工损失，是很难用经济因素来衡量的[35]。

回收的 MAP 可以作为缓释肥料、磷工业的原材料、用于制造阻火板，也可以用于水泥生产[36]，以补充天然磷矿的不足。由于晶体纯度高，基本不含镉、汞、铅等重金属，完全符合有关对肥料的法律规定，是真正意义的绿色肥料、环境友好肥料。作为缓释肥具有以下优点：①与溶解性肥料相比在整个季节内慢速率释放，植物吸收利用率高，不会因流失而造成水体的污染；②可减少施肥频率；③不会因施肥量大而烧伤植物。可施加于蔬菜、观赏植物、花圃、草皮、树木等[37]。

3. 晶种诱导结晶法除氟

目前，含氟废水主要采用传统的化学沉淀法（生成 CaF_2 沉淀）处理，但沉淀过程产生的沉淀物 CaF_2 非常细（$\leqslant 0.1\mu m$），需要凝聚剂/絮凝剂以促进 CaF_2 的沉降，回收价值低、处理处置困难。从资源循环和可持续发展的角度考虑，实现含氟废水中氟的回收具有重要的经济和环境意义。晶种诱导结晶工艺是对化学沉淀工艺的改进，与沉淀工艺相比具有水力负荷高、设备占地面积小、无污泥和无复杂的污泥脱水工序等优点[38]。该方法的关键为晶种的选择，晶种的投加可以改善沉淀结晶缓慢这一现象[39]。

在已知氟化物中，氟化钙（CaF_2）、氟磷酸钙 [$Ca_{10}(PO_4)_6F_2$] 的溶度积分别为 3.45×10^{-11}、1.44×10^{-119}[40,41]，可作为诱导结晶除氟的晶种材料。黄廷林等[41] 在高氟水中投加氟磷灰石作为晶种，并投加磷酸盐和钙盐使水中氟离子在晶种表面生成 $Ca_{10}(PO_4)_6F_2$ 结晶，通过单因素实验得出最佳工艺条件：投加 8g/L 氟磷灰石，并投加 NaH_2PO_4 和 $CaCl_2$，使钙离子、磷酸根离子和氟离子的摩尔比为 10：5：1，搅拌速率为 100r/min，反应时间 1h。反应中磷酸根离子和钙离子的利用率分别达到 98％和 25％以上，水中 F^- 浓度从 5～10mg/L 降至 1mg/L 以下。

姜科[38] 以湖南某氟化盐公司工业含氟废水为研究对象，采用晶种诱导结晶法从废水中分步回收了砂状冰晶石（Na_3AlF_6）和砂状氟化钙（CaF_2）。采用中试规模（处理能力 80L/h）的沉淀反应与固液分离一体化装置对工业含氟废水进行了处理，控制反应 pH 值为 4.0～7.0、搅拌反应时间为 14min、反应温度为 35～50℃时，冰晶石产品回收率高于 70％，冰晶石产品含水率低于 20％、产品质量符合冰晶石国家标准（GB/T 4291—2017）的要求。

二、吹脱（除氨，氨回收）

吹脱是指在吹脱设备中通入空气，使废水和空气接触，并不断排出溶解于水中的气体的过程。其原理是利用曝气破坏气体在该条件下吸收和解吸的平衡，维持气相中气体的浓度始终保持小于平衡浓度，促使溶解在液相中的气体向气相中转移，从而实现废水净化的目的[42]。

由于废水中的氨氮多以铵离子（NH_4^+）、硫离子（S^{2-}）和游离氨（NH_3）、硫化氢（H_2S）形式存在，升高废水的 pH 值，可以有助于游离氨和硫化氢的逸出，并且采用搅拌、曝气等方法可以加快氨的逸出。因此，基于此的吹脱法多被应用于脱除化肥厂、焦化、石化、制药、食品、垃圾填埋场等高浓度含氨氮和硫化氢废水中的 NH_4^+、S^{2-} 及挥发性有机物组分[43~46]。该方法具有投资少、运行费用低、操作简单、可回收产物的显著优点，不仅可以满足工业废水的处理及循环利用的要求，而且可以减少挥发性气体对环境的污染。常用的吹脱设备有吹脱池和吹脱塔。

1. 吹脱池

吹脱池一般是矩形水池，通过不断向池内曝气，使废水和空气充分接触，促使溶解在水相的气体向空气中转移。它又分为自然吹脱池和强化式吹脱池两种。

（1）自然吹脱池　依靠池面液体的曝气而脱除溶解在水中的气体。适用于处理含有解吸

性良好的溶解气体、水温较高的废水。吹脱池适宜设置在风速较大、开阔的地段。吹脱效果按式(1-3) 计算:

$$0.43\lg\frac{c_1}{c_2}=D(\frac{\pi}{2h})^2 t-0.207 \tag{1-3}$$

式中　t——吹脱时间;

　c_1、c_2——气体的初始浓度和经过 t 时间后的剩余浓度;

　　　h——水层深度;

　　　D——气体在水中的扩散系数。

(2) 强化式吹脱池　通过在池内鼓入压缩空气或在池面上安装配水管,强化吹脱过程。其吹脱效果计算公式如式(1-4) 所列:

$$\lg\frac{c_1}{c_2}=0.43\beta t\times\frac{s}{V} \tag{1-4}$$

式中　s——气液接触面积;

　　　V——废水体积;

　　　β——吹脱系数,其数值随温度升高而增大。

由于吹脱池占地面积大,而且易造成二次污染,挥发性气体的吹脱常采用吹脱塔。

2. 吹脱塔

吹脱塔通过自塔顶落下的废水与塔底通入空气的逆流接触,对废水中的气体进行吹脱。废水经吹脱后从塔底经水封管排出。吹脱出的气体自塔顶排出并进行回收和进一步处理。单位时间吹脱的气体量与气液两相的浓度差(分压差)和两相接触面积成正比。因此,吹脱效果的计算公式如下:

$$G=KA\Delta c$$

式中　G——单位时间内被吹脱出的气体量;

　　　K——吹脱系数;

　　　A——气液两相的接触面积;

　　　Δc——吹脱前后液体中气体浓度差。

吹脱塔有多种形式,如填料塔、筛板塔 (图 1-6)。填料塔中的填料通常选用接触表面积大、过水损失小、结构粗糙的化学惰性物,如拉西环、聚丙烯鲍尔环、聚丙烯多面空心球等。填料塔的优点是结构简单、空气阻力小。缺点是传质效率不够高,设备比较庞大,填料容易堵塞。筛板塔内装有一定数量的带孔筛板,废水从上部喷淋,穿过筛板落下,空气于底部通入并以鼓泡的形式穿过筛板上液层,与废水接触进行互相传质。当气流的空塔速度(空塔的横断面面积与空气流量的比值) 达到 $1.5\sim2.5\text{m/s}$ 时,筛板上的一部分污水被气流吹成泡沫状态,从而使传质面积大大增加。

三、萃取

萃取是工业废水处理中一项重要的分离技术。它是利用化合物在互不相溶(或微溶)的两种溶剂中的溶解度(或分配系数)的不同,使化合物从某一种溶剂中转移到另外一种溶剂中,实现物质分离目的的过程。萃取具有常温操作、操作方便等优点,被广泛应用于工业废水处理中,如重金属工业废水中重金属的回收、焦化废水中酚的处理和回收、石油化工裂解汽油的重整油中芳烃的回收以及香料工业中亚硫酸纸浆废水的香兰素提取等[47]。

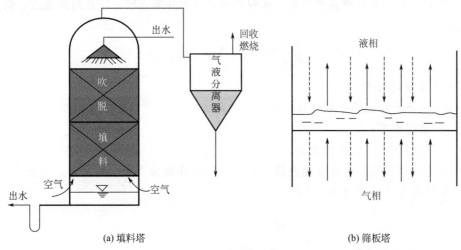

(a) 填料塔　　　　　　　　　　　　　(b) 筛板塔

图 1-6　吹脱塔示意

萃取剂的选择一般依据"相似相溶"规则。在萃取回收重金属（Mn、Pb、Cd、Cu）的应用中，采用的萃取剂有 EDTA、柠檬酸、DTPA、聚天冬胺酸、TPB 等，但是使用此类萃取剂易造成有机溶剂使用量大及二次污染的问题。新型的离子液体具有异于传统萃取剂的熔点低、液态温度范围宽、不溶于水、绿色环保、功能化设计等优点，解决了萃取法处理废水中重金属的限制点，并且萃取效率较高。离子液体应用时，需加入其他萃取剂，使之与其中的金属离子形成疏水性的配合物，从而将离子转入离子液体的萃取相中[48]。U. Domanska 等[49~51]在以离子液体作为萃取相并加入其他各种萃取剂萃取金属离子方面做了很多研究。他们研究了以离子液体［Bmim］PF6、1-己基-3-甲基咪唑六氟磷酸盐（［Hmim］PF6）为萃取相，以 1-吡啶偶氮基-2-萘酚（PAN）、1-噻唑偶氮基-2-萘酚（TAN）、卤素离子、拟卤素离子（CN^-、OCN^-、SCN^-）作为其他萃取剂，从水中萃取 Cd^{2+}、Hg^{2+} 等。研究发现不用萃取剂时，分配系数均<1，但是在萃取 Cd^{2+} 时，如果加入 PAN、TAN 作为萃取剂，pH 值由 1 增至 13 后，分配系数至少增大两个数量级。李长平等[52]研究了疏水性离子液体（［Bmim］PF_6、［Hmim］PF_6 和［Omim］PF_6）对 Cu^{2+} 和 Ni^{2+} 的萃取性能，通过螯合剂的投加可使离子液体对 Cu^{2+} 和 Ni^{2+} 的萃取率分别由原来的 2.31% 和 2.18% 提高到 99.89% 和 98.64%，并利用 pH 值的摆动效应，实现了对 Ni^{2+} 的反萃取。

在溶剂萃取脱酚法中常采用的萃取剂有苯、重苯、轻油、重溶剂油、醋酸丁酯、异丙醚、N$_{503}$ 等，但是这些传统的萃取剂大部分对酚的分配系数低。苯酚和水同属于极性物质，故选择分配系数大的溶剂作为萃取剂时，该溶剂在水中的溶解度也大，造成工艺过程中较大的溶剂损失或者加重残液脱溶剂的负荷，甚至会造成二次污染。针对此问题，新型络合萃取法可以对其进行改善。络合萃取法是基于可以络合反应的有机稀溶液萃取分离基本原理而开发的包括新型络合萃取剂、萃取设备在内的整套工艺。利用稀溶液中的待分离溶质与含有络合剂的萃取剂接触，络合剂络合待分离溶质后，进入萃取相内，然后再通过逆向反应回收溶质和循环利用络合剂和萃取剂[54]。其单级萃取除酚率约 99.5%。其反应如式（1-5）、式（1-6）所示：

$$ROH + n\,络合剂 \longrightarrow \{络合剂\}_n ROH \tag{1-5}$$

$$\{络合剂\}_n ROH + NaOH \longrightarrow RONa + n \text{ 络合剂} + H_2O \qquad (1\text{-}6)$$

因络合萃取法采用了新型络合萃取剂和萃取设备,与常规的萃取脱酚工艺不同,此新型工艺具有以下优点:①由于引入了络合机制,萃取脱酚系数大,正逆方向均易于进行;②单级萃取除酚率约 99.5%;③萃取剂的水中溶解度很小,正常操作条件下溶剂损失量可控制在 0.02% 左右,不会对废水造成二次污染,且萃取剂的复用性好;④主体设备采用高效离心萃取器,设备紧凑、全处理流程简单、设备占地面积小、处理弹性大、可实现连续与间歇操作。

山西焦化股份有限公司焦化三厂精酚装置(酚盐分解和粗酚蒸馏两个系统)产生的碳酸钠废水和硫酸钠废水含酚浓度高(酚类 $10000 \sim 25000 mg/L$, COD $30000 \sim 100000 mg/L$),无法进入后续生化处理单元。引入络合离心萃取技术并经过一年的生产运行后,出水水质含酚稳定在 $15 mg/L$ 以下,COD 在 $3500 \sim 10000 mg/L$,废水处理酚去除率在 99% 以上,COD 去除率亦在 90% 以上,1h 处理废水 1.5t 以上,处理水量大,效果十分明显。同时由于萃取剂的夹带损耗量小,运行费用也大幅降低。按废水中含酚 2%(即 $20000 mg/L$),月处理废水 500t 计算,年回收 20% 的酚盐 600t,价值 90 余万元,而年消耗稀碱、损耗萃取剂等原料费用不足 20 万元,动力成本仅 5 万元,加上折旧、人力费用等年成本不足 60 万元,年利润 30 余万元[53]。

四、蒸发(浓缩、 MVR)

蒸发浓缩是工业中常见的一个环节,广泛应用于食品、制药、海水淡化和污水处理等多种工业生产中。蒸发浓缩是通过将含有非挥发性溶质的溶液加热至沸腾,使部分溶剂汽化并被移除,从而提高溶质浓度的操作过程。蒸发浓缩操作的热源主要来自锅炉产生的蒸汽,对于浓度低、处理量大的物料,蒸汽耗费的能源是相当可观的,对于需要外购蒸汽的企业,随着市场蒸汽价格的上涨,蒸汽运行成本越来越高,相应的企业的负担急剧提高。

目前,多数企业采用的是多效蒸发技术,利用前效蒸发产生的二次蒸汽作为后续蒸发器的热源。传统的三效并流降膜蒸发工艺(图 1-7)的工作原理是:预热后的原料液经原料泵输送到一效蒸发器的顶部进料室,经过布液器进入列管内与管外的生蒸汽进行热交换,原料液以降膜方式蒸发。蒸发产生的浓缩液和二次蒸汽进入分离器内分离,分离后的浓缩液经泵被打入到二效蒸发器内,分离出二次蒸汽进入第二效的加热室作为加热蒸汽,浓缩液在第二效内被进一步浓缩。第二效产生的浓缩液经泵被打入到三效蒸发器内,分离出二次蒸汽进入第三效的加热室作为加热蒸汽,浓缩液在第三效内被浓缩到规定浓度经出料泵排出,第三效的二次蒸汽则送至冷凝器全部冷凝。多效蒸发虽然在一定程度上节省了生蒸汽,但是第一效蒸发器仍需要提供大量的蒸汽,且蒸发级数增加造成设备费也会相应增大,每一级的传热温差损失也会增加,从而设备生产强度下降。因此,多效蒸发一般只能做到四效蒸发[54],其后的效果很差。对于四效蒸发器,蒸发 1t 水所需的蒸汽约为 0.3t。如果装置的蒸发量为 15t/h,并结合目前蒸汽的市面价(200 元/t),以 1 年 300 个工作日计算,则蒸汽的运行费用约为 648 万元。若能减少蒸汽的消耗量,节约的能源量会相当可观,并且经济效益亦将非常显著。

机械蒸汽再浓缩(mechanical vapor recompression, MVR)技术(见图 1-8),又称热泵技术,即重新利用蒸发浓缩过程产生的二次蒸汽的冷凝潜热,从而减少蒸发浓缩过程对外界能源需求的一项先进蒸发浓缩技术。MVR 的技术原理是将蒸发器蒸发产生的二次蒸汽,

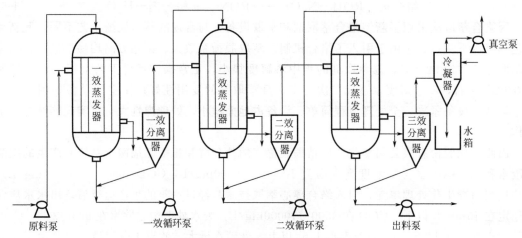

图 1-7　三效并流降膜蒸发工艺

经过蒸汽压缩机机械压缩，提高二次蒸汽的压力和饱和温度，并将热熔提高的二次蒸汽送进蒸发系统，用于补充或完全替代生蒸汽。经过软化预处理后，通过蒸发、结晶、干燥包装的组合工艺后，无需向地面水域排放废水，废水以蒸汽形式排出或者以污泥的形式封闭、填埋处理，可以实现废水的零排放，并使物料得到循环利用。

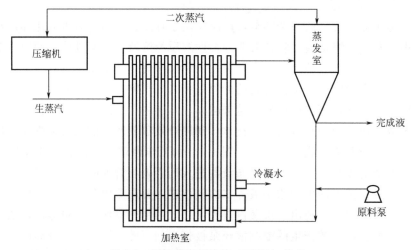

图 1-8　机械蒸汽再浓缩（MVR）技术

由于二次蒸汽的潜热得到了充分的利用，和传统的蒸发器相比较，MVR 蒸发器具有以下优点：①节能效果非常显著，MVR 系统能耗明显降低；②不需要生蒸汽加热，只需要适当的电能就能维持蒸发的正常进行；③由于加热器同时又是二次蒸汽的冷凝器，所以不但不需要另外的冷凝器，而且无需循环冷却水；④占地面积小、操作人员少，配套的公用工程项目少；⑤操作更加稳定可靠，全系统可做成组态控制，高度自动化；⑥在 15～100℃的范围内任意设定蒸发温度，特别适合有热敏性质的物料的浓缩或结晶，并且在低温蒸发状态下无需冷冻冷却水，大大节省投资强度。

高丽丽等[55] 以 15t/h 氨基酸的蒸发浓缩为工程实例，对采用 MVR 蒸发技术和传统的多效蒸发技术的能效进行对比分析，结果表明，采用 MVR 蒸发技术比传统的多效蒸发技术每年可节省 783.14 万元的加热蒸汽费用及 20.12 万元的蒸汽冷凝水费用，相当于节省了 85.7% 的标准煤。另外，在相同的蒸发条件下，MVR 蒸发装置所需热量为三效蒸发的 24%。说明采用 MVR 蒸发技术可以提高效率、节约能源、降低企业运行成本，有巨大的推广空间，为 MVR 蒸发技术在氨基酸蒸发浓缩方面的推广应用提供了基础。

方健才[56] 的研究结果表明采用基于 MVR 的蒸发技术处理氯化铵溶液是可行的。与三效蒸发器相比，蒸发量 3t/h 的 MVR 蒸发系统，年运行费用可节省 69%，可以节省 69.45% 的标准煤。与四效蒸发器相比，MVR 可以节省 60.72% 的标准煤。

五、蒸馏

蒸馏法是古老且有效的废水处理方法，它可以清除任何不可挥发的杂质，但是无法排除挥发性污染物的污染。它是利用混合液体-固体系中各组分沸点的不同，使低沸点组分蒸发，再冷凝以分离整个组分的操作过程，是蒸发和冷凝两种单元操作的联合。与其他的分离手段（如萃取、过滤结晶等）相比，具有不需使用系统组分以外的其他溶剂的优点。

分子蒸馏也称短程蒸馏，是一种在高真空条件下进行的连续蒸馏过程。分子蒸馏与传统的蒸馏过程不同：传统蒸馏在沸点温度下进行分离，蒸发与冷凝过程是可逆的，液相与汽相将会形成平衡状态；分子蒸馏过程是不可逆的，并且在远离物质常温沸点温度下进行，更确切地说，分子蒸馏其实是分子蒸发的过程[57]。由于操作温度远低于物质常压下的沸点温度，同时物料被加热的时间非常短，不会对物质本身造成破坏，因此被广泛应用于化工、医药、轻工、石油、油脂、核化工等工业中，用于浓缩或者纯化高分子量、高沸点、高黏度的物质及热稳定性较差的有机化合物[58,59]。

膜蒸馏（membrane distillation，MD）是膜分离技术与蒸发过程结合的新型膜分离技术，是一种水以两侧蒸汽压力差为传质驱动力通过疏水微孔膜的过程。在膜蒸馏过程中不存在液体的混合与雾沫夹带现象，对离子、胶体、大分子等不挥发性组分和无法扩散透过膜的组分的截留率可高达 100%[60,61]。与常规蒸馏相比，膜蒸馏具有以下优点[62]：①在膜蒸馏过程中蒸发区和冷凝区十分靠近，蒸馏液却不会被料液污染，且具有较高的蒸馏效率；②在膜蒸馏过程中，由于液体直接与膜接触，最大限度地消除了不可冷凝气体的干扰，无需复杂的蒸馏设备，如真空系统、耐压容器等；③蒸馏过程的效率与料液的蒸发面积直接相关，在膜蒸馏过程中很容易在有限的空间中增加膜面积即增加蒸发面积，提高蒸馏效率；④在常压和低于溶液沸点温度（40~50℃）下进行，可以利用太阳能、地热、温泉、工厂的余热和温热的工业废水等廉价能源，大幅节约能耗。其缺点是由于膜蒸馏是一个有相变的膜过程，气化潜热导致热能的利用率较低，通常只有 30%~50%。

膜蒸馏的两个主要应用方向是纯水的制取和溶液的浓缩。在工业废水处理方面也具有很好的应用前景，例如从工业废酸液中回收 HCl 是在处理含挥发性酸性物质废水方面的典型应用[63]。沈志松等[64] 采用膜蒸馏技术处理丙烯腈工业废水效果良好，在废水流量为 10.8L/h 的情况下，废水中丙烯腈的去除率在 98% 以上，出水丙烯腈质量浓度低于 5mg/L，达到了排放要求。膜蒸馏工艺在含醇废水处理中也有应用，胡斯宪等[65] 采用自制中空纤维膜蒸馏组件对含甲醇废水进行膜蒸馏处理，质量浓度高达 10g/L 的甲醇废水溶液经处理后可降至 0.03g/L 以下，可直接排入江河湖泊中，或作农业灌溉水，达到了国家规定的排放标准，且易于控制和管理，经济效益甚为显著。

第四节　膜分离技术单元

膜分离技术是通过选择性透过膜对混合物中各组分的选择性渗透作用的差异，借助外界能量或以化学位差为推动力，对双组分或多组分的混合气体或液体进行分离、分级、提纯和富集的新型工业废水处理方法，包括微滤（MF）、超滤（UF）、纳滤（NF）、电渗析（ED）和反渗透（RO）等[61]。我国膜分离技术的发展是从 1958 年对离子交换膜的研究开始的，20 世纪 60 年代中期开始进行反渗透的研究，70 年代进入电渗透、超滤、微滤用膜组件的开发阶段，80 年代初开始进行气体分离研究开发。20 世纪 80 年代是我国膜分离技术大发展的 10 年，在这一阶段初步完成了从实验室到工业化的过渡[66]。图 1-9 为反渗透、超滤、微滤、正渗透膜分离异同的示意图，表 1-2 进一步列举了几种主要膜分离过程及其对应的传递机理、推动力、透过物、膜类型[67]。

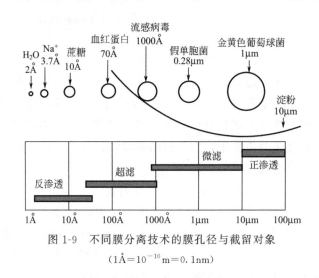

图 1-9　不同膜分离技术的膜孔径与截留对象

（1Å＝10^{-10} m＝0.1nm）

表 1-2　几种主要膜分离技术的特性

膜过程	传递机理	推动力	透过物	膜类型
微滤	颗粒大小	压力差	水,溶剂,溶解物	多孔膜
超滤	分子大小形状	压力差	水,溶剂,小分子	非对称性膜
纳滤	离子大小及电荷	压力差	水,一价离子	复合膜
反渗透	溶剂的扩散传递	压力差	水,溶剂	非对称性膜,复合膜
电渗析	电解质离子的选择性传递	电位差	电解质离子	离子交换膜
膜蒸馏		压力差		
正渗透		化学位差		
气体分离	气体和蒸汽的扩散渗透	压力差	渗透性的气体或蒸汽	均相膜,复合膜,非对称性膜
渗透蒸发	选择传递	压力差	易渗透的溶剂或溶质	均相膜,复合膜,非对称性膜

膜分离技术作为新的分离净化和浓缩方法，与传统的分离操作（如蒸发、萃取、沉淀、混凝和离子交换等）相比较，操作过程中大多无相变化，可以在常温下操作，具有低耗、高效和不产生二次污染的优点。膜分离技术的应用领域非常广泛，根据相关数据统计显示：美国占 50%，日本占 18%，西欧占 23%。膜的工业应用领域如表 1-3 所列[67]。在化工、石化、医药、轻工等能耗较高、污染较重的领域广泛推广应用后，不仅能提高相关产品的技术

装备水平和产品质量，还有助于减少污染物的排放、节能降耗、降低成本。

表 1-3　膜分离技术的工业应用状况

工业名称	主要应用
化学工业	有机物去除或回收；气体分离；药剂回收和再利用
食品及生化工业	净化、浓缩、消毒、代替蒸馏、副产品回收
金属工业	金属回收、污染控制、富氧燃烧
纺织及制革工业	余热回收、药剂回收、污染控制
造纸工业	代替蒸馏、污染控制、纤维及药剂回收
医药工业	人造器官、血液分析、消毒
国防工业	舰艇淡水供应、占地污染水源净化

一、微滤与超滤膜分离

微滤与超滤二者都是以"筛分"原理为主的薄膜过滤[68]。筛分原理认为膜有无数个微孔，这些实际存在的不同孔径的孔眼，像筛子一样截留直径大于孔径的溶质和颗粒，从而实现分离的目的。"筛分"是通过比膜孔大的颗粒的机械截留、颗粒间相互作用及颗粒与膜表面的吸附、颗粒间的桥架作用这三种方式来实现的[68]。

1. 微滤膜分离法

微滤又称为精过滤或筛网状过滤，是利用孔径为 $0.1\sim20\mu m$ 的选择性透过膜，在给定压力下（$50\sim100kPa$）对气相和液相中直径大于 50nm 的细小悬浮物、微生物、微粒、细菌、酵母、红细胞、污染物等进行截留，仅使溶剂、盐类及大分子物质透过，达到净化和浓缩目的的过程。它属于压力驱动型的膜分离过程，其工作原理是：在膜两侧静压差的作用下，小于膜孔的粒子透过膜，大于膜孔的粒子则被截留在膜的表面上，使大小不同的粒子得以分离[68]。

微滤技术是目前所有膜技术中应用最广、最有经济价值的技术。微滤主要用于悬浮物分离、制药行业的无菌过滤等。在制药工艺中，微滤膜分离技术被用于药物澄清，即去除微粒、细菌、大分子杂质等[66]。Adikane 等[69] 研究了用微滤膜去除青霉素 G 发酵液中的菌丝体，青霉素 G 的回收率可达 98%。此外，由于与超滤膜、反渗透膜相比，微滤膜的孔径相对较大，因此，微孔过滤常常作为一种"粗过滤"为反渗透做预处理，以保证反渗透能稳定进行。徐竟成等[70] 采用微絮凝过滤-微滤作为反渗透的预处理工艺，用于印染废水二级生化出水回用深度处理，出水浊度<0.2NTU，淤泥密度指数（SDI）稳定在 4 左右，达到反渗透膜对进水水质的要求。

2. 超滤膜分离法

超滤与微滤一样，也是以压力差为推动力，以筛孔作用为主的薄膜过滤。与微滤不同，超滤受膜表面的化学性质影响较大。其原理是：在一定的压力（$100\sim1000kPa$）条件下，溶剂或小分子量的物质通过孔径为 $1\sim20\mu m$ 的不对称微孔膜，而直径在 $5\sim100nm$ 之间的大分子物质或者微细颗粒被截留，从而实现净化的目的。目前，超滤中普遍采用的膜为：醋酸纤维素膜和聚酰胺膜，聚醚砜膜、聚砜酰胺膜、多孔金属膜、多孔陶瓷膜、分子筛等。超滤膜组件主要结构形式有板框式、管式、卷式、中空纤维式、毛细管式、条槽式等，膜表面积分别为 $25\sim50m^2/m^3$、$400\sim600m^2/m^3$、$800\sim1000m^2/m^3$、$600\sim1200m^2/m^3$、$200\sim300m^2/m^3$，其中毛细管式超滤膜组件在投资费用、运行成本、流速控制等方面表现良好[71]。

超滤主要用于浓缩、分级和大分子溶液的净化等。目前国内一些磷肥生产企业采用微滤膜分离法去除磷石膏废水中的含氟化合物[66]。近年来，UF 膜法已逐渐应用到中药制剂工艺中，取得了良好的效果。李淑莉等[72] 初步研究了聚砜超滤膜对黄芩（根）、黄连（根茎）、黄柏（皮）、金银花（花）、五味子（果）、大青叶（叶）等中药提取液的渗透行为，结果表明各中药有效成分的回收率均高于 74％。超滤技术可以在不用加入其他试剂的前提下，纯粹通过物理分离，有效去除乳化油，同时不产生含油污泥，浓缩液仅为初始量的 3％～5％，可回收处理或直接焚烧[71]。

超滤膜在使用过程中很容易受到污染：浓差极化、凝胶层的出现及固化与膜堵塞。膜污染的解决方法有物理清洗法和化学清洗法。水洗、反冲洗和气洗是常见的物理清洗方法。常见的化学清洗剂包括酸、碱、氧化剂、酶、表面活性剂等[71]。

二、反渗透与纳滤膜分离

1. 反渗透膜分离法

1748 年，法国人 Nollet 发现了猪膀胱在酒精和水之间的选择透过性，在两百多年后的今天，由于他的发现，人类利用反渗透（reverse osmosis，RO）技术将海水转化成淡水。反渗透过程是与自然渗透过程相反的膜分离过程。它主要是依据溶液的吸附扩散原理，以压力差为推动力的膜分离过程。在浓溶液一侧施加外加压力（1000～10000kPa），当此压力大于溶液的渗透压时，浓溶液中的溶剂通过孔径为 0.1～1nm 的反渗透膜反向流向稀溶液一侧，这一过程称为反渗透。渗透压的选择与溶液性质有关，而与膜自身无关。

反渗透膜通常可去除 90％～95％的溶解性固体、95％以上的溶解有机物、生物和胶体以及 80％～90％的硅酸。反渗透膜对水中离子和有机物的去除性能，一般有如下规律[73]。

① 高价离子去除率大于低价离子。

$$Al^{3+} > Fe^{3+} > mg^{2+} > Ca^{2+} > Li^+$$

② 去除有机物的特性受分子构造与膜亲和性影响。

分子量：高分子量＞低分子量

亲和性：醛类＞醇类＞胺类

侧链结构：第三级＞异位＞第二级＞第三级

③ 对分子量＞300 的电解质、非电解质都可有效地去除，其中分子量在 100～300 的去除率为 90％以上。

反渗透技术主要被用于低分子量组分的浓缩、水溶液中溶解性盐类的去除等。农场采用反渗透对牛奶进行浓缩后加工成炼乳等制品[74]。Joachim Danzig 等[75] 研究了在连续的酶催化反应制备 6-氨基青霉烷酸（6-APA）过程中，采用 RO 膜分离法浓缩青霉素裂解液，随着浓缩倍数的增加膜通量降低，而对 6-APA 的截留率基本能维持在 98.5％以上，但当料液浓度达 400mmol 时，截留率显著下降，此时的渗透压为 44bar（1bar＝10^5Pa）。

2. 纳滤膜分离法

纳滤膜是 20 世纪 80 年代发明的新型分离膜，是介于超滤膜和反渗透膜之间的、根据吸附扩散原理以压力差为驱动力的膜，又称"超低压反渗透""疏松反渗透膜"。在外加驱动压力（500～2500kPa）条件下，水溶液中低分子量的有机溶质被截留，而盐类组分可以部分通过纳滤膜。纳滤膜在应用中具有以下 2 个显著特点：①物理截留或截留筛分效果，截留分子量为 200～2000，能截留分子大小约为 1nm 的溶解组分；②荷电性，对无机盐有一定的截留率，其中单价离子的截留率较低（50％～70％），对二价及多价离子的截留率较高。由于纳滤膜能在截留易透过超滤膜的那部分溶质的同时，使被反渗透膜截留的盐类透过，从而实现有机溶质的浓缩和脱盐，因而被称为当代最先进的工业分离膜[76]。从膜的结构上来看，纳滤膜多是复合膜，即膜的表层分离层和支撑层的化学组成不同。

　　纳滤与超滤、反渗透类似，均属于压力驱动的膜过程，但其传质机理有所不同，一般认为，超滤膜由于孔径较大，传质过程主要为孔流形式，而反渗透膜通常属于无孔致密膜，溶解-扩散的传质机理能够满意地解释膜的截留性能。而大部分纳滤膜为荷电型，其对无机盐的分离行为不仅受化学势控制，同时也受到电势梯度的影响，其确切的传质机理至今尚无定论。目前，纳滤膜传质机理被认为处于孔流机理和溶解-扩散之间的过渡态，可通过适用于较大孔径的宏观模型来分析纳滤膜的传质过程。目前表述膜的结构与性能之间关系的数学模型有空间电荷模型、固定电荷模型、细孔模型等[77]。

　　空间电荷模型假设膜由孔径均一且其壁面上电荷均匀分布的微孔组成，微孔内的离子浓度和电场电势分布、离子传递和流体流动分别由 Poisson-Boltzmann 方程、Nernst-Planck 方程和 Navier-Stokes 方程等来描述。空间电荷模型是表征电解质及离子在荷电膜内的传递等动电现象的理想模型[77]。

　　固定电荷模型假设膜为一个凝胶相，其中电荷分布均匀、贡献相同。固定电荷模型可以用于表征离子交换膜、荷电型反渗透膜和超滤膜内的传递现象，描述膜浓差电位、膜的溶剂和电解质渗透速率及其截留特性[77]。

　　细孔模型基于著名的 Stokes-Maxwell 摩擦模型。Pappenheimer 等在基于膜内扩散过程的溶质通量计算方程中引入立体阻碍（steric hindrance）影响因素。Renkin 等认为通过膜的微孔内的溶质传递包含扩散流动和对流流动两种类型，并相应地建立了经典统计力学方程。后来 Habeman、Sayer、Bohlin 和 Bean 等在对上述方程进行改进时，考虑了溶质的空间位阻效应和溶质与孔壁之间的相互作用[77]。

　　根据纳滤膜的分离特点，其应用范围主要为 3 个方面：①对单价盐并不要求有很高的截留率；②欲实现不同价态离子的分离；③欲实现不同分子量有机物的分离。近年来，我国膜技术在抗生素生产中的应用已有一些研究。蔡邦肖[78] 选用了不同性能的聚酰胺纳滤膜，对药厂提供的螺旋霉素进行了分离和浓缩，在进料流量 55L/h、操作压力 1.5MPa 条件下，所选用的膜对螺旋霉素几乎全部截留，膜的渗透通量可高达 30L/(cm^2·h)。苏鹤祥等[79] 等在国内率先采用醋酸纤维素反渗透膜改性成纳滤膜，对活性染料进行提纯和浓缩，并实现了工业化。在纳滤膜分离过程中，无机盐、水和低分子物透过膜被除去，而染料被截留得到纯化和浓缩。该工艺不但提高了染料的强度、固色率，而且使染料的色光也得到了改善。在食品工业中，膜分离技术主要用来对料液进行浓缩、脱盐、脱色、调味和脱除杂质。纳滤膜可和超滤膜结合对橘子汁和洋李酸浸液进行浓缩脱盐。对洋李酸浸液，脱盐率达 54.5％，有机酸脱除率可达 80％，自身可被浓缩到 10 倍以上[80]。

三、特种膜分离技术

1. 电渗析

　　电渗析技术是在直流电场的作用下，以电位差为推动力，利用离子交换膜的选择透过性把电解质从溶液中分离出来，从而实现溶液的淡化、精制或者提纯的目的[81]。电渗析技术已广泛应用于化工、冶金、造纸、纺织、轻工、制药等工业废水的处理以及许多其他的化工过程，其应用范围还在不断扩大，并已经发展成为一种新型的单元操作[82,83]。

电渗析技术的技术原理（图 1-10）是将阴离子、阳离子交换膜交替排列于正负电极之间，并用特制的隔板将其隔开，组成除盐（淡化）和浓缩两个系统，在直流电场作用下，以电位差为推动力，利用离子交换膜的选择透过性，把电解质从溶液中分离出来，从而实现溶液的浓缩、淡化、精制和提纯。电渗析技术具有以下优点[84]：①能量消耗低；②药剂耗量少，环境污染小；③对原水含盐量变化适应性强；④操作简单，易于实现机械化、自动化；⑤设备紧凑耐用，预处理简单；⑥水的利用率高。电渗析也有它自身的缺点：在运行过程中易发生浓差极化而产生结垢；与反渗透（RO）相比，脱盐率较低。

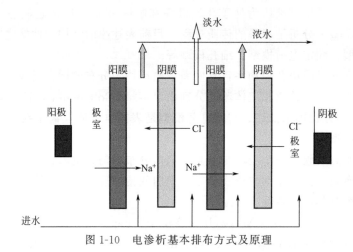

图 1-10　电渗析基本排布方式及原理

就过程基本原理而言，电渗析工程至少有以下 4 个方面的用途[85]。

① 从电解质溶液中分离出部分离子，使电解质溶液的浓度降低。例如，海水、苦咸水淡化制取饮用水与工业用水，工业用初级纯水的制备，放射性废水的处理等。这是目前电渗析技术最成熟、应用最广泛的领域。

② 把溶液中部分电解质离子转移到另一溶液系统中去，并使其浓度增高。海水浓缩制盐是这方面成功应用的典型例子；又如化工产品的精制、工业残液中有用成分的回收等也属于这方面的应用。

③ 从有机溶液中去除电解质离子。目前主要用于食品和医药工业，在乳清脱盐、糖类脱盐和氨基酸精制中应用得比较成功。

④ 电解质溶液中，同电性但具有不同电荷离子的分离和同电性同电荷离子的分离。使用只允许一价离子透过的离子交换膜浓缩海水制盐，是前者工业化应用的实例；后者因无实用的膜，目前尚无应用实例，处于研究开发阶段。

陈玉莲等[82]对含醛废水进行了研究，使乙酸得到了回收，实现了含醛乙酸废水的综合治理，经济效益和社会效益显著。国外也有人[86]用此项技术回收废水中的酸，其电流效率可达 $80\%\sim90\%$。另外，电渗析对碱的回收也是非常有效的。如铝制品行业每年排放的碱性废水达 $2.10\times10^6\,\mathrm{m}^3$，流失到环境的 NaOH 达 8400t，中和要消耗 10290t，造成极大的经济损失，因此要及时处理此类废水。宋德政[87]用电渗析做实验处理铝制品漂洗废水，证明对碱有良好的脱除效果。

脱盐率是电渗析器的重要性能指标，系统脱盐率要以单台或单级的脱盐率为基础进行计算。计算公式如式(1-7)[85] 所列：

$$\varepsilon = \frac{c_{di} - c_{do}}{c_{di}} \times 100\%$$ (1-7)

式中　ε——脱盐率；

c_{di}、c_{do}——电渗析器进口、出口浓度，取相同浓度单位。

电流效率是评价电渗析器性能的重要参数，一般表达式[85] 为：

$$\eta = \frac{Q(c_{di} - c_{do})F}{I \times N}$$ (1-8)

式中　Q——淡水流量，L/s；

c_{di}、c_{do}——淡水系统进、出电渗析器的浓度，N；

I——电流强度，A；

N——组装膜对数；

F——法拉第常数。

根据国内外部分应用实例汇总的电渗析法处理效果及耗电数据列在表 1-4[85] 中。

表 1-4　电渗析法处理不同水质的效果及耗电情况

处理对象	脱盐范围/(mg/L)		耗电/(kW·h/m³)		
	原水	产水	直流	动力	合计
海水	35000	500	12.0~14.0	4.0~6.0	16.0~20.0
苦咸水	10000~30000	500	1.0~13.5	3.0~5.0	7.0~18.5
苦咸水	1000~10000	500	0.3~6.0	0.4~3.0	0.7~9.0
自来水	500~1000	200~500	0.2~0.6	0.3~0.6	0.5~1.2
自来水	500	20~50	0.2~0.4	1.2~1.6	1.4~2.0

2. 正渗透

正渗透（forward osmosis，FO）是一种自然界广泛存在的物理现象，是指化学势较高（或渗透压较低）的一侧原料液中的水，通过选择透过性膜流向化学势较低（或渗透压较高）的一侧汲取液的过程[88]。正渗透过程不同于以外加压力为驱动力的反渗透，它是一种仅依靠化学位差作为推动力，低能耗的膜分离过程。

提供化学位的体系为高渗透压的溶液体系，即驱动溶液。驱动溶液由驱动溶质和溶剂（一般为水）组成。理想的驱动溶质应具备以下条件：无毒；分子量较小；在水中稳定且具有较高的溶解度，从而产生较高的渗透压；与正渗透膜化学相容，不改变膜材料的性能和结构；能够简单、经济地与水分离，能够重复使用。已报道的驱动溶质材料有：盐类，如 $NaCl$、$MgCl_2$、$Al_2(SO_4)_3$、NH_4HCO_3；糖类，如葡萄糖、果糖等。驱动溶质的分离方法有渗透蒸馏、投加 $Ca(OH)_2$、加热、反渗透等。

正渗透过程的核心除了驱动溶液外，还有正渗透膜材料。在正渗透技术中，半渗透膜是核心材料，具有亲水性。膜分为致密层、多孔支撑层和网格支撑 3 层结构。目前，最好的商业化正渗透膜材料是美国 HTI 公司的支撑型高强度膜，该膜的分离层材料为三乙酸纤维素（CTA）及其衍生物，没有传统意义上的支撑层，而是将聚酯纤维嵌入无纺布中提供机械支撑。该膜对 $NaCl$ 的截留率为 90% 左右。正渗透膜应该具有以下特征：皮层孔隙率低、致密性高、亲水性较好、水通量较高；支撑层尽量薄且孔隙率高；具有较高的机械强度，截留率高；耐酸碱等化学腐蚀能力好，适用 pH 值范围较宽[89]。

正渗透体系相对于反渗透体系而言，具有一系列的优势[90]：不需外界压力作为推动力，能耗低；膜材料自身亲水性好，可以有效降低膜污染的可能性；正渗透过程回收率高，可实现浓盐水"零"排放，是环境友好型技术，应用广泛；就海水脱盐过程而言，通过选择合适的驱动溶液，其纯水回收率可达到 75%，而反渗透纯水回收率仅为 35%~50%。

近年来，能源和环境危机将正渗透推向舞台，耶鲁大学的研究人员[91~93] 利用 HTI 公司的正渗透膜材料开发了一种新型的正渗透海水脱盐系统，整个系统分成正渗透和驱动液分离两个相互耦合的过程：①在正渗透过程中，碳酸氢铵/氨水混合驱动溶液将海水中的水"吸"过来；②将稀释的驱动溶液通过适度加热（大约 60℃）分解成氨和 CO_2，并循环使用，得到纯水。据报道，采用 6mol/L 铵盐（渗透压 $250×10^5$ Pa）为驱动溶液，结合 HTI 公司的正渗透膜，获得水通量高达 $25L/(m^2 \cdot h)$，盐的截留率大于 95%，整个正渗透过程电能消耗为 $0.25kW \cdot h/m^3$，低于目前脱盐技术的电能消耗。正渗透过程海水淡化比多级闪蒸节省能量 85%，比反渗透节省能量 72%。

正渗透技术的应用远不止于海水淡化领域。由于没有外压推动，过程膜污染少，因此正渗透技术在污水的深度处理、液体食品的浓缩方面具有较强的竞争力。最早关于应用正渗透技术处理工业废水的可行性研究报道发表于 1974 年[94] 和 1977 年[95]，其目的是使用这种低能耗的过程处理微重金属污染的工业废水。他们采用序批式系统，以商业化的醋酸纤维反渗透膜为膜单元，以合成海水为汲取液，来浓缩含低浓度铜或铬离子的水，具有一定的可行性。但由于膜通量非常低 $[0~4.5L/(m^2 \cdot h)]$，盐的截留率也不太理想，因此没有开展进一步的研究。

1998 年，Osmotek 公司建立了一套中试规模的正渗透系统用于浓缩垃圾渗滤液[96]。该系统采用 Osmotek 的 CTA 膜，以 NaCl 为汲取液，对污染物截留率高，出水产率可以达到 94%~96%。并且在处理原垃圾渗滤液时，膜通量没有明显降低。在此基础上，Osmotek 公司建立了大型装置处理垃圾渗滤液，平均产水率达到 91.9%，最终出水平均电导率为 $35\mu S/cm$，表明正渗透技术处理垃圾渗滤液是较理想的处理方法。采用正渗透系统处理污泥消化液的事例目前已有报道。

Holloway 等[97] 设计了正渗透和反渗透组合系统处理污泥消化液。采用如下流程：污泥消化液先经过 150 目格栅预处理，再经过采用三醋酸纤维的正渗透膜，以 NaCl 为汲取液的正渗透系统，最后稀释的汲取液通过反渗透系统获得出水。由于系统很高的污泥浓度，在运行过程中膜通量明显下降，需要进行膜清洗恢复膜通量。系统对磷酸盐、氨氮和凯氏氮的截留率分别为 99%、87% 和 92%，几乎完全截留色度和恶臭物质，浓缩干化的污泥消化液可用作肥料。

国内在正渗透技术方面的研究仍处于初始阶段，目前青岛海洋大学和南京工业大学两个研究小组在从事该方向的研究[89]，研究重点是正渗透膜材料，包括醋酸纤维素类和界面聚合型复合膜。此外，在南京工业大学还开展了新型驱动溶液的研究，目的在于制备可以在低能耗条件下通过简单手段进行分离而且循环使用的驱动溶质。在当今环境和能源危机的情况下，由于正渗透技术的低能耗特点，其发展显得尤为重要[98]。

3. 膜蒸馏

膜蒸馏（membrane distillation，MD）技术是采用疏水微孔膜，以膜两侧蒸汽压力差为传质驱动力的膜分离过程。其工作原理为[99]：当不同温度的水溶液被疏水微孔膜分隔开时，由于膜的疏水性，两侧的水溶液均不能透过膜孔进入另一侧，但是由于暖侧水溶液与膜界面的蒸气压高于冷侧，水蒸气就会透过膜孔从暖侧进入冷侧而冷凝。这与常规蒸馏中的蒸发、传质、冷凝过程十分相似，因此此种将膜技术与蒸发过程联合起来的技术被称为膜蒸馏技术。

膜蒸馏技术具有截留率高〔理论上能达到100％（因为只有蒸汽能透过膜孔，所以蒸馏液十分纯净）〕、操作压力小（几乎是在常压下进行）、温度低（无需把溶液加热到沸点，只要维持膜两侧适当的温差即可）、体积小、可利用废热（工厂的余热等）和自然能源（太阳能、地热、温泉等）等优点[99]。膜蒸馏是一个有相变的膜过程，气化潜热降低了热能的利用率，而且膜蒸馏通量低、易污染是其主要缺点。因此在膜组件的优化设计和膜材料的改进设计时必须考虑潜热的回收，尽可能地减少热能的损耗。Dotremont等[100]利用膜蒸馏技术淡化海水，若干年的中试结果表明，膜蒸馏工艺的通量提升到5L/(m²·h)以上，所需的热能可以通过太阳能和电厂的废热提供，可控制能耗<500mJ/m³，热能利用率>80％，出水电导率<20μS/cm。

目前膜蒸馏的研究对象仅仅限于水溶液，所以膜的疏水性和微孔性是膜蒸馏的必要条件。为了得到较高的通量和较高的溶质截留系数，要求所用的疏水微孔膜具有尽可能大的孔径，但两侧的液体又不能进入膜孔。液体进入膜孔的最低压力可以用式(1-9)[101]描述：

$$p = 2\gamma\cos\theta/R \tag{1-9}$$

式中　γ——液体的表面张力；

θ——液体与膜的接触角；

R——膜的孔半径。

为了保证在操作压力下液体不进入膜孔，所用的膜就必须有足够的疏水性和合适的孔径。经研究证明，当采用膜的疏水性足够好时，膜的孔隙率在60％～80％、孔径在0.1～0.5μm较为合适。为了制备疏水性的膜，常采用的疏水性高分子材料有聚四氟乙烯（PTFE）、聚丙烯（PP）、聚乙烯（PE）、聚偏四氟乙烯（PVDF）等。但与亲水性膜相比，材料品种和制膜工艺都十分有限，研究者们尝试采用改性的方法，以期拓宽疏水微孔膜的来源，并取得了一定的进展。Chung等[102]通过对中空纤维膜丝结构的改进，试图将膜通量提高。在膜制备过程中混入乙二醇、PTFE颗粒、黏土颗粒等添加剂，制备单层非对称的PVDF膜，极大地提高了膜的孔隙率；另外，制备的双层（外表面疏水、内表面亲水）膜，在80℃下膜通量可达到40～50L/(m²·h)。

4. 膜结晶

膜结晶技术是膜蒸馏与结晶两种分离技术的耦合过程，其原理是通过膜蒸馏脱除溶液中的溶剂浓缩溶液，使溶液达到饱和或过饱和，然后在晶核存在或加入沉淀剂的条件下，使溶质结晶。膜蒸馏技术自1963年报道以来，经过了50年的发展已日趋成熟，并在海水淡化、超纯水的制备、溶液的浓缩与提纯、废水的处理、共沸混合物及有机溶液的分离、果汁与蔬菜汁浓缩和中药浓缩方面得以应用[99]。

膜结晶具有高单位传质面积、可控的过饱和条件、较短的结晶过程、能通过选择合适的膜材料影响结晶成核条件等优点。该技术使得盐在非均相条件下成核，不受浓差极化的影响，能同时回收RO/NF膜产生的浓水中有价值的盐类和淡水。Macedonio等[103]将膜结晶和NF/RO膜技术结合起来处理海水，可达到近95％的淡水产率，浓水中盐的产量约为20kg/m³。同时通过回收析出的晶体、控制液体温度等手段，防止了盐在膜表面和膜孔内结晶。NF膜的截留液中残存的有机物（如腐殖质等）对膜结晶过程和膜污染的影响较大，腐殖质类物质会抑制晶体的析出和生长。

<h1 style="text-align:center">第五节　生物处理</h1>

一、厌氧生物处理

厌氧生物处理即厌氧消化是利用厌氧微生物，在无需提供氧气的情况下将有机物转化为生物气（即沼气）、水和少量的细胞物质，并对废水废物进行减量化处理的过程。沼气的主要成分是约 2/3 的甲烷和 1/3 的二氧化碳，是一种可回收的能源[104]。

从 20 世纪 70 年代开始，厌氧消化的两相四段模式（图 1-11）[105]：两相为水解产酸相和产甲烷相；四阶段为水解段、酸化段、产乙酸段和产甲烷段。各阶段的反应过程如下。

（1）水解段　糖类、蛋白质、脂肪等高分子有机物在水解产酸细菌的作用下分解为有机物单体（单糖、氨基酸、长链脂肪酸）。

（2）酸化段　水解段生成的有机物单体被水解产酸细菌进一步分解为挥发性脂肪酸（乳酸、丙酮酸、乙酸、甲酸等）和乙醇等。

（3）产乙酸段　乳酸、丙酮酸等 C3 以上的脂肪酸在产氢产乙酸菌的作用下分解为乙酸和氢气。

（4）产甲烷段　产甲烷古菌将氢气和乙酸转化为甲烷和二氧化碳。

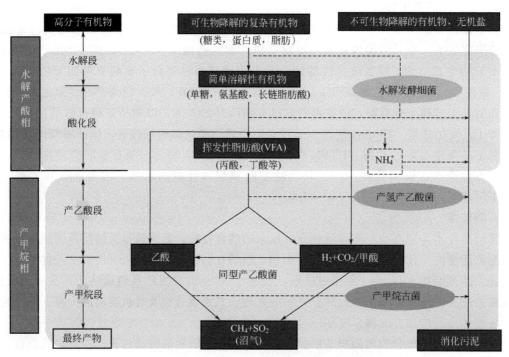

图 1-11　厌氧消化的两相四段模式

厌氧生物处理技术把废水的处理和能源的回收利用相结合，相对于好氧生物处理，其具有以下特点：①通过回收厌氧消化产生的甲烷进行发电，既节约化石燃料的使用，又可以削减温室气体的排放量，具有运行成本低、节能、剩余污泥少的特点；②厌氧消化的残渣中病毒和病原微生物残存少，免疫学安全性高，易于进行堆肥化处理或制作成液体肥料；③废水

（尤其是高浓度有机废水）经处理后的洁净水可被用于鱼塘养鱼、灌溉和施肥等；④大容量的厌氧消化槽兼有蓄留槽的功能，对后续阶段的稳定运行起到充分的保障作用。

厌氧生物处理集众多优点于一身，不仅具有回收能源的优点，还能通过资源循环利用减少环境负荷，防止全球变暖，对建设循环型社会起着重要作用。

厌氧消化工艺根据处理物质的种类可以分为溶解性成分占主导的污水处理和固体物占主导的固体废弃物处理。具体的工艺类型如表 1-5 所列。反应器基本以完全混合式为主，在此基础上的改进工艺有二相（二段）消化法和厌氧折流板法（ABR）。在污水处理的反应器中，为了提高菌体浓度、降低水力停留时间（HRT），采用浓缩污泥的厌氧消化槽回流（厌氧接触法、ABR 法）、生物膜利用（厌氧滤床法、厌氧流动床法）、菌体固定化（UASB 法、EGSB 法）等方法进行处理。

表 1-5　厌氧消化的工艺类型

处理对象	废水	固体废弃物	
		湿式消化	干式消化
厌氧消化工艺	厌氧接触法 厌氧滤床法 厌氧流动床法 UASB 法 EGSB 法 ABR 法	完全混合法 厌氧接触法 ABR 法 二相消化法	横型 纵型
运行温度	无加热,中温,高温	无加热,中温,高温	中温,高温

在固体废弃物处理的反应器中，固体物质的分解和水解反应一般是限速步骤，缩短 HRT 比较困难。因此，提高处理能力的主要方法是提高反应器在高浓度投料时的运行能力。根据投入的原料或反应器内固形物质干重换算浓度（TS 浓度），反应器的种类大致可分为湿式（投入 TS 浓度<15%，反应器内 TS 浓度<8%）和干式（投入 TS 浓度>10%）两大类。根据运行温度厌氧消化工艺大致分为无加热、中温和高温 3 种。干式发酵均为加温反应。

Morgon[106] 为了提高污水污泥的消化效率，在厌氧消化装置中增设了搅拌装置，成为完全混合式的厌氧消化槽，曾被称为高效消化槽。这种反应器以浓度为 12% 以下的污泥作为处理对象，是最常见的一种厌氧消化装置，其反应工艺如图 1-12 所示。其形状有大直径的圆筒形、高大的蛋形和龟甲形。美国大多采用的是平底圆筒形消化槽，罐体上部设置浮渣破碎机，底部设有刮泥器。后来 Dorr 公司对此类消化槽进行技术改造，把底部设计为斜面，从而取消了底部的刮泥器。而德国的消化槽多为椭球形或蛋形，上部和下部都呈圆锥形，底部的倾斜角度在 45°以上。这种形状的比表面积小，从而具有放热少的特征，并且上部的面积小，使得浮渣的危

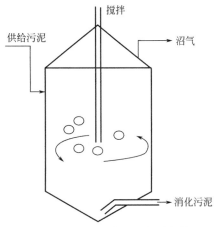

图 1-12　完全混合式厌氧消化罐

害降低，污泥也容易被排除，有利于利用泵或气体注入，进行污泥的上下充分搅拌。

厌氧接触法是 1955 年由美国 Schoepher 等[107] 开发完成的处理工艺。工艺流程如图 1-13 所示。这和常见的活性污泥法的基本流程相似，因此也被称为厌氧活性污泥法。20 世纪 50 年代厌氧接触法被 Schoepher 等首次应用于罐头生产等食品工厂污水的处理。流入的 BOD_5 浓度为 800～1800mg/L，在 HRT 为 6～12h 的条件下，BOD_5 的去除率可以高达 90%～97%，SS 去除率为 85%～93%。目前，厌氧接触法被广泛应用于 SS 浓度较高的污水处理。以纸浆排水（亚硫酸纸浆法的蒸发浓缩液）为处理对象，原水 COD_{Cr} 浓度为 11000～13000mg/L，BOD_5 浓度为 6000～7000mg/L，在 COD_{Cr} 负荷为 5.0kg/(m³·d) 的条件下，采用高温（52℃）的消化处理后，可实现良好的 COD_{Cr} 去除性能（80% 以上），BOD_5 去除率＞90%[108]。

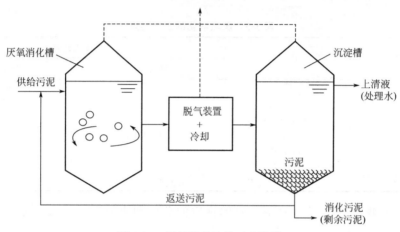

图 1-13　厌氧接触法的工艺流程

厌氧滤床法亦称为固定床法，是 1969 年 Young 等[109] 开发的工艺。最初的设施于 1970 年建成，厌氧滤床法的工艺流程如图 1-14 所示。厌氧滤床法可分为上流式和下流式。在上流式厌氧滤床法中，废水由滤床下部导入，并沿着附着有厌氧微生物的塑料滤材或碎石滤床中缓慢向上流动。整个装置由流入水稳流装置、滤材支持部分、滤材、气体的分离以及一次蓄留的顶部空间和处理水收集装置等组成。处理水的循环系统设置在沉淀蓄留部。厌氧滤床法所采用的滤材具有质轻、比表面积和孔隙率大、不易堵塞等特性，多采用塑料制的鲍尔环（有凹槽的圆筒形）或蜂窝（蜂窝形）。在滤床中，除了生物膜以外，仍有大量被截留的污泥存在于滤材的缝隙中，因此为了防止污泥流失，上升流速不应太高；此外，污泥的过度增殖会造成堵塞或者短流，一些厌氧滤床在污泥容易沉积的底部不填充滤材，仅在上部（反应器 50%～70% 的部分）填充滤材，而下部采用污泥处理的混合型厌氧滤床。厌氧滤床的应用范围很广，适用于处理各类污泥，一般反应槽内的 COD_{Cr} 负荷为 0.5～15kg/(m³·d) 的条件下，下流式比上流式对 COD_{Cr} 的去除率高。表 1-6 对厌氧滤床的应用实例进行了总结[110]，其中大多采用上流式和处理水循环工艺，滤床多是高 3～13m，直径为 6～26m 的圆筒状。

表 1-6　在北美已建成的厌氧滤床处理效果

废水类型	进水 COD /(mg/L)	滤料	流向	温度 /℃	HRT /h	容积负荷 /[kgCOD/(m³·d)]	循环比	COD 去除率/%
淀粉废水	8000	12～50mm 碎石	上	32	44	4.4	—	75～80
化工厂废水	14000	90mm 鲍尔环	上	37	22～30	12～15	5	80～90

续表

废水类型	进水 COD /(mg/L)	滤料	流向	温度 /℃	HRT /h	容积负荷 /[kgCOD/(m³·d)]	循环比	COD 去 除率/%
化工厂废水	12000	90mm 鲍尔环	上	37	24～36	8～12	5	75～85
制罐工厂废水	4600	蜂窝	上	35	48～72	1.5～2.5	0.25	89
清凉饮料废水	10000	蜂窝(2 段)	—	30	42～60	4～6	0	90
生活污水	50～70(BOD)	90mm 鲍尔环	上	15～25	12～18	0.1～1.2	0	50～71
垃圾渗滤液	11000	管	上	37	30～40d	0.2～0.7	0	90～96

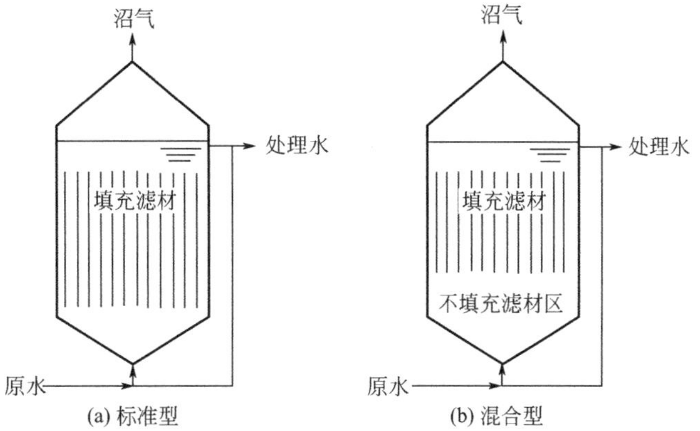

图 1-14　厌氧滤床法的工艺流程

（(a) 标准型　(b) 混合型）

20 世纪 70 年代后半期，Jewell WJ. 将流动床技术应用到厌氧处理工艺[111]。厌氧流动床法是指在消化槽内填充小颗粒活性炭或砂砾，并在其表面形成生物膜，通过进水或反应槽内部循环的作用下，促使载体流动的运行处理方法[112]。工艺流程如图 1-15 所示。厌氧流动床的主要特征有：①载体比表面积大，菌体浓度高，反应活性高；②载体始终处于流动状态，不易堵塞；③生物膜与液体均匀接触，接触效率高；④生物膜薄，生物膜内基质扩散难以形成扩散控制反应。基于以上优点，厌氧流动床法在美国的软饮料废水、荷兰和法国的酵母发酵废水、芬兰的纸浆工厂废水以及印度的石油化工废水的处理中相继得到应用[113]。荷兰工厂的应用结果表明，厌氧流动床可以在 $10～30kg/(m^3·d)$ 的高负荷条件下运行，并且能维持稳定良好的 COD_{Cr} 去除性能。表 1-7 是关于厌氧流动床/膨胀床装置的实验研究结果[114]。

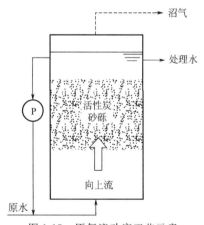

图 1-15　厌氧流动床工艺示意

表 1-7　厌氧流动床/膨胀床装置的处理效果

废水类型	进水 COD /(mg/L)	载体	温度 /℃	容积负荷 /[kgCOD/(m³·d)]	COD 去除率 /%
乳清酸	50000～56000	砂	35	13.4～37.6	72～84
乳清酸	52000～55400	砂	24	15～37	65～71
乳清酸	52200	砂	35	10.5	94

续表

废水类型	进水 COD /(mg/L)	载体	温度 /℃	容积负荷 /[kgCOD/(m³·d)]	COD 去除率 /%
淀粉工厂排水	7200～9400	砂	35	3.5～24	79～83
化工厂排水	4100～27300	砂	35	4.1～27.3	66～84
清凉饮料厂排水	6000	砂	35	4.0～18.5	52～75
热处理液	10000	砂	35	4.3～21.4	68
乳液滤液	6800	砂	30～35	8.6～10.4	82
乳液滤液	27300	砂	30～35	5.3～7.4	80～85
酱油厂排水	9700～10900	砂	36	13～19.7	90
酵母厂排水	3000	砂	37	20～60	72～96
啤酒厂排水	1000～12000	砂	35	1.0～14.6	55～95
面包厂排水	8800	砂	35	2.9～14.7	88～92
造纸厂排水	8000～16000	砂	35	25～48	37～47
玉米淀粉厂排水	2000～6000	活性炭	35	14～50	70～95
糖甜菜厂排水	3000～6500	沸石	—	38	85

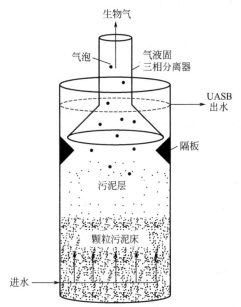

图 1-16　UASB 反应器的基本构造

UASB 法是 20 世纪 70 年代由 Lettinga 等[115] 开发出的高效厌氧污水处理工艺，是上流式污泥床的一种。此工艺利用厌氧细菌自凝聚和颗粒化的特性，在反应器中形成可保持良好沉降性能的粒状污泥，从而达到快速去除污水中有机物的目的。UASB 反应器的基本构造如图 1-16[116] 所示。反应器的上部设置了气-固-液三相分离器，反应器内部除去了全部滤材，有机物的去除依赖于反应器内的颗粒污泥。进水由反应器底部以均匀向上流的方式导入反应器，进水依次通过污泥床进入分解反应的反应区（中部）、气-固-液三相分离器（上部）、由处理水溢流部流出反应器。伴随有机物去除而产生的沼气的上升力对污泥床产生缓慢的搅拌作用，使颗粒污泥与进水充分接触。UASB 法适用于处理含有高浓度可生物降解 COD_{Cr} 的废水，如玉米淀粉废水、水产加工废水、小麦淀粉废水、糖蜜发酵废液、啤酒厂废水和屠宰场废水等工业废水。截至 2000 年，世界厌氧废水处理系统中 UASB 法所占的比例达到 60%，在日本以食品工业废水处理设施为中心，共建有 200 余座 UASB 装置。2001 年日本朝日啤酒公司通过厌氧处理，由 1465.2 万吨废水回收了 4800t 甲烷气体（相当于 5200kL 重油）[104]。

二相工艺是由 Ghosh 和 Pohland[117,118] 提出的，将厌氧消化的酸生成过程和产甲烷过程分别设置在两个独立的反应槽中进行的处理工艺，与之相对的是一相工艺。二相工艺亦被称为二段消化或者二段厌氧消化，在二相工艺中，酸生成菌和产甲烷菌分别处于各自的最优生长环境，因此整体工艺的产甲烷率高于一相工艺。酸生成相与产甲烷相的相分离是二相工艺的关键，其实现手段有以下几种。

（1）动力学控制法[119]　　利用酸生成菌与产甲烷菌比增值速率的差异，将酸生成相的

HRT 控制在小于 2d 的话，就可以将产甲烷菌清除，从而控制酸生成相的甲烷生成。

（2）物理化学控制法　根据酸生成相和产甲烷相的最佳 pH 值、温度及氧化还原电位（ORP）等环境条件的不同，将酸生成相的 pH 值控制在 5.0～6.5，产甲烷相的 pH 值则控制在 7.0 以上的弱碱性。

ABR 法是由 McCarty 等[120] 于 20 世纪 80 年代初研究开发的。其工艺流程如图 1-17 所示。在反应器中设置的竖向导流板将反应器分割成多个并列的反应室，各个反应室近似于上流式污泥床，污泥以颗粒或絮状污泥形式存在，各反应室的处理水在导流板处变为下流式，在下一个反应室再次变为上流式。污泥浓度通过处理水的回流进行调节。表面上 ABR 法反应器只是 UASB 法反应器的并联连接，但实际上二者大有不同：①UASB 法的水流近似于完全混合，而 ABR 法类似于推流式；②UASB 法是一相的系统，而 ABR 法是二相或者多相系统。此外，ABR 法还具有以下优点：构造简单、无需动力、不需机械搅拌、不易堵塞、运行费用低；SRT 长，污泥产量低、不需要拦截污泥的填料和三相分离装置；COD_{Cr} 负荷适应范围大、耐水力和毒物负荷冲击等。

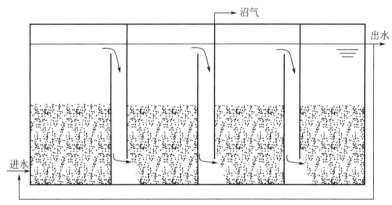

图 1-17　ABR 法工艺流程示意

根据实验室研究可知，ABR 法适用于处理生活污水，制糖废水、酿造废水等 COD_{Cr} 范围为 300～115000mg/L 的污水。ABR 法在处理低浓度难降解型有机废水方面特别受到期待，但此工艺的应用实例现在仍少见。

二、好氧生物处理

（一）活性污泥法[121,122]

活性污泥法生物处理技术是 1914 年由英国的 Clark 和 Gage 创立的。如今活性污泥法及其衍生工艺是污水处理中被广泛使用的方法。活性污泥法的功能由最原始的去除含碳有机物逐渐演变为在去除含碳有机物的同时，高效去除氮磷营养物质。

活性污泥一般呈黄褐色，活性污泥絮体尺寸在 0.02～0.2mm 范围内，其表面积为 20～100cm^2/mL，含水率 99% 以上，比水略重，密度介于 1.002～1.006g/cm^3。活性污泥系统中的活性污泥絮体由大量繁殖的微生物群体组成，其中主要为细菌，其数量占活性污泥中微生物总重量的 90%～95%。在某些工业废水活性污泥处理系统中细菌的数量甚至可达100%。菌胶团细菌是构成活性污泥絮凝体的主要成分，有很强的生物吸附能力和氧化分解有机物的能力。新生的菌胶团颜色浅，无色透明，结构紧密，生命力旺盛，吸附和氧化能力强，再生能力强；而老化的菌胶团颜色深，结构松散，活性不强，吸附和氧化能力弱。菌胶团和丝状细菌构成活性污泥的骨架，微型动物（原生动物和后生动物）附着在其上或者漫游其间，使活性污泥形成结构良好的具有吸附和生物降解功能的生物絮凝体。通过活性污泥的初期吸附作用和微生物的代谢作用，污水中的有机物得以去除。

随着活性污泥法的发展而演化出了除普通活性污泥法以外的多种活性污泥法的变种工艺，如氧化沟法、AB法、SBR法、CAST法等。

1. 普通活性污泥法

活性污泥法是早期开始使用并一直沿用至今的运行方式，也是应用最广泛的好氧生物处理方法之一，其工艺流程如图1-18所示。来自初沉池或其他预处理装置的废水从曝气池一端进入，从二沉池连续回流的活性污泥也与此同步进入曝气池。此外，铺设在曝气池底部的空气扩散装置，以细小气泡的形式进入废水，向曝气池内充氧的同时对池内的活性污泥进行剧烈搅拌，使活性污泥与废水充分混合，使活性污泥反应得以进行。反应的结果是，污水中的有机物被微生物分解降解的同时，活性污泥自身得以繁衍增长。经过活性污泥净化后的混合液由曝气池进入二沉池进行固液分离，上清液作为处理水排出系统，沉淀后的污泥一部分回流至曝气池，另一部分作为剩余污泥排出系统。

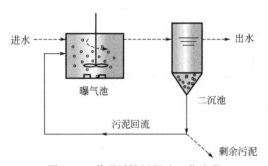

图1-18　普通活性污泥法工艺流程

在长期的工程实践过程中，根据水质的变化、微生物代谢活性的特点和运行管理、技术经济及排放要求等方面的情况，活性污泥法发展了多种运行方式和池型。按照运行方式，可以分为标准曝气法、阶段曝气法、吸附再生法、延时曝气法、高负荷曝气法等；按照池型可分为推流式曝气池和完全混合式曝气池。

普通活性污泥法具有如下各项特征：在曝气池前端，供给微生物的基质较多，微生物的生长一般处于对数生长期后期或稳定期。由于普通活性污泥法曝气时间较长，污水向前推进至曝气池末端时，其中的有机物已几乎被耗尽，微生物进入内源代谢期，活动能力也相应减弱。因此池的前端混合液中溶解氧浓度较低，沿池长逐渐升高，相应的有机物浓度沿池长逐渐降低，耗氧速率也相应地降低。普通活性污泥法对污水处理效果很好，BOD_5去除率可达90%～95%，适用于净化程度和稳定程度较高的废水。

普通活性污泥法存在着下列问题：池前端有机物负荷高，耗氧速率高，为了避免缺氧甚至形成厌氧状态，进水有机负荷不宜过高，因此曝气池容积大，基建费用高；废水自池首端集中进入，对水质、水量变化的适应能力较低，运行效果易受水质、水量变化的影响；耗氧速率与供氧速率不一致，池前端可能出现供氧相对不足，后端出现供氧相对过剩的现象，因此可采用渐减曝气法，即曝气量沿池长逐渐减小，在一定程度上解决普通活性污泥法中供氧与需氧的矛盾。

阶段曝气活性污泥法，是针对普通活性污泥法供需氧不平衡的弊端，做了某些改良的活性污泥法，又称多点进水活性污泥法或逐步曝气活性污泥法，于1942年在美国纽约开始应用。阶段曝气的特征是：废水沿池长度分散进入曝气池。这种运行方式的优点是有机物在池内的分配比较均匀，缩短了前端和后端溶解氧的差距，不仅有利于降低能耗，还能够充分发挥活性污泥微生物的降解功能，并且曝气池对水质和水量冲击负荷的抵抗能力也有所提高。实践证明，曝气池容积同普通活性污泥法相比可以缩小30%。

吸附再生活性污泥法又称接触稳定法，于20世纪40年代后期开始在美国应用。其特点是将活性污泥对有机物降解的吸附和代谢稳定两个过程分别在两个反应器中进行。废水与经过再生池充分再生的活性很强的活性污泥同步进入吸附池，进行30~60min的充分接触，将部分悬浮、胶体和溶解性状态的有机物吸附，去除部分有机物。混合物进而流入二沉池，泥水分离后澄清水排放，污泥则从底部进入再生池，进行第二阶段的分解和合成代谢反应，活性污泥微生物进入内源呼吸期，活性污泥的活性得到充分恢复，在其进入吸附池与废水接触后，能够充分发挥其吸附功能。与普通活性污泥法相比，吸附再生系统具有以下特征：废水在吸附池停留时间短（30~60min），因此吸附池容积一般较小，而再生池内是回流污泥，因此再生池的容积也较小，吸附池与再生池容积之和仍小于普通活性污泥法曝气池的容积；对水质和水量的冲击负荷具有一定的承受能力；当吸附池内的污泥遭到破坏时，可由再生池内的污泥予以补救。

延时曝气活性污泥法又称完全氧化活性污泥法，20世纪50年代初在美国开始应用。它的特点是BOD-SS负荷非常低，曝气时间长（一般多在24h以上），一般采用完全混合曝气池；活性污泥长期处于内源呼吸期，剩余污泥产生量少且性质稳定，无需后续消化处理。由于该法的曝气时间长，因此池容大，而且需要的空气量也多，基建和运行费用高。此法仅适用于处理对处理水质要求高且不宜采用污泥处理技术的小城镇污水和工业废水，水量不宜超过$1000m^3/d$。

高负荷曝气活性污泥法又称短时曝气活性污泥法或不完全处理活性污泥法。其主要特点是污泥负荷高，混合液污泥浓度低（MLVSS=500~1500mg/L），微生物处于对数增殖期，泥龄短，水力停留时间短（1.5~3.0h），污泥回流比小，处理效率低（一般BOD_5去除率不超过70%~75%）。因此，与BOD_5去除率在90%以上的完全处理活性污泥法相比，此法被称为不完全处理活性污泥法。

2. 氧化沟法[121,122]

氧化沟生物处理技术是20世纪60年代初由L. A. Pasveer博士通过研究和设计而发明的。第一座氧化沟污水处理厂是Pasveer博士于1954年在荷兰Voorsdoten市建造的。氧化沟是活性污泥法的一种改型，其工艺流程如图1-19所示。它把连续环式反应池作为生化反应器，混合液在其中连续循环流动。曝气设备是氧化沟的主要装置，它使用一种带方向控制的曝气和搅拌装置（转刷、转碟），向反应器中的混合液传递水平速度，从而使被搅动的混合液在氧化沟闭合渠道内循环流动。因此，氧化沟又称为"循环曝气池"或"无终端曝气系统"。氧化沟的水力停留时间长达10~40h，污泥龄一般大于20d，有机负荷则很低，仅为$0.05~0.15kgBOD_5/(kgMLSS \cdot d)$，容积负荷为$0.2~0.4kgBOD_5/(m^3 \cdot d)$，活性污泥浓度为2000~6000mg/L。

氧化沟工艺的特点如下。

（1）氧化沟内存在推流式和完全混合式两种流态　从氧化沟的水流混合特性来看，兼具完全混合式反应器和推流式反应器的特点。一方面，若着眼于整个氧化沟，以整个水力停留时间为观察基础，可以认为氧化沟是一个完全混合式反应器。废水进入氧化沟后，即被几十倍甚至上百倍的混合液所稀释，因此氧化沟可以按照完全混合式生化反应器的动力学公式进行设计。从另一方面看，废水从排水口下游进入氧化沟，必须至少经过一次循环才能排出，

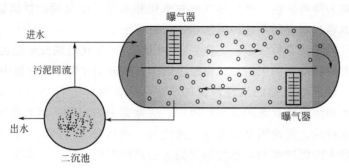

图 1-19 氧化沟法工艺流程

废水在闭合渠道循环一次的时间很短（通常 5～20min），因此若以废水在氧化沟中循环一次作为观察基础，氧化沟又表现出推流式反应器的特征。

（2）氧化沟内存在明显的溶解氧梯度 曝气装置在氧化沟的布置特点使得氧化沟中的溶解氧呈现分区变化。在氧化沟内，溶解氧浓度随着距曝气装置距离的增大而减小，在远离曝气装置的某一点处减少为零，出现缺氧区。利用溶解氧在氧化沟内浓度变化，在空间上形成了好氧区、缺氧区、厌氧区的分区，从而在同一构筑物内可以实现含碳有机物及氮磷的同步去除。

（3）氧化沟工艺可以不设置初沉池 由于氧化沟所采用的污泥龄一般较长，有机负荷一般低于 $0.1kgBOD_5/(kgMLSS \cdot d)$，属于延时曝气法系列，剩余污泥量较普通活性污泥法少。

按照氧化沟的构造及运行特征划分，除普通氧化沟外，还有以下几种形式：Orbal 氧化沟、Carrousel 氧化沟、交替工作式氧化沟、一体化氧化沟、导管式氧化沟、射流曝气氧化沟、鼓风曝气氧化沟等。

Orbal 氧化沟是 1970 年在南非开发并由美国 Envirex 公司继续开发推广的一种同心多渠道的氧化沟系统，内设若干多孔曝气圆盘的水平旋转装置，用以进行充氧和混合搅拌。废水最先引入最里面或者最外面的沟渠，在其中不断循环流动的同时可以通过淹没式输水口从一条沟渠顺序流至下一条沟渠。每条沟渠都是一个完全混合的反应器，整个系统相当于若干个串联在一起的完全混合器，处理水最终从外面或者中心的渠道流出。

Carrousel 氧化沟是由荷兰 DHV 公司于 1967 年开发的一个多沟串联系统，在荷兰最为流行。其特点是沟渠一般为廊道式，沟渠的一端（或两端）设置垂直轴的表面叶轮曝气器。由于表面叶轮曝气器的提升作用，氧化沟的水深一般可达 4.5m。

交替工作式氧化沟最早由丹麦的 Krüger 公司开发，是 SBR 工艺和普通氧化沟工艺组合的效果。最初的较典型交替工作式氧化沟是不设沉淀池的双沟式（DE 型）和三沟式（T 型），主要作用是去除 BOD_5。双沟式氧化沟是由两个容积相同的单沟式氧化沟（VR 型）组成，两沟被交替用作曝气池和沉淀池。三沟式氧化沟是由 3 个平行的单沟氧化沟串联组成，左右两侧的单沟交替用作曝气池和沉淀池，中间的则连续曝气。交替工作式氧化沟都不需设置污泥回流系统，但是存在着曝气设备利用率低的问题，双沟式只有 37.5%，三沟式可达 58.3%。

一体化氧化沟又称合建式氧化沟，集曝气、沉淀、泥水分离和污泥回流功能于一体。主要有船式、BMTS 型一体式和侧沟式等几种形式。船式一体化氧化沟将平流式沉淀器设置在氧化沟的一侧，其宽度小于氧化沟宽度，因此就像在氧化沟内放置了一条船，混合液从船的底部及两侧流过，在沉淀槽下游一端有进水口，使部分混合液进入沉淀槽，沉淀槽内的污泥下沉并由底部的泥斗收集回流至氧化沟。BMTS 型一体式氧化沟在澄清池的底部设置一系列的导流板，以降低澄清池中下层水流的紊动。侧沟式一体化氧化沟将沉淀区设置在氧化沟一段沟的两侧且贯穿整个池深，混合液从两沉淀区间流过，部分混合液进入沉淀区底部的流孔，再向上通过倾斜板，澄清水用淹没式穿孔管排出，沉淀污泥则沿挡板下滑至混合液。

导管式氧化沟是美国在 20 世纪 80 年代推出的，它以导管式曝气器替代转刷等表面曝气器。1983 年日本建设省正式确认它为优秀新技术。导管式氧化沟在底部设置导流管，其混合和充氧分别由两套装置独立承担：水力推进器和鼓风机。底部导流管的设置使得水流从底部推进，可以避免底部污泥的淤积。导管式氧化沟的氧利用率高，据日本的应用研究，当氧化沟水深 3m 时，氧利用率为 26%～34%；水深为 6m 时，氧利用率可达 36%～45%。

射流曝气氧化沟的特点是采用射流曝气器进行曝气。通常氧化沟沟底设置射流曝气喷嘴，将压缩空气与混合液在混合室进行充分混合，完成水、泥、气三相的混合传质，并以挟气溶气的状态向水流流动方向射出，达到充氧和搅拌推流的双重作用。射流器可以使氧化沟内水流速度达到 0.3m/s 左右，足以使活性污泥保持悬浮状态。

鼓风曝气氧化沟是将充氧设备和水流推动设备分开设置的一种工艺。采用鼓风曝气和高效微孔曝气器在池底布气充氧，同时采用潜水推进器推动沟内水的流动。水深一般以 6m 为宜。

3. AB 法[121,122]

AB 法废水处理工艺是吸附-生物降解（adsorption-biodegradation）工艺的简称，由德国 B. Böhnke 教授于 20 世纪 70 年代中期开创的，从 20 世界 80 年代开始用于实践。AB 法的工艺流程如图 1-20 所示。

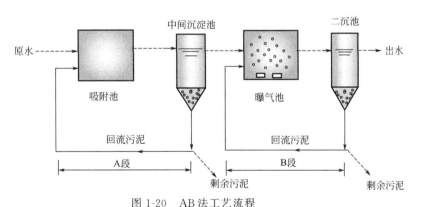

图 1-20　AB 法工艺流程

A 段接受来自排水系统的废水，由于不设初沉池，有助于接种和充分利用污水中输送来的微生物，使 A 段形成一个开放性的生物动力学系统。AB 法中 A 段溶解氧浓度为 0.2～0.7mg/L，水力停留时间短（30～60min），负荷高 [2～6kgBOD$_5$/(kgMLSS·d)]，微生物世代时间短（0.3～0.5d）、活性高、污泥产率高，活性污泥以细菌为主。A 段对污染物的去除主要依靠微生物的吸附作用，去除对象为废水中的非溶解性有机物（悬浮的、胶体的物质）、某些重金属和难降解有机物质以及氮磷营养物质，从而大大减轻了 B 段的负荷。B 段接收 A 段的处理水，水质水量比较稳定，溶解氧浓度为 1～2mg/L，水力停留时间长

（2.0～3.0h），负荷低 [0.15～0.3kgBOD$_5$/(kgMLSS·d)]，为总负荷的 30%～60%，污泥龄为 15～20d。B 段主要净化功能是依靠生物降解去除有机污染物。B 段生物相中以原生动物和后生动物为主，能吞食 A 段带来的游离细菌、有机颗粒与残渣。AB 法的精髓在于 A、B 段独立设置的沉淀池，其污泥也回流至各自反应池，因此，A、B 段生物相互不混杂，每个生物相的独特净化功能得以充分发挥，从而优化了整体的净化效率。

4. SBR 法[121,122]

序批式活性污泥法（sequencing batch reactor activated sludge process），简称 SBR，是 20 世纪 70 年代初，美国 Notre Dame 大学的 Irvine 教授等研究开发的好氧生物处理技术，并于 1980 年在美国国家环保局（USEPA）的资助下，在印第安纳州的 Culver 城改建并投产了世界上第一个 SBR 污水处理厂。

在 SBR 反应器中生化反应与泥水分离在同一反应池中进行，SBR 的运行工况以间歇操作为主要特征，即运行操作在空间上是按照序列、间歇的方式进行，由于废水大多是连续排放且流量的波动很大，此时 SBR 至少需要两个池或者多个池，废水连续按照序列进入每个反应器，它们运行时的相对关系是有次序的，也是间歇的；并且每个 SBR 的运行操作在时间上也是按次序排列间歇运行的。废水分批次进入反应池，然后依次进行反应、沉淀、排出上清液和闲置过程，完成一个运行周期。SBR 的典型运行方式见图 1-21。对于单一 SBR 而言，只在时间上进行有效的控制与变换，即能达到多种功能的要求，运行非常灵活。

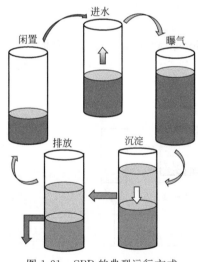

图 1-21   SBR 的典型运行方式

与传统的活性污泥法相比，SBR 具有以下优越性：不设二沉池，曝气池兼具二沉池功能；建设和运行费用较低；污泥沉降比 SVI 值较低（一般不超过 100），污泥具有良好的凝聚沉降性能，易于沉降，不易产生污泥膨胀现象；易于维护，处理水质优于连续式活性污泥法；通过对运行周期的适当调节，在单一曝气池内能够取得氮磷的同时去除。

传统的 SBR 工艺形式在工程应用中存在一定的局限性：①进水流量较大的情况下，反应系统需要进行调节，但投资也会相应增大；②对脱氮、除磷性能有严格要求时则需对 SBR 工艺进行适当的改进。因而在工程应用实践中，陆续发展形成了各种新型 SBR 工艺，如 ICEAS 工艺、CAST 工艺等。

间歇循环延时曝气系统（intermittent cyclic extended aeration system，ICEAS）由澳大利亚的新南威尔士大学与美国 ABJ 公司于 1968 年合作开发。1976 年，世界上第一座 ICEAS 法废水处理厂建成投产。1986 年美国国家环保局将 ICEAS 工艺定义为废水处理的革新/替代技术。

ICEAS 工艺的特征是：在 SBR 反应器的前端增加一个生物选择器，连续进水间歇排水，不但在反应阶段进水，在沉淀和排水阶段也进水。ICEAS 反应池分为预反应区（生物选择区）和主反应区两部分。生物选择器一般处于缺氧和厌氧状态，占总体积的 10%～15%，主反应区是曝气反应的主体。废水通过渠道或者管道连续进入预反应区，由于预反应区不设分格，废水之后连续进入主反应区。ICEAS 工况由进水曝气、沉淀、滗水组成，运行周期比较短（一般为 4～6h），其中进水曝气时间占整个运行周期的 1/2。

5. Cast 法

循环活性污泥技术（cyclic activated sludge technology，CAST）是由美国的 Goronszy 教授在 ICEAS 工艺的基础上开发出来的。与 ICEAS 工艺相比，CAST 工艺将主反应区的活性污泥回流（回流比约为进水流量的 20%）至容积可变的生物选择器（容积约为总容积的 10%）中，而且在沉淀阶段不进水，排水的稳定性得到保障。CAST 工艺是一种间歇式生物反应器，在其中进行交替的曝气-非曝气过程的不断重复，将生物反应过程与泥水分离过程综合在一个池内进行。生物选择器是按照活性污泥种群组成的动力学原理而设置的，创造适合微生物生长的条件并选择出絮状污泥，并通过主反应区污泥的回流与进水的混合，不仅充分利用了活性污泥的快速吸附作用，而且提高了溶解性物质的去除速率。同时可使磷在厌氧条件下得到有效的释放。主反应区则是有机物被去除的主要场所。因此，溶解性有机物的去除和难降解有机物的水解作用被加大，脱氮处理效果亦被强化。CAST 工艺解决了 ICEAS 工艺对于 SBR 优点部分的弱化问题，脱氮除磷效果比 ICEAS 系统好。

（二）生物膜法[121,123]

废水生物膜处理技术是与活性污泥法并列的一种废水好氧生物处理技术。其实质是使细菌、真菌一类微生物与原生动物、后生动物一类微型动物附着在滤料或者某些载体上生长繁育，并在其上形成膜状生物污泥，即生物膜。废水与生物膜接触，废水中的有机污染物作为营养物质，被生物膜上的微生物所摄取，从而废水得到净化，微生物自身也得到增殖[108]。

生物膜是高度亲水的，在废水不断在其表面更新的情况下，生物膜的外侧存在着一层附着水层。生物膜是微生物高度密集的集聚地，在膜的表面和内部生长和繁殖着丰富的各种类型的微生物和微型动物，并形成有机污染物-细菌-原生动物的食物链。随着生物膜的成熟，其厚度不断增加，在增加到一定厚度后，氧气不能透入的内侧即转变为厌氧状态，形成厌氧膜层，而外侧为好氧膜层。好氧膜层的厚度一般为 2mm 左右，有机物的降解主要在好氧膜层进行。溶解于流动水层空气中的氧气和废水中的有机物，透过附着水层传递给生物膜，氧和有机物供微生物的呼吸，从而有机物被降解。CO_2 及厌氧层的分解产物，如 H_2S、NH_3 及 CH_4 等气体则从水层逸出进入空气中。当厌氧层加厚并且气态代谢产物增多时，气态物质逸出至大气的过程会造成外侧好氧层生态系统的破坏，减弱生物膜的固着力，从而老化脱落。因此，需要控制相关条件，以减缓生物膜的老化过程，不使厌氧层过分增长，加快好氧膜的更新，并且尽量保障生物膜不集中脱落。

生物膜处理法的主要特征如下：①参与净化的微生物呈现多样化、食物链较长，能够存活世代时间较长的微生物，如世代时间都比较长的亚硝化单胞菌属和硝化杆菌属（比增值速度分别为 $0.21d^{-1}$ 和 $1.12d^{-1}$）；②对水质、水量变化有较强的适应性、污泥沉降性能良好，易于固液分离；③能够处理低浓度的废水，可使 BOD 为 20～30mg/L 的原废水处理至 BOD 浓度仅为 5～10mg/L；④与活性污泥法系统相比，易于维护运行，节能。

随着生物膜技术的发展，衍生出了多种集合生物膜与活性污泥法优点的技术，如生物接触氧化法、生物转盘、生物滤池、生物膜/活性污泥组合式工艺等。

1. 生物接触氧化法[124～126]

生物接触氧化概念最早于 19 世纪末由 Waring 等提出。20 世纪 50 年代初，生物接触氧化技术被广泛应用于小型污水处理厂中。生物接触氧化是从生物膜法派生出来的一种废水生物处理方法，兼具活性污泥法和生物膜法两者的优点，即在生物接触氧化池内装填一定数量的填料，利用栖息在填料上的生物膜和充分供应的氧气，通过生物作用，将废水中的有机物氧化分解,达到净化的目的。

在生物接触氧化法中,微生物主要以生物膜的状态附着在固体填料上,有部分絮体呈破碎生物膜状悬浮于处理水中(浓度小于 300mg/L),生物接触氧化法中有机物的去除主要依靠生物膜(附着微生物)的作用来完成。运行时填料全部浸没在污水中,利用机械装置向水体充氧。由于吸附作用,生物膜表面上附着一层滞流薄水层,空气中的氧通过滞流层进入生物膜。在有氧条件下,污水层内有机物不断被膜中微生物所吸附、氧化分解。滞流水层内有机物浓度极大地低于流动层,在传质推动力的作用下,流动层内的有机物不断向附着层迁移,使流动水层在整体流动中逐步得到净化,达到污水处理的目的。

生物接触氧化法的中心处理单元是接触氧化池。接触氧化池主要由池体、填料、布水装置和曝气系统 4 部分组成。根据水流状态的不同,接触氧化池可分为分流式(池内循环式)和竖直流式。分流式即废水充氧与生物膜接触是在不同的单元格内进行,废水充氧后在池内进行单向和双向循环,适用于 BOD_5 负荷较小的三级处理,国外废水处理工程中较为常用;直流式就是直接在填料底部进行鼓风充氧,国内废水处理工程中多采用直流式。

随着新型填料和反应器的研制和开发,生物接触氧化法的应用领域也更加广泛,用于处理生活污水、城市污水、微污染源水、某些工业有机废水(如石油化工、农药、印染、轻工造纸、食品加工、发酵酿造、制药等行业排放废水),甚至像苯酚、丙酮等一些难降解有毒废水。

相比于传统的活性污泥法和生物滤池法,它具有比表面积大(表 1-8)[125]、污泥浓度高、耐冲击负荷能力强[一般情况下,生物接触氧化法的容积负荷为 $3\sim10kg/(m^3 \cdot d)$,COD_{Cr} 去除率为传统生物法的 $2\sim3$ 倍]、污泥龄长、氧利用率高、节省动力消耗(生物接触氧化法对氧的利用率比活性污泥法高 $3\sim8$ 倍,动力消耗比活性污泥法减少 $20\%\sim30\%$)、污泥产量少、运行费用低、设备易操作、易维修等优点。

表 1-8　好氧生物膜比表面积对比

处理工艺	比表面积/(m^2/m^3)
生物滤池	$40\sim120$
生物转盘	$120\sim180$
生物接触氧化	$130\sim1600$
生物流化床	$3000\sim5000$

生物接触氧化的运行参数的选择应遵循下述原则[126]。

(1)性能良好的填料应具有以下特点:①填料上生物膜分布均匀,不产生明显积泥、不产生凝团现象;②空隙率较大,不会被生物膜堵塞,不易被水中油污粘住而影响处理效果,③要求抗压强度高,有较高的耐盐、耐腐蚀性;④要有尽可能高的比表面积和良好的亲水性能,使尽可能多的生物膜附着在填料上;⑤要求充氧动力效果好,可降低运行费用,节省能源;⑥水流阻力小、化学和生物稳定性强,不溶出有害物质而产生二次污染,在填料间能形成均一的流速,且便于运输和安装。

(2)生物接触氧化中水温的适宜范围在 $10\sim35℃$。水温过低,生物膜的活性受到抑制,同时导致反应物质扩散速率的下降,处理效果受到影响。水温过高,将导致出水 SS 和 BOD_5 的增加;温度升高还会使溶解氧降低,氧的传质速率下降,造成溶解氧不足、污泥缺氧腐化而影响处理效果。

(3)控制生物接触氧化池进水的 pH 值在 $6.5\sim9.5$。Villaverde. S 等研究了不同 pH 值对生物接触氧化中硝化过程的影响，研究表明，在 pH 值为 5.0～9.0 范围内，pH 值每增加一个单位，硝化效率将增加 13%，硝化生物膜量在 pH 值为 8.2 时获得最大值。

（4）生物接触氧化池中溶解氧一般应维持在 2.5～3.5mg/L，气水比为（15～20）∶1。溶解氧不足使得生物膜附着力下降而脱落，导致水黏度增加，氧转移效率下降，进而造成缺氧，形成恶性循环使处理效果恶化；过高的气水比会造成对生物膜的强烈冲刷，导致生物膜大量脱落，影响处理效果。

（5）对于城市生活污水，停留时间一般选 0.8～1.2h；对于工业废水，差别较大，如印染废水、含酚废水等 COD 常在 500mg/L 左右，一般采用停留时间为 3.0～4.0h；对于微污染水源水，同济大学研究得出停留时间取 1.2～2.0h 最佳。

2. 生物转盘法[124～126]

生物转盘（rotating biological contacts，RBC）是一种固定膜或附着生长的生物处理工艺，由原联邦德国于 20 世纪 60 年代开创。生物转盘由盘片、接触反应槽、转轴及驱动装置所组成。其工作原理是将聚苯乙烯或聚氯乙烯的串联成组的圆形盘片固定在水平轴上，转轴高出槽内水面 10～25cm，圆形盘片的一部分（一般为 40%）没入污水，随着圆盘的缓慢旋转（1～1.6r/min），将污水与生物膜接触，同时供给微生物生长所需要的氧气，实现污水中有机物的去除。

生物转盘在工艺和维护运行方面具有以下各项特点：①微生物浓度高，据一些实际运行的生物转盘系统的测定统计，转盘上的生物量可达 40000～60000mgMLVSS/L；②污泥龄长，转盘有利于增值速度慢的微生物，如硝化菌等的生长；③耐冲击负荷，对于 BOD 值高达 10000mg/L 甚至更高的超高浓度有机废水的处理，可以达到出水浓度低于 10mg/L 的良好处理效果；④不需要调节污泥量，不存在污泥膨胀的麻烦，复杂的机械设备也较少，便于维护管理；⑤接触反应槽不需要曝气，污泥也无需回流，因此，动力消耗低是本法最突出的特点。据有关运行单位统计，每去除 1kg BOD_5 的耗电量约为 0.7kW·h。

3. 生物滤池法[124～126]

生物滤池（biological filter）是以土壤自然净化为依据，在污水灌溉的实践基础上，经过较原始的间歇砂滤池和接触滤池而发展起来的人工生物处理技术。1893 年在英国试行将污水在粗滤料上喷洒进行净化的实验，取得良好的效果。1900 年以后，这种工艺得到公认而被正式命名为生物过滤法，处理的构筑物则称为生物滤池。生物滤池由池体、滤料、布水装置和排水系统等组成。其原理是利用污水长时间以滴状喷洒在块状滤料层的表面而形成的生物膜，通过生物膜上微生物对流经污水中有机物的摄取，从而使污水得到净化。

早期出现的生物滤池（普通生物滤池）负荷低，BOD_5 负荷仅为 0.1～0.4kg/(m³ 滤料·d)。其优点是净化效果好，BOD_5 去除率可高达 90%～95%。主要缺点是占地面积大，而且易堵塞，在使用上受到限制。因此，人们在运行方面采取措施，将 BOD_5 负荷提高到了 0.5～2.5kg/(m³ 滤料·d)，即高负荷生物滤池。但是进水 BOD_5 浓度需要限制在 200mg/L 以下，基于此，采取处理水回流的措施，降低进水浓度，加大水量，使滤料不断受到冲刷，生物膜连续脱落-更新，从而占地大、易于堵塞的问题得到一定程度的解决。

4. 生物膜/活性污泥组合工艺 IFAS[123]

在活性污泥曝气池内采用生物膜载体是一个古老的概念，近几年，这一概念被扩展为生物膜/活性污泥组合工艺（integrated fixed-film activated sludge process，IFAS），就是将生物膜和活性污泥合并在一起的工艺。其实现的方式是往活性污泥法系统内投加载体（固定式或悬浮式）以生成生物膜，并通过污泥回流来维持混合液的浓度，以提高反应器内的生物量，实现提高系统处理能力或性能的初衷。IFAS的优点有通过投加载体提高系统处理能力或性能、增加生物量的同时不增加沉淀池的固体负荷、可在较小占地面积下获得较高的处理能力、污泥产量低、可以同时硝化反硝化。IFAS也存在一些缺点，如增加运行设备、由于截留载体格网的设置增加了水头损失等。

IFAS使用过很多类型的载体，有些载体甚至已经成为工业标准。决定某特定载体是否可以应用的因素有比表面积、是否易堵塞、耐久性等。一般来说，IFAS使用的载体可以分为固定式和悬浮式载体两类。固定式载体主要为绳状（rope-type）载体，也可称为环状绳索（looped-cord）或绞股（strand media）载体，就是以编织绳将环状载体单体串联起来，其环状部分的材质为聚乙烯或聚酯。被广泛使用的悬浮式载体有塑料材质并类似货车形状的载体和海绵立方形载体，此类载体密度略小于水。

（三）好氧颗粒污泥法

好氧颗粒污泥属于微生物的自固定化技术范畴，每个颗粒污泥是由数以百万计的不同细菌形成的微生物的聚合群落。好氧颗粒污泥具有规则的外形、密实的结构和优良的沉淀性。好氧颗粒污泥是高活性微生态系统，它的存在能实现反应器内较高的生物浓度，从而减小反应器体积，提高耐冲击负荷能力[127]。Mishima等[128]首先在升流式好氧反应器中发现了具有良好沉淀性能，粒径在2~8mm之间的好氧颗粒污泥。随后许多研究者利用SBR反应器中独特的厌氧-好氧交替出现和气液两相均成升流运动的特征，培养出了好氧颗粒污泥，并将好氧颗粒污泥化技术应用于处理高浓度有机废水、有毒废水和城市污水脱氮除磷处理。

（1）形成步骤　好氧颗粒污泥的形成需要满足一定的物理、化学和生物条件。Liu和Tay[129]提出好氧颗粒污泥形成的4个步骤。

① 细菌通过物理运动相互接触。促进这一过程的动力可分为流体动力、物质扩散、重力沉降热力学动力和细胞自我运动等。

② 细胞间相互接触及稳定的过程。过程中促使细胞相互吸引的动力包括来自物理方面（如范德华力、异性电荷吸引力、热动力、表面张力、疏水性、丝状细菌的架桥效应等）、化学及生化方面（包括细胞表面脱水、细胞膜黏结、细胞间信息传递及收集）等。

③ 细胞聚合体的成熟。这个过程则是细胞通过分泌产生的胞外聚合物、细胞自身繁殖、代谢变化及环境诱导产生的基因变化等相互作用，进而形成一个有高度组织性的微生物结构。

④ 在流体剪切力的作用下，最终形成一个稳定的、具有三维微观结构的颗粒污泥系统。

（2）作用原理　颗粒有机物中COD_{Cr}的去除主要归因于好氧颗粒污泥中含有一定量的原生动物，能够捕食细小的有机颗粒物，颗粒型有机物的粒径越小则去除效率越高。

在好氧颗粒污泥的表面，亚硝化菌和硝化菌将氨氮分别氧化成NO_2^--N和NO_3^--N；在颗粒污泥的中间层，好氧反硝化菌、异养硝化菌和好氧反氨化菌在低溶解氧条件下（1mg/L左右）进行反硝化，将氨氮转化为N_2；在颗粒内部，当存在外碳源时，反硝化菌将NO_2^--N和NO_3^--N还原为N_2释放；当缺乏有机碳源时，厌氧氨氧化菌（本节第三部分介绍）又能以氨氮为电子供体将NO_2^--N还原为N_2。

好氧颗粒污泥的自身结构特点以及氧扩散梯度的存在使污泥颗粒由内至外可以形成好氧区、缺氧区和厌氧区，为除磷脱氮微生物提供了适宜的生长环境。硝化菌、反硝化菌、聚磷菌、反硝化聚磷菌等可以在三个区域内最大限度地发挥各自的优势实现同步除磷脱氮。好氧颗粒污泥中可以发生聚磷菌除磷，也会由于好氧颗粒污泥内层具有缺氧区，其中的反硝化聚磷菌（DPB）利用储存在体内的有机碳源，并以 $NO_3^- \text{-}N$ 为电子受体，将其体内储存的聚 β-羟丁酸（PHB）降解的同时，将 $NO_3^- \text{-}N$ 还原为 N_2 释放。与此同时，DPB超量吸收磷酸盐并储存在体内形成聚磷酸盐，随着剩余污泥的排出实现除磷目的。

（3）优点　与活性污泥絮体相比，好氧颗粒污泥具有以下的优点：a.结构结实紧凑；b.外形规则光滑；c.反应器中无论是在混合状态还是沉淀后静止状态，作为个体清晰可辨；d.可在反应器中实现较高的污泥浓度和较好的污泥沉淀性能；e.能承受较高水力负荷和有机负荷；f.对有毒物质和重金属的适应性较强；g.颗粒污泥优良的沉淀性能使得反应器出水的泥水分离操作变得容易进行。

（4）驯化方法　好氧颗粒污泥的驯化有以下几类方法[127]。

① 接种污泥类型。一般而论，丝状细菌和荚膜细菌丰富的接种污泥有利于颗粒化。与接种絮状污泥相比，直接采用厌氧颗粒污泥进行驯化更为简便且成功率高，启动时间短。

② Ca^{2+}、Mg^{2+}、Fe^{2+} 和 Fe^{3+} 能与阴离子结合形成颗粒污泥的核心，加速颗粒污泥的形成。当100g Ca^{2+} 加入到进水中，16d可以将颗粒污泥培养成功，而不投加 Ca^{2+} 的情况下颗粒污泥的培养时间为32d。

③ 低pH值和FA有利于颗粒污泥的形成。pH值为4，大量真菌存在时，颗粒污泥粒径可达7mm，而当pH值为8时，细菌占优势，粒径仅为4.8mm；当FA浓度小于23.5mg/L时，颗粒污泥均可培养成功。

④ SBR运行方式：运行周期1.5h时粒径相对较大且结构密实；强化颗粒污泥稳定性的最佳饥饿时间为3.3h；高曝气强度有利于颗粒化；低温不利于颗粒污泥的培养，大多数颗粒污泥的培养在室温下进行；排水高度和直径比（H/D）越高越有利于颗粒化，H/D 为5时，颗粒污泥的培养时间为16d，而 H/D 为1时颗粒化启动时间加倍。

（5）应用　好氧颗粒污泥具有诸多优势，许多研究学者在实验室规模的好氧颗粒污泥反应器中开展了多种高浓度有机废水、金属废水、含毒物质废水及生活污水的研究，具体如表 1-9[130] 所列。

表 1-9　好氧颗粒污泥在污水处理中的应用

处理对象		处理效果
有毒有机废水	高浓度苯酚废水	当苯酚浓度为500mg/L时，颗粒污泥的比降解速率为1g/(g·d)；当苯酚浓度为900mg/L时，颗粒污泥的比降解速率为0.53g/(g·d)
	高浓度嘧啶废水（含苯酚）	苯酚浓度为500mg/L时，颗粒污泥可降解的嘧啶浓度为250～2 500mg/L，最大比降解速率为73.0mg/(g·h)
	PNP废水	PNP浓度为40.1mg/L时，比降解速率为19.3mg/(g·h)，达到峰值
	2,4-二氯苯酚(DCP)废水	出水2,4-DCP和COD浓度为4.8mg/L和41mg/L，去除率分别为94%和95%，最大比降解速率为39.6mg/(g·h)
	MTBE废水	出水MTBE浓度为15～50μg/L，去除率超过99.9%
奶制品废水		容积交换率为50%时，COD、N和P的去除率分别为90%、80%、67%
屠宰废水		COD和TP的去除率在98%以上，TN和VSS的去除率均在97%以上
氮、磷废水		COD、TN、PO_4^{3-}-P、NH_4^+-N、TN平均去除率为80%、70%、71%、92%和47%
金属废水		好氧颗粒污泥对 Cu^{2+} 和 Zn^{2+} 的最大吸附量为246.1mg/g和180mg/g

续表

处理对象	处理效果
颗粒有机废水	颗粒污泥浓度为 0.95g/L MLSS,总 COD 去除率为 50%,可溶解性 COD 去除率为 80%
含铀废水	酸性条件下(pH=1~6),可实现铀的快速吸附(<1h),初始铀浓度为 6~750mg/L 时,最大吸附量为(218±2)mg/g(干重)。

注:PNP 为对硝基苯酚;MTBE 为甲基叔丁基醚。

荷兰 DHV 公司及代尔夫特理工大学、STW 和 STOWA 于 1999 年合作开始研究 Nereda[TM] 好氧颗粒污泥技术,并于 2003~2005 年在荷兰 Ede 污水处理厂进行了世界上第一例利用好氧颗粒污泥处理城市生活污水的中试研究[131]。该中试投入运行了 2 座颗粒污泥 SBR 工程化反应器,基本参数如下:水量为 5m³/h,表面负荷为 3m/h;高度和直径分别为 6m 和 0.6m,运行周期为 2.5~3h;DO 为 1.5~5mg/L,水温为 12~20℃;进水经沉淀、砂滤等预处理后,可去除 75% 的 SS。稳定运行期间,SBR 中的 MLSS 达 8~12g/L,粒径>212μm 的颗粒污泥占 80%~90%(质量分数),且以粒径>0.6mm 的颗粒污泥为主,SVI 为 35~65mL/g。Nereda[TM] 好氧颗粒污泥技术在荷兰 Ede 污水处理厂两年的实践运行证明,基于好氧颗粒污泥的 Nereda[TM] 工艺占地面积仅为传统工艺的 20%~30%,虽然初期机电设备的投资较大(占基建总投资的 40%~45%,而传统活性污泥工艺中该比例为 25%~30%),但由于剩余污泥量小,紧凑的反应器所需供氧量较少,其能耗比传统工艺降低了 25%~35%,年均总运行费用(包括前处理和后续工艺)比传统活性污泥法低 7%~17%[132,133]。同时,荷兰 DHV 公司于 2008 年将 Nereda[TM] 工艺首次用于南非某污水处理厂的升级改造中。该污水厂存在的主要问题是进水量已严重超过水厂现有设施的处理能力,致使处理系统的污泥龄低、出水水质差。基于投资和用地等方面的考虑,Nereda[TM] 技术最终被用于该污水厂的升级改造。与传统工艺相比,Nereda[TM] 技术的基建投资低 20% 左右,电耗节省 35%~45%,年运行费用降低 50% 左右。目前,该工程正在试运行[134,135]。

PERBIOF 技术是意大利 IRSA(Istituto di Ricerca Sulle Acque)研发的高性能污水处理技术。其主体为 SBBGR(sequencing batch biofilter granular reactor),内部设生物固定床。该技术通过投加接种污泥,利用固定床培养出的好氧颗粒污泥处理城市生活污水及工业废水。该技术被用来处理意大利一家制革厂的生产废水,在容积负荷为 $4kgCOD_{Cr}/(m^3 \cdot d)$、进水 COD_{Cr} 平均为 2900mg/L 时,单独采用 SBBGR 处理的出水 COD_{Cr} 仅为 250mg/L(对其去除率高达 90%),但是尚不能满足意大利工业废水排放标准。结合后续的臭氧处理装置(臭氧投加量为 $150~300g\ O_3/m^3$),则联合系统对 COD、DOC、TSS、TKN、表面活性剂及色度的去除率分别为 99.5%、98%、99%、95%、98.7%、98%,出水水质完全满足排放标准[131]。

倪丙杰等[136]在合肥朱砖井污水处理厂进行了应用好氧颗粒污泥处理低浓度城市生活污水的中试研究。已建 SBR 反应器有效容积为 1m³,高度和内径分别为 6m 和 0.5m;溶解氧控制在 2mg/L 左右,HRT 为 6~8h,排水体积交换率为 50%~70%,有机负荷为 0.6~1.0kg $COD_{Cr}/(m^3 \cdot d)$。反应器中接种污泥取自朱砖井污水处理厂的曝气池,SVI 为 75.5mL/g,初始污泥浓度为 4.0g/L。经过 80d 的运行,反应器内出现了粒径为 0.3mm 左右的颗粒污泥。300d 后,MLSS 达 8.0~10.0g/L,85% 为好氧颗粒污泥;污泥平均粒径>0.4mm,SVI 仅为 35mL/g,污泥的沉降速率达 18~40m/h。

由此可见，好氧颗粒污泥是由多种好氧、兼性及厌氧微生物组成的一个完整的微生物群落，对废水中多种污染物质具有良好的降解潜力。多用于处理高负荷废水和有毒有机废水，具有沉降系统体积小、抗负荷冲击能力强、出水水质好等优点。

三、基于厌氧氨氧化的新型脱氮技术

1994 年荷兰 Delft 理工大学发现了可以在自养条件下将 NH_4^+ 厌氧氧化的 Anaerobic Ammonium Oxidation（Anammox，厌氧氨氧化）技术。这一技术是由荷兰 Delft 理工大学与 Paques B. V. 公司联合开发的。狭义的 Anammox 是指在厌氧或者缺氧条件下，浮霉菌目（*Planctomycetales*）的化能自养型厌氧氨氧化菌以 NO_2^- 为电子受体，直接将 NH_4^+ 氧化为 N_2 的过程（图 1-22）。反应原理如式(1-10) 所示[137]。硝酸盐是反应的副产物，占进水氮浓度的 12％左右。

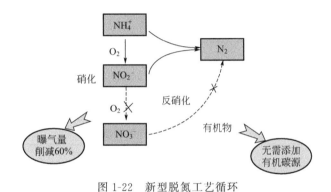

图 1-22　新型脱氮工艺循环

$$NH_4^+ + 1.32NO_2^- + 0.066HCO_3^- + 0.13H^+ \longrightarrow$$
$$1.02N_2 + 0.26NO_3^- + 0.066CH_2O_5N_{0.15} + 2.03H_2O \qquad (1\text{-}10)$$

由于实际废水中的氮以氨氮或有机氮的形式存在，为了保证式(1-10) 反应的进行，需要首先进行部分亚硝化的预处理。因此，广义的 Anammox 则包括两个生物反应过程：部分亚硝化 [废水中的 NH_4^+ 约 60％被氧化为 NO_2^-，式(1-11)] 和狭义的 Anammox（残留的 NH_4^+ 与部分亚硝化反应的产物 NO_2^- 进行反应生成 N_2）[138]。广义的 Anammox 工艺分为一段式工艺（部分亚硝化和狭义的 Anammox 反应发生在同一反应器内）和二段式工艺（部分亚硝化和狭义的 Anammox 反应发生在各自独立的两个反应器内）。典型的一段式工艺，诸如 Deammonification[139]、CANON[140]（completely autotrophic nitrogen removal over nitrite）、OLAND[141]（oxygen limited autotrophic nitrification and denitrification）和 SNAD[142]（simultaneous nitrification anammox and denitrification）法。二段式工艺的代表为 SHARON（single reactor system forhigh-rate ammonium removal over nitrite）-ANAMMOX 法[143]。关于 Anammox 工艺所使用的反应器类型的报道中，SBR 是最常见的，除此之外还有固定床（fixed-bed）反应器、流动床（moving-bed biofilm）反应器、气提式反应器、MBR（membrane bioreactor）。Anammox 工艺的处理对象主要是厌氧消化液、污泥处理回流水、厕所排水、垃圾渗滤液等其他 C/N 比较低的工业废水[138]。

$$1NH_4^+ + 0.86O_2 \longrightarrow 0.57NO_2^- + 0.43NH_4^+ + 1.14H^+ + 0.58H_2O \qquad (1\text{-}11)$$

Anammox 技术是目前已知的最经济的生物脱氮技术，它的优势如表 1-10[144] 所列。

诸多优势的原因在于：①Anammox 菌是自养型厌氧菌，以碳酸盐/二氧化碳为碳源，氨氮的氧化无需分子氧的投加，亚硝酸盐的还原也无需有机碳源的投入，因此可大幅降低污水生物脱氮的运行费用；②由于 Anammox 菌的生长速度非常缓慢，其典型的世代周期为 15～30d，Anammox 工艺污泥产量相比于传统硝化反硝化工艺而言可减少 90%，进一步减少了后续污泥处置的费用消耗；③由于 Anammox 工艺的进水要求 NH_4^+-N/NO_2^--N 比为 1：1.32，以 SHARON 为前处理工艺的 SHARON-Anammox 组合工艺，在不投加任何化学药品的条件下，既能降低污水处理的运行费用，又能实现氮的高效去除。

表 1-10　Anammox 工艺与其他工艺的经济性比较

工艺	费用/(欧元/kgN)
传统硝化反硝化	2.3～4.5
物化法	4.5～11.3
中温亚硝化(SHARON)	0.9～1.4
Anammox	0.7～1.1

由于广义的 Anammox 中的一段工艺需要亚硝化菌与厌氧氨氧化菌在同一系统的共存，因此，需要保障反应器的环境（溶解氧、pH 值、水温、有机物等）适宜二者的生存。Anammox 反应的最适条件如表 1-11[145] 所列。

表 1-11　Anammox 反应的最适条件

参数	最适条件
DO	最优范围:0～0.5mg/L 高浓度条件会对 Anammox 菌造成不可逆抑制
pH 值	最优范围 6.7～9.5
水温	35～40℃时反应速度高 10℃以下时 Anammox 菌的活性极低
有机物	高浓度有机物浓度会对 Anammox 菌造成抑制；甲醇会造成对 Anammox 菌活性的不可逆抑制

Paques B. V. 公司将 Anammox 工艺市场化，并在欧洲建造了一些采用此技术的实际工程。2002 年在荷兰鹿特丹市的 Waterboardhollandse Deltain 污水处理厂建成了第一座应用 Anammox 的工程用来处理污泥消化液，其处理能力为 500mgN/d。由于 Anammox 菌生长缓慢（倍增时间约为 11d），此工程的预期启动时间为 2 年，但是由于实际启动过程中的亚硝酸盐毒性和硫的抑制作用等困难，实际耗费了 3.5 年才启动成功。据 Lackner 等[146] 的报道，截至 2014 年，世界上共有 100 余座 Anammox 的实际工程，其中采用一段式 Anammox 处理法的占总数的 88%，虽然 Anammox 技术发展初期以二段式处理法为主，但是现在一段式处理法已经明显成为主流工艺。现存的 Anammox 实际工程的处理对象，约 75% 为污泥处理回流水，土豆加工厂废水等食品工业废水占 17%，垃圾渗滤液占 8%，这些废水都具有共同的特点，即氨氮约 1000mg/L，C/N 比小于 1。现在 Anammox 多作为城市污水处理的旁流工艺在应用，对于主流工艺的应用目前报道仍少见。Anammox 工艺在国内的应用情况见表 1-12[147]。

表 1-12　国内 Anammox 工艺处理污水情况

单位	地区	废水类型	池容/m³	设计负荷/(kg/d)	建成年份
浙江大学	浙江	制药废水	10	5	2010 年
浙江大学	浙江	味精生产废水	60	5	2008 年
"交通大学"	台湾	垃圾渗滤液	384	304m³/d	2006 年
Angel 酵母厂	湖北	酵母生产废水	500	1000	2009 年
梅花味精Ⅰ厂	内蒙古	味精生产废水	6600	11000	2009 年
梅花味精Ⅱ厂	内蒙古	味精生产废水	4100	9000	2010 年
Shandong Xingrui	山东	玉米淀粉＋味精生产废水	4300	6090	2011 年
JiangsuHangguang Bio-engineering	江苏		1600	2180	2011 年
新疆梅花氨基酸有限责任公司	新疆	味精生产废水	5400	10710	2011 年
会稽山绍兴酒厂	浙江	酿酒废水	560	900	2011 年

四、其他技术

真菌有耐高渗透压、耐高有机底物的特性，真菌的生态位决定了它们在废水生物处理系统中的数量多少及种群结构，其中废水水质是最重要的影响因素，一般认为，某些含碳量较高（如高浓度糖类废水、淀粉废水和纤维素废水）、pH 值较低、溶解氧含量较充足的工业废水生物处理系统中真菌数量较多。在某些含碳较高或 pH 值较低的工业废水处理系统中常常出现真菌，在常规处理系统中出现真菌往往提示负荷很高。另外，许多文献中都报道了活性污泥的膨胀、生物膜更新缓慢等都与丝状真菌的异常增殖有关。

1. 真菌废水处理技术（以白腐真菌为例）

在应用真菌处理特异性废水或污染物方面，国内外不少学者进行过实验研究，得出了有意义的结果[148]。如上海高桥化工厂在中科院微生物所的协助下，已经筛选到具有高度分解氨能力的茄病镰刀霉等数株真菌。华东师范大学应用白地霉（Geotrichcum candidum）处理豆制品废水获得了成功，由此收获的白地霉是良好的动物饲料。黄民生等已筛选分离到具有很强降解染料、木质素及脱色的白腐真菌。因此，可以利用真菌对一些特殊污染物的高效降解特性来处理这些废水。

自然界中木质素的分解主要是靠担子菌纲中的干朽菌、多孔菌和伞菌等白腐真菌完成的。白腐真菌对木质素的降解是由关键酶（木质素氧化物酶、锰过氧化物酶、漆酶等）的催化反应完成的。其中关键酶是反应的启动者，先是木质素的解聚形成许多有高度活性的自由基中间体，继而以链式反应方式产生许多不同的自由基，高效催化转化类似于 Fenton 反应使木质素解聚成各种低分子量片段直至彻底矿化。可以认为，白腐真菌对木质素的高效降解是微生物代谢与 Fenotn 反应在微观区域达到了高度优化组合的结果[149]。

与传统的废水生物处理技术相比，白腐真菌在废水处理中具有如下特点[148]。

① 细胞外降解。真菌降解酶大多存在于细胞外，有毒污染物也不必先进入细胞再代谢，从而避免对细胞的毒害。

② 降解底物的非专一性。自由基链式反应的广谱性，决定了真菌能降解多种类型的有机化合物，如杂酚油、氯代芳烃化合物、氯酚、多环芳烃、二噁英、三硝基甲苯、染料、农药等。

③ 适应固、液两种体系。大部分微生物仅适于可溶性底物的处理，而许多污染物不溶

于水，可生化性极差。真菌能在固体、液体基质中生长，能利用不溶于水的基质，可应用于土壤修复与水污染治理。

④ 对营养物的要求不高，能利用木屑、木片、农业废弃物等廉价营养源进行大量培养。

南京理工大学唐婉莹等[150] 利用从 TNT 污染的土壤中分离纯化并经连续培养驯化的白腐真菌，对实际 TNT 炸药废水进行了好氧生物降解实验，经过 5d 的降解，废水中所含的主要成分 TNT 降解率＞99％。

Joyce 等采用黄孢原毛平革菌为优势微生物构建白腐真菌生物转盘 MycoR（mycological bioreactor）反应器处理纸厂漂白废水，优化条件下能去除 2000 色素单位/(L·d)，并使氯化木素脱氯，大大降低了废水的毒性。

吴涓等[151] 初步研究球形白腐真菌吸附 Pb^{2+} 的能力，结果表明溶液的 pH 值、金属离子浓度、吸附时间、温度、共存离子和化学预处理等因素对生物吸附能力都有一定的影响。在最佳吸附条件下 Pb^{2+} 的吸附量最大可达 108.4mg/g。

2. 酵母菌废水处理技术

酵母菌废水处理技术是以环境中筛选的适应于特定废水的一种或多种酵母菌的组合为主体，在完全开放和好氧的条件下，通过酵母菌对废水中的有机物的分解和利用而达到去除废水中的 COD_{Cr}，实现水质净化目的的一种技术[152,153]。

19 世纪 70 年代日本人将酵母菌应用在废水处理中，而再次在环境污染处理中得到关注则是由日本在第二次世界大战后利用酵母菌处理废水同时生产单细胞蛋白。酵母菌真正用于废水处理的研究始于 20 世纪 70 年代后期，日本国税厅酿造研究所最早从环境工程概念设计了酵母菌废水处理系统，并应用于啤酒生产废水和食品加工废水的处理[154,155]。20 世纪 90 年代初，日本西原环境卫生研究所（NRIB）的 Yoshizawa 等率先在世界上实现了酵母菌处理有机废水技术的实用化。在高浓度有机废水的前段处理中，利用筛选出来的酵母菌高效分解大量有机物，尤其是对油脂等特殊有机物的出色去除（可以将废水中的含油量从 10000mg/L 降低到 100mg/L，这是其他生物处理法无法实现的），最大限度地降低了废水的有机负荷。经酵母菌处理后的废液用常规活性污泥法等工艺进一步处理即可达标。

酵母菌废水处理装置的运行方式与普通的活性污泥法非常相似。首先从目的水样环境中筛选适应废水水质的高效去除 COD_{Cr} 的多种酵母菌菌种，采用混合菌种在完全开放的条件下以好氧的方式对废水进行处理。废水进入存在混合菌种的曝气池后流入沉淀池，利用酵母菌优良的自然沉降特性，实现菌体与水的分离，部分菌体回流至曝气池[156]。酵母菌体内含有特殊的氧化分解酶，使其可以利用多种有机物（简单糖类、有机酸、醇等）。酵母菌有发酵型和氧化性两种，其中主要用于废水处理的为氧化性酵母菌。发酵型酵母菌通过酒精发酵作用，将丙酮酸转化为乙醇，并产生大量 ATP；而氧化型酵母菌先将丙酮酸在线粒体内转化成乙酰辅酶，再通过三羧酸循环把乙酰辅酶转化成 CO_2 和小分子物质，并产生大量 ATP，同时利用碳源并合成新的细胞物质[156]。

酵母菌法具有以下特点[153]。

① 由于酵母菌具有丝状真菌的特点，细胞大、生长快、适应能力强、能形成良好絮体、代谢旺盛、耐酸、耐高渗透压、耐高浓度有机物底物，可适应 BOD_5 从几千到几万毫克/升的高浓度有机废水的处理，污泥负荷可以高出常规活性污泥法的数倍（表 1-13）。尤其是在处理高糖、高碳、高渗透压环境有机废水，如橄榄油加工废水、味精废水、印染废水、蜜糖废水、酿造废水、制浆废水时优势显著。

表 1-13　活性污泥法与酵母菌废水处理法的对比

项目	BOD-SS 负荷 /[kgBOD/(kgSS・d)]	BOD 容积负荷 /[kgBOD/(m³・d)]	污泥生成量 /(kgSS/kgBOD)
活性污泥法	0.2～0.4	0.6～0.8	0.4～0.6
酵母菌处理法	1.0～2.0	8～10	0.2～0.3

②　酵母菌特有的氧化分解酶系可直接降解高浓度油脂类物质。

③　酵母菌可以处理高浓度有机废水并实现资源化，如酒精废液的 BOD 浓度很高，用酒精废水培养酵母菌，既处理了废水又回收了菌体蛋白。酵母菌废水处理过程中产生的剩余污泥蛋白质含量较高，氨基酸组成齐全，且含有多种维生素（如维生素 A，维生素 E）和 Ca、K、Fe 等金属离子的特点，作为动物饲料添加剂具有不可估量的价值。利用酵母菌生产单细胞蛋白具有原料丰富、成本低廉、生产周期甚短的优点。

该技术特别适合于高浓度有机废水的前处理，且处理效率高，占地面积小，处理成本低，适合在中小型企业推广应用。该工艺不需要无菌条件，不需要特别制备菌种，不需要特别的发酵罐，整个处理为连续的工艺过程，而不是分批分罐，处理成本大大降低。

目前我国采用酵母菌处理高浓度有机废水的应用与研究如表 1-14[153] 所列。从味精厂废水流经处的污泥及土样中筛选出两种能适应味精生产过程中离交尾液的酵母菌，经鉴定为嗜盐假丝酵母（Candida halophila）和黏红酵母（Rhodotorula glutinis）。2 株混合菌株在废水 pH 值为 4～9 时 24h 内去除 80% 以上的 COD，pH 值为 4.0～5.0 时可达到最大去除率84%。酵母菌菌群在 pH 值为 4 左右的酸性条件下处理效率较好。废水经酵母菌处理后其还原糖由 2532.7mg/L 降至 108.3mg/L，COD 由 16136mg/L 降至 2461mg/L，处理速度大大高于活性污泥法。

表 1-14　目前我国酵母菌处理高浓度有机废水应用与研究

废水种类	COD /(mg/L)	BOD₅ /(mg/L)	SS /(mg/L)	其他	所用菌种	COD 去除率/%
味精废水	40690	34900	6100	NH₄⁺-N 16914mg/L SO₄²⁻ 18000mg/L	嗜盐假丝酵母 黏红酵母	80% 以上
色拉油废水	134380		9600	含油 3000mg/L	含油土壤中筛选菌株	TOC 去除
黄泔水	20000～25000	9000～15000		pH 值为 3.5～6.5	热带假丝酵母，产朊假丝酵母	67% 以上
赖氨酸废水	25600	16800	5220	SO₄²⁻ 15000mg/L 还原糖 8～10g/L	耐硫酸盐的酵母菌	70%
木糖厂生产废水	12000～18000			脂肪酸 2500～3000mg/L	热带假丝酵母	40% 以上

Chigusa 等[157] 利用从工业废水中分离出来的 9 株混合酵母菌对豆油加工废水进行直接生物处理的中试实验，整个装置连续稳定运行 1 年以上，获得较好的效果。在进水 COD、BOD、油分别为 39300mg/L、18200mg/L、11900mg/L 时，酵母菌废水处理工艺对 COD、

BOD_5、油的去除率均稳定在 93％以上。酵母菌在处理系统中自然形成菌丝或假菌丝球，具有良好的沉降性，处理后的剩余有机物可通过常规活性污泥进行进一步处理。

酵母菌对某些难降解物质及有毒物也有较强的分解能力，苯酚是焦化、炼油、农药化工染料、纺织等工业废水中的主要污染物，某些特殊的酵母菌如假丝酵母菌、丝孢酵母菌等可以在含有 $500\sim1000mg/L$ 杀虫剂和酚的废水中增殖，并将其分解。周江亚等[158] 从苯酚降解颗粒污泥中分离出 1 株苯酚降解菌并经鉴定为热带假丝酵母菌，在降解苯酚的最优条件下，苯酚的理论去除率可达 99.1％。该酵母菌对苯酚的降解速率快，且耐受毒性强，为废水中苯酚的去除提供了新思路。

汪严明等[159] 用酵母菌处理油田钻井废水，开拓了这类废水处理的新方法，其研究表明酵母菌在 pH=4、HRT 为 8h 时，对油田钻井废水 TOC 去除率（40.5％）略高于经过驯化后的活性污泥法工艺（HRT 10h）的去除率（35.2％），而且它对分子量在 60kDa 以上的有机物也具有一定的处理能力。

阿维菌素（Avermection，AVM）是一种大环内酯类抗生素，其生产废水中残留的阿维菌素对废水生物处理产生严重的抑制作用，常规的生物处理难度大。张庆连[160] 从阿维菌素废液中筛选得到 HEUST-BS-01 酵母菌株，对 80t 阿维菌素废液废水的实验结果表明，每吨发酵液可产酵母粉 482kg，COD 约降低 40％，得到的酵母单细胞蛋白含有蛋白质 40.02％、灰分 5.18％、水分 8.12％，符合国家标准要求。

氨基糖苷类抗生素（如盘尼西林、核糖霉素）的生产过程中广泛采用大豆油作为优质碳源，因此，其生产废水中的含油量高，发酵残渣和废水的固液难以分离，导致后续废水处理困难。Wang 等[161] 将 6 种酵母菌株（*Candida tropicalis*，*Candida boidinii*，*Trichosporon asahii*，*Williopsis saturnus*，*Pichia anomala*，*Yarrow lipolytica*）接种于中试和实际制药废水处理厂的序批式反应器（SBR）中，用于后续生物处理单元（A_1-A_2-O）的预处理单元，以便去除废水中的油类并提高固液分离效率。其结果表明中试和实际制药废水处理厂的除油率分别为 85％～92％和 61.4％～74.2％，污泥沉降速度（SV）由初始的 91％分别降低至 16.6％～21.3％和 22.6％～32％。因此，酵母菌系统是一种稳定、有效的含油脂发酵类抗生素生产废水的预处理方法。

第六节　高级氧化技术

高级氧化技术（advanced oxidation process，AOPs）是 20 世纪 80 年代发展起来的一种针对难降解有机污染废水的新技术。其核心在于运用电、光辐照、催化剂，有时还与氧化剂结合，在反应中产生活性极强的自由基（如 •OH）。该自由基具有强氧化性，氧化还原电位高达 2.80V，仅次于 F_2 的 2.87V。通过自由基与有机物之间的加合、取代、电子转移、断键等反应，水中的大分子难降解有机物被降解为低毒或者无毒小分子物质，甚至完全矿化[162]。根据所选取的氧化剂和催化剂的不同，高级氧化技术主要分为臭氧类氧化法、Fenton 氧化法与类 Fenton 氧化法、湿式氧化和湿式催化氧化法、光催化氧化法、超临界水氧化法、等离子体氧化法等[163]。高级氧化技术被广泛用于处理 $BOD_5>1000mg/L$，COD>2000mg/L 高浓度有机废液。其优点是可以在较短时间内将难降解的毒性有机物完全无害化、无二次污染[164]。

一、臭氧类氧化法

臭氧由于其在水中有较高的氧化还原电位（2.07V，仅次于氟，位居第二），在杀菌消毒、除臭、除味、脱色、氧化难降解有机物与改善絮凝效果方面具有明显的优势[165]。但是臭氧氧化有机物具有选择性，通常对不饱和脂肪烃和芳香烃类化合物有效，由于这类物质具有偶极性结构，O_3 通过 1,3 偶极环上的加成作用，反应生成臭氧化物。臭氧氧化的机理大概可分为：直接反应（臭氧直接同有机物反应）和间接反应（臭氧分解产生·OH 并与有机物反应）两种。·OH 具有很强的氧化活性，可以将有机物彻底矿化[166]。在水中 O_3 生成·OH 的过程需要在碱性条件下、在紫外光（O_3/UV）作用下或者在金属催化下进行。

单独的臭氧氧化法存在造价高、处理成本高、臭氧利用率低、氧化能力不足、对某些卤代烃及农药等氧化效果比较差的缺点。近年来一些组合技术，如 H_2O_2/O_3、UV/O_3、UV/H_2O_2/O_3 的出现，不仅提高了氧化速率和效率，而且可以去除单独臭氧氧化时难以降解的有机物[164]。此外，以过渡金属氧化物和活性炭作为催化剂的催化臭氧氧化法，因其结合了吸附和臭氧单独氧化的优点，也逐渐受到国内外学者的关注。

UV/O_3 系统已成功应用于去除工业废水中的铁氰酸盐、氨基酸、醇类、农药等有机物和垃圾渗滤液的处理，美国环保局将 UV/O_3 技术列为处理多氯联苯的最佳实用技术。UV/H_2O_2/O_3 法可提高挥发性有机氯化合物的去除率，使芳香化合物完全矿化。在美国，UV/H_2O_2/O_3 水处理法已有了商业应用，最著名的是 US Filter O_3/H_2O_2/UV 系统，该系统主要由 UV 氧化反应器、O_3 发生器、H_2O_2 供给池及催化 O_3 分解单元构成[166]。

由于臭氧在水中的溶解度较低，如何更有效地使臭氧溶于水，提高臭氧的利用效率已成为该技术研究的热点；另外，由于臭氧产生效率低、耗能大，研制高效低能耗的臭氧发生装置也成为当前要解决的关键问题。

二、Fenton 氧化法与类 Fenton 氧化法[167]

1. Fenton 氧化法

Fenton 试剂于 1894 年被 H. J. Fenton 发现，并应用于苹果酸的氧化，其实质是亚铁离子与 H_2O_2（Fenton 试剂）之间的链式反应，在 pH 值为 2～5 条件下，利用 Fe^{2+} 催化分解 H_2O_2 产生羟基自由基（·OH），并引发更多的自由基。因相比其他氧化剂而言，·OH 具有较高的氧化还原电位（2.80V），污染物被·OH 降解；同时在生成的 Fe^{3+} 的作用下通过混凝沉淀去除有机物。按照 Haber-Weiss 的推论，Fenton 反应中 H_2O_2 的分解过程如下：

$$Fe^{2+} + H_2O_2 \longrightarrow Fe^{3+} + \cdot OH + OH^- \tag{1-12}$$

$$Fe^{2+} + \cdot OH \longrightarrow Fe^{3+} + OH^- \tag{1-13}$$

$$Fe^{3+} + H_2O_2 \longrightarrow Fe^{2+} + HO_2 \cdot + OH^- \tag{1-14}$$

Merz 和 Waters 通过一系列实验间接证实了 Fenton 反应中有羟基自由基的产生。20 世纪 50 年代，Kremer、Barb 等利用顺磁共振（ESR）方法以 DMPO 作为自由基捕获剂成功获得了羟基自由基信号，从而直接证实了 Fenton 反应中有羟基自由基的存在。过去的几十年里，许多学者对 Fenton 反应的动力学和反应机理进行了深入的研究。然而，直到现在对铁被氧化后在反应中的存在形态等方面还存在许多未解之疑。针对一些实验现象，一些学者依据各自实验数据提出了许多中间过程。归纳起来主要有以下 4 种。

（1）机理一 在 Haber-Weiss 的推论的基础上，后人对 Fenton 反应机制进行进一步完善和补充，现已被广大研究者所认可。其后，还有一些学者认为存在其他反应机理。

$$H_2O_2 + Fe^{2+} \longrightarrow Fe^{3+} + HO^- + \cdot OH \qquad\qquad k = 63.0 L/(mol \cdot s) \qquad\qquad (1\text{-}15)$$

$$\cdot OH + Fe^{2+} \longrightarrow Fe^{3+} + HO^- \qquad\qquad k = 3.0 \times 10^8 L/(mol \cdot s) \qquad (1\text{-}16)$$

$$Fe^{3+} + H_2O_2 \rightleftharpoons Fe-OOH^{2+} + H^+ \qquad\qquad k = 3.1 \times 10^{-3} L/(mol \cdot s) \qquad (1\text{-}17)$$

$$Fe-OOH^{2+} \longrightarrow Fe^{2+} + HO_2 \cdot \qquad\qquad k = 2.7 \times 10^{-3} L/(mol \cdot s) \qquad (1\text{-}18)$$

$$\cdot OH + H_2O_2 \longrightarrow HO_2 \cdot + H_2O \qquad\qquad k = 3.3 \times 10^7 L/(mol \cdot s) \qquad (1\text{-}19)$$

$$Fe^{2+} + HO_2 \cdot \longrightarrow Fe-OOH^{2+} \qquad\qquad k = 1.2 \times 10^6 L/(mol \cdot s) \qquad (1\text{-}20)$$

$$Fe^{2+} + O_2^- + H^+ \longrightarrow Fe-OOH^{2+} \qquad\qquad k = 1.0 \times 10^7 L/(mol \cdot s) \qquad (1\text{-}21)$$

$$Fe^{3+} + HO_2 \cdot \longrightarrow Fe^{2+} + O_2 + H^+ \qquad\qquad k < 1 \times 10^3 L/(mol \cdot s) \qquad (1\text{-}22)$$

$$Fe^{3+} + O_2^- \longrightarrow Fe^{2+} + O_2 \qquad\qquad k = 5 \times 10^7 L/(mol \cdot s) \qquad (1\text{-}23)$$

$$HO_2 \cdot \longrightarrow O_2^- \cdot + H^+ \qquad\qquad k = 2.7 \times 10^{-3} s^{-1} \qquad\qquad (1\text{-}24)$$

$$O_2^- \cdot + H^+ \longrightarrow HO_2 \cdot \qquad\qquad k = 1 \times 10^{10} L/(mol \cdot s) \qquad (1\text{-}25)$$

$$HO_2 \cdot + HO_2 \cdot \longrightarrow H_2O_2 + O_2 \qquad\qquad k = 8.3 \times 10^5 L/(mol \cdot s) \qquad (1\text{-}26)$$

$$HO_2 \cdot + O_2^- \cdot + H_2O \longrightarrow H_2O_2 + O_2 + OH^- \qquad k = 9.7 \times 10^7 L/(mol \cdot s) \qquad (1\text{-}27)$$

$$HO_2 \cdot + \cdot OH \longrightarrow H_2O_2 + O_2 \qquad\qquad k = 7.1 \times 10^9 L/(mol \cdot s) \qquad (1\text{-}28)$$

$$\cdot OH + O_2^- \cdot \longrightarrow OH^- + O_2 \qquad\qquad k = 1.0 \times 10^{10} L/(mol \cdot s) \qquad (1\text{-}29)$$

$$\cdot OH + \cdot OH \longrightarrow H_2O_2 \qquad\qquad k = 5.2 \times 10^9 L/(mol \cdot s) \qquad (1\text{-}30)$$

（2）机理二 德国卡尔斯鲁厄大学的研究人员认为，pH 值在 2.5～4.5 之间时，低浓度的 Fe^{2+} 主要以 $[Fe(OH)(H_2O)_5]^+$ 形式存在的。而热力学计算表明，Fe_{aq}^{2+} 与 H_2O_2 的体外电子转移 [式(1-12)] 是不可能的，但 $[Fe_{aq}^{2+}\text{-}H_2O_2]$ 复合物的形成是可能的，这个反应的发生是由于 H_2O_2 与 H_2O_2 在 Fe^{2+} 的第一配位体上发生了配位交换 [式(1-31)]：

$$Fe(OH)(H_2O)_5^+ + H_2O_2 \longrightarrow Fe(OH)(HO_2)(H_2O)_4^+ + H_2O \qquad (1\text{-}31)$$

随后发生体内二电子转移反应，生成 Fe^{4+} 的复合物 [式(1-32)]。$Fe(OH)_3(H_2O)_4^+$ 中间体继续反应并产生羟基自由基 [式(1-33)]。

$$Fe(OH)(HO_2)(H_2O)_4^+ \longrightarrow Fe(OH)_3(H_2O)_4^+ \qquad (1\text{-}32)$$

$$Fe(OH)_3(H_2O)_4^+ + H_2O \longrightarrow Fe(OH)(H_2O)_5^{2+} + \cdot OH + OH^- \qquad (1\text{-}33)$$

$Fe(OH)(H_2O)_5^{2+}$ 与 H_2O_2 继续反应可生成 Fe_{aq}^{2+}，从而使 Fe^{2+} 得以循环，该反应可分以下三步：

$$Fe(OH)(H_2O)_5^{2+} + H_2O_2 \longrightarrow Fe(OH)(HO_2)(H_2O)_4^+ + H_3O^+ \qquad (1\text{-}34)$$

$$Fe(OH)(HO_2)(H_2O)_4^+ + H_2O \longrightarrow Fe(OH)(H_2O)_5^+ + HO_2 \cdot \qquad (1\text{-}35)$$

$$Fe(OH)(H_2O)_5^{2+} + H_2O + HO_2 \cdot \longrightarrow Fe(OH)(H_2O)_5 + O_2 + H_3O^+ \qquad (1\text{-}36)$$

（3）机理三 Yamazaki、Rush 等利用顺磁共振（ESR）方法以 DMPO 作自由基捕获剂对 Fenton 反应机理进行了研究。他们认为：首先，部分亚铁离子被 H_2O_2 氧化成三价态 [式(1-37)]，随后由二价态和三价态铁离子共同催化分解 H_2O_2 生成羟基自由基 [式(1-38)]，并且其中一部分还被氧化成 Fe（Ⅳ）[式(1-39)]。

$$2Fe(H_2O)_6^{2+}+H_2O_2 \longrightarrow 2Fe(H_2O)_6^{3+}+2OH^- \tag{1-37}$$

$$Fe(H_2O)_6^{2+}+Fe(H_2O)_6^{3+}+H_2O_2 \longrightarrow 2Fe(H_2O)_6^{3+}+OH^-+\cdot OH \tag{1-38}$$

$$Fe(H_2O)_6^{2+}+Fe(H_2O)_6^{3+}+H_2O_2 \longrightarrow Fe=O^{2+}+Fe(H_2O)_6^{3+}+7H_2O \tag{1-39}$$

（4）机理四　许多学者根据实验结果认为 Fenton 反应除生成羟基自由基的反应外 [式(1-12)]，还有高价铁的生成 [式(1-40)]，并认为高价铁有较强的氧化能力。在一些有机物的氧化中高价铁起着主导作用。Arasasingham 和 Dong 认为二价铁离子或三价铁离子与有机配体（如卟啉和卟啉类化合物）生成的络合物可与过氧化物其他氧化剂生成高价铁氧中间体 Fe=O，铁呈现+Ⅳ或+Ⅴ氧化态。

$$H_2O_2+Fe^{2+} \longrightarrow Fe=O^{2+}+H_2O \tag{1-40}$$

国内外的研究表明，Fenton 法是具有很大应用潜力的废水处理技术。它对去除废水有机物具有反应速率快、条件温和等优点。Fenton 法既能在废水处理中段提高废水的可生化性，又可以在系统末端进行深度处理。但 Fenton 法也存在诸多问题：首先所用试剂量大，H_2O_2 造价昂贵，处理废水时间较长；其次要求在较低 pH 值范围进行；另外 Fe^{2+} 加入可能会增大废水中 COD_{Cr} 含量而造成二次污染。单独依靠单一处理模式来降解废水，效果并不是很好，而且处理成本偏高。因此，通常将 Fenton 法与生物、混凝、吸附等处理技术联合使用，将其作为生化处理的预处理或者深度处理，以提高处理效果降低处理成本。

2. 类 Fenton 氧化法[167,168]

随着学者对 Fenton 氧化法的研究深入，近年来紫外光（UV）、草酸盐、电荷、微波等被引入 Fenton 法中，以显著增强 Fenton 试剂的氧化能力并节约 H_2O_2 的用量，协同 Fenton 法处理制药废水、垃圾渗滤液等，同时 Fe^{2+} 污染也被降低，此类技术被统称为类 Fenton 氧化法。这类技术包括改性-Fenton 法、光-Fenton 法、电-Fenton 法、超声-Fenton 法、微波-Fenton 法等[168]。

（1）改性-Fenton 法　改性-Fenton 法是一些过渡金属离子，如 Fe^{3+}、Mn^{2+}、Cu^{2+}、Co^{2+} 等加速或替代 Fe^{2+} 起到催化分解 H_2O_2 的作用，并氧化去除有机污染物的过程。针对 Fe^{3+} 代替 Fe^{2+} 的 Fe^{3+} 型改性-Fenton 的反应机理，不同的学者也有不同的见解。Kremer 和 Stein 认为其反应不属于自由基或链式连锁反应。反应过程为[167]：

$$Fe^{3+}+H_2O_2 \Longleftrightarrow Fe\text{-}OOH^{2+}+H^+ \longrightarrow FeO^{3+}+H_2O[H_2O_2]Fe^{3+}+2H_2O+O_2 \tag{1-41}$$

但大多数学者认为其反应机理与 Fenton 反应过程中的机理相类似。但在实验中，一些学者发现 Fe^{3+} 型改性-Fenton 体系中 H_2O_2 分解速率和有机污染物的去除速率都低于相同条件的 Fenton 体系，并且对 pH 值更加敏感。

近几十年，许多学者应用光谱技术对该反应的机理和动力学过程进行了大量研究。在遮光和无其他络合配体的酸性水环境中，过氧自由基（$HO_2\cdot/O_2\cdot$）和羟基自由基（$\cdot OH$）作为 H_2O_2 分解的中间产物已被广大学者所接受，其主要反应步骤如下：

$$Fe^{3+}+H_2O_2 \longrightarrow Fe^{2+}+HO_2\cdot+H^+ \tag{1-42}$$

$$H_2O_2+Fe^{2+} \longrightarrow Fe^{3+}+HO^-+\cdot OH \tag{1-43}$$

$$\cdot OH+Fe^{2+} \longrightarrow Fe^{3+}+HO^- \tag{1-44}$$

$$\cdot OH+H_2O_2 \longrightarrow HO_2\cdot+H_2O \tag{1-45}$$

$$Fe^{2+} + HO_2^- \cdot / O_2^- \cdot \longrightarrow Fe^{3+} + H_2O_2 \tag{1-46}$$

$$Fe^{3+} + HO_2^- \cdot / O_2^- \cdot \longrightarrow Fe^{2+} + H_2O + O_2 \tag{1-47}$$

通过光谱分析证实，H_2O_2 与 Fe^{3+} 反应后生成络合体作为反应的中间产物。当高氯酸溶液控制在 $1 < pH < 2$，高氯酸铁浓度为 $5 \times 10^{-4} mol/L$，H_2O_2 为 $9.0 mol/L$ 时，Evans 等将中间产物假设为：$Fe(HO_2)^{2+}$ 或者 $Fe\text{-}OOH^{2+}$。其反应式为：

$$Fe^{3+} + HO_2^- \cdot \longrightarrow Fe\text{-}OOH^{2+} \tag{1-48}$$

反应平衡常数：$K = (2.05 \pm 0.4) \times 10^9$。将 H_2O_2 的离解常数（$pK_a = 11.75$）考虑在内，则式(1-49)的平衡常数为：$K = 3.65 \times 10^{-3}$。中间产物形成后可继续分解成 Fe^{2+} 和 $HO_2 \cdot$。这样式(1-42)可被式(1-49)和式(1-50)替代。

$$Fe^{3+} + H_2O_2 \Longrightarrow Fe\text{-}OOH^{2+} + H^+ \tag{1-49}$$

$$Fe\text{-}OOH^{2+} \longrightarrow Fe^{2+} + HO_2 \tag{1-50}$$

依据 Fenton 和改性-Fenton 反应过程，许多学者认为：当 H_2O_2 浓度过量时，Fenton 的起始反应［式(1-26)、式(1-27)］在瞬间完成以后，绝大部分 Fe^{2+} 被 H_2O_2 或 $\cdot OH$ 氧化为 Fe^{3+}，同时生成大量的 $\cdot OH$。随后 H_2O_2 在 Fe^{3+}/Fe^{2+} 的循环下催化分解，即 Fe^{3+} 型改性-Fenton 反应控制着随后的反应，或称 Fe^{3+} 型改性-Fenton 是 Fenton 反应的延续。

（2）光-Fenton 法　光-Fenton 法是将紫外光、可见光等光源引入 Fenton 反应中形成 UV-Fenton 系统，紫外光和 Fe^{2+} 对 H_2O_2 催化分解存在协同效应，对 Fenton 试剂氧化性有很大的改善作用。该法的优点是紫外线作用下可以直接降解部分有机物，降低 Fe^{2+} 的用量，提高 H_2O_2 的利用率和有机物矿化程度。在紫外光条件下的类 Fenton 反应式为：

$$R \cdot + O_2 \longrightarrow RCOO^+ \longrightarrow CO_2 + H_2O \tag{1-51}$$

$$H_2O_2 \xrightarrow{hv} 2 \cdot OH \tag{1-52}$$

（3）电-Fenton 法　电-Fenton 法是将氧气喷射到电解池阴极上产生 H_2O_2，能迅速与溶液中外加的 Fe 阳极氧化产生的 Fe^{2+} 反应生成 $\cdot OH$ 和 Fe^{3+}，利用 $\cdot OH$ 无选择性的强氧化能力催化降解难降解的有机物，而 Fe^{3+} 又能在阴极被还原成 Fe^{2+}，从而使氧化反应循环进行。电-Fenton 法的主要优点是可自动产生 H_2O_2，降低成本，除羟基自由基的氧化作用外，还有阳极氧化、电吸附等。但由于目前所用的阴极材料多是石墨、玻璃碳棒和活性炭纤维，这些材料电流效率低，H_2O_2 产量不高，因而限制了它的广泛应用。

（4）超声-Fenton 法　超声-Fenton 法作用机理一方面是超声波的空化作用产生的局部高温高压，对水中污染物直接产生热解作用；另一方面是在高温高压环境下产生的强氧化电位羟基自由基，对水中污染物的氧化作用。超声-Fenton 法具有操作过程简单、反应物易得、处理成本低等优点，在去除有毒有害及难降解有机废水方面具有极大潜力。但由于能量转化效率和能耗的关系，去除有机物的能耗较高，还未在实际中大规模应用。今后超声-Fenton 法的研究方向是开发高能效的超声波发生器，提高反应速率。

（5）微波-Fenton 法　微波-Fenton 法的作用机理与超声-Fenton 法类似，都是使体系局部温度提高，促使 H_2O_2 分解产生 $\cdot OH$，加速污染物分子极化来实现与氧化剂的协同作用，催化降解废水中的有机物。微波-Fenton 法处理难降解有机废水具有处理效率高、反应时间短、操作简单、易控制、无二次污染等优点，但至今微波-Fenton 法的研究尚处于探索阶段。今后微波-Fenton法的研究方向主要是设计连续运行的微波辐射反应器，提高微波的利用率，降低处理成本，最终实现工业化应用。

表1-15对传统Fenton法和各类Fenton法进行了比较[168]，每种处理技术都有它的优缺点。使用紫外光、电、超声、微波成本较高，因此需要不断努力不断创新，深入研究开发出投资小、效率高的类Fenton氧化法。Fenton法和类Fenton法的研究对治理我国潜在环境污染问题，特别是难降解有机物以及中水回用有着重要的意义和潜在的价值。

表 1-15　传统 Fenton 法与各类 Fenton 法的比较

方法	反应机理	优点	缺点
传统 Fenton 法	Fe^{2+} 催化分解 H_2O_2 产生 ·OH 降解有机物	反应条件温和、设备投资省、操作方便、成本较低	Fe^{2+} 用量大、H_2O_2 利用率不高，不能充分矿化有机物
光-Fenton 法	UV 和 Fe^{2+} 对 H_2O_2 催化分解存在协同效应	有机物降解速率快、矿化程度高、Fe^{2+} 用量减少、H_2O_2 的利用率提高	光能利用率低、能耗较大、设备和运行费用高，只适宜处理中低浓度的废水
电-Fenton 法	利用电化学法产生的 H_2O_2 和 Fe^{2+} 作为 Fenton 试剂	有机物矿化程度高。多因素联合降解有机物；·OH 氧化、阳极氧化和电吸附，适用于处理高浓度且有毒性的有机废水	电流效率较低、能耗大、设备和运行费用高
微波-Fenton 法	Fe^{2+} 和微波协同催化分解 H_2O_2	反应速率高、污染物降解程度高、Fenton 试剂用量减少，而且微波辐射可促进溶液中胶体的絮凝	能耗大、运行费用高、出水温度高

三、湿式氧化和湿式催化氧化法

1. 湿式氧化法

湿式氧化（wet oxidation，WO）技术主要源于湿式空气氧化（wet air oxidation，WAO）技术。WAO技术是从20世纪50年代发展起来的一种高级氧化技术，并在全世界得到了广泛的发展[169]。WAO技术只是WO技术中的一种。氧化剂由原来的空气发展成氧气、臭氧等具有强氧化性的物质后，出现了湿式氧气氧化、湿式臭氧氧化等技术，这些技术统称为湿式氧化技术。WO技术是在高温高压条件下，使液相中的高浓度难降解有毒有害物质得到氧化降解或去除。到1992年仅由Zimpro公司设计的WAO工业装置就有200多套，用于处理造纸黑水等有毒有害工业废水。到2001年为止，分布于日本、美国和欧洲的工业装置已超过500多套，其中污泥处置的装置约占1/2。

湿式氧化的机理是在高温（125～320℃）、高压（0.5～20MPa）的操作条件下，以氧气或空气为氧化剂，对水中溶解态或悬浮态的有机物、还原态的无机物进行氧化，并最终生成CO_2和H_2O等[170]。高温（125～320℃）、高压（0.5～20MPa）的操作条件要求反应器耐高温、耐高压和耐腐蚀。反应器的材料主要有不锈钢316L、镍基合金C-276和625、钴基合金、钛合金和陶瓷等，它们的抗腐蚀能力逐渐增强。与传统生物处理方法相比，WO法具有高效、节能和无二次污染等优点。缺点是设备费用大，而且对某些有机物（如多氯联苯、小分子羧酸等）的降解效果不理想，难以完全氧化。适用于处理高浓度、有毒有害、难生物降解的废水，城市污泥的处置和活性炭的再生等。

WAO 反应比较复杂，主要包括传质和化学反应两个过程。目前的研究结果普遍认为 WAO 反应属于自由基反应，通常可分为链的引发、链的发展或传递和链的终止 3 个阶段[171]。

① 链的引发：由反应物分子生产自由基，在此过程中氧通过热反应产生 H_2O_2：

$$RH + O_2 \longrightarrow R \cdot + HOO \cdot \ (RH \ 为有机物) \tag{1-53}$$

$$2RH + O_2 \longrightarrow 2R \cdot + H_2O_2 \tag{1-54}$$

$$H_2O_2 + M \longrightarrow 2 \cdot OH \ (M \ 为氧化剂) \tag{1-55}$$

② 链的发展或传递：是自由基与分子的相互作用的交替过程：

$$RH + \cdot OH \longrightarrow R \cdot + H_2O \tag{1-56}$$

$$R \cdot + O_2 \longrightarrow ROO \cdot \tag{1-57}$$

$$ROO \cdot + RH \longrightarrow ROOH + R \cdot \tag{1-58}$$

③ 链的终止：是自由基与分子的相互作用的交替过程：

$$R \cdot + R \cdot \longrightarrow R\text{-}R \tag{1-59}$$

$$ROO \cdot + R \longrightarrow ROOR \tag{1-60}$$

$$ROO \cdot + ROO \cdot \longrightarrow ROH + R_1COR_2 + O_2 \tag{1-61}$$

湿式氧化技术自提出以来便得到了很大的发展，被广泛地应用于各种废水的处理中。Schoeffel 与 Seegerl[172] 对造纸厂的碱性纸浆废液进行了湿式氧化研究，发现经湿式氧化处理后，废液中的钠盐转化成 Na_2CO_3，将其浓缩再经苛化后得到可回用的碱液，在此过程中，硫也以无机盐的形式被回收。Keen 和 Bailod[173] 研究了酚及取代酚的湿式氧化过程及其终产物的生物毒性。研究结果表明，其终产物的毒性是原始物毒性的 $1/20 \sim 1/10$，且在投加催化剂后，湿式氧化有更好的处理效果。宾月景等[174] 在研究 H-酸的催化湿式氧化反应过程中发现，所有的 H-酸在 5min 内均被去除和形成一些中间产物，并指出在投加催化剂后，对在不投加催化剂的条件下很难去除的中间产物乙酸具有很好的去除效果。美国某公司用 WO 技术处理农药废水和除草剂废水，从表 1-16 中可以看出，WO 技术对处理农药、除草剂废水的解毒具有明显的效果[169]。

表 1-16 WO 技术对处理农药、除草剂废水的处理效果

废水	工艺条件	污染指标	进水/(g/L)	出水/(g/L)	去除率/%
农药废水	温度 281℃ 时间 182min 水量 54.4m³/d	COD	110000	5200	95.2
		DOC 地乐酚 马拉硫磷	26600 37.1 93.1	1010 0.186 0.13	96 99.6 99.9
除草剂废水	温度 245℃ 时间 60min 水量 54.4m³/d	COD	78200	34200	55
		除草剂副产品	735	5~13.3	98.2~99.3

2. 湿式催化氧化法[175]

湿式空气催化氧化法（catalytic wet air oxidation，CWAO）是在传统的湿式氧化处理工艺中加入适宜的催化剂，使氧化反应能在更温和的条件下和更短的时间内完成。CWAO 降低了反应的温度和压力，提高反应分解能力，加快了反应速率，缩短停留时间，也因此可以减轻设备腐蚀、降低运行费用。

CWAO 的催化剂一般为过渡态金属（如 Co、Cu、Ni、Fe、Mn、V 等）及其氧化物、复合氧化物和盐类。根据催化剂的形态，可以将其分为均相和非均相催化剂。

早期对 CAWO 催化剂研究最多的是均相催化剂。据文献报道，Cu 及其可溶性盐类的催化效果最好，价格也不贵。均相催化剂虽然具有活性高、反应速率快等优点，但由于盐的溶解易引起二次污染，需要在反应后附加混凝沉淀或者离子交换等方法来回收催化剂，流程较复杂。

根据众多研究人员的研究表明，用于湿式氧化法的非均相催化剂可以分为以下 3 类：①金属氧化物，如氧化铜、氧化镁、氧化钴、氧化铬等；②八系的贵金属，特别是钌（Ru）、钯（Pd）、铂（Pt）等，在液相中有很好的活性，能使一些很难处理的有机物被转化；③最后一类为同样有很高活性的盐类和复合化合物，但是用这类催化剂需要附加步骤来清除它们在水中的溶解。

催化剂的选择需要考虑众多因素，如溶液的性质、催化剂的催化能力以及在水中的热稳定性等。其中，金属氧化物因其很高的稳定性和良好的活性而受到重视。并且研究表明，氧化钛、氧化钒、氧化铬、氧化镁、氧化锌和氧化铝比氧化铁、氧化钴、氧化镍和氧化铅更稳定。张秋波[176] 以 $Cu(NO_3)_2$ 为催化剂进行湿式氧化处理煤气化废水（COD_{Cr} 为 22928mg/L，酚质量浓度 7866mg/L），经过适当处理时间，酚、氰、硫的去除率接近 100%，COD_{Cr} 的去除率达 65%～90%，且对多环芳香烃类有机物有明显的降解作用。Fajerwery[177] 用湿式过氧化物氧化法处理含酚废水，在 90℃、常压下，总有机碳有明显去除，酚的转化率达到 90% 以上。

四、光催化氧化法 [162]

光催化氧化法是近 30 多年来发展迅速的一种高级氧化技术，光催化氧化法是通过氧化剂在光的激发和催化剂的催化作用下产生的 •OH 氧化分解有机物。光催化氧化技术使用的催化剂有 TiO_2、ZnO、WO_3、CdS、ZnS、SnO_2 和 Fe_3O_4 等。其中 TiO_2 因其化学稳定性高、催化活性强、廉价无毒、耐光腐蚀而受到广泛的关注。但是由于 TiO_2 粉末作为催化剂，存在易流失、难回收、费用高等缺点，使该技术的实际应用受到一定限制。TiO_2 的固定化成为光催化研究的重点，学者开始研究以 TiO_2 薄膜或复合催化薄膜取代 TiO_2 粉末。此外，对 TiO_2 进行过渡金属掺杂、贵金属沉积或光敏化等改性处理，可提高 TiO_2 的光催化活性或扩大可响应的光谱范围、提高对可见光的吸收。

Estrellan 等[178] 采用溶胶-凝胶法制备了掺杂 Fe 和 Nb 的 TiO_2 催化剂处理全氟辛酸，Fe 和 Nb 的协同效应有效地提高了催化剂的光催化活性。Iliev 等[179] 发现负载 1% 纳米 Pt 或 Ag 的 TiO_2 对草酸的光催化降解率为纯 TiO_2 的 2 倍。近来研究者合成了一些新型高效的复合光催化剂。Pan 等[180] 采用热液法合成的具有非金属含氧酸结构的 $BiPO_4$，其光催化降解亚甲基蓝染料的活性是 TiO_2（P25）的 2 倍。Deshpande 等[181] 采用溶液燃烧法合成的 $Ce_{1-x}Fe_xVO_4$ 光催化氧化染料废水，结果表明 $Ce_{0.99}Fe_{0.01}VO_4$ 的催化活性最好且对任何染料的降解都比 TiO_2 快。Pu 等[182] 研究发现，碱性水热法合成的 $Na_xH_{2-x}Ti_3O_7$ 在 UV 下的催化活性优于 TiO_2 粉末，且可有效吸收可见光，掺入 Au 其光催化效率和对太阳光的利用率可进一步提高。

五、电化学氧化法[162, 163]

电化学氧化法是通过选用具有催化活性的电极材料，在电极反应过程中直接或间接产生超氧自由基（$\cdot O_2$）、H_2O_2、$\cdot OH$ 等活性基团，达到分解难生化污染物的目的。该方法发生在水中，不需要另外投加催化剂，避免二次污染。由于处理效率高、操作方便、条件温和，兼有凝聚、杀菌等优点，越来越受到国内外的关注。

根据氧化机理的不同，可分为阳极氧化、阴极还原和阴阳两极协同作用 3 种形式。阳极氧化是在电化学反应器中，选用具有活性的阳极材料，污染物在电极上发生直接电化学反应或利用电极表面产生的强氧化性活性物质使污染物发生氧化还原反应。阴极还原作用是在适当电极电位下，通过合适阴极的还原作用产生过氧化氢或 Fe^{2+}，再外加合适的试剂发生类 Fenton 试剂的反应，从而间接降解有机物，但一般效率较低。阴阳两极协同降解工艺是在阳极氧化工艺和阴极还原工艺的基础上，通过合理设计电化学反应器，能同时利用阴阳两极的作用，使得处理效率较单电极作用大大增强。

长期以来，由于受电极材料的限制，电化学法降解有机物的效率低，能耗高，限制了电化学技术的应用。国内外学者开始研制开发具有更高催化活性、高的析氧过电位和高稳定性的阳极材料。钛基喷涂催化剂涂层电极（DSA）的出现，克服了传统石墨电极、铂电极、铅基合金电极、二氧化铅电极等存在的缺点，成为广泛应用的阳极材料。Polcaro[183] 分别采用热沉积和电沉积的方法制备了 Ti/SnO_2 电极和 Ti/PbO_2 电极，探讨了在这两种电极上 2-氯酚的电化学氧化过程，研究结果表明：Ti/SnO_2 电极能更好地氧化有毒化合物，最后废水中仅有少量易生物降解的草酸被排放出去。Fockedey 等[184] 将掺 Sb 的 SnO_2 涂覆在钛泡沫颗粒上，制成 $Ti/SnO_2-Sb_2O_5$ 三维粒子电极并用于处理苯酚废水，降解 1kg 苯酚的电耗为 6.3kW·h，能耗仅为 5kW·h/kgCOD。

六、超临界水氧化法[185~188]

超临界水氧化法（supercritical water oxidation，SCWO）是 20 世纪 80 年代中期美国学者 Modell 首次提出的一种新型氧化技术，目前，已经得到越来越广泛的研究。超临界水氧化法对设备要求较高，一些发达国家，如美国、日本和德国等都已经建立了中试或者工业装置并投入运行使用。近几年，我国对超临界水氧化技术的研究也趋于成熟，已有中试规模的工业化设备投入使用。

超临界水氧化法利用水在超临界状态（$T \geqslant 374.3℃$，$P \geqslant 22.1MPa$）下具备的特殊性质：易改变的密度、介电常数、特殊的溶解性、极低的黏度、极大的离子积、氢键几乎完全消失等，使超临界水成为有机质氧化反应的理想介质，有机物在超临界水中可以与氧化剂完全接触，彻底被氧化为 H_2O 和 CO_2。其分解效率高，且在有机物质量浓度较高时（$COD \geqslant 10000mg/L$），有机物自身氧化产生的热量可以维持反应的持续进行。

超临界水氧化法的反应温度一般为 400~600℃，压力为 30~50MPa，一般用氧气或者过氧化氢作为氧化剂。氧化过程释放大量的热，反应一旦开始后就可以自己维持，无需外界供热。它是在高温高压条件下进行的均相反应，不存在界面传质阻力。反应速率快，停留时间短，平均停留时间小于 1min，因此，反应器结构简单，体积小，占地面积小。若被处理废水中的有机物浓度在 1%~2%，就可以依靠氧化反应自身所产生的热来维持反应，不需外界供热。若污染物浓度高，反应放出多余的热可以回收再利用。

有机废物在超临界水中进行的氧化反应过程可以简要的用下列化学反应方程式表示：

$$有机化合物 + O_2 \longrightarrow CO_2 + H_2O \tag{1-62}$$

$$有机化合物中的杂原子 \xrightarrow{[O]} 酸、盐、氧化物 \tag{1-63}$$

$$酸 + NaOH \longrightarrow 无机盐 \tag{1-64}$$

用化学计量式可以表示为：

$$C_iH_jO_k + (2i + j/2 - k)O \longrightarrow iCO_2 + jH_2O \tag{1-65}$$

Li 等超临界水氧化法的自由基反应机理认为自由基是氧气进攻有机物分子中较弱的 C—H 键产生的：

$$RH + O_2 \longrightarrow R\cdot + HO_2\cdot \tag{1-66}$$

$$RH + HO_2\cdot \longrightarrow R\cdot + H_2O_2 \tag{1-67}$$

过氧化氢进一步被分解为羟基，

$$H_2O_2 + M \longrightarrow 2\cdot OH \tag{1-68}$$

M 可以是均质或非均质界面。在反应条件下，过氧化氢也能热解为羟基。羟基具有很强的亲电性（586kJ），几乎能和所有的含氢化合物作用。

$$RH + \cdot OH \longrightarrow R\cdot + H_2O \tag{1-69}$$

式(1-65)、式(1-66)、式(1-68) 中产生的自由基（R·）能与氧气作用生成过氧化自由基。后者能进一步获取氢原子生成过氧化物。

$$R\cdot + O_2 \longrightarrow ROO\cdot \tag{1-70}$$

$$ROO\cdot + RH \longrightarrow ROOH + R\cdot \tag{1-71}$$

过氧化物通常分解生成小分子化合物，这种断裂迅速进行直至生成甲酸或乙酸为止。甲酸或乙酸最终转化为 CO_2 和 H_2O。虽然认为不同氧化剂（如氧气或过氧化氢）的自由基引发过程不同，但一般认为，自由基获取氢原子的过程［式(1-67)、式(1-69)］为反应的限速步骤。

超临界氧化法的应用及特点主要体现在以下几个方面。

（1）处理含酚工业废水　酚广泛存在于各种工业废水中，利用超临界水氧化法去除含酚废水 TOC、COD_{Cr} 具有良好的效果。据介绍[189]，在温度为 400～600℃、压力为 30MPa、氧化剂过量 10 倍的条件下，含酚废水 TOC 降解率均在 85% 以上。

（2）处理含硫工业废水　石油化工、造纸、钢铁等工厂都会产生含硫废水。传统的含硫废水处理方法如气提法、催化氧化法、燃烧法、吸附法都会产生 SO_2、SO_3 等二次污染物，且处理效率不高。而超临界水氧化法反应速率快，处理效率好，过程封闭性好，在含硫废水的处理中得到广泛的应用[190]。

（3）处理多氯联苯等有机物　石油、炼焦等化工生产过程中会产生 DDT、甲基乙基酮、苯、三氯己烷、六氯环己烷、二硝基甲苯等有毒有害污染物。超临界水氧化法在温度高于 550℃时对有机碳的破坏率达到 99.97% 以上，所有有机物都转化成二氧化碳和无机物，使废水实现达标排放[191]。

（4）降解聚苯乙烯泡沫　利用超临界水氧化法可分解或降解高分子有机物，最后得到无污染的气体、液体和固体。气体和液体可以用作燃料、化工原料，固体残渣可以用作铺路或建筑材料，可以彻底实现无害化和资源化[192]。

（5）处理污泥　多年来废水的处理过程中产生的污泥一直是水处理技术的重点和难点。通常污泥采用填埋法、焚烧法、热解法进行处理，但填埋法导致污泥中有害微生物传染疾病，并且该方法占用一定的填埋空间，焚烧法对空气带来很大污染，热解法会产生油等二次污染物。采用超临界水氧化法处理污泥可以解决以上问题，在温度为 370～650℃、压力为 22～26MPa 的条件下，污泥处理率达到 99.8% 以上，最终产物为二氧化碳和水[193]。

七、等离子体氧化法

等离子体又被称为物质的"第四态"。等离子体是由带负电的电子和带正电的离子组成，电子和离子杂乱无章，犹如一团电离了的气体[194]。20 世纪 80 年代开始，等离子体氧化技术被应用于废气、废水以及固体废弃物的处理，尤其是针对一些在"三态"条件下不能进行化学反应的物质的去除。

等离子体的形成过程为：物质受到外加能量（磁、电、热等）激发后，其原子的外层电子势能急速下降，脱离核场的束缚而逃逸，发生电离。此时，原子变成负电荷的电子和正电荷的离子[195]。当组成物质的分子或原子完全被电离成离子和电子时，就形成了等离子体。物质的等离子体态具有很高的能量，并且所有的粒子都带电荷，宏观上电荷为中性，即 $n_e = n_i$（n_e 为电子密度，n_i 为离子密度）。等离子体氧化法的原理[196] 是利用等离子放电过程中产生的一系列物理和化学效应，在废水中形成强氧化性基团（如 H·、O·、·OH）和强氧化性物质（如 H_2O_2、O_3 等），同时伴随着超声波、紫外线辐射、高能电子轰击等共同作用降解污染物。其被认为是臭氧高级氧化、光催化、超声催化等多种高级氧化方法的结合，具有处理时间短、处理效率高、不产生二次污染等优点。图 1-23 是典型等离子放电装置示意图[196]。

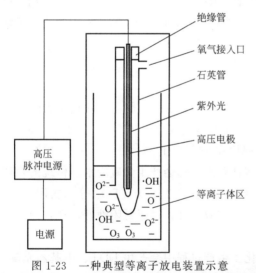

图 1-23　一种典型等离子放电装置示意

依据放电类型可以将等离子体分为[196] 直流/脉冲电晕放电、辉光放电、电弧放电、滑动弧放电和介质阻挡放电等。按照温度可以将等离子体分为热力学平衡态等离子体（高温等离子体）与非热力学平衡态等离子体（低温等离子体）。电晕放电、辉光放电、滑动弧放电和介质阻挡放电产生低温等离子；而电弧放电产生高温等离子。

对于高温等离子体而言，电子温度（T_e）与离子温度（T_i）、中性粒子温度（T_g）相等，处于热力学平衡状态，此时温度一般在 5000K 以上。而低温等离子体的 $T_e \gg T_i$，电子温度高达 10000K 以上，而离子和中性粒子的温度却仅有 300～500K，因此整个体系的表观温度相对较低[194]。高温等离子体技术利用等离子体的物理特性，而低温等离子体技术则利用其中的高能电子（0～10eV）参与形成的物理、化学反应过程。相比较而言，低温等离子体处理废水能达到既节能又治理污染物的目的，故在废水的处理中主要应用低温等离子体技术。

低温等离子体处理的基本原理如下[194]。

（1）高能电子作用　通过放电产生大量的等离子体中的高能电子，与废水中的分子（或原子）发生非弹性碰撞，将能量转化为基态分子的内能，发生激发、离解和电离等一系列过程，使废水处于活化状态。一方面打开废水中的分子键，生成一些单质原子或单原子分子；

另一方面产生大量的游离 O_2、自由基和 O_3 等活性基团。最后由单质原子、单原子分子、游离 O_2、自由基和 O_3 等组成的活性粒子与废水中的大分子有机物污染物发生化学反应，并最终将其转化为简单小分子安全物质，实现废水的无害化。

（2）臭氧氧化作用　臭氧是一种仅次于氟的强氧化剂。臭氧在水中发生氧化反应的途径有两种：一种是臭氧直接接触氧化有机物；另一种是由臭氧分解产生的 ·OH 氧化有机物。反应过程见本节臭氧氧化部分。

（3）紫外光分解作用　紫外光在放电过程产生，它一方面可以单独分解有机物；另一方面与臭氧联合作用分解有毒有害物质。其单独作用原理是有毒有害物质的分子吸收光子后进入激发态，激发态分子返回基态时吸收的能量使其分子键断裂，生成相应的游离基或离子。这些游离基或离子易与溶解氧或水分子发生反应生成新的物质而被去除。

废水的等离子体处理一般采用产生低温等离子体的接触电晕放电和辉光放电技术。电晕放电只能在气相或者气液混合相体系中发生。一般将气液混合电晕放电体系中的气液混合形式分为 3 类：①将气体以气泡形式鼓入水溶液中，以形成水包气式的气液混合状态，当气泡均匀分布在溶液中时，就可以最大限度地利用其在放电过程中产生的自由基来氧化降解有机污染物；②气液两相分离的气液混合状态，这种放电方式是放电电极位于气相，而接地电极位于液相，产生的气液混合放电形式电能利用效率比较低；③气包水式的气液混合状态，此技术的方法是将目标溶液喷入充满气体的脉冲放电反应器中，使气体转化的活性物种与溶液中的有机物有尽可能大的接触面积，从而提高有机物的氧化降解效率。其中影响气液混合脉冲放电等离子体体系中有机物降解效果的因素主要包括溶液因素、电气因素以及气体因素等。

田少囡[197] 在采用水包气式脉冲电晕放电（20kV，500 pulse per second）处理抗生素废水的过程中发现，随着反应时间的增加，ATP 浓度逐渐下降；当处理为 4min 后，活菌生物量大幅下降（$P < 0.01$），杀菌效率达 50.41%；处理时间进一步增加到 10min 时，杀菌率达 99.94%。

表 1-17 总结了不同放电类型激发电源要求和产生的等离子特征[196]。表 1-18 总结了采用不同放电方式等离子氧化法处理难降解有机废水实验条件及处理效果[196]。在这些放电方式中，介质阻挡放电具有产生的电子密度较高，在常压下可得到稳定、均匀的放电状态，同时避免形成火花放电或弧光放电而导致的电极腐蚀等特点，在工业应用中有较大潜力[196]。但到目前为止，还没有工业化的等离子体水处理设备，目前所做的研究为等离子体降解水环境中的某些污染物质提供了一条新思路。

表 1-17　不同等离子体放电方法比较

类型	放电类型	激发电源	等离子体特性					
			电场密度 n_e / cm^3	电场强度 $(E/V)/cm$	气体压力 /Pa	电子能量 /eV	气体温度 /K	电子温度 /K
低温均相等离子	电晕放电	DC/pulsed V:$10^0 \sim 10^2$kV	$10^9 \sim 10^{13}$	$> 2 \times 10^4$	$10^5 \sim 10^6$	约 5	约 4×10^2	$10^4 \sim 10^5$
	介质阻挡放电	AC/RF① V:$10^0 \sim 10^2$kV	$10^{12} \sim 10^{15}$	—	$10^4 \sim 10^6$	$1 \sim 10$	约 3×10^2	$10^4 \sim 10^5$
	辉光放电	AC/DC V:$< 10^0$kV	$10^9 \sim 10^{12}$	$50 \sim 6 \times 10^4$	$< 10^5$	$1 \sim 2$	约 7×10^3	$10^4 \sim 10^5$
	滑动弧放电	AC/DC/pulsed V:$10^0 \sim 10^2$kV	—	约 3×10^4	$> 10^5$	> 1	约 3×10^3	$10^4 \sim 10^5$
高温均相等离子	电弧放电	DCV:$10^{-1} \sim 10^0$kV	$> 10^{14}$	< 20	$> 10^5$	约 10	约 10^6	$10^4 \sim 10^5$

① RF—radio frequency，射频。

表 1-18　不同放电方式等离子氧化法处理难降解有机物废水总结

放电类型	污染物	浓度/(mg/L)	污水量/L	加载电压/kV	处理时间/min	去除率/%	能量利用率
直流电晕放电	酚类	28	0.500	直流 14	60	>99	—
	活性艳蓝	100	1.000	直流 14	60	90.6	2.6~6.6g/(kW·h)
脉冲电晕放电	对羟基苯甲酸酯	50	0.330	脉冲 18	10~15	>99	7.1g/(kW·h)
	双氯芬酸		0.055	脉冲 18	15	>99	0.76g/(kW·h)
辉光放电	对硝基酚	1000	0.150	直流 0.5	250	>99	—
	直链烷基苯	100	0.400	直流 0.6	120	99.14	1149.88kJ/mmol
电弧放电	酚类	52800	—	直流 0.15	—	—	8.12g/(kW·h)
滑动弧放电	维拉帕米	23	0.025	750W	80	97	$6×10^2$g/(kW·h)
	对氯苯甲酸	36	0.050		15	60	0.16g/(kW·h)
介质阻挡放电	依那普利	50	0.300	脉冲 16	20	>90	20.66g/(kW·h)
	罗丹明 B	50	2mL/min	交流 3	1.9s	97.4	—
	硫丹	15	—	交流 18	60	95	1.03g/(kW·h)
	双氯芬酸	10	0.100		10	>99	—
	对氯苯甲酸	540	0.100	交流 29	15	40	0.87g/(kW·h)

　　高级氧化技术已经开始应用于多种工业废水的处理。表 1-19 列举了各种高级氧化技术的应用实例[168]。高级氧化技术虽然具有适用范围广、反应速率快、处理效率高、无二次污染或少污染、可回收能量及有用物质的优点，但各类高级氧化技术在实际应用中都存在一些问题。在实际应用中，应根据废水的水质、水量情况，结合各氧化法的技术特点，选择最经济有效的处理技术。表 1-20 对各类高级氧化技术优缺点进行了比较[168]，并指出了各自今后发展的主要方向。

表 1-19　高级氧化技术的应用实例

实例	使用技术	废水类型	处理量/(m³/d)	进水 COD/(mg/L)	停留时间/min	去除率/%	特点
广东某造纸厂	Fenton 流化床	造纸废水	12000	250	30	72	对造纸废水进行深度处理，反应速率快，COD 及色度的去除率高，污泥产量少，占地少，操作简单，成本低
广州立白有限公司	光催化	洗涤剂废水	480	—	—	70	用于废水的预处理，设备占地面积小，停留时间短，催化剂适用范围广且固定化、无需更换，操作简单，处理成本低
山东淄博某医药化工厂	臭氧氧化	医药废水	200	14000~15000	5	40	采用臭氧氧化对医药废水进行预处理，反应时间短，处理效果稳定，废水的可生化性明显提高

续表

实例	使用技术	废水类型	处理量 /(m³/d)	进水 COD /(mg/L)	停留时间 /min	去除率 /%	特点
日本大阪煤气	催化湿式氧化	焦化废水	6	5870	—	99.9	处理效果好,流程短,反应时间短,操作费用低,占地小,催化剂可持续使用5年以上,当 COD 浓度为 20000mg/L 以上时,可依靠自身反应热维持热平衡
北京东方化工 SCWO 中试装置	超临界水氧化	丙烯酸废水	200	20000~35000	—	99	反应迅速,停留时间短,处理效果好,出水各项指标都达到排放标准
		竹子溶解浆生产废水	0.9~1.1	68012	1.5	99.9	

表 1-20 各类高级氧化技术优缺点比较

项目	优点	缺点	适用范围	发展方向
Fenton 氧化法	Fenton 法反应条件相对温和、设备及操作简单、处理费用相对降低、适用范围较广	氧化能力相对较弱,出水中含有大量 Fe^{2+},产生大量含铁污泥,反应 pH 值低	技术成熟,已成功运用于多种工业废水的处理,适用于低浓度难降解废水的处理	发展铁离子的固定化技术和 Fenton 法与其他技术的联用工艺
光催化氧化法	反应条件温和、氧化能力强、适用范围广	光催化氧化不彻底、对光源利用率低、能耗较大、投资费用较高、催化剂易失活	适用于有机物浓度较低、浊度较小的难降解废水的处理	开发催化活性和稳定性好的催化剂,提高对光源尤其是太阳光的利用率,改进催化剂的固定化技术,研发高效反应器
臭氧氧化法	氧化能力强、反应速率快、反应无二次污染	臭氧生成设备复杂、臭氧产率和利用率低、处理成本高、氧化还原反应选择性强、降解不彻底	常用于含氰、含酚、含重金属的工业废水、印染废水、造纸废水和农药废水的处理	降低臭氧的生成成本,提高臭氧的利用率,发展与臭氧相关的组合技术和催化臭氧氧化技术
超声氧化法	反应条件温和、效率高、适用范围广、对设备要求低、操作简单、无二次污染	能耗大、处理成本高、降解不彻底	适于处理憎水性、易挥发的有机物,目前只限于实验室单一组分、小水量废水的处理	优化超声反应器的设计,增大超声空化效果,研究低频率、低功率段的反应机理,与其他高级氧化技术联用
湿式氧化法	适用范围广、处理效果好、反应速率快、无二次污染、可回收能量及有用物料等	反应温度和压力要求高、对设备材料要求高、投资和运行成本高	适用于高浓度、小流量工业废水的处理	研制高效稳定的催化剂和反应器,发展催化剂固载技术以实现催化剂的持续利用

项目	优点	缺点	适用范围	发展方向
超临界水氧化法	适用范围广、反应速率快、反应器体积小、对污染物降解彻底、无机组分易沉淀分离、无二次污染、可回收部分热能	反应条件苛刻,对设备性能要求高、投资和运行成本高、无机物沉积易造成管路堵塞、操作管理技术要求高	适用于各种高浓度、小流量、有毒难降解废水的处理	解决装置材料、管路堵塞的问题,研发高效稳定的催化剂,发展催化超临界水氧化技术
等离子体氧化法	是臭氧高级氧化、光催化、超声催化等多种高级氧化方法的结合,具有处理时间短、处理效率高、不产生二次污染等优点	等离子氧化过程中,除产生 •OH 外,很大一部分能量转化为以氧化能力相对较弱的 H_2O_2 和 O_3 等化学物质存在的化学能,或者转化为光能和超声能等而被耗损,从而导致等离子氧化法的能量利用率较低,限制其实用化	适用于各种高浓度、有毒难降解废水的处理	通过附着或溶解的方法在溶液中添加催化剂如金属离子、金属氧化物和碳材料等,最大化利用这部分能量,来强化等离子体氧化过程,提高反应效率,开发出催化强化的新型等离子体氧化技术

第七节　其他处理技术

一、磁分离技术 [198]

磁分离水处理技术是目前应用于矿井水处理的一种新工艺,其具有占地面积小、出水水质好、泥水分离速度快、处理时间短、处理水量大、排泥含水率低、运行费用低、日常维护方便等诸多优点,因此磁分离水处理技术在矿水井污水处理方面具有广阔的前景。

磁分离净化工艺流程如图 1-24 所示。矿井水首先经格栅去除水中粒径较大的悬浮物后进入预沉调节池,水中大颗粒及相对密度较大的物质在预沉池中沉淀下来。预沉池设有污泥泵,定期将其底部泥斗中沉淀的污泥排入污泥池,再由污泥泵送至压滤机脱水,脱水后的干泥制成泥饼外运。其次预沉后出水进入超磁分离混凝系统,此混凝系统通过投加磁种(稀土永磁体)和混凝剂、助凝剂(PAC、PAM),使悬浮物在较短时间内(3~6min)形成以磁种为载体的"微絮团"。最后经过混凝之后的水进入磁分离机通过磁吸附进行固液分离,去除水中的悬浮物,使出水水质达到设计出水指标。磁分离机分离出的煤泥,由磁分离机的卸渣装置刮下进入磁分离磁鼓,在磁鼓的高速分散区将磁种和非磁性悬浮物分散,由磁鼓对磁种进行吸附回收,再经脱磁处理后磁种由泵打入前端的混凝系统,进入下一次循环使用;而煤泥则排入污泥中转池,再由污泥中转泵输送至污泥池中,污泥通过污泥泵进入厢式压滤机脱水后制成泥饼外运。

以磁分离技术为核心的井下预沉、地面"混合＋絮凝＋磁分离＋过滤＋消毒"工艺(磁分离工艺)的工作原理在诸多方面不同于传统的井下预沉、地面"混合＋絮凝＋沉淀＋过滤＋消毒"工艺(传统工艺)。

① 磁分离工艺的微磁絮凝作用比普通絮凝所需时间短 2/3。

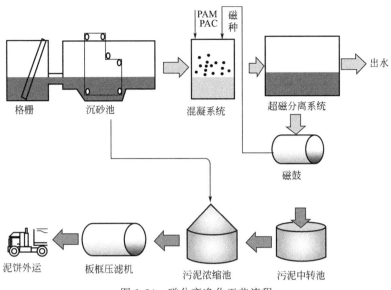

图 1-24　磁分离净化工艺流程

② 磁分离工艺的核心单元是利用稀土永磁材料的高强磁能积，对废水中悬浮微粒赋予磁性，絮凝后被高强磁场力吸附从而实现固液分离，而传统工艺的核心单元迷宫斜板沉淀池中含颗粒的水流入斜板区后，由于翼片的作用，水流被分为平流、紊动涡流和环流，在涡流区中的颗粒随着涡流被输送到下游翼片附近，涡流与该叶片顶部发生碰撞，部分颗粒进入迷宫内，随宫内环流，沿着斜板滑落到池底，从而依靠重力作用进行固液分离，达到水质净化目的。

③ 因为磁力是重力的数百倍，超磁分离水处理技术的处理速度较传统工艺快，水力停留时间与传统工艺的约 30min 相比大幅缩短至 8min，工程设施占地面积亦在很大程度上缩小。

④ 为了防止黏附于斜板，后者要求进水含油量不能太高，而进水含油量对于前者则无影响。因此磁分离工艺出水水质更加稳定，便于维护；而传统工艺因长期运行后排泥系统容易堵塞，出水水质不稳定。

⑤ 磁分离工艺的出水水质（SS≤20mg/L）优于传统工艺出水水质（SS≤30mg/L）。

此外，由于磁分离工艺的排放污泥的含水率较后者低，无需后续设置污泥浓缩池，进一步节省了基建费用。

协庄煤矿矿井水处理是世界上第一个成功将磁分离技术应用于井下矿井水处理的案例。该矿井对原有井下巷道进行改建后，目前日处理能力 12000m³/d，在实际运行中，被检测到的出水 SS 稳定且小于 10mg/L，达到了工业用水标准，满足了矿井生产用水要求，实现了矿井水循环使用零排放的目标，提高了矿井水的综合利用率，且有效地保护了矿井水资源和地面环境。目前应用此工艺且已竣工的案例如：内蒙古鲁新矿矿井水进水 SS 为 1040mg/L 时，出水 SS 仅为 0.045mg/L；内蒙古能源福城矿进水 SS 为 3768mg/L 时，出水 SS 为 11mg/L。出水均能达标排放。

二、焚烧

焚烧法处理废液是指高温条件下，有机废液中的可燃性组分与空气中的氧进行剧烈化学反应生成 H_2O 和 CO_2 等，释放能量，产生固体残渣的过程[199]。焚烧法是一种简单、高效、可行的废液处理方法。它既可以焚烧掉有害物质，又可以回收利用余热，降低处理成本，达到减量化、无害化和资源化的目的。焚烧法处理有机废液具有低成本、低能耗、去除彻底、处理及时、操作简单、热量回收利用率高等优点。

焚烧法适用于有机物含量为 10% 左右或 COD_{Cr} 超过 300g/L 的废液处理[200,201]。通常热值在 10500kJ/kg 以上的废液，在辅助燃料的引燃后便可自燃。一些废油与水的混合液必须达到乳化混合时才能燃烧。热值较低的废水中可燃物含量少，不足以维持焚烧温度，因此在燃烧之前往往先通过蒸发或蒸馏法浓缩或依靠辅助燃料进行焚烧。

有机废液的种类根据其化学组成可分为以下 3 类。

① 不含卤素的有机废液：主要指烃类化合物化学组成为 C、H、O，有时也含有 S。此类废液自身可作为燃料，燃烧后产生 H_2O、CO_2 和 SO_2。燃烧产生的热可以通过锅炉或者余热锅炉回收。

② 含卤素类有机废液：废液中含有 CCl_4、氯乙烯、溴乙烷等。废液燃烧后生成可回收的卤素单质或者卤化氢（HF、HCl、HBr 等）。

③ 高浓度含盐有机废液：含有高浓度无机盐或者有机盐。该类废液通常热值较低，需要辅助染料已达到完全燃烧，生成熔化盐。

有机废液焚烧的一般工艺流程为[202]：

有机废液→预处理→高温焚烧→余热回收→烟气处理→烟气排放

其中预处理包括：a.采用过滤技术去除废液中的悬浮物，防止固体悬浮物堵塞雾化喷嘴使焚烧炉结垢；b.中和处理，防止酸性废液对炉体的腐蚀和碱性废液对炉膛造成结焦结渣。高温焚烧过程包括水分的蒸发、有机物的气化或者裂解、有机物与空气中的氧的燃烧反应三个阶段。焚烧炉的选择有液体喷射式焚烧炉、流化床焚烧炉、回转窑焚烧炉。燃烧温度、停留时间和空气过剩量等是影响焚烧效果的重要参数。大多数有机废液的焚烧温度范围是 900~1200℃，有机废液的停留时间一般为 1~2s，空气过剩量的选取范围一般为 20%~30%。余热回收装置的设置与否取决于焚烧炉的产热量，产热低的焚烧炉安装余热回收装置是不经济的。烟气处理是对焚烧后产生的酸性气体进行处理，防止二次污染。根据美国 EPA 规定，烟气中的 HCl/Cl_2 比值应在 $(21\sim600)\times10^{-6}$ 范围内。

三、电絮凝与电还原[203~206]

电絮凝与电还原是一种结合了电化学、化学混凝、气浮 3 种工艺的技术，是一种对环境二次污染较小的废水处理技术，可在较短时间内实现污染物的高效去除。此技术既可以用来对废水直接处理，又可以与其他技术联用作为预处理单元降低后续工艺的负荷，或者进行深度处理。由于废水中阴、阳离子的存在，废水具有较高的导电性，这一特点为电絮凝与电还原技术在废水处理中的应用提供了良好的发展空间。同时，电化学学科和电力工业的发展使得此技术应用于废水处理的成本大大降低，竞争力不断增强。

电絮凝与电还原的作用原理是借助外加电场的作用，将电能转化为化学能，其本质就是进行电解水处理。电解过程中可溶性阳极产生的阳离子在溶液中水解，并聚合成一系列多核羟基络合物和氢氧化物，阴极上发生还原反应，同时阴阳极上不断产生氢气和氧气的微小气泡。通过电解过程对废水中的有机或无机物进行氧化还原反应，进而利用生成的络合物及微小气泡达到分解、脱稳、络合、吸附、凝聚、浮除，共沉淀等作用，从而有效地去除废水中的 Cr^{6+}、Zn^{2+}、Ni^{2+}、Cu^{2+}、Cd^{2+}、CN^-、磷酸盐、S^{2-}、F^-、As 以及 COD_{Cr}、SS、油与色度等并显著提高废水的可生化性。

电絮凝与电还原工艺主要由电源、电极板和后续分离装置组成。电源有直流电源和交流电源两种选择。电极的选择对反应至关重要，最常用的阳极材料是铁和铝。铁电极的电流密度远远大于铝电极，而铝电极不仅电流密度小，而且很快就会钝化。虽然铁的价格比铝低得多，但电化学当量是铝的 3 倍，因而，以铁做电极时阳极材料的消耗是铝的 3 倍。电极板的连接方式包括单级连接和双级连接。反应器类型有垂直反应器、水平反应器、带孔管状反应器等。以铝作为阳极为例，阳极和阴极的反应式如下：

阳极：
$$Al \longrightarrow Al^{3+} + 3e^- \tag{1-72}$$
$$Al^{3+} + 3H_2O \longrightarrow Al(OH)_3 + 3H^+ \tag{1-73}$$
$$nAl(OH)_3 \longrightarrow Al_n(OH)_{3n} \tag{1-74}$$

阴极：
$$2H_2O + 2e^- \longrightarrow H_2 + 2OH^- \tag{1-75}$$

电絮凝与电还原工艺设备体积小，占地面少，操作简单灵活，易与其他工艺组合使用。与化学絮凝法相比，电絮凝法溶解的金属离子成分纯净，没有杂质，电极金属消耗量低，污泥产量小，适应范围广，不需投加化学药剂，不存在二次环境污染的风险。电极溶出的金属离子活性高，形成的胶粒结合水含量低，絮凝能力强；生成的微小气泡起到搅拌作用的同时还可以对颗粒物进行浮选，处理效果好。阴阳两极键电场分布可改变水中悬浮物的双电层分布，使正负电荷分别偏向颗粒一侧，有利于颗粒间的相互吸引、凝结和脱稳。电絮凝法对于处理低温、低浊水具有独特的优势，可以通过风能、太阳能、燃料电池等绿色能源驱动。

电絮凝与电还原过程应注意的问题：电絮凝过程中阴极容易钝化，形成致密的氧化膜，阻碍反应的继续进行，会降低处理效果；根据反应器的设计形式，对溶液的最低电导率有要求，限制了电絮凝对于含有低溶解性固体的水处理；电絮凝在处理含有高浓度胡敏酸和富里酸的污水时，易生成三卤甲烷；某些情形下凝胶状氢氧化物可能溶解，无法实现凝聚去除；由于阳极板被氧化溶解，需要定期更换。

电絮凝技术自 19 世纪发展至今，其应用范围几乎涵盖了废水处理的各个领域，如用于含重金属的工业废水、纸浆废水、矿业废水、食品废水、印染废水、油田污水、旅馆废水、垃圾渗滤液、船舶舱底污水等的处理。

1. 处理含油废水

来自石油、化工、钢铁、焦化煤气发生站、机械等工业企业，以及铁路运输业、纺织与轻工业的乳化废水中的油类物质直接排入水体，破坏生态平衡的同时还有水面起火的隐患。M. Aoudjehane 等以铁板为阳极处理油乳胶，并对影响因素优化后的结果为：电流密度 $200A/m^2$、板间距 1cm、电导率 0.081S/cm、pH 值为 2 的条件下，电解 15min 后 COD_{Cr} 和 SS 的去除率分别达到 72%、98%，耗电量为 $0.54kW \cdot h/m^3$。U. T. Un 等用电絮凝对炼油废水进行处理，以铝板作为电极，pH 值为 7、电流密度 $35mA/cm^2$、反应时间为 90min 时，COD_{Cr} 的去除率为 98.9%。M. Kobya 等用电絮凝处理废旧金属切割液，铝板作为电极、pH 值为 5.0、电流密度为 $60A/cm^2$、反应时间为 25min 时，COD_{Cr} 的去除率为 93%。Asselin 等采用电絮凝技术处理船舶舱底污水，破乳效果良好，油脂去除率为 95%，BOD_5 去除率为 93%，溶解性 COD_{Cr} 去除率为 61%，总 COD 去除率为 78%，浊度去除率为 98%，TSS 去除率为 99%，总处理成本为 0.46 美元/m^3。王丽敏等研究了电絮凝法处理含有 32 号机油的废水，通过石墨-石墨、铁-石墨、铝-石墨、铅-石墨和铝-铁 5 种电极材料分别实验，发现铝-石墨为最佳电极，最优反应条件：NaCl 投加量为 3g、电解时间为 25min、电解电压为 10V 时 COD_{Cr} 的去除率高达 98.19%。

2. 处理造纸废水、制革废水和染料与纺织废水

造纸废水、制革废水和染料与纺织废水具有高 COD_{Cr}、高色度、高含盐量和有机物难降解等特点，采用一般的物化法与生物法组合的方式处理难度大，运行费用高。而采用电絮凝技术处理则具有设备小、占地少、运行简单的优点。Lin Sheng 的研究表明，电流密度为 $92.5A/m^2$ 时，COD_{Cr} 的去除率高达 51.0%。Z. Zaroual 等采用铁板为阴阳电极处理纺织废水，发现电解时间为 3min，电压为 600V 时色度和 COD_{Cr} 的去除率分别为 100% 和 84%。M. Bayramoglua 等以铁和铝板为阳极，采用并联和串联 2 种方式处理纺织废水并做处理成本的对比分析。实验发现铝电极和铁电极对 COD_{Cr} 和 SS 的去除率相差无几，但采用铁电极处理的成本较低。最优条件为电流密度 $30A/m^2$，电解时间 15min，铁电极最优 pH 值为 7，铝电极最优 pH 值为 5。在最优条件下，电絮凝和化学絮凝的处理成本分别为 $0.25S/m^3$ 和 $0.80S/m^3$，化学混凝的成本约为电絮凝的 3.2 倍。M. Zaied 等在初始 pH 值为 7、反应时间为 50min、电流密度为 $14mA/cm^2$ 的最佳条件下对造纸黑液进行处理，色度、COD 和酚类的去除率分别为 99%、98% 和 92%。

3. 处理重金属废水

电絮凝可以有效地去除水中的重金属离子。F. Akbal 等利用铁-铝电极处理含铜、铬和镍浓度分别为 45mg/L、44.5mg/L、394mg/L 的电镀废水，反应时间为 20min，电流密度为 $10mA/cm^2$，pH 值为 3.0 时，铜、铬和镍的去除率达到 99.9%。I. Kabdash 等以不锈钢为阴阳极处理锌和镍电镀生产过程中的混合重金属废水，其中初始 TOC 约为 170mg/L，锌和镍浓度分别为 $217\sim232mg/L$、$248\sim282mg/L$，Cl^- 浓度为 $1.5\sim1.8g/L$。在溶液初始 pH 值条件下，电流密度为 $0.009A/cm^2$ 时，TOC 的去除率为 66%，锌和镍的去除率均为 100%。M. S. Bhatti 等用铝做电极材料处理 Cr^{6+} 初始浓度为 100mg/L 的废水，当 pH 值为 5、电压为 24V、反应时间为 24min，Cr^{6+} 的去除率达到 90.4%。M. Kobya 等利用铁电极对汽车组装厂废水进行处理，电流密度为 $60A/m^2$、pH 值为 3.0、反应时间为 15min 时，锌的去除率达到 97.8%。

第八节　污泥处理

在全球可持续发展战略的普遍倡导下，污泥作为一种可以回收、利用的资源与能源的载体，其处理/处置方法应由污泥的粗放或简单的任意排放向无害化、减量化、稳定化和资源化的方向转变。污泥处理方法主要包括污泥浓缩（调理）、消化、脱水、发酵、干化、焚烧等工艺。污泥处置方案包括填埋、土地利用和建材利用等[207]。

不同地区、不同国家的经济发展水平和环境保护法规各不相同，以致各自对污泥处理、处置的方法和管理办法也不尽相同[208]。波兰对于污泥的处理采用高温厌氧消化（产生沼气）、机械脱水与用溶胞产物脱水干化相结合的处理方法。污泥经过脱水/干化后，利用沼气产生的能量焚烧，回收灰分中的磷，最后剩余的灰分可以用于建筑行业中建筑材料的制备。日本已经制定了大区域污泥处置和资源利用的 ACE 计划：A(agriculture)——污泥无害化处理后制成肥料用于农业、园林或绿地；C(construction use)——污泥焚烧后将灰分制成固体砖或者其他建筑材料；E(enery recovery)——利用污泥消化供热及沼气发电。据统计，2008

年日本的污水处理厂产生 221 万吨干污泥，约 78% 被资源化利用，其中 61.2% 用于建筑材料的制作，14.5% 以肥料或者土质改良剂的形式被土地利用。

　　我国污泥处理事业起步较晚，处置方式以填埋、农业使用为主，以机械脱水、消化为辅[208]。我国污泥的卫生填埋占 20%，堆肥土地利用的比例为 10%，焚烧占 6%，但仍有 64% 的污泥未得到稳定化、无害化处理处置，大部分都是外运弃置或简易堆放，严重影响周边环境。2007 年 10 月 1 日起开始实施的《城镇污水处理厂污泥泥质》（CJ 247—2007）规定污泥含水率必须小于 80%。典型污泥处理流程如图 1-25 所示。

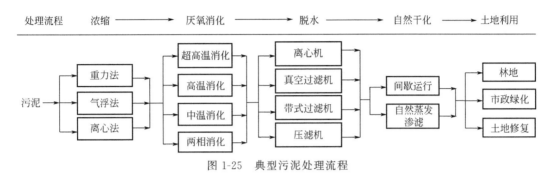

图 1-25　典型污泥处理流程

　　污泥的减量化包括两个方面：一方面是通过污泥消化减少污泥中有机物的含量；另一方面是通过污泥浓缩和脱水降低污泥的含水率。

一、污泥浓缩技术[209]

　　污泥浓缩技术是污泥脱水的初步过程，其对象是间隙水，污泥含水率从 99% 降至 96%，体积减少至原来的 1/4。主要的污泥浓缩方法有重力法（71.5%）、机械浓缩（21.40%）和气浮法（7.10%）。不同浓缩方法的处理效果对比如表 1-21 所列。重力法是处理初沉污泥的最经济有效的方法，而对剩余污泥的处理效果相对较差。采用气浮法或机械浓缩法处理剩余污泥具有设备复杂、费用高的缺点，基于此，目前推行的剩余污泥处理方法是：利用活性污泥的絮凝能力，将其回送至初沉池，提高初沉池的沉淀效果，使之与初沉污泥共同沉淀的重力浓缩工艺。

表 1-21　不同浓缩方法的处理效果对比

浓缩方法	污泥类型	浓缩后含水率/%	比能耗	
			干固体/(kW·h/t)	脱水(kW·h/t)
重力法	初沉污泥	90~95	1.75	0.2
重力法	剩余污泥	97~98	8.81	0.09
气浮法	剩余污泥	95~97	131	2.18
框式离心法	剩余污泥	91~92	211	2.29
无孔转鼓离心法	剩余污泥	92~95	117	1.23

二、厌氧污泥消化技术[210]

　　厌氧污泥消化技术是指利用厌氧微生物将污泥中的有机物转化为沼气和二氧化碳，在众多的污泥处理方法中，厌氧消化由于其高效的能量回收和较低的环境影响，是目前国际上应用最为广泛的污泥稳定化和资源化的处理方法。它可以使污泥中挥发性悬浮固体（VS）含量减少30%～50%，从而使污泥达到稳定，并有利于后续的脱水处理。经厌氧消化后的污泥中依然含有丰富的有机肥效成分，适用于土地利用，脱水后的消化污泥还可以作为发电厂或水泥厂的辅助燃料。在厌氧消化过程中产生的沼气可以用来发电以补充厌氧消化或污水厂内其他工艺用电需要。目前，中温（35℃±2℃）消化在国内外应用较多。在厌氧消化过程中，可通过微生物破壁技术提高有机物分解率和系统产气量。其中，基于高温热水解（THP）预处理的高含固率污泥厌氧消化技术在欧洲国家已得到规模化工程应用。污泥厌氧消化产生的沼气是一种清洁能源，沼气发电在德国是最常见的，德国75%的污水处理厂采用沼气发电，可满足其自用电力的57%。

目前国内一些大型污水处理厂已经完善污泥厌氧消化与沼气发电设施。如北京高碑店污水处理厂（$1.0×10^6 m^3/d$）污泥处理采用两级中温厌氧消化工艺，通过技术改造和工艺调整，最大限度地收集沼气用于发电。2004年的上半年，其沼气发电机组累计发电$5.28×10^6 kW·h$，占全厂电量消耗的22.6%。天津纪庄子污水处理厂（$5.2×10^5 m^3/h$）、东郊污水处理厂（$4.0×10^5 m^3/h$）和咸阳路污水处理厂（$4.5×10^5 m^3/h$）等也建有完善的污泥厌氧消化与沼气发电设施。但迄今为止，我国厌氧消化池的稳定运行和沼气利用等问题还有待进一步完善[211]。

三、污泥脱水技术 [212, 213]

污泥经浓缩和消化后，仍有95%～97%的含水率，体积仍然很大，为了综合利用和最终处理，需要对污泥进行脱水和干化处理。污泥脱水是一个固液分离的过程，实际上是一个污泥中的水在外力驱动下克服淤堵，从排水通道排出的过程。其基础理论是在过滤、渗滤和沉积等理论的基础上发展起来的。脱水类型有机械外力脱水、絮凝脱水、超声波脱水、电渗析脱水等，其中机械脱水占主导地位。污泥脱水的目的是除去污泥中的大量水分，从而缩小其体积，减轻其质量，减轻污泥运输和进一步处理的负荷。如果将污泥含水率从99.3%降至60%～80%，其体积可降低10～15倍，大大减少了污泥外运的费用及进一步处理时产生的渗滤液量。

污泥的水分由间隙水、毛细水、吸附水和结合水组成。①间隙水指存在于污泥颗粒之间的一部分游离水，占污泥中总含水量的65%～85%。污泥浓缩可将绝大部分空隙水从污泥中分离出来。②毛细水指污泥颗粒之间的毛细管水，占污泥中总含水量的15%～25%。浓缩作用不能将毛细水分离，必须采用自然干化或机械脱水进行分离。③吸附水系指吸附在污泥颗粒上的一部分水分，由于污泥颗粒小，具有较强的表面吸附能力，因而浓缩或脱水方法均难以使吸附水与污泥颗粒分离。④结合水是颗粒内部的化学结合水，只有改变颗粒的内部结构，才可能将结合水分离。

吸附水和结合水一般占污泥总含水量的10%左右，只有通过高温加热或焚烧等方法才能将这两部分水分离出来。

污泥脱水的过程如图1-26[214]所示。

随污泥脱水的进行（阶段1→阶段2→阶段3）是自由水不断排出，同时排水通道也在不断变化，相应地每个阶段的淤堵机制也不一样。

阶段1：排出的水主要为自由水，颗粒之间呈连通状态的自由水作为排水通道。

阶段2：颗粒之间的自由水不再相互连通，排水通道的形成需要突破结合水的束缚，脱水难度较阶段1增大，该阶段有少量的结合水随自由水排出。

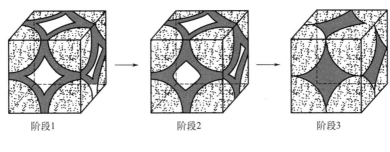

阶段1　　　　　　　　　　　阶段2　　　　　　　　　　　阶段3

污泥颗粒　　　▓ 结合水　　　□ 自由水

图 1-26　污泥脱水的过程

阶段 3：污泥中只剩下结合水，结合水的排出不仅要克服自身的束缚，还受固体颗粒的影响。

虽然实际情况并不能完全由上述的简化模型说明，但该模型表明污泥脱水的微观研究不能将固体颗粒和水分隔开来，而应该以排水通道为"纽带"将之视为一个整体。

参 考 文 献

[1]　（美）Eckenfelder Wesley，W. Industrial Water Pollution Control［M］. Third Edition. Beijing：McGraw-Hill，2002：64-65.

[2]　冯敏.工业水处理技术［M］.北京：海洋出版社，1992.

[3]　华海洁，杨莲红.高效纤维束滤池在污水厂深度处理中的应用实例［J］.工业科技，44（3）：33-35，2015.

[4]　白明，刘凡清，葛培玉等.纤维束滤池在城市污水处理厂中的应用研究［J］.给水排水，35（增刊）：146-146，2009.

[5]　马小杰.滤布滤池在污水处理厂深度处理中的应用［J］.中国市政工程，3：30-31，2010.

[6]　蒋富海，安鹏.高密度澄清池——滤布滤池在污水深度处理中的应用及控制［J］.给水排水，43（4）：24-28，2017.

[7]　阳佳中，张学兵，孟广等.转盘滤池在污水处理厂深度处理中的应用［J］.给水排水，38（2）：38-40，2012.

[8]　郭燕妮，方增坤，胡杰等.化学沉淀法处理含重金属废水的研究进展［J］.工业水处理，31（12）：9-13，2011.

[9]　庄明龙，柴立元，闵小波等.含砷废水处理研究进展［J］.工业水处理，24（7）：13-17，2004.

[10]　刘志刚.石灰中和法处理含重金属离子酸性废水［J］.江西冶金，23（6）：109-110，2003.

[11]　彭根怀，吴上达.电石渣-铁屑法去除硫酸废水中的氟和砷［J］.化工环保，15（5）：281，1995.

[12]　刘小澜，王继徽，黄稳水等.化学沉淀法去除焦化废水中的氨氮［J］.化工环保，24（1）：46-49，2004.

[13]　丁明，曾恒兴.铁氧体工艺处理含重金属污水研究现状及展望［J］.环境科学，13（2）：59-67，1991.

[14]　来风习，王九思，杨玉华.铁氧体法处理重金属废水研究［J］.甘肃联合大学学报：自然科学版，20（3）：64-66，2006.

[15]　黄继国，张永祥.GT-铁氧体法处理含铬废水实验研究［J］.长春科技大学学报，30（1）：60-62，2000.

[16]　王殿魁.离子交换-铁氧体法综合治理电镀废水闭路循环技术［J］.电镀与环保，（1）：7，1983.

[17]　黄万抚，卢继美，许孙曲.磁流体-铁氧体 J 磁流体技术的应用［J］.中国资源综合利用，（6）：16-18，1993.

[18]　张帆，李菁，谭建华等.吸附法处理重金属废水的研究进展［J］.化工进展，32（11）：2749-2756，2013.

[19]　Guo Yupeng，Qi Jurui，Yang Shaofeng，et al. Adsorption of Cr(Ⅵ) on micro- and mesoporous rice husk-based active carbon［J］. Materials Chemistry and Physics，78（1）：132-137，2003.

[20]　陈秀芳.离子交换法在废水处理中的应用［J］.科技情报开发与经济，14（7）：148-150，2004.

[21]　梁志冉，涂勇，田爱军.离子交换树脂及其在废水处理中的应用［J］.污染防治技术，19（3）：34-36，2006.

[22]　李培元.火力发电厂水处理及水质控制［M］.北京：中国电力出版社，2008.

[23]　黄艳，章志昕，韩倩倩等.国内离子交换树脂生产及应用现状与前景［J］.净水技术，29（5）：11-16，2010.

[24]　雷兆武，孙颖.离子交换技术在重金属废水处理中的应用［J］.环境科学与管理，33（10）：82-84，2008.

[25]　叶一芳.应用离子交换树脂法处理低浓度含汞废水［J］.环境污染与防治，11（3）：34-35，1989.

[26] 刘宝敏，林钰，樊耀亭等.强酸性阳离子交换树脂对焦化废水中氨氮的去除作用 [J].郑州工程学院学报，24 (1)：46-49，2003.

[27] 郭杰，曾光明，张盼月等.结晶法回收工艺在废水处理中的应用 [J].水处理技术，32 (10)：1-4，2006.

[28] Eggers E，Dirkzwager AH and Van derHoning H. Full-scale experiences with phosphate crystallization in a cry stal-lactor [J]. Water Science and Technology，23：819-824，1991.

[29] 耿震，张林生，吴海锁等.污水吹脱结晶法除磷机理及应用 [J].污染防治技术，16：10-12，2003.

[30] Battistoni P，Boccadoro R，Pavan P，et al. Struvite crystallization in sludge dewatering supernatant using air-strip-ping：The new-full scale plant at treviso (italy) sewage works [DB/OL]. http：//www. nhm. ac. uk/mineralogy/phos/finalprog3. doc.

[31] Moriyama K，Kojina T，Minawa Y，et al. Development of artificial seed crystal for crystallization of calcium phos-phate [J]. Environmental Technology Letters，22 (11)：1245-1252，2001.

[32] Webb K M and Ho G E. Struvite solubility and its application to a piggery effluent problem [J]. Water Science and Technology，26 (9~11)：2229-2232，1992.

[33] Horenstein B K，Hernander G L，Rasberry G，et al. Successful dewatering experience at hyperion wastewater treat-ment plant [J]. Water Science and Technology，22 (12)：183-191，1990.

[34] Stratful I，Scrimshaw M D and Lester J N . Conditions influencing the precipitation of magnesium ammomium phos-phate [J]. Water Research，35 (17)：4191-4199，2001.

[35] Jaffer Y，Clark T A，Pearce P，et al. Potential phosphorus recovery by struvite formation [J]. Water Research，36：1834-1842，2002.

[36] Mùnch E V and Barr K. Controlled struvite crystallization for removing phosphorus from anaerobic digester sidestre-ams [J]. Water Research，35 (1)：151-159，2001.

[37] 张春阳，刘建广，王爱华.结晶法除磷技术的发展与应用 [J].节能技术，24 (135)：63-69，2006.

[38] 姜科.诱导结晶法回收和去除氟化盐工业废水中的氟 [D].长沙：中南大学，2014.

[39] 毕华银，熊咏民，奕唯真等.磷酸钙改水降氟的实验研究 [J].西安医科大学学报，14 (1)：90-92，1993.

[40] 李亭亭，李亚峰.饮用水除氟技术的现状及进展 [J].辽宁化工，38 (7)：472-474，2009.

[41] 黄廷林，孙田，邓林煜.诱导结晶法去除地下水中氟离子 [J].环境工程学报，8 (1)：1-5，2014.

[42] 傅菁菁.吹脱法及其工程应用 [J].建设科技，8：60-62，2002.

[43] 周明罗，陈建中，刘志勇.吹脱法处理高浓度氨氮废水 [J].广州环境科学，20 (1)：9-12，2005.

[44] 李瑞华，韦朝海，吴超飞等.吹脱法预处理焦化废水中氨氮的条件实验与工程应用 [J].环境工程，25 (3)：38-44，2007.

[45] 金彪，李广贺，张旭.吹脱技术净化石油污染地下水实验 [J].环境科学，21 (4)：102-105，2000.

[46] 杨旭鹏，关晓彤，于大伟等.吹脱法含油废水脱硫的实验研究 [J].辽宁化工，36 (6)：361-363，2007.

[47] 冯国琳，王焕英，邢广恩.新型萃取技术研究进展 [J].化工中间体，2：1-4，2013.

[48] 陈天明，韩香云，吴刚等.离子液体复合萃取技术处理重金属工业废水进展研究 [J].环境科学与管理，39 (12)：89-91，2014.

[49] Domanska U，Vasiltsova T V，Verevkin S P，et al. Thermodynamic properties of mixture containing ionic liquids Activity coefficient of aldehydes and ketones in 1-methyl-3-ethylimidazolium bis (trifluoromethyl-sulfonyl) imide u-sing thetranspiration method [J]. Chemical Engineering Data，50 (1)：142-148，2005.

[50] Lertlapwasin R，Bhawawet N，Imyim A，et al. Ionic liquid extraction ofheavy metal ions by 2-aminothiophenol in 1-butyl-3-methylimidazolium hexafluorophosphate and theirassociation constants [J]. Separation and Purification Tech-nology，72 (1)：70-76，2010.

[51] Messadi A，Mohamadou A，Boudesocque S，et al. Task-specific ionic liquid with coordinating anion for heavy metal ion extraction：Cation exchange versus ion — pair extraction [J]. Separation and Purification Technology，107：172-178，2013.

[52] 李长平，辛宝平，徐文国.离子液体对 Cu^{2+} 和 Ni^{2+} 的萃取性能 [J].大连海事大学学报，34 (3)：17-20，2008.

[53] 崔秋生，柴高贵，郭建光等.络合离心萃取法在高浓度含酚废水处理中的应用 [J].煤化工，1 (140)：42-44，2009.

[54] 朱寿川. 还原-中和＋蒸发浓缩工艺处理沉钒废水的工程应用 [J]. 工业水处理，29 (9)：84-87，2009.

[55] 高丽丽，张琳，杜明照. MVR 蒸发与多效蒸发技术的能效对比分析研究 [J]. 现代化工，32 (10)：84-86，2012.

[56] 方健才. MVR 蒸发工艺在氯化铵废水处理中的应用及经济分析 [J]. 广东化工，39 (8)：102-103，2012.

[57] 王军武，许松林，徐世民等. 分子蒸馏技术的应用现状 [J]. 化工进展，21 (7)：499-501，2002.

[58] David B Greenberg. A theoreticol and experimental study of the centrifugal molecular still. [J]. AIChE Journal，18 (2)：269-276，1972.

[59] E . 克雷耳. 实验室蒸馏技术指南—中间工厂蒸馏的导论 [M]. 陈甘棠译. 北京：化学工业出版社，1988.

[60] 任建新. 膜分离技术及其应用 [M]. 北京：化学工业出版社，2003：106-107.

[61] 王学松. 膜分离技术及其应用 [M]. 北京：北京科学出版社，1994：178-179.

[62] 吕建国. 国内膜蒸馏技术应用现状 [J]. 甘肃科技，28 (19)：71-75，2012.

[63] 唐建军，周康根，张启修. 减压膜蒸馏从稀土氯化物溶液中回收盐酸 [J]. 膜科学与技术，22 (4)：38-42，2002.

[64] 沈志松，钱国芬，迟玉霞等. 减压膜蒸馏技术处理丙烯腈废水研究 [J]. 膜科学与技术，20 (2)：55-60，2000.

[65] 胡宗宪，刘金生. 膜蒸馏法处理含甲醇废水的应用研究 [J]. 国土资源科技管理，21 (4)：74-76，2004.

[66] 孙福强，崔英德，刘永等. 膜分离技术及其应用研究进展 [J]. 化工科技，10 (4)：58-63，2002.

[67] 朱志清. 膜分离技术的发展及其工业应用 [J]. 化工技术与开发，32 (1)：19-21，2003.

[68] 王志斌，杨宗伟，邢晓林等. 膜分离技术应用的研究进展 [J]. 过滤与分离，18 (2)：19-23，2008.

[69] Adikane H V，Singh R K，Nene S N. Recovery of penicillin G from ferm entation broth by Microfiltration [J]. J Membr Sci，162：119-123，1999.

[70] 徐竟成，许健，李光明等. 微絮凝-微滤用于印染废水回用反渗透预处理的试验研究 [J]. 环境工程学报，1 (11)：64-68，2007.

[71] 王振亚，王三反. 超滤分离技术在水处理中的应用 [J]. 广东化工，39 (9)：118-119，2012.

[72] 李淑莉，陈斌，欧兴长等. 药液种类和浓度对超滤影响的初步研究 [J]. 膜科学与技术，19 (3)：41-43，1999.

[73] 靳茂霞. 反渗透膜分离技术应用概况 [J]. 上海化工，21 (4)：36-39，1996.

[74] 雷晓东，熊蓉春，魏刚. 膜分离法污水处理技术 [J]. 工业水处理，22 (2)：1-3，2002.

[75] Joachim Danzig，Wilhelm Tischer，Christian Wandrey. Continuous Enzyme-Ca talyzed Production of 6-Amino penicillanic Acid and Product Concentration by Reverse Osmosis [J]. Chem Eng Technol，18：256-259，1995.

[76] 何旭敏，何国梅，曾碧榕等. 膜分离技术的应用 [J]. 厦门大学学报，40 (2)：495-502，2001.

[77] 王晓琳. 纳滤膜分离技术最新研究进展 [J]. 天津城市建设学院学报，9 (2)：82-89，2003.

[78] 蔡邦肖. 纳滤膜技术在螺旋霉素生产中应用初探 [J]. 膜科学与技术，19 (5)：55-57，1999.

[79] 苏鹤祥，雷开生，马和琪. 活性染料高分子膜分离技术 [J]. 染料工业，29 (3)：44-50，1992.

[80] Gu Yuankuang. Desalination of spent brine from prune picking using a NF membrane system [J]. Journal of Agriculture and Food Chemistry，44 (8)：2384-2387，1996.

[81] 赵瑞华，凌开成，张永奇. 电渗析废水处理技术 [J]. 太原理工大学学报，31 (6)：721-724，2000.

[82] 陈玉莲. 膜分离技术在糠醛废水处理中的应用 [J]. 石油化工，(9)：645，1987.

[83] 周广波. 电渗析处理糠醛废水过程性能的研究 [J]. 化学工程，19 (2)：36-41，1991.

[84] 黄万抚，罗凯，李新冬. 电渗析技术应用研究进展 [J]. 中国资源综合利用，(11)：15-19，2003.

[85] 张维润. 电渗析工程学 [M]. 北京：科学出版社，1995.

[86] 薛德明. 电渗析处理含锌废水实验 [J]. 水处理技术，10 (1)：44-49，1984.

[87] 宋瑞政. 电渗析处理铝制品漂洗废水的实验研究 [J]. 水处理技术，19 (2)：93-97，1993.

[88] 李刚，李雪梅，柳越等. 正渗透原理及浓差极化现象 [J]. 化学进展，22 (5)：812-821，2010.

[89] 李刚，李雪梅，何涛. 正渗透技术及其应用 [J]. 新材料产业，7：16-20，2009.

[90] 林红军，陈建荣，陆晓峰等. 正渗透膜技术在水处理中的应用进展 [J]. 环境科学与技术，33 (12F)：411-415，2010.

[91] McCutcheon JR，McGinnis RL，Elimelech M. A novel ammonia-carbon dioxide forward (direct) osmosis desalination process [J]. Desalination，174 (1)：1-11，2005.

[92] McCutcheon JR，Elimelech M. Influence of concentrative and dilutive internal concentration polarization on flux behavior in forward osmosis [J]. Journal of Membrane Science，284 (1-2)：237-247，2006.

[93]　McCutcheon J R，McGinnis R L，Elimelech M. Desalination by ammonia-carbon dioxide forward osmosis：Influence of draw and feed solution concentrations on process performance [J]. Journal of Membrane Science，278（1-2）：114-123，2006.

[94]　Votta F，Barnett SM，Anderson DK. Concentration of industrial waste by direct osmosis：completion report [J]. Providence，RI，1974.

[95]　Anderson DK. Concentration of Dilute Industrial Wastes by Direct Osmosis [D]. University of Rhode Island；Providence，1977.

[96]　York R J，Thiel R S，Beaudry E G. Full-scale experience of direct osmosis concentration applied to leachate management [J]. In：Proceedings of the Seventh International Waste Management and Landfill Symposium（Sardinia'99）. 1999. S. Margherita di Pula，Cagliari，Sardinia，Italy.

[97]　Holloway RW，Childress AE，Dennett KE，et al. Forward osmosis for concentration of anaerobic digester centrate [J]. Water Research，41（17）：4005-4014，2007.

[98]　施人莉，杨庆峰.正渗透膜分离的研究进展 [J].化工进展，30（1）：66-73，2011.

[99]　沈悦啸，王利政，莫颖慧等.微滤、超滤、纳滤和反渗透技术的最新进展 [J].中国给水排水，26（22）：1-5，2010.

[100]　Dotremont C，Mun E，Sih R，et al. Seawater desalination with memstill technology- a sustainable solution for industry，The 5th IWA conference on membranes for water and wastewater treatment，Beijing IWA-MTC 2009 oranising committee，2009.

[101]　吴庸烈.膜蒸馏技术及其应用进展 [J].膜科学与技术，23（4）：67-79，2003.

[102]　Chung T S，Teoh MM，Wang K Y，et al. The materials development and module designes in membrane distillation（MD）process for pure water production，The 5th IWA conference on membranes for water and wastewater treatment，Beijing IWA-MTC 2009oranising committee，2009.

[103]　Drioli E，macedonio E. New trends in mebrane technology for water treatment and desalination，The 5th IWA conference on membranes for water and wastewater treatment，Beijing IWA-MTC 2009oranising committee，2009.

[104]　野池达也.甲烷发酵 [M].北京：化学工业出版社，2014.

[105]　オゾン酸化処理を導入した余剰活性污泥のメタン発酵特性 [D].日本东北大学，5，2005.

[106]　Morgan P E. Studies of accelerated digestion of sewage sludge [J]. Sewage and Industrial Wastes，26：462-476，1954.

[107]　Schroepher G J，Fullen W，Johnson A S，et al. The anaerobic contact process as applied to packinghouse wastes [J]. Sewage and Industrial Wastes，27：460-486，1955.

[108]　岩井重久，申丘澈，名取真.吴自迈，译.污水污泥处理 [M].北京：中国建筑工业出版社，1981.

[109]　Young F C，McCarty P L. Anaerobic filter for waste treatment [J]. Sewage and Industrial Wastes，41：5，1969.

[110]　Young F C. Factors affecting the degign and performance of Uplow anaerobic filters [J]. Water Science and Technology，24（8）：133-155，1991.

[111]　Jewell W J. Anaerobic attached film expanded bed fundamentals，The First International Conference on Fixed Film Biological Processes [D]. Kings-Island；University of Pittsburgh，1982.

[112]　Stronach S M，Rudd t，Lester J N. Anaerobic digestion process in industrial wastewater treatment [M]. Berlin：Springer-Verlag，1986.

[113]　Heijnen J J，mulder A，Enger W，et al. Review on the application of anaerobic fluidized bed reactors in wastewater treatment [J]. Chemical Engineering Journal，41：B37-B50，1989.

[114]　Hickey R F，Wu W M，Veiga M C，et al. Start-up，operation，monitoring and control of high-rate anaerobic treatment system [J]. Water Science and Technology，24（8）：207-255，1991.

[115]　Lettinga G，van Velsen A F M，Hobma S W，et al. Use of the upflow sludge blanket（UASB）reactor concept for biological wastewater treatment [J]. Biotechnology Bioengineering，22：699-734，1980.

[116]　Siewhui Chong，Tushar Kanti Sen，Ahmet Kayaalp，et al. The performance enhancements of upflow anaerobic sludge blanket（UASB）reactors for domestic sludge treatment- A State-of-the-art review [J]. Water Research，46（11）：3434-3470，2012.

[117] Ghosh S, Ombregt J P, Pipyn P. Methane production from industrial wastes by two-phase anaerobic digestion [J]. J WPCF, 46: 748-759, 1985.

[118] Massey M L, Pohland F G. Phase separation of anaerobic stabilization by kinetic controls [J]. J WPCF, 50 (9): 2204-2222, 1978.

[119] Noike T, Endo G, Chang J E, et al. Characteristics of carbohydrate degradation and the rate-limiting step in anaerobic digestion [J]. Biotechnology Bioengineering, 27: 1482-1489, 1985.

[120] Bachmann A, Beard V L, McCarty P L. Performance characterics of the anaerobic baffled reactor [J]. Water Research, 19: 99-106, 1985.

[121] 李亚新. 活性污泥法理论与技术 [M]. 北京: 中国建筑工业出版社, 2006.

[122] 买文宁. 生物化工废水处理技术及工程实例 [M]. 北京: 化学工业出版社, 2002.

[123] 美国水环境联合会. 生物膜反应器设计与运行手册 [M]. 曹相生译. 北京: 中国建筑工业出版社, 2013.

[124] 张自杰. 排水工程下册 [M]. 北京: 中国建筑工业出版社, 2000.

[125] 国家环保总局. 生物接触氧化技术 [M]. 北京: 环境科学出版社, 北京, 1990.

[126] 赵贤慧. 生物接触氧化法及其研究进展 [J]. 工业安全与环保, 36 (9): 26-28, 2010.

[127] 彭永臻, 吴蕾, 马勇 等. 好氧颗粒污泥的形成机制、特性及应用研究进展 [J]. 环境科学, 31 (2): 273-281, 2010.

[128] Mishima K, Nakamura M. Self-immobilization of aerobic activated-sludge-a pilot-study of the aerobic upflow sludge blanketprocessin municipalsewage-treatment. Kyoto, Japan, 15th Biennial Conf of the International Assocon Water Pollution Research and Control, 1990.

[129] Liu Y, Tay J H. The essential role ofhydrodynamic shear force in the formation of biofilm and granular sludge [J]. Water Research, 36 (7): 1653-1665, 2002.

[130] 池勇志, 丁然, 张昱, 等. 污泥颗粒化技术在废水处理中的应用 [J]. 生物产业技术, 3: 21-29, 2015.

[131] 季民, 魏燕杰, 李超, 等. 好氧颗粒污泥处理实际污 (废) 水的研究与工程化应用进展 [J]. 中国给水排水, 26 (4): 10-14, 2010.

[132] van Loosdrecht M C M, de Kreuk M K. Method for the Treatment of Waste Water with Sludge Granules, Dutch and International Patent: NL1021466C, WO2004024638 (A1), 2004 -03 -25.

[133] de Kreuk M K. Aerobic Granular Sludge-scaling-up a New Technology [D]. Netherlands: Delft University of Technology, 2006.

[134] Carla T. Company introduces new sludge treatment technology [EB/OL], http://www.engineeringnews.co.za/article/consulting-engineering-company-introduces-new-technology-for-sludge-treatment, 2009 -03-27.

[135] Lindsey B. Water treatment technology showcased in the Western Cape [EB/OL], http://www.engineeringnews.

[136] Ni B J, Xie W M, Liu S G, et al. Granulation of activated sludge in a pilot-scale sequencing batch reactor for the treatment of low-strength Municipal wastewater [J]. Water Research, 43 (3): 751-761, 2009.

[137] Strou M, et al. Missing lithotroph identified as new planctomycete [J]. Nature, 400 (6743): 446-449, 1999.

[138] Okabe S. Trends in Anammox research and development [J]. Journal of Japan Society on Water Environment, 37A (9): 316-320, 2014.

[139] Baumgarten G, Seyfried C F. Experiences and new developments in biologica pretreatment and physical post-treatment of landfill leachate [J]. Water Science and Technology, 34 (7-8): 445-453, 1996.

[140] Third K A, et al. The CANON system under ammonium limitation: interaction and competitaion between three groups of bacteria [J]. Systematic and Applied Microbiology, 24 (4): 588-596, 2001.

[141] Kuai L, Verstraete W. Ammonium removal by the oxygen-limited autotrophic nitrification denitrification system [J]. Applied Environmental Microbiology, 64 (11): 4500-4506, 1998.

[142] Chen, et al. The development of simultaneous partial nitrification, ANAMMOX and denitrification [J]. Bioresource Technologe, 99: 3331-3336, 2009.

[143] Van Dongen, et al. The SHARON-Anammox process for treatment of ammonium rich wastewater [J]. Water Science and Technology, 44 (1): 153-160, 2001.

[144] Magrí A, Béline F, Dabert P. Feasibility and interest of the anammox process as treatment alternative for anaerobic

digester suspernatants in manure processing- A review [J]. Journal of Environmental management，131：170-184，2013.

[145]　Soda S，Ike M. A nitrogen removal process using simultaneous Anammox andheterotrophic denitrification [J]. Journal of Japan Society on Water Environment，37A（9）：329-332，2014.

[146]　Lackner S，et al. Full-scale partial nitration/anammox experiences- An application survey [J]. Water Research，55：292-303，2014.

[147]　Ali M，Chai L Y，Tang C J，et al. The increasing interest of ANAMMOX research in China：bacteria，process development and application [J]. Biomed Research International，2013（6）：134914-134934，2013.

[148]　安世杰，黄民生，徐亚同. 真菌与废水处理 [J]. 净水技术，1：5-8，2003.

[149]　吴元喜，张晓昱，胡家华，等. 木质纤维素分解菌筛选及木质纤维素降解 [J]. 华中农业大学学报，16（6）：614-617，1997.

[150]　唐婉莹，黄俊，周申范. 白腐真菌用于有机废水处理的研究 [J]. 化工环保，19（5）：269-271，1995.

[151]　吴涓，李清彪，邓旭，等. 白腐真菌吸附铅的研究 [J]. 微生物学报，2：87-90，1999.

[152]　杨敏，郑少奎，杨清香. 酵母菌处理技术的研究进展 [J]. 环境科学学报，6：52-57，2000.

[153]　杨清香，贾振杰，潘峰，等. 酵母菌在废水处理中的应用 [J]. 环境污染治理技术与设备，6（2）：1-5，2005.

[154]　Yoshizawa K. Treatment of wastewater discharged from a Sake′Brewery using yeast [J]. J Ferment Technol，56：389-395，1978.

[155]　Yoshizawa K. Development of the new treating method of wastewater from food industry using yeast [J]. Nippon Nogeikagaku Kao shi，55：705-711，1981.

[156]　宋凤敏. 酵母菌在环境污染治理中的应用与进展 [J]. 环境科学与技术，35（5）：71-75，2012.

[157]　Chigusa K，hasegawa T，Yamamo to N，et al. Treatment of waste water from oil manufacturing plant by yeasts [J]. Water Science and Technology，34：51-58，1996.

[158]　周江亚，李娟，于晓娟，等. 高浓度苯酚降解菌的鉴定及其对苯酚降解条件的优化 [J]. 环境污染与防治，33（2）：12-17，2011.

[159]　汪严明，杨敏，郑少奎，等. 用酵母菌处理油田钻进废水的研究 [J]. 环境科学，23（5）：72-75，2002.

[160]　张庆连. 利用酵母降低阿维菌素高浓废水 COD 的研究 [J]. 河北化工，34（8）：32-34，2011.

[161]　Wang Chunyan，Ding Ran，Gao Yingxin，et al. Performance and yeast tracking in a full-scale oil-containing parpmomycin production wastewater treatment system using yeast [J]. Water，9（4）：295-305，2017.

[162]　刘晶冰，燕磊，白文荣，等. 高级氧化技术在水处理的研究进展 [J]. 水处理技术，37（3）：11-16，2011.

[163]　张璇，王启山. 高级氧化技术在废水处理中的应用 [J]. 水处理技术，35（3）：18-22，2009.

[164]　江传春，肖蓉蓉，杨平. 高级氧化技术在水处理中的研究进展 [J]. 水处理技术，37（7）：12-16，2011.

[165]　刘春芳. 臭氧高级氧化技术在废水处理中的研究进展 [J]. 石化技术与应用，20（4）：78-280，2002.

[166]　李静，刘国荣. 臭氧高级氧化技术在废水处理中的应用 [J]. 污染防治技术，20（6）：55-57，2007.

[167]　高迎新. Fenton 体系氧化吸附机理研究及在采油污水处理中的应用 [D]. 中国科学院生态环境研究中心，2003.

[168]　张潇逸，何青春，蒋进元，等. 类芬顿处理技术研究进展综述 [J]. 环境科学与管理，40（6）：58-61，2015.

[169]　杨爽，江洁，张雁秋. 湿式氧化技术的应用研究进展 [J]. 环境科学与管理，30（4）：88-91，2005.

[170]　熊飞，陈玲，王华，等. 湿式氧化技术及其应用比较 [J]. 环境污染治理技术与设备，4（5）：66-69，2003.

[171]　杨少霞，冯玉杰，万家峰，等. 湿式催化氧化法技术的研究与发展概况 [J]. 哈尔滨工业大学学报，34（4）：540-544，2002.

[172]　Schoeffel E W，Seegerl N. Wet air oxidation procedure and its utilization for industrial waste removal [J]. Wasser Luft Betr，8：541-546，1996.

[173]　Keen R，Bailod C R. Toxicity to daphnia of the end products of wet oxidation of phenol and substituted phenols [J]. Water Research，19（6）：767-777，1985.

[174]　宾月景，祝万鹏，蒋展鹏，等. H-酸的催化湿式氧化反应过程研究 [J]. 环境污染与防治，22（3）：4-7，2000.

[175]　苏小娟，陆雍森. 湿式氧化技术的应用现状与发展 [J]. 能源环境保护，19（6）：1-4，2005.

[176]　张秋波. 煤加压气化废水的催化湿式氧化处理 [J]. 环境科学学报，8（1）：98-105，1988.

[177]　Fajerwery K. Wet Oxidation of Phenol by Hydrogen Peroxide：The Key Role of pH on the Catalytic Behaviour of

Fe-2SM － 5 [J]. Water Science and Technology，35（4）：103-110，1997.

[178] Estrellan C R，Salim C，HinodeH. Photocatalytic decomposition of perfluorooctanoic acid by iron and niobium co-doped titanium dioxide [J]. Journal of Hazardous Materials，179（1-3）：79-83，2010.

[179] Iliev V，Tomova D，Bilyarska L，et al. Photocatalytic properties of TiO_2 modified with platinum and silver nanoparticles in the degradation of oxalic acid in aqueous solution [J]. Applied Catalysis B：Environmental，63（3-4）：266-271，2006.

[180] Pan C S，Zhu Y F. New Type of $BiPO_4$ oxy-acid salt photocatalyst with high photocatalytic activity on degradation of dye [J]. Environmental Science & Technology，44（14）：5570-5574，2010.

[181] Deshpande P A，Madras G. Photocatalytic degradation of dyes over combustion-synthesized Ce1-xFexVO$_4$ [J]. Chemical Engineering Journal，158（3）：571-577，2010.

[182] Pu Y C，Chen Y C，Hsu Y J. Au-decorated $Na_xH_{2-x}Ti_3O_7$ nanobelts exhibiting remarkable photocatalytic properties under visible-light illumination [J]. Applied Catalysis B：Environmental，97（3-4）：389-397，2010.

[183] Polcaro A M. Electrochemical degradation of 2-chlorophenol [J]. Journal of Applied Electrochemistry，30（1）：146-151，2000.

[184] Fockedey E，Van Lierde A. Coupling of anodic and cathodic reactions for phenol electro-oxidation using three-dimensionalelectrodes [J]. Water Research，36（16）：4169-4175，2002.

[185] 张鹤楠，韩萍芳，徐宁. 超临界水氧化技术研究进展 [J]. 环境工程，32：9-11，2014.

[186] 林春绵，潘志彦. 超临界氧化技术在有机废水处理中的应用 [J]. 浙江化工，27（2）：16-20，1996.

[187] 王西峰，胡晓莲. 超临界水氧化技术处理皂素废水 [J]. 环境科学学报，28（6）：1113-1117，2008.

[188] 孙春宝，张嫔婕，李晨，等. 超临界氧化技术处理吐氏酸生产废水 [J]. 北京科技大学学报，34（10）：1097-1101，2012.

[189] 丁军委，陈丰秋，吴素芳，等. 超临界水氧化方法处理含酚废水 [J]. 环境污染与防治，22（2）：1-4，2000.

[190] Juan R，Portela E，Nebot E，et al. Generalized kinetic models for supercritical water oxidation of cutting oil wastes [J]. Journal of Supercritical Fluids，21：135-145，2001.

[191] Jiali Gao. Supercritical hydration of organic compounds，The potential ofmean force for benzene dimer in supercritical water [J]. J Am Chem Soc，115：6893-6895，1993.

[192] Suresh A，Pisharody，John W. Supercritical water oxidation of solid particulates [J]. Ind Eng Chem Res，35：4471-4478，1996.

[193] 余蜀宜，李建华，余蜀兴，等. 一种新兴的高效污泥处理技术——超临界水氧化法 [J]. 中国造纸，3（5）：66-67，1998.

[194] 朱元右. 等离子体技术在废水处理中的应用 [J]. 工业水处理，24（9）：13-16，2004.

[195] 刘红玉，沈诚，周陈俪，等. 离子体技术在废水处理中的应用 [J]. 印染，11：47-49，2009.

[196] 孙怡，于利亮，黄浩斌，等. 高级氧化技术处理难降解有机废水的研究发展趋势及实用化进展 [J]. 化工学报，68（5）：1743-1755，2017.

[197] 田少圆. 臭氧化过程对污泥和污水中活菌抗性基因的控制研究 [M]. 北京：北京工业大学，2017.

[198] 刘艳辉，陈明阔，刘媛，等. 超磁分离技术在矿井处理水中的应用 [J]. 给水排水，4：55-57，2015.

[199] 别如山，杨励丹，李季，等. 国内外有机废液的焚烧处理技术 [J]. 化工环保，19（3）：148-154，1999.

[200] 王兆熊，郭崇涛，张瑛，等. 化工环境保护和三废治理技术 [M]. 北京：化学工业出版社，69-71，1984.

[201] 阴和平译. 湿式空气氧化法处理废水中的有害有机物 [J]. 国外环境科学技术，1：45-46，1987.

[202] 陈金思，金鑫，胡献国. 有机废液焚烧技术的现状及发展趋势 [J]. 安徽化工，37（5）：9-11，2011.

[203] 张莹，龚泰石. 电絮凝技术的应用与发展 [J]. 安全与环境工程，16（1）：38-43，2009.

[204] 张石磊，江旭佳，洪国良，等. 电絮凝技术在水处理中的应用 [J]. 工业水处理，33（1）：10-14，2013.

[205] 周振，姚吉伦，庞治邦，等. 电絮凝技术在水处理中的研究进展 [J]. 净水技术，34（5）：9-15，2015.

[206] 冯俊生，许锡炜，江一丰. 电絮凝技术在废水处理中的应用 [J]. 环境科学与技术，31（8）：87-89，2008.

[207] 胡佳佳，白向玉，刘汉湖等. 国内外城市剩余污泥处置与利用现状 [J]. 徐州工程学院学报（自然科学版），24（2）：45-49，2009.

[208] 郝晓地，张璐平，兰荔. 剩余污泥处理/处置方法的全球概览 [J]. 中国给水排水，23（20）：1-5，2007.

［209］ 尹军，谭学军，廖国盘，等.我国城市污水污泥的特性与处置现状［J］.中国给水排水，19（13）：21-24，2003.

［210］ 曹秀芹，陈爱宁，甘一萍，等.污泥厌氧消化技术的研究与进展［J］.环境工程，26（s1）：215-219，2008.

［211］ 彭武厚.厌氧消化技术发展的前景广阔［J］.工业微生物，27（3）：32-36，1997.

［212］ 祝晶晶.化工企业污水处理污泥脱水技术研究［J］.能源与节能，1：114-115，2016.

［213］ 石吉，邵青，米晓.城市污水污泥的处理利用及发展［J］.中国资源综合利用，2：15-17，2004.

［214］ 汤连生，罗珍贵，张龙舰等.污泥脱水研究现状与新认识［J］.水处理技术，42（6）：12-17，2016.

第二章 石油化工废水处理工艺及工程应用

Chapter 02

石油化工是指以石油为原料，以裂解、精炼、分馏、重整和合成等工艺为主的一系列有机物加工过程[1]。我国炼油厂和以石油馏分为原料的化工厂多采用碱精制工艺，根据产品不同生产过程中可能会产生含油废水、含硫废水、含环烷酸废水、含氰废水、含酚废水、含苯废水等多股废水，具有水质成分复杂、污染物浓度高的特点，其中苯、酚等有毒有害芳香族化合物含量较高，是石化企业的典型污染物[2]，危害较大。

含油废水的主要来源是油气和油品的冷凝水、油气和油品的洗涤水、反应生成水、机泵冷却水、化验室排水、油罐切水、油槽车洗涤水、炼油设备洗涤水、地面冲洗水等[3]。含油废水在水体表面形成油膜，阻碍氧气进入水体且易黏附和填塞鱼的鳃部，使鱼类窒息死亡，是一类重要的环境污染物。含油废水通常使用隔油池进行油品回收后，再利用气浮法去除剩余的油分。对于水中残留的少量油分，生物处理也比较有效[4,5]。

含硫废水主要来源于炼油厂的二次加工装置分离的排出水、富气洗涤水等。这部分废水含有较高浓度的硫化物、氨氮，同时还含有一定量的酚、氰化物和石油等污染物，具有强烈的恶臭味和较大的腐蚀性[2]。含硫废水中各污染物的浓度随着原油中的硫、氮含量的增加以及加工深度的提高而增加。硫化物可通过空气氧化或水蒸气气体法，将硫化物氧化为硫代硫酸盐后予以去除。此外还有加氯法、中和法、沉淀法和生物氧化法等[6~8]。

含酚废水的来源包括炼油厂、页岩干馏厂和石油化工厂等。酚类化合物是一种原型质毒物，对一切生物个体都有毒害作用，水中的酚易被皮肤吸收，酚蒸气会通过呼吸道进入人体而引起中毒、损害神经系统、肝肾和心脏。酚类化合物是美国环保署列出的129种优先控制污染物的一种。目前，工业含酚废水处理有化学氧化法、焚烧法、蒸汽法、吸附法、生化法、溶剂萃取法、乳状液膜法、超声波法、光催化分解法和超临界法等。高浓度含酚废水可通过蒸馏、萃取等方式进行酚的回收，低浓度（5~500mg/L）苯酚可通过生物降解的方法予以有效处理[9]。

含苯废水主要来自于制苯车间、苯酚丙酮装置、苯乙烯装置、聚苯乙烯装置、乙基苯装置、烷基苯装置以及乙烯装置的裂解急冷水洗废水。含苯废水的处理一般采用吹脱法，即含苯废水在0~60℃温度范围内可在填料塔中用空气进行吹脱处理，吹出的含苯及甲苯的气体可用焚烧法处理。其他处理方法有絮凝沉淀法、吸附法、蒸馏法、萃取法[2]。

含氰废水主要来源于丙烯腈装置和化纤厂腈纶三纤维生产过程中的聚合车间，纺织车间以及回收车间二效蒸发装置的排水，炼油厂催化裂化也排出含氰废水。氰化物有剧毒，所以处理时必须注意安全。通常氰化物去除的方法有酸化曝气-碱液吸收法、碱性氯化法、加压水解法、生物法和焚烧法，其中以加压水解法、碱性氯化法和生物法应用最广泛[2]。

含氟废水主要来源于烷基化装置 HF 酸再生塔排出的含有重质烃类的废水，含氟气体湿法净化排出的废水及地面冲洗水。含氟废水的处理有多种选择，通常的方法为化学沉淀法和吸附法，主要采用石灰石和石灰-氯化钙沉淀法[10]。关于除氟技术本书将有其他章节单独介绍。

含砷废水主要产自采用石脑油或煤油等原料生产高辛烷值汽油和化纤单体的过程，其中石脑油砷含量约为 1.0×10^{-6}。含砷废水的处理方法有化学沉淀法和吸附法等，具体的有钙盐沉积法、铁盐沉淀法、硫化物沉淀法、软锰矿沉淀法、镁盐沉淀法、离子交换法、反渗透法等[2]。

含环烷酸废水来源于炼油厂环烷酸回收装置的排水，柴油罐区脱水以及环烷酸废水的碱渣中和水。废水中主要含环烷酸和油类等污染物。环烷酸类物质是环状的非烃类化合物及其盐类，具有较强的乳化作用，生物降解性差。目前国内采取的预处理方法有厌氧生物法、活性炭吸附法、气相催化氧化法和溶剂萃取等[11]。

近年来针对各类石油化工废水处理的研究与应用得到了迅速发展，处理技术亦有多种选择，但因各种技术的适用范围不同，需要针对废水的特性进行研究，确定适合的工艺。由于石油化工废水通常成分复杂，而且一般都含有一定浓度的油类，单一的处理工艺很难达到水质排放要求。在实际应用中，一般采用物化法预处理＋厌氧＋好氧二级处理的组合工艺，使出水水质达到废水排放标准[12,13]。如果进行回用，需要再结合吸附、膜分离等深度处理，处理流程较长。因此针对石化废水水质研究开发低耗高效组合工艺是石油化工废水处理技术研究的主要内容和发展方向。

本章介绍的两个典型工程案例以笔者开发的"生化（biological treatment）-催化氧化（catalytic oxidation）-生化（biological treatment）"（BCB）工艺组合工艺为核心，成功实施了对苯酚、丙酮、橡胶交联剂生产废水为代表的石油化工废水工程应用，保证了废水处理的稳定达标。

第一节　苯酚、丙酮等生产废水

一、问题的提出

某化工企业主要生产顺丁橡胶、苯酚、丙酮、丙烯腈及苯乙烯系列的高分子合成塑料，在生产过程中排放的废水，最早是通过车间一级处理装置进行单独预处理，然后再汇总进入二级生化处理系统。自 20 世纪 70 年代初起，该企业陆续建成了三套二级生化处理装置（1 号、2 号和 3 号废水处理厂）。近年来该企业产品结构的调整及一水多用、水的循环套用等一系列节水措施的采用，使生产过程中排放的废水水质有了很大变化。早期建成的废水处理设施设备陈旧，处理工艺相对落后，已很难适应废水水质的变化，导致二级生化出水水质不稳定。

针对该类废水水质，在大量废水处理实验研究的基础上，建立了一套以"生化（biological treatment）-催化氧化（catalytic oxidation）-生化（biological treatment）"（BCB）为主的废水处理工艺，提高了废水生化处理装置运行的稳定性，减少了稀释江水的用量。

二、工艺流程和技术说明

（一）工程概况

1. 基本信息

该企业是大型大化工（以石油化工为基础发展起来的大规模合成工业）生产企业，主要产品是以顺丁橡胶、苯酚、丙酮、丙烯腈、丁苯胶乳，以丙烯、丁二烯、苯为主要生产原料，生产塑料、合成橡胶、化纤单体及有机化工原料三大类四个系列，十几种产品。

2. 水质水量

废水处理优化整合水质、水量的信息汇总见表 2-1。由表 2-1 可见，废水成分复杂，各股废水浓度跨度很大，其中：①丙烯腈废水 COD_{Cr} 不是很高，但含有腈类、氰化物，而且 Na_2SO_4 含量达到 4.5%，直接生物处理难度较大；②3 号苯酚废水中含有大量的丙酮（3000mg/L）和部分酚、苯、过氧化物等有机污染物，其中丙酮是可生化性较好的物质（B/C 为 0.744），酚也可以生物降解；③一期分流后的废水中含有一定量的苯酚、丙酮、异丙苯、苯等有机污染物，根据目前运行实际情况，污染物 COD_{Cr} 约 1500mg/L；④2 号苯酚废水 COD_{Cr} 约为 5500mg/L，酚含量约为 80mg/L，丙酮含量约为 2900mg/L；⑤抗氧化剂废水量小，成分复杂，污染物浓度高。

表 2-1　废水处理优化整合水质、水量信息汇总

序号	废水类型	水量/(t/h)	污染物浓度									
			COD_{Cr}/(mg/L)	盐/(mg/L)	酚/(mg/L)	氰/(mg/L)	丙烯腈/(mg/L)	乙腈/(mg/L)	氨氮/(mg/L)	异丙苯/(mg/L)	丙酮/(mg/L)	苯/(mg/L)
1	3 号苯酚废水	3.3	15000		50						3000	
2	丙烯腈废水	10	6000		30	100	200	460		3.7		
3	AS 废水①	2.2	1000				150					
4	顺丁橡胶废水	150	150									
5	丁二烯抽提废水	22.5	1000					75				
6	巴斯夫废水（丁苯胶乳废水）	20	3100									
7	一期分流后的废水	120	1500							54	320	34
8	2 号苯酚废水	16.5	5500		80						3000	
9	抗氧化剂废水	0.5	15000	以酚为主，为对甲基酚								
10	其他间隙水	2.9	50000	含苯、苯乙烯、丙酮、苯酚等。另外还有一些副产物如丙烯酸、丙烯醛和乙腈及它们之间的低聚物等物质								
11	合计	337.9	1722.2（加权均值）									

① AS 废水：丙烯腈-苯乙烯共聚物生产废水。

3. 执行标准和处理要求

项目组对该企业生产工艺和废水排放情况进行了系统的调研，依次进行了高浓度废水的小试处理研究、中试处理研究，并以"BCB"工艺为主进行了工程优化改造。废水处理后符合上海市 DB31/199—1997《污水综合排放标准》的二级排放标准，其中 $COD_{Cr} \leqslant$ 100mg/L。

优化整合改造后，该企业废水的最大处理能力可以达到 340t/h，最高废水进水负荷 COD_{Cr} 为 3623mg/L，整个处理工艺不再需要江水稀释，不仅降低了运行成本，而且节约了大量水资源。

(二) 实验研究

1. 小试研究

小试研究的目标是评估各股废水的可处理性，构建废水处理工艺，优化工艺参数。针对该企业废水的特点，分步展开以下工作：a. 苯酚废水（COD_{Cr} 约 18500mg/L）的预处理工艺研究；b. 抗氧化剂废水（COD_{Cr} 约 15000mg/L）的预处理工艺研究；c. 丙烯腈废水（COD_{Cr} 约 6000mg/L）的预处理工艺研究；d. 硫铵废水（COD_{Cr} 约 80000mg/L）的预处理工艺研究；e. 工艺组合及优化运行。f. 小试小结

（1）苯酚废水的预处理研究

① 苯酚废水的来源与水质。该企业采用异丙苯法生产苯酚丙酮，生产过程中产生的废水主要含有苯酚、丙酮、苯、过氧化物和硫酸钠等污染物。其 COD_{Cr} 值为 6000～18000mg/L，盐含量 5% 左右，水量约为 21t/h（其中 2 号苯酚 18t/h，3 号苯酚 3t/h）。

② 苯酚废水催化氧化预处理的实验。苯酚废水中的残留过氧化物具有杀菌作用，苯酚在高浓度下对微生物也有毒害作用，该企业为了降低废水的生物毒性，采用江水稀释该股废水后再进行生化处理。项目组利用多种方法对该股废水进行了预处理实验，最终选取芬顿氧化法作为预处理手段。

通过批量实验研究了反应 pH 值、氧化剂及催化剂投加量与投加方式、反应时间等条件对处理效果的影响，得到如下优化的反应条件：常温，反应 pH=3，催化剂（$FeSO_4 \cdot 7H_2O$）用量为 8g/L，氧化剂 30% H_2O_2 用量为 40mL/L，氧化剂进行分次投加，曝气反应 2h 后，BOD_5 与 COD_{Cr} 去除效率达到最佳。同时考察了苯酚废水在催化氧化前后可生化性的变化，结果如表 2-2 所列。

表 2-2　苯酚废水芬顿氧化处理效果

指标	反应前	反应后
BOD_5/(mg/L)	2740	3584
COD_{Cr}/(mg/L)	13700	6400
BOD_5/COD_{Cr}	0.21	0.56

可见，苯酚废水经芬顿氧化预处理后，可生化性得到了明显的改善，表明芬顿法可以适用于苯酚废水的预处理。

（2）抗氧化剂废水的预处理研究

① 抗氧化剂废水来源与水质。抗氧化剂废水来自该企业的抗氧化剂车间。该企业以异丁烯与对甲基苯酚为原料、以硫酸为催化剂生产抗氧化剂 2,6-二叔丁基对甲酚。抗氧化剂废水中的污染物有 2,6-二叔丁基对甲基酚、对甲基酚、叔丁醇等，COD_{Cr} 值在 15000～60000mg/L，水量为 0.5m³/h，属高浓度难降解有机废水。

② 催化氧化法处理抗氧化废水的小试。同样采用芬顿氧化法对该股废水进行预处理，最终获得如下优化的反应条件：温度 50～60℃，pH=3，催化剂（$FeSO_4 \cdot 7H_2O$）用量为 6g/L，30% H_2O_2 用量为 14mL/L，进行分次投加，且摩尔比 $H_2O_2/FeSO_4$=6:1 时进行催化氧化，反应 1.5h，BOD_5 与 COD_{Cr} 去除效率达到最佳。然后在 pH 值为 8.0 的条件下絮凝沉降，达到预期处理效果。同时考察了抗氧化剂废水在催化氧化前后可生化性的变化，结果如表 2-3 所列。

表 2-3 抗氧化剂废水芬顿氧化处理效果

指标	催化氧化前	催化氧化后
$BOD_5/(mg/L)$	2600	5534
$COD_{Cr}/(mg/L)$	14924	8406
BOD_5/COD_{Cr}	0.17	0.66

可见，抗氧化剂废水经催化氧化预处理后，BOD_5 值较原水有了很大提高，整体可生化性得到了明显地改善，表明芬顿法可以适用于抗氧化剂废水的预处理。

（3）丙烯腈废水预处理研究

① 丙烯腈废水的来源与水质。丙烯腈废水来自氨氧化法生产丙烯腈的过程，含有氰化物、丙烯腈、乙腈、丙烯醛和丙酮氰醇等物质，其 COD_{Cr} 值为 4000～13000mg/L。由于该废水中的污染物对微生物有抑制作用，可生化性差，必须进行适当的预处理。

② 催化氧化法预处理丙烯腈废水的实验。在 pH＝3，催化剂（$FeSO_4 \cdot 7H_2O$）用量为 5g/L，30% H_2O_2 用量为 0.25mol/L 并分次投加，反应 2h 后，BOD_5 与 COD_{Cr} 去除效率达到最佳。然后在 pH 值为 9.0 的条件下絮凝沉降，达到理想处理效果。

（4）硫铵废水预处理研究 硫铵废水系由硫酸洗涤吸收丙烯腈生产过程中产生的富含氨气的尾气所形成的工艺废水。硫铵废水除含有硫酸铵外，还含有丙烯腈、乙腈、丙烯醛等有机污染物。该废水的主要特点是无机盐和有机污染物浓度都很高，硫酸铵浓度和 COD_{Cr} 分别高达 15% 和 95000mg/L。该股废水氨氮含量过高，稀释后直接进入生化处理系统将大大增加后续生化处理的氮负荷。

采用浓缩-结晶法对硫铵废水进行了预处理，结晶析出的硫酸铵可回收利用，馏出液性质与丙烯腈废水相似，可并入丙烯腈废水中一起处理。实验结果如表 2-4 所列。

表 2-4 硫铵废水浓缩-结晶预处理实验结果

原水	馏出液	母液[①]	晶体
10L	7.9L	0.9L	1.352kg（湿重）
$COD_{Cr}=95000mg/L$	$COD_{Cr}=17380mg/L$	$COD_{Cr}=392196mg/L$	

① 母液重复利用了 10 次，未发现有结焦现象。

（5）各股废水混合后的预处理实验 参照该企业废水的实际排放量，将苯酚废水、抗氧化剂废水和丙烯腈废水按比例混合后，进行了混合废水的催化氧化预处理实验，并在此基础上对预处理后的混合废水进行了生化处理动态模拟实验。

① 混合废水催化氧化预处理实验。反应条件如下：pH＝3.0，30% H_2O_2 用量 20mL/L，$H_2O_2/Fe^{2+}=10/1$（摩尔比），$t=2h$。混合废水催化氧化处理效果如表 2-5 所列。

表 2-5 混合废水催化氧化处理结果

指标	处理前	处理后
$BOD_5/(mg/L)$	1705	2102
$COD_{Cr}/(mg/L)$	8480	4000
BOD_5/COD_{Cr}	0.20	0.53

可以看出，混合废水经催化氧化预处理后，COD_{Cr} 去除率为 50% 以上，同时 BOD_5 值升高，可生化性得到了明显改善。

② 生化处理动态模拟实验。芬顿氧化预处理后的混合废水用该企业的一期分流水稀释

后（稀释比为 1∶3），进入"兼氧＋好氧 1＋好氧 2"的模拟生化处理系统，处理效果见图 2-1、表 2-6。

　　运行条件：兼氧池、好氧池 1 和好氧池 2 的水力停留时间（HRT）依次为 24h、9h和 9h；

　　三个池的污泥浓度（MLSS）依次为 2520mg/L、3560mg/L 和 1325mg/L（均为平均值）；

　　三个池的溶解氧浓度（DO）依次为 0.2～0.6mg/L、2.0～4.0mg/L、3.5～5.0mg/L。

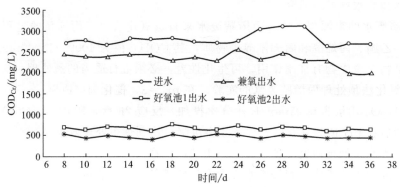

图 2-1　生化处理动态模拟实验中进出水 COD_{Cr} 的变化

表 2-6　生化处理系统出水中 BOD_5、挥发酚、苯酚和丙烯腈浓度随时间的变化

运行时间/d		10	15	20	25	30
出水 /(mg/L)	BOD_5	24	19	21	26	16
	挥发酚	0.16	未检出	0.15	0.20	未检出
	苯酚	0.12	未检出	0.12	0.15	未检出
	丙烯腈	0.25	0.30	未检出	0.18	未检出

　　由图 2-1 可见，混合废水经芬顿氧化-生化组合工艺处理后，出水氨氮、BOD_5、挥发酚、苯酚和丙烯腈浓度均可以达到国家排放标准，但出水 COD_{Cr} 值仍高于上海市二级排放标准。

　　混合废水经过催化氧化处理后，生物难降解物质得以去除或分解，混合废水的可生化性得到了明显的改善（见表 2-6）。但由于废水中存在大量生物易降解有机物，并不能保证所有的羟基自由基都能与生物降解有机物进行反应，即使进一步增加氧化剂用量也很难进一步提高废水的可生化性。所以，必须改变高浓度有毒有害化工废水先用化学或物理化学方法预处理，然后再进行生化处理的传统思维模式，开发适合于处理高浓度化工废水的经济实用新工艺。

　　（6）"生化-催化氧化-生化"组合工艺处理混合废水的研究　从这几股高浓度废水的组成不难看出，废水中易生物降解的有机物含量还是比较高的，如果能通过生物处理先将高浓度废水中易生物降解的有机物除去，然后再进行催化氧化处理，有可能会大大降低氧化剂的用量。

　　① 混合废水直接生化处理实验。把苯酚废水、丙烯腈废水和抗氧化剂废水按该企业实际排放的体积比混合，并用自来水进行稀释，然后用计量泵打入"兼氧＋好氧 1＋好氧 2"的生化处理系统，进行污泥的驯化培养。在污泥驯化培养过程中逐渐减少稀释水的用量，

图 2-2 是稀释倍数减小到 4 倍时的运行结果。运行条件：兼氧池、好氧池 1 和好氧池 2 的 HRT 依次为 21.8h、14.5h 和 10.9h；三个池 MLSS 的平均值依次为 2310mg/L、4536mg/L 和 2508mg/L；pH＝7.1～8.6。

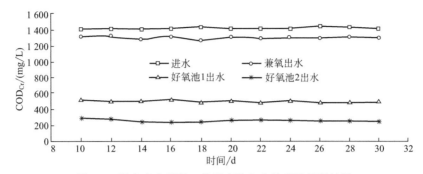

图 2-2　混合废水稀释 4 倍后直接生化处理的运行结果

　　4 倍稀释混合废水生化处理稳定运行 1 个多月后，将稀释倍数降至 3 倍，2d 后兼氧池和好氧池 1 沉淀区上清液开始变混浊，3d 后好氧池 2 沉淀区上清液亦开始变混浊，同时出水水质也明显恶化，出水 COD_{Cr} 值大幅度上升。这可能是由于稀释倍数太小，微生物中毒死亡所致。于是，从第 4 天起又将稀释倍数增大到 4 倍，数天后系统又恢复了正常。因此，苯酚、丙烯腈和抗氧化剂混合废水直接稀释生化处理时，稀释倍数不宜小于 4。

　　由图 2-2 可见，在稀释倍数为 4 时，好氧池 2 出水的 COD_{Cr} 稳定在 500mg/L 左右，此时相对应的 BOD_5 约为 34mg/L（第 10 天、第 18 天、第 26 天和第 34 天的平均值），说明废水中比较容易降解的有机物已基本上都被微生物所利用，残留 COD_{Cr} 以生物难降解有机物为主。

　　在生化处理系统恢复正常并稳定运行 10d 后，开始收集好氧池 2 的出水，供下一步催化氧化及第二次生化处理用。

　　② "生化-催化氧化-生化" 组合工艺处理混合废水的实验。由上可知，4 倍稀释混合废水直接进行生化处理后，出水中残留的有机物以生物难降解物质为主。为此采用催化氧化法对所收集的生化出水进行处理。

　　实验过程如下：把直接生化处理出水加至图 2-3 所示的催化氧化反应器中，用硫酸调节废水的 pH 值至 3.0 左右，通空气搅拌反应液，然后加入适量的氧化剂和催化剂，继续曝气 2h 后将反应液移入混凝沉淀池。在混凝沉淀池中加入氢氧化钠溶液调节反应液的 pH 值至 8.0 左右，然后加入 100×10^{-6} 的聚合硫酸铝，快速搅拌 2min，加入 10×10^{-6} PAM，快速搅拌 1min，再慢速搅拌数分钟。静置沉淀一段时间后，把上清液转移到 SBR 反应器中进行第二次生化处理（见图 2-3），实验结果如表 2-7 所列。

表 2-7　混合废水生化-催化氧化-生化组合工艺处理结果

序号	H_2O_2 /(mL/L)	催化氧化出水 COD_{Cr}/(mg/L)	SBR 出水/(mg/L)					
			COD_{Cr}	BOD_5	NH_3-N	挥发酚	苯酚	丙烯腈
1	3	125	35	5	8.1	未检出	未检出	未检出
2	2	167	66	8	7.2	0.15	0.12	0.20
3	1	215	88	8	9.3	0.26	0.18	0.21

　　注：反应条件：pH=3.0，H_2O_2/Fe^{2+}=10/1（摩尔比），t=2h；SBR 反应器运行条件：MLSS=3000～4000mg/L，曝气时间 8h，表中所有数据均为重复 3 次实验的平均值。

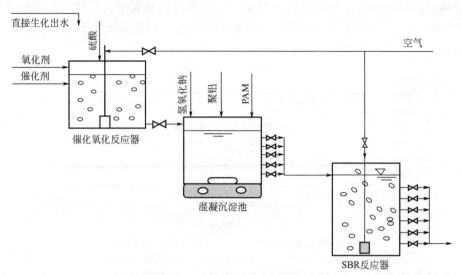

图 2-3　混合废水直接生化处理后再进行催化氧化和二次生化处理的流程

由表 2-7 可见，混合废水稀释 4 倍后，用"生化-催化氧化-生化"组合工艺处理，即可达到上海市二级排放标准。并且，氧化剂 H_2O_2 的用量要比"催化氧化-生化"组合工艺小得多。该企业涉及的废水除了上述几股高浓废水外，还有一些中等浓度和低浓度废水，如巴斯夫废水（$12m^3/h$，$COD_{Cr}=3100mg/L$,）、一期分流水（$120m^3/h$，$COD_{Cr}=1200mg/L$）、顺丁橡胶废水（$187.5m^3/h$，$COD_{Cr}=150mg/L$）等。这些中等浓度或低浓度的废水将会与经过预处理的高浓度废水一并进行二级生化处理。因此，如果这些废水的生物降解性能不理想，同样也会对最终生化出水的水质产生比较大的影响，因为相对来说它们的流量都比较大。为此，小试中又考察了巴斯夫废水、一期分流水和顺丁橡胶废水的生物降解性能。

（7）巴斯夫废水、一期分流水和顺丁橡胶废水的生物降解性能研究　为确保该企业废水优化整合工程的成功，在 SBR 反应器中研究了三股流量相对较大的中等浓度或低浓度废水的生物降解性能，从而决定这些废水是否需要与高浓度废水一起进行预处理。实验所用的活性污泥取自该企业 3 号废水处理厂的曝气池，在测定巴斯夫废水、一期分流水和顺丁橡胶废水的生物降解性能前，分别用这三种废水对活性污泥进行驯化，驯化时间为 2 周。

① 巴斯夫废水生物降解性能研究。巴斯夫废水 COD_{Cr} 值随着生化曝气时间的延长逐渐降低，但当曝气时间超过 8h 以后，巴斯夫废水的 COD_{Cr} 值就几乎不再随曝气时间的延长而下降，即曝气 8h 以后残留在水中的 COD_{Cr} 是微生物很难降解的（500～600mg/L）。可见，如果不对巴斯夫废水进行必要的预处理，这部分难生物降解的 COD_{Cr} 将会随二级生化出水一起排入受纳水体。仅巴斯夫废水中生物难降解有机物一项，就会使二级生化出水的 COD_{Cr} 值平均增加 15mg/L 以上，这将严重影响二级生化出水 COD_{Cr} 的达标率。因此，巴斯夫废水在进入二级生化处理系统之前，也必须进行适当的预处理。为节省处理费用，研究了"生化-催化氧化-生化"组合工艺处理巴斯夫废水的可行性，结果如表 2-8 所列。

表 2-8　"生化-催化氧化-生化"组合工艺处理巴斯夫废水的实验结果

原水 COD_{Cr} /(mg/L)	第一次生化出水 COD_{Cr} /(mg/L)	催化氧化		第二次生化出水 COD_{Cr} /(mg/L)
		H_2O_2(30%) /(mL/L)	出水 COD_{Cr} /(mg/L)	
1919	516	1	281	219
		1.5	244	147
		2	198	95

由表 2-8 可见,采用"生化-催化氧化-生化"组合工艺处理巴斯夫废水是完全可行的,因此,巴斯夫废水可以与其他高浓度废水混合在一起进行处理,这样可以简化整个废水处理工艺。由表 2-8 还可以看出,要使巴斯夫废水经"生化-催化氧化-生化"组合工艺处理后能达到上海市二级排放标准,每升废水需要消耗浓度≥30%的 H_2O_2 的量为 2mL 以上。

② 一期分流水生物降解性能研究。尽管一期分流水 COD_{Cr} 值不高,但水量比较大,约占整个废水优化整合工程处理水量的 32%,因此也不能忽视它的生物降解极限浓度(COD_{Cr})对二级生化出水 COD_{Cr} 值的影响。SBR 反应器中一期分流水 COD_{Cr} 值随曝气时间的变化如图 2-4 所示。

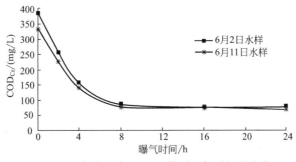

图 2-4　一期分流水 COD_{Cr} 值随曝气时间的变化

从图 2-4 不难看出,一期分流水经生化处理后可以达到上海市二级排放标准,但其中也有 $70\sim80$mg/L 的 COD_{Cr} 很难被进一步降解。

③ 顺丁橡胶废水生物降解性能研究。顺丁橡胶废水是该企业流量最大的一股废水,约占整个废水优化整合工程处理水量的 50%,不过该废水中有机物的含量却很低,2004 年 6 月 2 日和 11 日所取水样的实测 COD_{Cr} 都在 100mg/L 以下。因此,小试过程没有再测定顺丁橡胶废水的生物降解极限。

(8)"生化-催化氧化-生化"组合工艺处理不同混合方式的废水　把巴斯夫废水与苯酚废水混合后进行生化处理,既可以用巴斯夫废水稀释苯酚废水,降低其盐分,又可以使巴斯夫废水中生物难降解的 COD_{Cr} 在随后的催化氧化过程中得到有效转化,提高其可生化性。但巴斯夫废水的流量只有苯酚废水的 1/2 左右,仅用巴斯夫废水来稀释苯酚废水,还不足以使苯酚废水的盐分降低到微生物能够承受的程度,所以在实验中又掺入了部分一期分流水,实验结果如下。

① 苯酚废水、抗氧化剂废水和巴斯夫废水混合后直接生化处理的实验。2 号苯酚废水、3 号苯酚废水、抗氧化剂废水和巴斯夫废水按 18∶3∶0.5∶12 的比例(该企业实际排放的体积比)混合,并用一定量的一期分流水进行稀释,补充适量的 N、P 等营养元素,调节pH 至中性后,用计量泵泵入图 2-5 所示生物处理系统的兼氧池,进行污泥的驯化培养,兼

氧池和好氧池的接种污泥均取自该企业 3 号污水处理厂的曝气池。在污泥驯化培养过程中，逐步减小一期分流水的用量，图 2-5 是一期分流水用量减小到（一期分流水）:（苯酚废水＋抗氧化剂废水＋巴斯夫废水）＝1:1.1（体积比，下同）或（一期分流水＋巴斯夫废水）:（苯酚废水＋抗氧化剂废水）＝2:1 时，兼氧-好氧生物处理系统的运行结果。

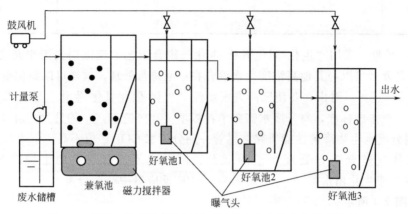

图 2-5　苯酚、抗氧化剂和巴斯夫混合废水直接生化处理流程

由图 2-5 可见，苯酚、抗氧化剂和巴斯夫混合废水用一期分流水稀释 1.9 倍后，直接进行兼氧-好氧生物处理是完全可行的，总的 COD_{Cr} 去除率稳定在 80％以上。运行条件：兼氧池、好氧池 1、好氧池 2 和好氧池 3 的 HRT 依次为 12.6h、19.2h、6.8h 和 6.8h，MLSS 的平均值依次为 2830mg/L、5756mg/L、3885mg/L 和 2322mg/L。由图 2-5 还可以看出，好氧池 2 和好氧池 3 出水 COD_{Cr} 相差不大，表明经过兼氧及两级好氧工艺处理后，残留在废水中的有机物大多数都是生物难降解物质，表 2-9 所列的好氧池 2 和好氧池 3 出水 BOD_5 值可以很好地说明这一点。

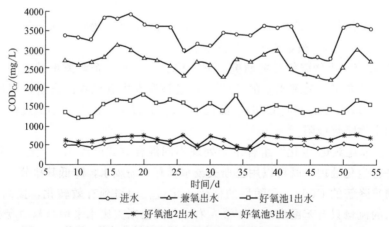

图 2-6　苯酚、抗氧化剂和巴斯夫混合废水直接生化处理的运行结果

表 2-9　好氧池 2 和好氧池 3 出水 BOD_5 值

	运行时间/d	10	15	20	25	30	35	40	45	50
BOD_5/(mg/L)	好氧池 2	62	56	51	40	48	50	42	38	45
	好氧池 3	43	48	35	26	34	32	21	15	25

兼氧-好氧生物处理系统在上述条件下稳定运行 2 个月之后，项目组又尝试了继续减少稀释水用量的可行性。但结果发现，当一期分流水用量减小到（一期分流水）：（苯酚废水＋抗氧化剂废水＋巴斯夫废水）＝1：2.2（体积比）时，系统运行稳定性就开始变差，几天后好氧池 1 和好氧池 2 沉淀区上清液的透明度就开始下降。稀释倍数增大后，兼氧-好氧生物处理系统的运行状况很快得到改善。因此，用大约 1 倍体积的一期分流水稀释苯酚废水、抗氧化剂和巴斯夫混合废水可以取得良好的生物处理效果。

② 苯酚废水、抗氧化剂废水和巴斯夫废水生化处理出水催化氧化＋生化处理实验。利用芬顿氧化技术对上述混合废水生化出水进行了催化氧化处理，结果如表 2-10 所列。催化氧化反应条件：$pH=3.0$，$H_2O_2/Fe^{2+}=10/1(mol/mol)$，$t=2h$；SBR 反应器运行条件：$MLSS=3000\sim4000mg/L$，曝气时间 8h。

表 2-10   "芬顿＋SBR"组合工艺处理混合废水生化出水实验结果

"生化出水" $COD_{Cr}/(mg/L)$	催化氧化		SBR 反应器出水 $COD_{Cr}/(mg/L)$
	30%H_2O_2/(mL/L)	出水 $COD_{Cr}/(mg/L)$	
498	2.0	198	65
	1.5	256	89
	1.0	325	162

由表 2-10 可见，在"芬顿＋SBR"组合工艺处理混合废水生化出水的过程中，当双氧水（浓度≥30%）用量≥1.5mL/L 时，最终出水的 COD_{Cr} 值就能达到上海市二级排放标准。因此，"生化-催化氧化-生化"组合工艺处理苯酚、抗氧化剂和巴斯夫混合废水在技术是完全可行的。

（9）全流程动态模拟实验研究   在上述处理可行性实验的基础上，进行了"生化-催化氧化-生化"组合工艺处理苯酚、抗氧化剂和巴斯夫混合废水的全流程动态模拟实验，实验流程如图 2-7 所示。

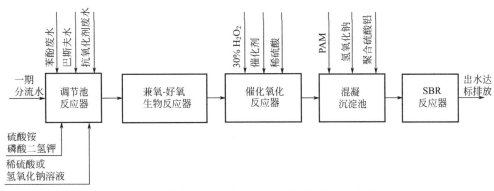

图 2-7   "生化-催化氧化-生化"组合工艺处理苯酚、抗氧化剂和
巴斯夫混合废水的全流程动态模拟实验工艺流程

根据前一段时间生化处理的实验结果，把苯酚废水、抗氧化剂废水、巴斯夫废水和一期分流水按比例加入调节池中，补充微生物生长所必需的氮、磷等营养物质，同时用稀硫酸或氢氧化钠溶液把废水的 pH 值控制在 6.5~7.5，然后用计量泵把混合废水从调节池泵入兼氧-好氧生物反应器。

兼氧-好氧生物反应器中的微生物则把混合废水中生物可降解的 COD_{Cr} 进行矿化，这样可以大幅度地降低后续催化氧化过程对氧化剂的需求，显著降低运行成本。兼氧-好氧生物反应器的出水直接进入催化氧化反应器，通过催化氧化作用把兼氧-好氧生物反应器出水中难生物降解的有机物转化成相对容易生物降解的有机物，改善其可生化性。当然，在催化氧化过程中亦有一部分难降解的有机物会直接矿化或被铁盐吸附。催化氧化反应完成后的反应液转入混凝沉淀池，通过混凝沉降作用除去催化氧化反应过程中产生的含铁污泥。混凝沉淀池的上清液流入 SBR 反应器，进行第二次生化处理，混凝沉淀池上清液中大部分比较容易生物降解的有机物被 SBR 反应器中的微生物矿化，这样 SBR 反应器的出水就可以达标排放。

1）全流程动态模拟实验各单元的运行条件

① 调节池：a. 各股废水的体积比为 $Q_{苯酚}：Q_{抗氧氧化}：Q_{巴斯夫}：Q_{一期分流} ＝ 21：0.5：12：31$；b. 营养物质中，$BOD_5：N：P＝100：5：1$，补加硫酸铵、磷酸二氢钾铵；c. 混合废水的 pH 值为 6.5～7.5。

② 兼氧-好氧生物反应器：a. 兼氧-好氧生物反应器共分 4 级，其中兼氧 1 级，好氧 3 级，串联操作，各级的水力停留时间（HRT）依次为 12.6h、19.2h、6.8h 和 6.8h；b. 各级生物反应器的溶解氧浓度（DO）依次为 0.1～0.3mg/L、0.8～1.5mg/L、3～4mg/L、4～5mg/L；c. 各级生物反应器污泥浓度（MLSS）的平均值依次为 2830mg/L、5756mg/L、3885mg/L 和 2322mg/L。

③ 催化氧化反应器：a. 反应 pH 值为 2.5～3.0；b. 氧化剂 30% H_2O_2 用量为 2.0～2.5mL/L；c. 催化剂用量为 $Fe^{2+}/H_2O_2＝1/10$（摩尔比）；d. 反应时间为 2h。

④ 混凝沉淀池：a. 聚合硫酸铝用量为 $100×10^{-6}$；b. PAM 用量为 $10×10^{-6}$；c. pH 值为 7.0～8.0；d. 混凝沉淀时间为 1h。

⑤ SBR 反应器：a. 曝气时间为 8～12h；b. 污泥浓度（MLSS）为 2000～3000mg/L

2）全流程动态模拟实验结果　"生化-催化氧化-生化"组合工艺处理苯酚、抗氧化剂和巴斯夫混合废水全流程动态模拟实验的结果如表 2-11 和表 2-12 所列。

表 2-11　全流程动态模拟实验期间各废水处理单元出水 COD_{Cr} 值　　　单位：mg/L

日期 （月-日）	调节池	兼氧-好氧 生物反应器	催化氧化-混凝 沉淀池	SBR 反应器
7-25	3354	516	279	128
7-27	3296	457	232	98
7-29	3230	478	225	89
7-31	3566	485	206	62
8-02	3500	513	213	85
8-04	3419	495	194	66
8-06	3836	466	200	73
8-08	3750	510	230	100
8-10	3689	542	224	108
8-12	3642	531	218	95
8-14	3612	508	221	89
8-16	3558	524	198	85
8-18	2793	505	200	90
8-20	2708	451	189	89
8-22	2710	412	178	75
8-24	3388	444	166	60

续表

日期 （月-日）	调节池	兼氧-好氧 生物反应器	催化氧化-混凝 沉淀池	SBR 反应器
8-26	3402	487	148	64
8-28	3356	460	178	78
8-30	3156	480	168	83
9-01	3103	452	156	75
9-03	2984	475	145	64

表 2-12　全流程动态模拟实验期间 SBR 反应器出水中其他污染物浓度　　单位：mg/L

日期（月-日）	BOD_5	NH_3-N	挥发酚	苯酚
7-27	21	0.6	0.22	0.16
8-1	16	1.0	0.20	0.14
8-6	15	0.8	0.18	0.10
8-11	19	0.5	0.18	0.15
8-16	12	0.6	未检出	未检出
8-21	15	0.4	0.22	0.16
8-26	10	0.4	未检出	未检出
8-31	17	0.5	0.20	0.16

由表 2-11 和表 2-12 可见，苯酚、抗氧化剂和巴斯夫混合废水用 0.9 倍体积的一期分流水稀释后，再经"生化-催化氧化-生化"组合工艺处理后，出水 COD_{Cr}、BOD_5、氨氮、挥发酚和苯酚等污染物均可以达到上海市二级排放标。

（10）小试结论

① 催化氧化法预处理苯酚、抗氧化剂和丙烯腈等高浓度废水，可以显著地改善其可生化性。但若先采用催化氧化法对高浓度废水进行预处理，然后再进行生化处理的工艺路线，不仅氧化剂用量大、运行成本高，而且出水也很难达标。

② 采用小试研究开发的"生化-催化氧化-生化"组合工艺处理上海高化科技有限公司化工事业部的废水，就可以在不需要稀释江水的情况下，使废水 COD_{Cr} 达到上海市二级排放标准。

2. 工程中试实验研究

项目组完成废水优化整合的小试任务，动态模拟小试出水水质达到了上海市污水排放的二级标准，创造性地开发了"生化-催化氧化-生化"组合工艺处理高浓度、难降解化工废水的新技术。该技术打破了处理高浓度难降解化工废水的传统思路，首先采用生物处理法去除高浓度难降解化工废水中绝大部分可生物降解的有机物，然后再进行催化氧化和二次生化处理，这样可大幅度地减少氧化剂的消耗，降低运行成本。

为进一步验证、确定和优化小试工艺，取得最佳工程设计参数，同时也为保证该企业废水优化整合工程的顺利实施，项目组建立了一套中试装置，进行放大实验，为工程设计及运行提供可靠的依据。

（1）工艺流程　废水优化整合工程中试工艺流程是根据小试全流程动态模拟实验所确定的工艺参数确定的，中试设计处理规模为 $4m^3/d$。废水优化整合工程中试现场装置和工艺流程如图 2-8 和图 2-9 所示。

图 2-8　废水优化整合中试装置现场

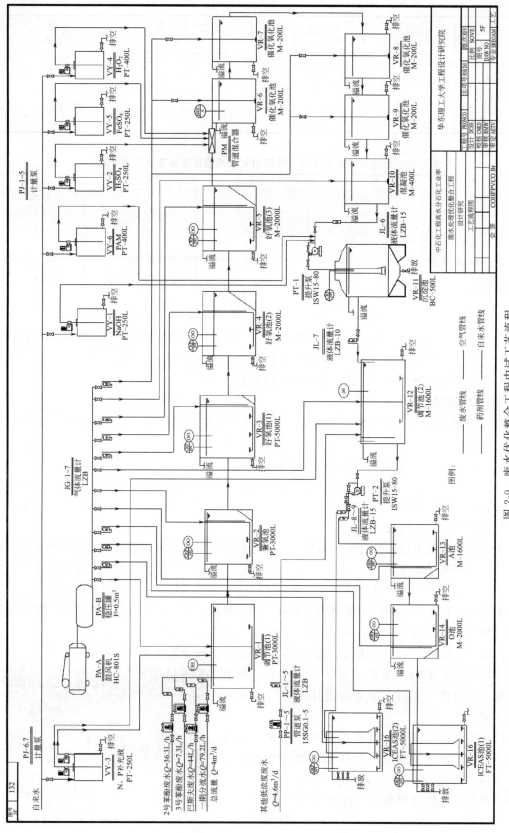

图 2-9　废水优化整合工程中试工艺流程

根据小试结果，该企业的 2 号苯酚废水、3 号苯酚废水及巴斯夫废水可以根据其实际排放量按比例混合，并用一期分流废水进行适当稀释后才能进行生化处理。结合该企业的废水实际排放情况，2 号苯酚废水、3 号苯酚废水、巴斯夫废水和一期分流水按 $Q_{2号苯酚}$：$Q_{3号苯酚}$：$Q_{巴斯夫}$：$Q_{一期分流}$＝16.5：3.3：20：36 的比例输送至调节池 1，总流量为 $4m^3/d$，并按 BOD_5：N：P＝100：5：1 的比例补充微生物生长所必需的氮、磷等营养物质。

经调节池 1 均衡过水质的废水进入 BCB 组合工艺的 B1 段进行生化处理，目的是为了利用微生物的生物氧化作用，去除废水中绝大部分生物可降解的 COD_{Cr}，这样可以大幅度地降低后续催化氧化过程对氧化剂的需求，显著降低运行成本。

BCB 组合工艺的 B1 段由兼氧池、好氧池 1、好氧池 2 和好氧池 3 串联而成，B1 段各生物反应器的结构如图 2-10(a) 所示。B1 段出水靠液位差自动溢流至 C 段进行催化氧化处理。C段由 4 个串联的催化氧化反应器［见图 2-10(b)］、1 个混凝池及 1 个沉淀池组成，沉淀池结构如图 2-10(c) 所示。C 段出水进入 BCB 组合工艺的 B2 段再次进行生化处理［图 2-10(d)］。

(a) B1段生化单元

(b) 催化氧化单元

(c) 絮凝沉淀单元

(d) IECAS单元

图 2-10　废水中试现场

为保证催化剂、氧化剂和 B1 段出水的充分混合，在第一个催化氧化反应器的入口处设置了管道混合器，催化剂、氧化剂和 B1 段出水在管道混合器中充分混合后进入催化氧化反应器。另外，由于 pH 值是影响催化氧化效果的关键因素，于是在第一个催化氧化反应器中设置了 pH 值自动控制系统，以保证催化氧化反应在最佳 pH 值下进行。催化氧化反应器出水靠液位差溢流至混凝池。在催化氧化过程中，催化剂亚铁离子被氧化成三价铁离子，而三价铁离子是水与废水处理过程中最常用的混凝剂之一，因此调节混凝池反应液的 pH 值就可以实现混凝作用，然后将反应液输送至沉淀池进行固液分离，除去三价铁和部分 COD_{Cr}。

为了减少氧化剂的用量、降低运行成本，催化氧化部分仅对 B1 段出水中残留的有机物进行部分氧化，改善其可生化性。C 段沉淀池上清液需要再次进行生化处理，即 C 段出水进入 BCB 组合工艺的 B2 段再次进行生化处理。

尽管在小试过程中 B2 段采用的是 SBR 工艺，但在中试流程设置了两套并联运行的生化处理工艺，ICEAS 工艺和缺氧-好氧（A-O）工艺。ICEAS 是一种连续进水间歇出水 SBR 反应器，该工艺与小试基本是一致的。中试流程 B2 段增加 A-O 工艺主要是基于下列原因：由于该企业现有污水处理系统中有 A-O 反应池，为了节省投资，将来废水处理优化整合工程中会充分利用现有设施，在中试流程的 B2 段增设了一套与 ICEAS 反应器相平行的 A-O 处理流程，两套系统平行运行，进行对比实验。

为了使进入 B2 段的废水水质与将来优化整合后的实际工程装置基本一致，在 ICEAS 和 A-O 反应器之前设置了调节池 2。调节池 2 的进水由两部分组成：一部分是 C 段沉淀池的上清液；另一部分是该企业的低浓度废水。由该企业各股废水实际排放量可知，低浓度废水与经过催化氧化预处理过的高浓度废水体积之比为 4.6∶1。因此，低浓度废水和 C 段沉淀池上清液按这一比例进入调节池 2，均衡水质后输送至 ICEAS 和 A-O 反应器进行生化处理。

（2）中试运行控制参数　中试装置各单元控制及稳定运行后数据如下。

1）B1 段

① 调节池 1：a. 各股废水的体积比为 $Q_{2号苯酚}∶Q_{3号苯酚}∶Q_{巴斯夫}∶Q_{一期分流}=16.5∶3.3∶20∶36$，设计流量为 $4m^3/d$；b. 营养物质中，尿素和磷酸二氢钾按 $BOD_5∶N∶P=100∶5∶1$ 补加；c. 虽然各股废水的 pH 值变化较大，但在调节池中混合后 pH 值一般为 6.5～8.0，不需要进行人工调节；d. 水力停留时间（HRT）实际为 18.4h（平均值）；e. 混合方式为曝气搅拌。

② 兼氧水解池：a. 水力停留时间（HRT）实际为 12.9h（平均值）；b. 污泥浓度（MLSS）1599～4532mg/L，平均值为 3067mg/L；c. 溶解氧浓度（DO）0～0.5mg/L；d. 污泥负荷 $1.22kgCOD_{Cr}/(kgMLSS·d)$（平均值）；e. 容积负荷 $3.60kgCOD_{Cr}/(m^3·d)$（平均值）。

③ 好氧池 1：a. 水力停留时间（HRT）实际为 19.7h（平均值）；b. 污泥浓度（MLSS）3726～6800mg/L，平均值为 4656mg/L；c. 溶解氧浓度（DO）0.3～3.0mg/L；d. 污泥负荷 $0.44kgCOD_{Cr}/(kg MLSS·d)$（平均值）；e. 容积负荷 $1.94kgCOD_{Cr}/(m^3·d)$（平均值）。

④ 好氧池 2：a. 水力停留时间（HRT）实际为 7.4h（平均值）；b. 污泥浓度（MLSS）2128～4630mg/L，平均值为 3474mg/L；c. 溶解氧浓度（DO）2.0～5.0mg/L；d. 污泥负荷 $0.28kgCOD_{Cr}/(kgMLSS·d)$（平均值）；e. 容积负荷 $0.81kgCOD_{Cr}/(m^3·d)$（平均值）。

⑤ 好氧池 3：a. 水力停留时间（HRT）实际为 7.4h（平均值）；b. 污泥浓度（MLSS）2228mg/L；c. 溶解氧浓度（DO）2.0～5.0mg/L；d. 污泥负荷 $0.55kgCOD_{Cr}/(kgMLSS·d)$（平均值）；e. 容积负荷 $0.69kgCOD_{Cr}/(m^3·d)$（平均值）。

2）C 段

① 催化氧化池：a. 水力停留时间（HRT）1h×4；b. 由于 $27.5\%H_2O_2$ 为危险品，为了符合该企业的安全规范，将 $27.5\%H_2O_2$ 稀释到 8% 后使用，$8\%H_2O_2$ 的投加量为 7.5～9mL/L；c. $[H_2O_2]/[Fe^{2+}]=10/1$；d. pH 值为 2.5～3.5；

② 混凝池：a. 水力停留时间（HRT）0.6h；b. 混凝 pH 值为 7.0～8.0；c. PAM 投加量为 $10×10^{-6}$。

③ 沉淀池：a. 水力停留时间（HRT）为 3h；b. 表面负荷为 $0.33m^3/(m^2·h)$。

说明：沉淀池出水一部分（1m³/d）进入调节池2进行第二阶段生化处理，其他则溢流进入该企业3号废水处理厂的废水收集系统，被收集到3号废水处理厂的二级生化处理系统进行处理。

3）B2段

① 调节池2：a.各股废水的体积比为 $Q_{沉淀池出水}:Q_{其他低浓度废水}=1:4.6$，沉淀池出水流量为1m³/d，其他低浓度废水流量为4.6m³/d，总流量为5.6m³/d；b.营养物质尿素和磷酸二氢钾按BOD5∶N∶P=100∶5∶1补加；c.水力停留时间（HRT）为9.6h。

② A池：a.进水流量为2.8m³/d；b.水力停留时间（HRT）为7.5h；c.溶解氧浓度（DO）0~0.5mg/L；d.污泥浓度（MLSS）为2193mg/L（平均值）。

③ O池：a.水力停留时间（HRT）为10.3h；b.溶解氧浓度（DO）2.0~5.0mg/L；c.污泥浓度（MLSS）为1861mg/L（平均值）。

④ ICEAS池1：a.连续进水，操作周期 $T=6h$，曝气4h，沉淀1.5h，排水0.5h；b.溶解氧浓度（DO）2.0~5.0mg/L；c.污泥浓度为500mg/L（平均值）。

⑤ ICEAS池2：a.进水流量为2.8m³/d；b.连续进水，操作周期 $T=12h$，曝气8h，沉淀3h，排水1h；c.溶解氧浓度（DO）2.0~5.0mg/L；d.污泥浓度为3149mg/L（平均值）。

（3）中试运行情况

废水处理优化整合中试实验在该企业污水3号处理场内进行，采用连续操作。实验中采用的是和现有实际污水处理设施相同来源的废水，均为实时生产废水。

B1段生化处理装置的接种污泥全部取自3号污水处理厂A/O装置的曝气池，经过1个月的驯化培养，兼氧水解池内污泥颜色变深，结构密实，好氧池污泥也表现良好。同进入稳定运行阶段。B1段生化处理装置稳定运行0.5个月后，开始启动C段（Fenton氧化装置）和B2段（ICEAS反应器），进行全流程实验。

在全流程实验稳定运行一段时间后，将催化氧化反应的催化剂投加量减少为原来的1/2，进行了氧化剂投加量优化实验。

（4）中试实验结果

1）B1段实验结果　如前所述，BCB组合工艺由"生化（biological oxidation）-催化氧化（catalytic oxidation）-生化（biological oxidation）"三段组成，中试首先启动了第一段（简称B1段）的A-O生物处理系统。

根据实验可知，对BCB组合工艺B1段而言，进水中生物可降解的 COD_{Cr} 主要是在兼氧池和好氧池1池中被去除的，好氧池2和好氧池3的 COD_{Cr} 去除率不高。在稳定运行阶段，BCB组合工艺B1段对 COD_{Cr} 的去除率基本都在80%以上（图2-11）。

2）催化氧化工艺条件优化实验结果　该企业的中高浓度废水经BCB组合工艺B1段的兼氧-好氧生化处理后，出水 COD_{Cr} 值仍不能达到上海市二级排放标准。并且从B1段运行结果来看，B1段曝气池2和曝气池中3 COD_{Cr} 的去除率都很低，说明B1段出水中残留的有机物主要是生物难降解的有机物，仅通过延长曝气时间不可能使其中的 COD_{Cr} 有明显下降。于是，在中试工艺中设置了催化氧化单元（C段），希望通过催化氧化作用对B1段出水作进一步处理，一方面去除一部分 COD_{Cr}，另一方面改善B1段出水的可生化性。

由于催化氧化单元的运行费用在整个BCB组合工艺中占比较大，优化C段的工艺条件，对降低BCB组合工艺的运行成本至关重要。实验考察了反应时间、pH值、氧化剂（H_2O_2）用量、催化剂（Fe^{2+}）用量、氧化剂投加方式等对催化氧化效果的影响，结果如下：在温度控制在 60℃的情况下，pH＝3，30％ H_2O_2 的投加量控制在 2.0～2.5mL/L，并且在反应过程中分次投加，硫酸亚铁的用量控制在 2×10^{-3} mol/L，为此反应的最适反应条件。在此条件下，曝气反应 2h 后 COD_{Cr}、BOD_5 基本不再变化。

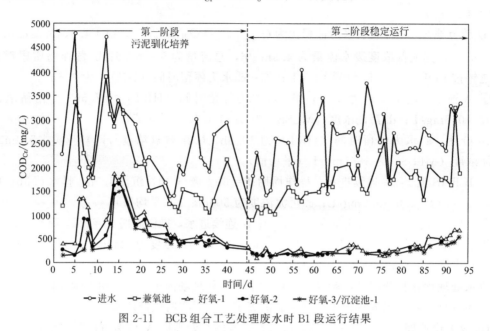

图 2-11   BCB 组合工艺处理废水时 B1 段运行结果

① Fenton 氧化对兼氧-好氧出水可生化性的影响。该企业中高浓度废水经 BCB 组合工艺 B1 段兼氧-好氧生化处理后其中可生物降解有机物已基本被微生物利用，B1 段出水 BOD_5 相当低（见表 2-13），可生化性很差。B1 段出水经 C 段催化氧化后 BOD_5 有所提高。中试装置 C 段进出水 BOD_5 和 COD_{Cr} 的变化如表 2-13 所列。

表 2-13   催化氧化过程对 B1 段出水可生化性的影响

指标	催化氧化前	催化氧化后
BOD_5/(mg/L)	11	55
COD_{Cr}/(mg/L)	419	317
BOD_5/COD_{Cr}	0.026	0.174

由表 2-13 可见，BCB 组合工艺 B1 段出水在经过 C 段的催化氧化处理后，B/C 由 0.026 升至 0.174，其比值增加了 5.7 倍，表明可生化性得到了明显的改善，有利于进一步生化处理。

② 混凝沉降条件的优化。水中溶解性有机物在 Fenton 试剂作用下会发生偶合或聚合，从而改变它们在水中的溶解性能，使其可以通过混凝沉降作用加以去除。而 Fenton 氧化反应所使用的催化剂亚铁离子在反应后转化成铁离子，后者是废水处理领域最常用的混凝剂。因此，对 Fenton 反应体系而言，无需投加其他混凝剂，可直接利用 Fenton 体系中铁离子作为混凝剂。对于这样一个特定的体系，pH 值成为影响混凝效果最主要的因素，为此考察了废水 pH 值对混凝效果的影响，结果如图 2-12 所示。

由图 2-12 可见，pH 值对混凝效果的影响不是很显著，pH 值在 7～8 时 COD_{Cr} 去除率略高于其他 pH 值下 COD_{Cr} 的去除率。由于 C 段出水将进入 B2 段继续进行好氧生化处理，

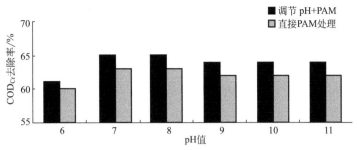

图 2-12　混凝 pH 值对 COD_{Cr} 去除率的影响

而好氧生化处理的最适 pH 值通常正好也为 7～8，所以中试过程中将混凝池的 pH 值控制在 7～8。另外，由图 2-12 还可以看出，在调节 pH 值的同时加入适量的 PAM 作为助凝剂，有助于改善混凝沉降效果。

3）C 段和 B2 段中试结果　C 段和 B2 段的运行结果如图 2-13 所示（图中所述的 H_2O_2 投加量是指 27.5% H_2O_2 的投加量。第 66～69 天输送双氧水的计量泵出现故障）。因在 C 段启动之前已进行了催化氧化条件的实验室研究，因此，C 段的运行参数基本上都是前期实验的最佳值。

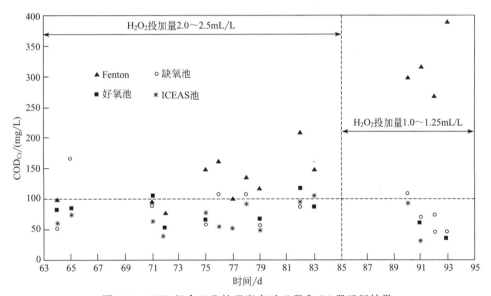

图 2-13　BCB 组合工艺处理废水时 C 段和 B2 段运行结果

由图 2-13 可见，在 B1 段运行基本稳定的前提下，当 C 段（催化氧化段）氧化剂双氧水的用量为 2.0～2.5mL/L（已折算成 30% H_2O_2，下同），C 段出水 COD_{Cr} 值在 150mg/L 左右，再经过 B2 段生化处理后，最终出水 COD_{Cr} 就可以达到上海市二级排放标准（≤100mg/L）。而当双氧水的用量减为 1.0～1.25mL/L 时，C 段出水 COD_{Cr} 值明显升高。C 段出水 COD_{Cr} 升高除与双氧水用量减少有关外，还与这一实验期 B1 段出水 COD_{Cr} 偏高有关，因为这一阶段的实验受到了强冷空气的影响，废水温度显著下降，微生物活性随之下降，导致 B1 段出水 COD_{Cr} 偏高。从图 2-13 可以看出，虽然 C 段出水 COD_{Cr} 较高，但经 B2 段处理后出水 COD_{Cr} 值仍能达到上海市二级排放标准。

全流程运行时最终出水的其他污染物指标如表 2-14 所列。

表 2-14　全流程运行时最终出水 BOD$_5$ 和酚含量

运行时间/d	出水指标/(mg/L)		运行时间/d	出水指标/(mg/L)	
	BOD$_5$	酚		BOD$_5$	酚
63	5.7		76		未检出
69①		0.62	77	3.01	
70	3.41		78		未检出
71		未检出	84	2.91	

① 输送双氧水的计量泵发生故障。

由表 2-14 可见，中试结果与小试结果基本一致，体现了 BCB 组合工艺的稳定性和实验结果的可靠性，为废水处理优化整合工程的设计奠定了坚实的基础。全流程运行时除了第 69 天因输送双氧水的计量泵发生故障酚未达标外，其他情况下最终出水的 BOD$_5$ 值和酚浓度都达到了上海市二级排放标准。因此，该企业的废水经 BCB 组合工艺处理后出水可以达到上海市二级排放标准。

（5）中试小结　采用本研究开发的 BCB 组合工艺处理该企废水，可以在不使用稀释江水的情况下，使出水 BOD$_5$、COD$_{Cr}$ 和酚等污染指标达到上海市二级排放标准，并且运行成本仅增加 0.41 元/吨。

BCB 组合工艺在进水水量、水质波动较大的情况下，仍具有较稳定的处理效果，具有一定的抗冲击负荷能力。

中试结果与小试结果基本一致，体现了 BCB 组合工艺的稳定性和实验结果的可靠性，为该企业废水处理优化整合工程的设计奠定了坚实的基础。

项目组成功进行了动态模拟中试，出水水质验证了小试实验数据，全部达到了上海市二级排放标准。并且还创造性地开发了"生化-催化氧化-生化"组合工艺处理高浓度、难降解化工废水的新技术，该技术突破了处理高浓度难降解化工废水的传统思路，首先采用生物处理法去除高浓度难降解化工废水中绝大部分可生物降解的有机物，然后再进行催化氧化和二次生化处理，大幅度地减少氧化剂的消耗，降低运行成本。该废水处理工艺在石化和化工行业为国内首创，做到技术上可行，经济上合理，达到国内先进水平。

在此基础上，企业对其废水实施了优化整合的工程改造治理。

（三）工艺流程

1. 工艺确定

项目组废水处理工艺根据项目可研报告及中试实验报告，主要采用了"生化-催化氧化-生化"（BCB）处理工艺进行设计和工程建设。

该企业生产废水经过收集与分流后，分成两股：催化氧化废水与其他废水。

（1）催化氧化废水　包括 3 号苯酚废水、2 号苯酚废水、巴斯夫废水（丁苯胶乳废水）与部分一期分流废水。

催化氧化废水总量为 70t/h。

（2）其他废水　包括 AS 废水、丁二烯抽提废水、顺丁橡胶废水、其他间隙水及剩余的一期分流废水。

其他废水总量 270t/h。

废水处理优化整合工程设计规模为日处理废水 8160t/d (340t/h)，设计处理前水质水量情况见表 2-15。

表 2-15 设计处理前水质水量情况

名称	处理前		处理后
	催化氧化废水	其他废水	
水量/(t/h)	70	270	340
COD$_{Cr}$/(mg/L)	3623	1222	≤100
BOD$_5$/(mg/L)	731	292	≤30
pH 值	8.5	8.5	6～9
NH$_3$-N/(mg/L)	—	—	≤15

催化废水通过原有气浮系统进行预处理后，首先通过兼氧池、好氧池、一级好氧池进行生化处理，然后再进行催化氧化处理。经过催化氧化处理后的催化废水与其他废水混合后进入二级生化处理与 ICEAS 处理工艺，实现有机物最终降解与水质稳定。处理出水达标排入纳海管道。

2. 工艺流程

主要处理工艺流程见图 2-14。

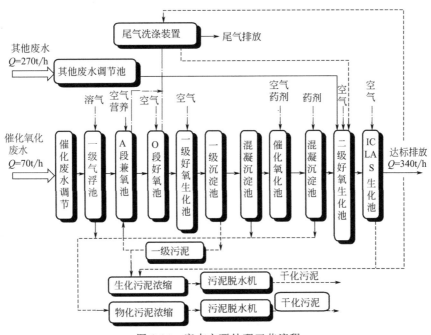

图 2-14 废水主要处理工艺流程

生产废水经过收集汇总成催化氧化废水与其他废水，并分别进入催化废水调节池与其他废水调节池，其中巴斯夫废水首先进入巴斯夫废水调节池，然后通过提升进入催化废水调节池。

催化氧化废水经催化废水提升泵提升进入一级气浮池，然后依次自流进入缺氧/好氧生化池、一级好氧池、一级沉淀池、混凝沉淀池 1、催化氧化池、混凝沉淀池 2。混凝沉淀池2 出水与其他废水混合进入二级生化系统。

其他废水经其他废水提升泵提升与混凝沉淀池 2 出水汇合进入二级好氧池、ICEAS 生化池，ICEAS 出水自流排放。

事故池废水经过提升泵提升后进入催化氧化废水调节池。

物化污泥与生化污泥通过单独管道汇集后分别进入物化污泥浓缩池与生化污泥浓缩池，然后通过污泥泵输送至污泥调理罐，加药调理后进行污泥脱水，干化污泥外运处置。

其中生化污泥浓缩池利用原来浓缩池。

缺氧/好氧生化池的曝气尾气通过尾气的生物装置脱除部分异味气体后排放。

系统两路并列设置。

"生化-催化氧化-生化"（BCB）组合处理工艺具有以下特点。

① 催化氧化废水首先采用低成本生化方式最大限度降解 COD_{Cr} 总量，一级生化反应能去除 85% 左右 COD_{Cr}，能够大大降低后续药剂费用。

② 由于一级生化反应后出水中残留的有机物以生物难降解物质为主，可生化性极差（$BOD_5/COD_{Cr} < 0.1$）。通过催化氧化后，废水可生化性得以提高，从而使二级生化反应得以顺利进行。

③ 利用"生化-催化氧化-生化"组合工艺处理该企业生产废水可以在不需要稀释江水和较低的运行成本的情况下，使处理后排放水达到上海市《污水综合排放标准》（DB31/199—1997）的二级排放标准。

3. 技术与工艺说明

本项目属于改造工程，装置主要由原有可利用设施与新建设施组成，系统并列二路建设运行。

（1）废水收集与调节（见表 2-16）　厂区废水经过分流汇集后，分成催化氧化废水与其他废水两股。其中，催化氧化废水 70t/h，COD_{Cr} 为 3623mg/L 左右；其他废水水量为 270t/h，COD_{Cr} 为 1222mg/L 左右。催化氧化废水与其他废水各自单独设置调节池进行水质水量调节，以减少水质水量对后续处理工艺冲击，保证整个处理系统稳定运行。

表 2-16　废水收集工序主要构筑物及作用

序号	构筑物名称	数量	规格	作用	备注
1	催化废水调节池	1	20.0m×10.0m×5.5m	收集调节催化氧化废水	钢混凝土新建
2	其他废水调节池	1	51.8m×11.0m×4.5m	收集调节其他废水	钢混凝土利旧
3	事故调节池	1	20.5m×15.5m×4.5m	收集调节事故废水	钢混凝土利旧
4	巴斯夫废水调节池	1	3.0m×11.5m×5.5m	收集调节巴斯夫废水	钢混凝土新建

为减少事故废水对整个系统冲击，本工程设置事故水池。另设置巴斯夫废水调节池。

（2）一级生物处理工序（表 2-17）　一级生化主要包括缺氧/好氧生化池、一级好氧池、一级沉淀池、混凝沉淀池 1 等构筑物。

表 2-17　一级生物处理工序主要构筑物及作用

序号	构筑物名称	数量	规格	作用	备注
1	一级气浮池	2	4.0m×10.0m×2.6m	降低 SS 浓度	利旧
2	A 段兼氧池	2	10.0m×10.0m×5.5m		钢混凝土新建
3	O 段好氧池	2	21.0m×10.0m×5.5m	一级生化是废水中有机物降解主要场所	钢混凝土新建
4	一级好氧生化池	2	20.8m×10.5m×5.0m		钢混凝土利旧
5	一级沉淀池	2	6.5m×12.0m×6.9m		钢混凝土利旧
6	混凝沉淀池 1	2	7.7m×8.3m×6.9m		

A/O 生化池中 A 段兼氧生化主要利用兼性微生物的代谢作用把废水中大分子有机物转化为低分子脂肪酸，提高后续好氧处理效率。兼氧生化处理后的废水通过好氧微生物降解废水中有机物。

一级沉淀池是一级生化处理泥水分离场所，沉淀污泥回流至兼氧池。为了降低 SS 浓度，减轻生化处理负荷，一级生化处理前设置气浮预处理工序。

（3）催化氧化工序（表 2-18）　本工艺中采用由过氧化氢和亚铁离子组合的 Fenton 试剂作为氧化剂的催化氧化技术，催化反应过程中鼓入大量空气，利用 Fenton 试剂产生的羟基自由基，使氧化能力较弱的空气在催化剂作用下具有较强的氧化能力而发生催化氧化，该过程在氧化分解有机物的同时还会发生氧化耦合反应，耦合后的大分子在后续的 $FeSO_4$ 混凝中被除去。

表 2-18　催化氧化工序主要构筑物及作用

序号	构筑物名称	数量	规格	作用	备注
1	催化氧化池	2	4.7m×16.7m×6.9m	通过催化氧化反应，废水中 COD_{Cr} 得到进一步降解，同时改善废水水质,提高废水可生化性	钢混凝土水池改造
2	混凝沉淀池 2	2	9.0m×8.3m×6.9m		

（4）二级生化工序（表 2-19）　二级生化工艺主要包括二级好氧池与 ICEAS 生化池。二级生化工艺主要对催化氧化后废水中残留有机物做最终降解，并且稳定水质。其中二级好氧池利用原来 A1/A2/O 工艺中的 O 段曝气池。

表 2-19　二级生化工序主要构筑物及作用

序号	构筑物名称	数量	规格	作用	备注
1	二级好氧池	2	24.1m×13.0m×6.9m	实现废水中有机物最终降解与稳定水质	钢混凝土利旧
2	ICEAS 生化池	4	7.0m×44.0m×5.7m		钢混凝土新建

（5）污泥处理工序（表 2-20）　污泥主要来自混凝沉淀池絮凝污泥及剩余生化污泥，物化污泥与生化污泥通过单独管道汇集至物化污泥浓缩池与生化污泥浓缩池，经过加药调理后采用板框压滤机进行脱水处理，干化污泥根据环保部门要求处置。

表 2-20　污泥处理工序主要构筑物及作用

序号	构筑物名称	数量	规格	作用	备注
1	物化污泥浓缩池	1	13.3m×5.0m×5.0m	物化污泥处理	钢混凝土新增
2	物化污泥脱水机房	1	9.0m×10.0m×9.0m		砖混凝土新增
3	生化污泥浓缩池	1	φ12.0m×4.5m	生化污泥处理	钢混凝土利旧
4	生化污泥调理池	1	8.5m×6.75m×4.0m		钢混凝土利旧
5	生化污泥脱水机房	1	9.6m×7.0m×6.6m		钢混凝土利旧

（6）其他工序（表 2-21）　由于原废水浓度较高，废水中含有大量的如苯酚等挥发性有机物，好氧曝气阶段必然会被带到空气中，于是 A 段兼氧池与 O 段好氧生化池尾气就被收集至尾气脱臭塔系统，经过生物洗涤塔和生物过滤塔脱臭后排放。洗涤水来自 ICEAS 污泥回流液，最终回流进入二级好氧生化系统。

表 2-21　其他工序主要构筑物及作用

序号	构筑物名称	数量	规格	作用	备注
1	生物洗涤塔	1	10.0m×8.0m×4.5m	尾气脱臭处理	钢混凝土新增
2	生物过滤塔	1	10.0m×8.0m×4.5m		钢混凝土新增

建设总平面见图 2-15，废水优化整合工程见图 2-16。

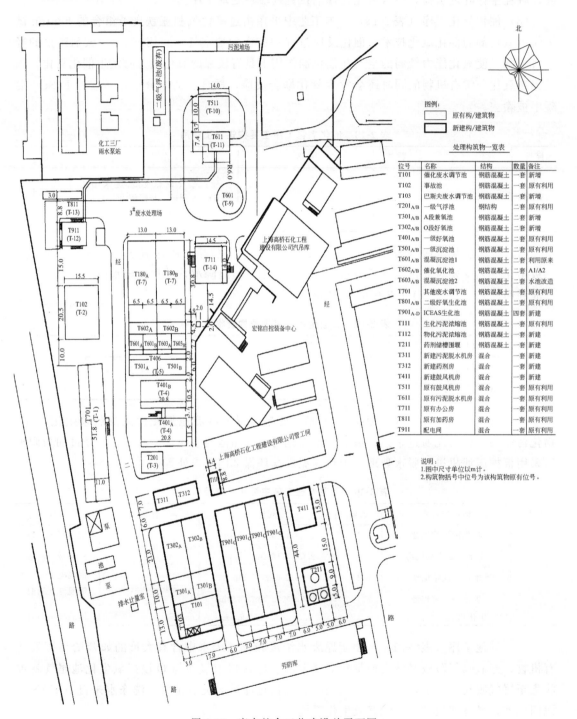

图 2-15　废水整合工艺建设总平面图

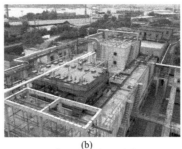

(a)　　　　　　　　　　　　(b)

图 2-16　废水优化整合工程

三、实施效果和推广应用

1. 运行处理效果与机制分析

项目 2007 年建设完成并稳定运行至今的实际处理效果如表 2-22 所列。

表 2-22　项目 2007 年建设完成并稳定运行至今的实际处理效果

日期	2014 年 1 月			2014 年 4 月			2014 年 7 月			2014 年 12 月		
	COD_{Cr} /(mg/L)	pH 值	挥发酚 /(mg/L)	COD_{Cr} /(mg/L)	pH 值	挥发酚 /(mg/L)	COD_{Cr} /(mg/L)	pH 值	挥发酚 /(mg/L)	COD_{Cr} /(mg/L)	pH 值	挥发酚 /(mg/L)
1	51			49	7.57	0.05	67	7.97	0.01	12	7.55	0.01
2	64	7.80	0.12	35	7.49	0.09	39	7.85	0.01	14	7.57	0.08
3	35	7.00	0.11	40	7.56	0.06	76	7.81	0.17	60	7.87	0.09
4	53			39	7.70	0.03	68	7.88	0.15	37	7.82	0.12
5	47			33			90			89	7.73	0.01
6	75	7.53	0.12	31						56		
7	90	7.45	0.11	56			118	7.79	0.25	57		
8	52	7.53	0.09	26	7.55	0.06	98	7.58	0.28	51	7.77	0.01
9	62	7.42	0.13	26	7.56	0.06	36	7.97	0.15	53	7.90	0.08
10	36	7.42	0.15	35	7.50	0.05	81	7.99	0.16	25	7.85	0.09
11	69			24	7.51	0.04	95	7.59	0.29	52	7.96	0.10
12	99			33			75			40	7.83	0.08
13	55	7.26	0.15	39			50			65		
14	78	7.25	0.17	28	7.43	0.07	32	7.65	0.09	75		
15	40	7.41	0.16	40	7.49	0.13	45	7.65	0.10	60	7.74	0.11
16	47	7.34	0.01	91	7.69	0.08	31	7.64	0.06	75	7.71	0.05
17	37	7.29	0.09	49	7.68	0.08	36	7.93	0.06	80	7.58	0.01
18	34			43	7.78	0.05	40	7.73	0.01	44	7.66	0.01
19	47			62			61			82	7.56	0.01
20	39	7.31	0.15	60			62			55		
21	66	7.30	0.12	31	7.76	0.04	55	7.93	0.17	76		
22	41	7.35	0.12	71	7.49	0.10	35	7.43	0.08	45	7.59	0.01
23	34	7.58	0.13	65	7.72	0.13	63	7.83	0.17	40	7.67	0.01
24	45	7.65	0.01	59	7.65	0.07	76	7.82	0.22	80	7.65	0.01
25	38			52	7.75	0.07	40	7.60	0.09	93	7.83	0.01
26	57	7.64	0.06	44			47			53	7.75	0.12
27	39	7.59	0.01	39			53			85		

续表

日期	2014 年 1 月			2014 年 4 月			2014 年 7 月			2014 年 12 月		
	COD_{Cr} /(mg/L)	pH 值	挥发酚 /(mg/L)	COD_{Cr} /(mg/L)	pH 值	挥发酚 /(mg/L)	COD_{Cr} /(mg/L)	pH 值	挥发酚 /(mg/L)	COD_{Cr} /(mg/L)	pH 值	挥发酚 /(mg/L)
28	50	7.69	0.09	44	7.68	0.09	56	7.45	0.18	70		
29	33	7.51	0.01				39	7.71	0.15	54	7.86	0.09
30	36	7.48	0.01				37	7.70	0.11	50	7.98	0.11
31	58									63	7.83	0.17

2. 技术经济分析

主要经济技术指标如表 2-23 所列。

表 2-23　主要经济技术指标

序号	仪表名称	单位及数量	备注
1	设计规模及主要处理工艺	设计规模:2.98×10^6 t/a 处理工艺:BCB 工艺	BCB 工艺:"生化＋催化氧化＋生化"工艺
2	消耗 (一)原料 (1)硫酸(93%) (2)液碱(30%) (3)双氧水(27%) (4)硫酸亚铁 (5)PAM (6)营养盐 (二)新鲜水 (三)电 (1)装机容量 (2)使用容量	547.5t/a 1460t/a 3139t/a 1095t/a 23t/a 36.5t/a 29200t/a 1311.9kW 948.3kW	用于配药液,场地冲洗水 新增 578.6kW 新增 462.9kW
3	装置占地面积	1.7hm²	新增占地面积:0.5hm²
4	构建筑物占地面积	0.627hm²	新增构建筑物面积:0.267hm²
5	"三废"排放量 废水 废气 固体	297.84×10^4 t/a — 3650t/a	
6	运输量 运入装置 运出装置	9951t/a 6301t/a 3650t/a	
7	总定员	30 人	
8	总能耗	4.67×10^6 kW·h/a	
9	工艺设备总台数 机泵类 容器	103 93 10	新增 64(台套) 新增 4(台套)

四、总结

① 本项目对于含有高浓度有生物抑制性物质的化工废水用其他废水做适当的稀释后直接进行生化处理,去除其中可生物降解的 COD_{Cr} 后再进行催化氧化和二次生化处理,这样可大幅度地减少氧化剂的消耗,从而显著地降低运行成本。

② BCB 组合工艺在进水水量、水质波动较大的情况下，仍具有较稳定的处理效果，具有一定的抗冲击负荷能力。

第二节　橡胶交联剂生产废水

一、问题的提出

某化工生产企业主要生产过氧化二异丙苯（DCP）、二（叔丁过氧异丙基）苯（BIPB）、氨基醇、洗涤剂等精细化工产品。DCP 可作为单体聚合的引发剂，高分子材料的硫化剂、交联剂、固化剂、阻燃添加剂。广泛应用于橡胶、聚烯烃、泡沫塑料、电缆、制鞋、绝缘漆等工业中。

废水处理装置始建于 1982 年，经过几次改造，由于受装置处理工艺和处理能力等方面的限制，污水处理规模及处理效果一直不能满足生产需要。该企业希望对污水处理装置进行改造，以实现节约水资源，降低能耗，达标排放。该企业废水浓度高，成分复杂，生化处理困难，属难降解废水。

DCP 废水是该企业水量最大的一股废水，原采用预曝气-气浮-厌氧-好氧工艺处理，效果不太理想。此次改扩建科研设计单位建议采用"生化-催化氧化-生化"（BCB）组合工艺处理该废水，即先通过生化处理除去 DCP 废水中可生物降解的有机物，然后用催化氧化法处理一次生化出水，最后再用生化法对催化氧化出水进行二次生化处理。使用"生化-催化氧化-生化"组合工艺处理高浓度、难降解化工废水，可大幅度降低催化氧化过程中氧化剂的用量，从而显著地降低废水处理的运行成本。

由于该企业废水浓度高，成分复杂，生化处理困难，为确保改扩建工程的成功，同时降低废水处理运行成本，该企业委托科研设计单位对废水的处理工艺进行优化研究。科研设计单位经过数月的实验研究，提出并实施了 BCB 组合处理工艺。

该工艺具有以下特点：a.一级生化反应能去除 85% 左右 COD_{Cr}，废水首先采用低成本生化方式最大限度地去除 COD_{Cr} 总量，能够大大降低后续药剂费用；b.一级生化反应后出水中残留的有机物以难生物降解物质为主，通过催化氧化后，废水可生化性得以提高，从而使二级生化反应得以顺利进行；c.利用"生化-催化氧化-生化"（BCB）组合工艺处理 DCP 废水可以在较低的运行成本的情况下，使尾水达到当地排放标准。

项目实施完成，经过多年运行其效果稳定良好。

二、工艺流程和技术说明

（一）工程概况

1. 基本信息

该化工生产企业主要生产过氧化二异丙苯（DCP）、二（叔丁过氧异丙基）苯（BIPB）、氨基醇、洗涤剂等精细化工产品，其中 DCP 产量已达 18kt/a，是全球最大的 DCP 生产企业。DCP 为一优良的有机过氧化物，可作为单体聚合的引发剂，高分子材料的硫化剂、交联剂、固化剂、阻燃添加剂。广泛应用于橡胶、聚烯烃、泡沫塑料、电缆、制鞋、绝缘漆等工业中。

该企业废水处理装置始建于 1982 年，并分别于 1999 年和 2001 年先后两次对废水处理装置进行技术改造，提高了装置的处理能力。随着该企业生产规模的不断扩大，原有废水处理装置已无法承受目前的废水负荷，该企业再次对原有废水处理装置进行改扩建。

2. 水质水量

该企业启动的改扩建项目包括前期的清污分流工程和废水处理改扩建工程。实际和设计的废水水质水量如表 2-24 所列。

表 2-24   实际和设计废水水质水量情况

序号	项目		水量/(t/d)		COD$_{Cr}$/(mg/L)
			实际水量	设计水量	
1	浓废水	北区 DCP 大槽废水（12000tDCP/a）	240	286	<11000
2		南区 DCP 大槽废水（6000tDCP/a）	120	144	<11000
3		BIPB 废水	7	10	<10000
	小计		367	440	<11000
4	稀废水	北区清污分流废水	12000tDCP/a 废水	760	910	<3000
5			二车间废水	140	170	<2500
6			北区其他废水	180	210	<800
7		南区清污分流废水	6000tDCP/a 废水	380	450	<3000
8			BIPB 水环泵废水	93	110	<500
9			南区其他废水	180	210	<500
	小计		1733	2060	2346
	总计		2100	2500	≈4200

3. 水质执行标准和处理要求

废水处理后应符合上海市标准《污水综合排放标准》（DB 31/199—2009）的二级排放标准。

（二）实验研究

为了验证"生化-催化氧化-生化"组合工艺处理 DCP 废水的可行性，获得可靠的设计参数，确保改扩建工程的成功，该企业委托科研设计单位对 DCP 废水进行了历时数月的小试研究。

（1）DCP 废水生化处理   "生化-催化氧化-生化"组合工艺处理高浓度化工废水是否可行，很大程度上取决于该组合工艺中第一次生化处理的效果。为此，科研设计单位先构建了 2 套生化处理装置，一套为"兼氧-好氧"工艺（见图 2-17），另一套为"厌氧-好氧"工艺（见图 2-18），考察了"兼氧-好氧"工艺和"厌氧-好氧"工艺处理 DCP 废水的可行性及上述两种工艺处理 DCP 废水的稳定性。

DCP 废水包括 DCP 大槽水和水环真空泵水，两者的体积比约为 1∶3。实验时将大槽水和真空泵水按 1∶3（体积分数）混合后，用稀硫酸将混合废水的 pH 值调至 7.0 左右，并补充微生物生长所必需的营养元素，用计量泵输送至图 2-17 和图 2-18 所示的两个生物处理系统进行生化处理。

DCP 废水生化处理系统从 2005 年 6 月 15 日开始进行污泥驯化培养，接种污泥取自该企业废水处理站的接触氧化池。开始污泥驯化培养时，将混合废水用自来水作适当稀释，然后视系统运行情况逐步缩小稀释倍数，直至完全不用稀释水。兼氧-好氧工艺处理 DCP 废水

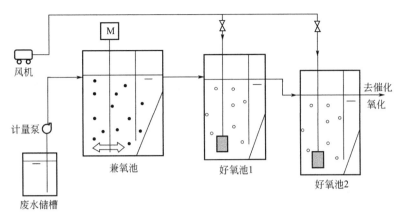

图 2-17　DCP 废水"兼氧-好氧"工艺处理流程示意

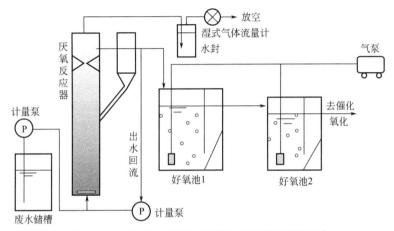

图 2-18　DCP 废水"厌氧-好氧"工艺处理流程示意

的运行结果如图 2-19 所示，厌氧-好氧工艺处理 DCP 废水的运行结果如图 2-20 所示。

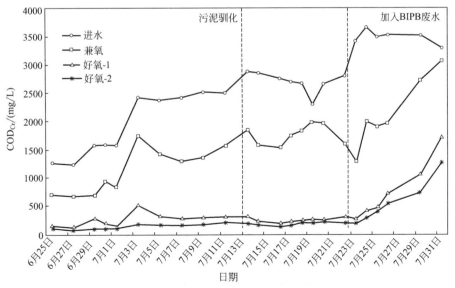

图 2-19　兼氧-好氧工艺处理 DCP 废水运行结果

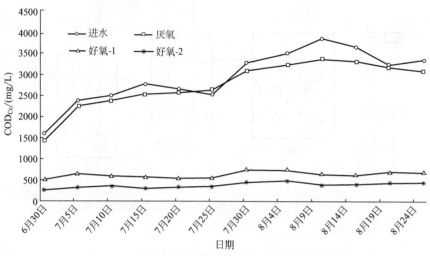

图 2-20　厌氧-好氧工艺处理 DCP 废水的运行结果

图 2-19 中运行条件：兼氧池、好氧池 1 和好氧池 2 的 HRT 依次为 22.7h、35.6h 和 10.6h；三池污泥浓度（MLSS）的平均值依次为 4310mg/L、3852mg/L 和 2328mg/L；三池的溶解氧浓度（DO）依次为 0.1～0.4mg/L、2～3mg/L 和 3～4mg/L。

由图 2-19 可见，兼氧-好氧工艺进行处理 DCP 废水是可行的，当进水 COD_{Cr} 浓度在 2500～2800mg/L 时，出水 COD_{Cr} 值可稳定在 150～200mg/L。

图 2-20 中运行条件：厌氧池、好氧池 1 和好氧池 2 的 HRT 依次为 26.8h、35.6h 和 10.6h；三池污泥浓度（MLSS）的平均值依次为 5213mg/L、4025mg/L 和 2604mg/L；好氧池 1 和好氧池 2 的溶解氧浓度（DO）依次为 2～3mg/L 和 3～4mg/L。

由图 2-20 可以看出，DCP 废水厌氧处理效果很差，这可能与 DCP 废水硫酸盐含量高有关。因为在厌氧条件下硫酸盐很容易被硫酸盐还原菌还原成 H_2S，后者对微生物有毒害作用，抑制厌氧微生物的活性。

比较图 2-19 和图 2-20 不难看出，在好氧段水力停留时间相同的条件下，"厌氧-好氧"工艺出水水质要比"兼氧-好氧"工艺差得多，这可能是由于"兼氧-好氧"工艺中的兼氧段的水解作用有助于改善废水的可生化性。

以上结果表明，对 DCP 废水而言，"兼氧-好氧"工艺优于"厌氧-好氧"工艺，"厌氧-好氧"工艺的厌氧段几乎没有多大作用。因此，该企业废水处理改扩建工程中不再采用厌氧处理单元，而将原有的 4 个 UASB 厌氧反应器改造成兼氧反应器，这样可以节省部分设备投资。

（2）DCP 与 BIPB 混合废水生化处理　虽然 BIPB 还原废水和综合废水的 COD_{Cr} 很高，但两者的水量相对于 DCP 废水而言是很小的。如果可以将 BIPB 废水掺到 DCP 废水中一并进行生化处理，那么较原企业提出处理方案而言（即 BIPB 废水先用 Fenton 氧化、蒸馏等方法进行预处理，然后再进行生化处理），BIPB 废水的处理成本将会大幅度下降。因此，实验中考察了将 BIPB 废水按实际排放比掺到 DCP 废水中，与 DCP 废水一起进行兼氧-好氧生化处理的可行性。结果表明，BIPB 废水按实际排放比例加入到"兼氧-好氧"处理系统后，出水水质逐渐恶化，说明微生物活性受到了 BIPB 废水的抑制，不能直接将 BIPB 废水与 DCP 废水混合进行兼氧-好氧生化处理。

（3）"催化氧化-生化"处理　DCP废水经"兼氧-好氧"生化处理后，出水COD_{Cr}值仍不能达到排放标准，为此，小试过程中采用催化氧化法对兼氧-好氧出水作进一步处理。实验考察了反应时间、pH值、氧化剂（H_2O_2）用量、催化剂（Fe^{2+}）用量、氧化剂投加方式等对催化氧化效果的影响。

1）Fenton氧化对兼氧-好氧出水可生化性的影响。DCP废水经兼氧-好氧工艺处理后其中可生物降解有机物已基本被微生物利用，兼氧-好氧系统出水BOD_5相当低（见表2-25），可生化性很差。为改善该废水的可生化性，在优化条件下采用Fenton氧化法对其进行处理，考察该废水在催化氧化前后可生化性的变化，结果如表2-25所列。

表2-25　催化氧化过程对抗氧化剂废水可生化性的影响

指标	催化氧化前	催化氧化后
$BOD_5/(mg/L)$	32	89
$COD_{Cr}/(mg/L)$	517	215
BOD_5/COD_{Cr}	0.06	0.41

由表2-25可见，兼氧-好氧生化处理系统出水经催化氧化处理后，B/C由0.06升至0.41，可生化性得到了明显地改善，有利于进一步生化处理。

2）"催化氧化-生化"工艺处理"兼氧-好氧"出水。由上可知，DCP废水经"兼氧-好氧"工艺处理后，出水中残留的有机物以生物难降解物质为主，可生化性很差（$BOD_5/COD_{Cr}<0.1$）。为此采用催化氧化法对所收集的"兼氧-好氧"出水进行处理，目的是希望以尽可能少的氧化剂氧化废水，改善其可生化性，使催化氧化处理后的废水经再次生化后能达到排放标准。

实验过程如下：把收集到的兼氧-好氧出水加至图2-21所示的催化氧化反应器中，用硫酸调节废水的pH值至3.0左右，通空气搅拌反应液，然后加入适量的氧化剂和催化剂，继续曝气2～3h后将反应液移入混凝沉淀池。在混凝沉淀池中加入石灰浆调节反应液的pH值至7.0～8.0，快速搅拌2min，加入10×10^{-6}PAM，快速搅拌1min，再慢速搅拌数分钟。静置沉淀一段时间后，把上清液转移到SBR反应器中进行第二次生化处理（见图2-21），实验结果如表2-26所列。

表2-26　DCP废水经"兼氧-好氧"工艺处理后再进行催化氧化和二次生化处理的实验结果

序号	H_2O_2 /(mL/L)	催化氧化出水 $COD_{Cr}/(mg/L)$	SBR出水/(mg/L)		
			COD_{Cr}	BOD_5	NH_3-N
1	3	180	86	15	1.8
2	2.5	217	95	18	3.0
3	2	256	112	13	2.4

注：催化氧化反应条件为pH=3.0，H_2O_2/Fe^{2+}=10/1（摩尔比），t=2h。SBR反应器运行条件为MLSS=3000～4000mg/L，曝气时间12h。表中所有数据均为重复3次实验的平均值。

由表2-26可见，DCP废水经兼氧-好氧生化处理后，再经催化氧化和二次生化处理后，最终出水COD_{Cr}等指标可以达到上海市二级排放标准。

（4）动态模拟实验结果　在上述可行性实验和优化实验获得成功的基础上，进行了"生化-催化氧化-生化"组合工艺处理DCP废水的全流程动态模拟实验，实验流程如图2-22所示。根据前一段时间生化处理的实验结果，把DCP大槽水和真空泵水按比例加入调节池中，补充微生物生长所必需的营养元素，同时用稀硫酸把废水的pH值控制在6.5～7.0，然后用计量泵把混合废水从调节池泵入"兼氧-好氧"生物反应器。"兼氧-好氧"生物反应器中的微生物则把 DCP 废水中绝大部分生物可降解的 COD_{Cr} 转化成 CO_2 和 H_2O，这样可以大幅度地降低后续催化氧化过程对氧化剂的需求，显著降低运行成本。

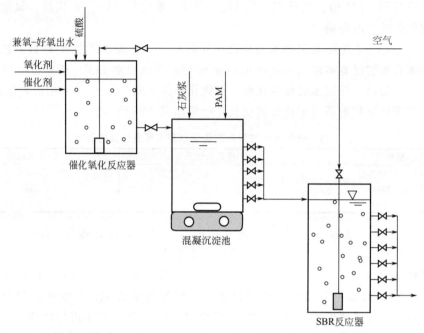

图 2-21　DCP 废水经"兼氧-好氧"工艺处理后再进行催化氧化和二次生化处理的流程

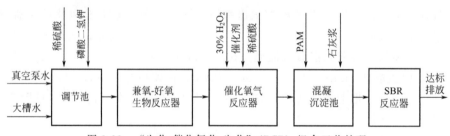

图 2-22　"生化-催化氧化-生化"（BCB）组合工艺处理
DCP 废水的全流程动态模拟实验工艺流程

　　"兼氧-好氧"生物反应器的出水直接进入催化氧化反应器，通过催化氧化作用把"兼氧-好氧"生物反应器出水中难生物降解的有机物转化成相对容易生物降解的有机物，改善其可生化性。当然，在催化氧化过程中，也有一部分难降解的有机物会直接氧化成 CO_2 和 H_2O。催化氧化反应完成后的反应液转入混凝沉淀池，通过混凝沉降作用除去催化氧化反应的催化剂和部分 COD_{Cr}。混凝沉淀池的上清液流入 SBR 反应器，进行第二次生化处理，混凝沉淀池上清液中大部分比较容易生物降解的有机物被 SBR 反应器中的微生物氧化成 CO_2 和 H_2O，这样 SBR 反应器的出水就可以达标排放。

　　1）全流程动态模拟实验各单元的运行条件

　　① 调节池：a. 各股废水的体积比 $Q_{大槽水}:Q_{真空泵空}=1:3$；b. 营养物质按照 $BOD_5:P=100:1$ 补加磷酸二氢钾铵，不补充氮；c. 混合废水的 pH=6.5～7.0。

　　② 兼氧-好氧生物反应器：a. "兼氧-好氧"生物反应器共分 3 级，其中兼氧 1 级，好氧 2 级，串联操作，各级的水力停留时间（HRT）依次为 22.7h、35.6h 和 10.6h；b. 各级生物

反应器的溶解氧浓度（DO）依次为 0.1～0.3mg/L，2～3mg/L，3～4mg/L；c. 各级生物反应器污泥浓度（MLSS）的平均值依次为 3980mg/L、3765mg/L、和 2105mg/L。

③ 催化氧化反应器：a. 反应 pH 值为 3.0～3.5；b. 氧化剂 30% H_2O_2 用量 2.5～3.5mL/L；c. 催化剂用量 $Fe^{2+}/H_2O_2=1/10$（摩尔比）；d. 反应时间 3h。

④ 混凝沉淀池：a. PAM 用量为 $10×10^{-6}$；b. pH 值为 7.0～8.0；c. 混凝沉淀时间为 1h。

⑤ SBR 反应器：a. 曝气时间 8～12h；b. 污泥浓度（MLSS）2000～3000mg/L。

2）动态模拟实验的结果　"生化-催化氧化-生化"组合工艺处理 DCP 废水全流程动态模拟实验的结果如表 2-27 和表 2-28 所列。

表 2-27　全流程动态模拟实验期间各废水处理单元出水 COD_{Cr} 值　单位：mg/L

日期 （月-日）	调节池	兼氧-好氧 生物反应器	催化氧化-混凝沉淀池	SBR 反应器
8-10	4486	611	254	108
8-12	4380	623	238	95
8-14	4323	498	218	89
8-16	4505	485	214	92
8-18	4324	513	218	92
8-20	3989	582	199	76
8-22	3836	563	207	83
8-24	3926	574	222	105
8-26	3985	536	218	96
8-28	3942	542	180	75

表 2-28　全流程动态模拟实验期间 SBR 反应器出水中其他污染物浓度　单位：mg/L

日期(月-日)	BOD_5	NH_3-N
8-12	19	1.6
8-16	22	1.8
8-20	14	3.2
8-24	14	2.5
8-28	15	3.0

由表 2-27 和表 2-28 可见，DCP 废水经"生化-催化氧化-生化"组合工艺处理后，出水 COD_{Cr}、BOD_5 和 NH_3-N 等污染物均可以达到上海市二级排放标。

（三）工艺流程

1. 工艺的确定

根据小试结果，结合该企业的实际，确定改扩建工程的处理工艺为"生化-催化氧化-生化"（BCB）组合处理工艺并得以实施运行。

2. 工艺流程

污水处理改扩建工程工艺流程如图 2-23 所示。由于该企业废水种类较多，废水排放点较分散，因此，厂区废水首先通过清污分流，分类收集后经过废水输送泵输送至污水处理改造装置浓废水调节池与稀废水调节池，经过调节水质、水量后由调节池提升泵提升进入兼氧池，然后废水依次自流经过一级好氧池、一级好氧沉淀池、混凝沉淀池1、催化氧化池、混凝沉淀池2、二级好氧池、二级好氧沉淀池、排放池，处理好废水最终通过外排水泵排放。DCP 废水处理装置如图 2-24 所示。

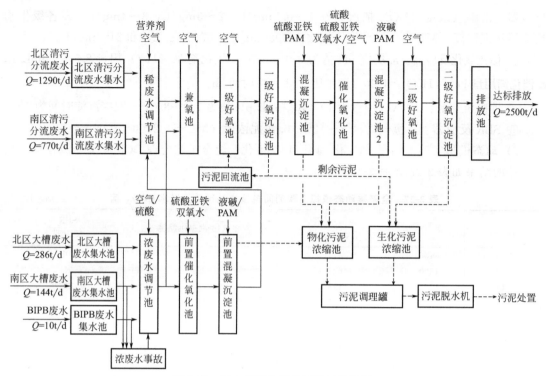

图 2-23　污水处理改扩建工程工艺流程

图 2-24　DCP 废水处理装置

3. 技术与工艺说明

由于兼氧池与二级好氧池均利用原来设备改造，池顶标高分别为 11.70m 与 5.35m（相对标高，±0.00 相当于绝对标高 4.40m，下同）。为了尽量减少提升级数，兼氧池到排放池各级构筑物间水力流动均采用重力流。因此，一级好氧池、一级好氧沉淀池、混凝沉淀池1、催化氧化池、混凝沉淀池2组合水池池顶标高设计为 7.30m，二级好氧沉淀池、排放池池顶标高设计为 3.60m。

由于用地限制，污水处理改造工程主要构筑物设计成多功能双层组合水池，该水池为全地上形式。水池上层主要布置浓废水调节池、稀废水调节池、前置催化氧化池与前置混凝沉淀池，池顶标高为 13.30m，池底标高为 10.30m。水池下层布置一级好氧池、一级好氧沉淀池、混凝沉淀池1、催化氧化池、混凝沉淀池2等水池，池顶面标高为 7.30m，池底面标高为 0.00。

（1）一级生化工序 一级生化处理前期水量调节工序主要构筑物及作用如表 2-29 所列。一级生化处理工序主要构筑物及作用如表 2-30 所列。一级生化主要采用"兼氧-好氧"工艺，其中兼氧生化主要利用兼性微生物的代谢作用把废水中大分子有机物转化为低分子脂肪酸，提高后续好氧处理效率。兼氧池利用原来厌氧生化池改造，分四组并列运行。一级生化中好氧系统采用活性污泥工艺，分两组并列运行，设置单独沉淀池与污泥回流系统，并在沉淀池后再设置一级混凝沉淀池。

表 2-29 水量调节工序主要构筑物及作用

序号	构筑物名称	数量	规格	作用	备注
1	北区清污分流废水集水池	1	5.0m×4.0m×3.6m	收集北区清污分流废水	钢混凝土利旧
2	北区大槽废水集水槽	1		收集北区大槽废水	钢混凝土利旧
3	南区清污分流废水集水池	1		收集南区清污分流废水	钢混凝土新建
4	南区大槽废水集水槽	1		收集南区大槽废水	钢混凝土利旧
5	BIPB 废水集水池	1		收集 BIPB 废水	钢混凝土新建
6	浓废水调节池	1	21.7m×9.0m×3.0m	调节浓废水水质、水量	钢混凝土新建
7	稀废水调节池	1	22.9m×26.2m×3.0m	调节稀废水水质、水量	钢混凝土新建
8	浓废水事故池	1	12.6m×15.6m×3.0m	废水处理装置故障时暂时存储浓废水	钢混凝土新建

表 2-30 一级生化处理工序主要构筑物及作用

序号	构筑物名称	数量	规格	作用	备注
1	兼氧池	4	ϕ8.0m×11.0m		钢，利旧
2	一级好氧池	2	42.2m×15.9m×7.3m		钢混凝土新建
3	一级好氧沉淀池	4	7.3m×7.3m×7.8m	一级生化是废水中有机物降解主要场所	钢混凝土新建
4	混凝沉淀池1	2	17.9m×5.3m×7.3m		钢混凝土新建
5	污泥回流池	2	1.3m×7.3m×7.3m		

（2）催化氧化工序 该工序主要构筑物及作用如表 2-31 所列。本工艺中采用由过氧化氢和亚铁离子组合的 Fenton 试剂作为氧化剂的催化氧化技术，催化反应过程中鼓入大量空气，利用 Fenton 试剂产生的羟基自由基发生催化氧化，该过程在氧化分解有机物的同时还会发生氧化耦合反应，耦合后的大分子在后续的 $FeSO_4$ 混凝中被除去。

表 2-31 催化氧化工序主要构筑物及作用

序号	构筑物名称	数量	规格	作用	备注
1	催化氧化池	2	13.7m×5.3m×7.3m	通过催化氧化反应，废水中 COD_{Cr} 得到进一步降解，同时改善废水水质，提高废水可生化性	钢混凝土新建
2	混凝沉淀池2	2	17.9m×5.3m×7.3m		钢混凝土新建

为保证处理安全运行稳定，工艺中对浓废水另加设了前置催化氧化单元。当生产事故浓废水浓度过高时，可以先进行前置催化氧化预处理，然后再进入正常系统，以保证整个系统的稳定达标运行。前置催化氧化池和配套沉淀池的规格尺寸是：11.7m×6.6m×3.0m，3.3m×9.3m×3.0m。

（3）二级生化工序 该工序主要构筑物及作用如表 2-32 所列。二级生化工序主要对催化氧化后废水中残留有机物做最终降解，并且稳定水质。二级生化利用原来 A/O 系统改造。二级生化处理后设置二沉池对生化出水进行泥水分离。

表 2-32　二级生化处理工序主要构筑物及作用

序号	构筑物名称	数量	规格	作用	备注
1	二级好氧池	2	8.6m×7.8m×6.0m 20.6m×9.3m×5.0m	实现废水中有机物最终降解与稳定水质	钢混凝土利旧
2	二级好氧沉淀池	2	16.5m×5.0m×5.7m		钢混凝土新建

（4）污泥处理工序　污泥主要来自混凝沉淀池絮凝污泥及二沉池剩余生化污泥，物化污泥与生化污泥通过单独管道汇集至物化污泥浓缩池与生化污泥浓缩池，经过加药调理后采用污泥脱水机脱水处理。

（5）尾气处理工序　水处理装置运行过程中产生的尾气主要来自调节池尾气及生化尾气，调节池尾气及兼氧段尾气通过有组织收集并经过吸收脱臭后高空排放，以减少对厂区大气环境的影响。

（6）其他　为了确保生化系统稳定运行，提高整个生化系统的抗风险能力，浓废水进入兼氧前设置前置催化氧化系统。浓废水可以直接与稀废水混合进入兼氧生化系统，也可以先通过前置催化氧化池进行初级催化氧化处理，然后再和稀废水混合进入兼氧池。

三、实施效果和推广应用

1. 运行处理效果与机制分析

厂区废水经过清污分流后，分成浓废水与稀废水两股。其中，浓废水水量 440t/d，COD_{Cr} 为 10000～11000mg/L；稀废水水量为 2060t/d，COD_{Cr} 为 3000mg/L 左右。对浓废水和稀废水各自单独设置调节池进行水质、水量调节，以减少水质、水量对后续处理工艺冲击，保证整个处理系统稳定运行。系统稳定运行期间的处理效果如表 2-33 所列。

表 2-33　项目 2006 年建设完成且稳定运行实际处理情况

日期	采样点	数值名称	分析项目								
			pH 值		COD_{Cr} /(mg/L)		挥发酚 /(mg/L)		NH_3-N /(mg/L)		悬浮物 /(mg/L)	
2014 年 1 月	稀废水调节池	平均值	12.56		2673		12.54		26.59		175	
		范围	10.51	13.35	1830	3670	6.67	18.56	11.65	34.05	125	205
	二沉池出水	平均值	7.99		77.81		0.08		1.18		44.42	
		范围	6.82	8.61	56.00	99.00	0.03	0.17	0.29	5.23	29.00	67.00
2014 年 2 月	稀废水调节池	平均值	12.09		2897		41.80		18.65		172	
		范围	10.26	13.67	1460	6370	8.61	160.07	5	44.03	135	220
	二沉池出水	平均值	8.00		74.93		0.09		2.08		43.68	
		范围	7.37	8.64	42.00	77.00	0.03	0.14	0.18	10.19	26.00	67.00
2014 年 3 月	稀废水调节池	平均值	11.07		1638		30.02		12.16		175	
		范围	9.72	13.02	910	3080	2.35	99.92	6.16	21.33	160	188
	二沉池出水	平均值	8.30		70.38		0.23		1.14		39.87	
		范围	7.42	8.80	48.00	157.00	0.05	0.49	0.48	1.85	30.00	48.00
2014 年 4 月	稀废水调节池	平均值	12.88		3435		56.17		17.60		177	
		范围	11.88	13.37	450	4690	18.66	134.71	5.00	31.88	155	265

续表

日期	采样点	数值名称	pH值		CODCr/(mg/L)		挥发酚/(mg/L)		NH₃-N/(mg/L)		悬浮物/(mg/L)	
			\$分析项目\$									
2014年4月	二沉池出水	平均值	8.22		92.68		0.39		0.79		69.73	
		范围	7.42	8.80	58.00	192.00	0.2	1.08	0.19	1.21	36	406
2014年5月	稀废水调节池	平均值	12.30		3390		52.49		21.96		173	
		范围	11.04	13.37	441	4800	20.1	73.28	15.35	39.49	160	186
	二沉池出水	平均值	8.44		68.80		0.34		0.74		33.65	
		范围	7.64	9.47	18.00	98.00	0.24	0.47	0.32	0.97	30	48
2014年6月	稀废水调节池	平均值	11.70		3720		51.95		21.08		177	
		范围	10.51	12.48	2670	6050	26.37	88.65	15.10	23.75	160	195
	二沉池出水	平均值	8.14		79.97		0.35		0.92		42.2	
		范围	7.53	8.66	50.00	99.00	0.31	0.39	0.42	1.76	31	65
2014年7月	稀废水调节池	平均值	12.13		3858		54.96		15.04		172	
		范围	10.51	13.75	2510	7990	19.68	96.17	5.76	39.7	130	195
	二沉池出水	平均值	8.66		72.98		0.31		1.00		41.2	
		范围	7.13	9.29	41.00	99.00	0.23	0.39	0.5	1.74	33	46
2014年8月	稀废水调节池	平均值	10.62		2670		88.33		19.56		177	
		范围	9.42	12.25	1380	4530	23.15	406	11.22	30.58	160	225
	二沉池出水	平均值	8.81		53.9		0.32		0.71		40.5	
		范围	8.08	9.32	40.00	78.00	0.27	0.38	0.47	1.29	34	47
2014年9月	稀废水调节池	平均值	11.37		2675		51.19		21.32		181	
		范围	9.02	13.05	1650	3740	20.2	134.3	19.89	22.79	165	215
	二沉池出水	平均值	8.81		53.9		0.32		0.71		40.5	
		范围	8.08	9.32	40.00	78.00	0.27	0.38	0.47	1.29	34	47
2014年10月	稀废水调节池	平均值	10.35		2753		45.05		20.70		180	
		范围	9.38	11.24	1560	3950	15.48	99.72	18.69	22.50	155	220
	二沉池出水	平均值	8.44		57.6		0.32		0.79		39.0	
		范围	7.80	8.94	34.00	76.00	0.21	0.39	0.30	0.93	20	48
2014年11月	稀废水调节池	平均值	10.90		2743		30.15		21.50		181	
		范围	10.09	11.76	1410	4180	11.25	49.49	20.17	23.14	160	230
	二沉池出水	平均值	8.56		55.0		0.32		0.94		37.8	
		范围	7.69	8.99	39.00	83.00	0.24	0.39	0.77	1.22	26	48
2014年12月	稀废水调节池	平均值	11.09		3445		24.87		21.24		188	
		范围	10.54	12.42	1990	6150	7.91	48.6	19.74	23.45	175	210
	二沉池出水	平均值	7.99		79.58		0.34		0.89		43.1	43.68
		范围	6.61	8.93	38.00	99.00	0.26	0.40	0.73	1.12	30	63 67.00

2. 主要经济技术指标

主要经济技术指标如表 2-34 所列。

表 2-34　主要经济技术指标

序号	项目名称	单位及数量	备注
1	设计规模	2500t/d	
2	消耗指标 (一)原料 (1)硫酸(98%) (2)液碱(30%) (3)双氧水(27%) (4)硫酸亚铁 (5)PAM (6)磷酸盐 (二)新鲜水 (三)电 (1)装机容量 (2)使用容量	 547.5t/a 1460t/a 3139t/a 1095t/a 23t/a 36.5t/a 29200t/a 627.6kW 450.9kW	
3	装置占地面积	7000m^2	
4	构建筑物占地面积	3969.04m^2	
5	"三废"排放量 废水 废气 固体	 91.25×10^{4}t/a 1.75×10^{8}m^3/a 3650t/a	
6	运输量 运入装置 运出装置	9951t/a 6301t/a 3650t/a	
7	总定员	14 人	
8	总能耗	222.18×10^{4}kW·h/a	
9	工艺设备总台数 机泵类 容器	91 79 12	

注：1. "三废"指标中排放的废水、废气指标分别达到：上海市《污水综合排放标准》(DB 31/199—2009)的二级排放标准与《恶臭污染物排放标准》(GB14554—1993)。

2. 污水处理设计规模 2500t/d，处理污染物 COD$_{Cr}$ 总量 10.5t/d；现实际排放量 2100t/d，处理污染物 COD$_{Cr}$ 总量 8.82t/d。

四、总结

① 针对橡胶交联剂生产废水的特点，实施清污分流，保证处理系统调节水质、水量的能力，使处理系统得以稳定最优化运行。

② 采用 BCB 处理工艺，利用一级生化反应可以去除橡胶交联剂生产废水 85% 左右的 COD$_{Cr}$，能够大大降低后续药剂费用。通过催化氧化，在去除部分难降解有机物的同时，废水可生化性得以提高，使二级生化反应得以顺利进行，同时使整体处理成本达到最优。

参 考 文 献

[1] 殷永泉，邓兴彦，刘瑞辉，等. 石油化工废水处理技术研究进展 [J]. 环境污染与防治，28 (5)：356-360，2006.

[2] 白雯，张春波，钱德洪. 各类石油化工废水处理技术 [J]. 辽宁化工，38 (5)：314-317，2009.

［3］　冯家满，周莉菊.江汉油田盐化工总厂废水处理工艺［J］.化工环保，24（增）：206-208，2004.

［4］　吕炳南，杜彦武，赵兵.大连新港含油废水处理改造工程实例［J］.给水排水，30（1）：46-48，2004.

［5］　冯景晓，朱元臣，邢希运，等.BAF工艺在炼油污水处理工程中的应用［J］.工业用水与废水，35（6）：70-72，2004.

［6］　凌宁，卢显文.含硫污水汽提处理后净化水回用工艺的开发［J］.石油化工环境保护，25（3）：5-7，2002.

［7］　彭劲，李鹏华，谢水祥.含油污水中硫化物的处理技术［J］.油气田环境保护，14（3）：10-11，2004.

［8］　董国良，王丽莉.含硫污水油水分离技术开发与应用［J］.金山油化纤，（2）：19-22，2001.

［9］　Gali S Veeresh，Pradeep Kumar，Indu Mehrotra. Treatment of phenol and cresols in upflowanaerobic sludge blanket (UASB) process：a review［J］. Water Research，39：154-170，2005.

［10］　江霜英，周恭明，高廷耀.含氟工业废水的深度处理研究［J］.中国石油和化工标准与质量，(1)：37-40，2001.

［11］　王良均，吴孟周.石油化工废水处理设计手册［M］.北京：中国石化出版社，2003.

［12］　钱伯章，朱建芳.石油化工废水处理技术新进展［J］.化工环保，29（2）：99-104，2009.

［13］　高丽，李琳琳，单学敏.浅谈石油化工废水处理技术［J］.能源与环境，5：43-45，2010.

第三章　精细化工废水处理工艺及工程应用

Chapter 03

　　从产品的制造和技术经济性的角度进行归纳，通常认为精细化学品是生产规模较小、合成工艺精细、技术密集度高、品种更新换代快、附加值高、功能性强和具有最终使用性能的化学品。我国化工界目前得到多数人认可的定义是：凡能增进或赋予一种（类）产品以特定功能，或本身拥有特定功能的多品种、技术含量高的化学品，称为精细化工产品，有时称为专用化学品（speciality chemicals）或精细化学品（fine chemicals）[1]。

　　精细化工废水是指在精细化工产业各个领域工艺生产中所产生的废水，主要包括 3 种类型。

　　（1）工艺废水　此类废水产生于工艺生产环节中，包括蒸馏残液、过滤母液等，其构成组合复杂，污染物含量高，部分废水毒性大，生物降解难度高。

　　（2）洗涤废水　如产品或中间产物的精制过程中的洗涤水，间歇反应时反应设备的洗涤用水。这类废水的特点是污染物浓度较低，但水量较大，因此污染物的排放总量也较大。

　　（3）地面冲洗废水　此类废水是指生产作业现场，为了冲洗地面残留溶剂以及化学原料、中间体、产品而产生的废水，其最大特点是物质构成复杂，排放量大，水质差。

　　精细化工的工艺废水具有以下特点。

　　（1）水质成分复杂　由于精细化工产品生产的特点是反应原料种类多，结构复杂，反应流程长，反应复杂，副产物多，使得工艺废水中的污染物质成分繁多复杂。

　　（2）废水中污染物含量高在制药、农药、染料等行业中，COD_{Cr} 高达几万至几十万毫克/升的废水是经常可以见到的。

　　（3）高毒性、有害及生物难降解物质多　精细化工废水中存在大量对微生物有毒有害的有机污染物和生物难以降解的物质，如卤素化合物、季铵盐类化合物等具有杀菌或抑菌作用的物质，如醚类化合物、硝基化合物、偶氮化合物、硫醚及砜类化合物、某些杂环化合物等生物难降解物质[2]。

　　由于精细化工产业种类繁多，生产废水水质复杂，因此处理技术工艺也多样化，但仍以生化为主。目前普遍存在运行效果差、运行费用高等问题，同时废水携带大量的原料和中间体进行处理，造成资源浪费，因此高浓度精细化工废水低耗高效处理与资源化一直是一个难题。本章是在编著者长期研究和进行工程实践的基础上介绍了三类典型的精细化工废水的工程实施案例。

第一节　高含硫制药中间体生产废水

一、问题的提出

化学合成制药废水属于难处理的高浓度有机废水。对于高浓度的工业废水，工程实践中广泛采用厌氧工艺，厌氧工艺具有占地面积小、运行成本低、去除效率高的优点，特别适合处理高浓度的有机废水，同时剩余污泥量少，且产生的沼气可用于能源回收。但是，化工生产过程中大量含硫化合物作为原料使用，导致高浓度含硫废水的产生。在厌氧处理过程中，废水中硫酸盐与有机硫化物的存在会导致硫酸盐还原菌与产甲烷菌竞争底物（氢气和乙酸），从而影响产甲烷菌的生长与活性；同时代谢产物硫化氢的生成亦会对产甲烷菌产生毒性作用，最终导致厌氧产甲烷化过程的失败。

山东某化学工业企业生产过程中排出大量的高浓度含硫酸盐和有机硫化合物废水，其中一股废水含有对乙酰氨基苯磺酰氯及对位酯的芳香族磺酸胺（一种有机硫化合物），其在好氧条件下难生物降解，但是在厌氧条件下磺酰氯基团易发生水解转化为硫酸盐；另一股废水3,4,5-三甲氧基苯甲醛生产废水中含有大量的甲基硫酸钠及硫酸二甲酯，甲基硫酸钠与硫酸二甲酯在厌氧处理过程中容易脱去磺酸基为硫酸盐。由于上述有机硫化合物的存在，废水硫酸盐含量升高，造成进水碳/硫比偏低，导致厌氧生物降解处理难度增大。

针对上述废水中的高含硫有机物对厌氧生物降解过程的不利影响，本项工程采用脉冲式均匀布水、微量元素补充和回流稀释等调控技术优化厌氧生物处理性能。通过脉冲式均匀布水可以防止布水不均匀导致的局部负荷过高以及酸化的发生；通过投加微量元素与回流稀释等水质调控技术可以有效地解决高碳/硫比化学制药废水抑制产甲烷菌活性的问题，保证厌氧甲烷化的正常稳定运行。

二、工艺流程和技术说明

（一）工程概况

1. 基本信息（某企业地域、生产产品、工程规模）

山东某化工企业生产多种被广泛使用的化学合成医药中间体，包括1-溴丙烷、1-溴丁烷、2-溴-3-硝基苯、间硝基溴苯、1,3,5-三溴苯、环糊精、3-氨基苯酚、乙酰苯胺、3,4,5-三甲氧基苯甲醛、对位酯、对乙酰氨基苯磺酰氯、3-氨基苯酚等。

2. 水质水量

各车间主要产品及废水水质水量见表3-1；综合废水水质指标及其中一些能确定的污染物见表3-2。

该项目设计水量：高浓度有机废水水量 $Q=138\text{m}^3/\text{d}$，总水量 $Q=1000\text{m}^3/\text{d}$。

表 3-1　企业各车间主要产品及废水水质水量

生产车间	主要产品	废水水量/(m³/d)	COD$_{Cr}$/(mg/L)
302	3,4,5-三甲氧基苯甲醛	180	112500
303		75	10000
304	环磷酸	30	2500
305	2-溴丙烷	210	32500

生产车间	主要产品	废水水量/(m³/d)	COD$_{Cr}$/(mg/L)
306	3-硝基溴苯	180	80000
307	草酸	25	300
308	止痛(退热)剂	15	3000
309	4-对溴苯甲醛	203	4000
310	3-氨基苯酚	10	400

表 3-2　综合废水水质指标

名称	单位	范围	平均值
1,3,5-三溴苯	mg/L	1398～1508	1453
1-溴-3-硝基苯	mg/L	1664～1836	1750
3-氨基苯酚	mg/L	2217～2433	2325
1-溴丙烷	mg/L	2268～2490	2379
1-溴丁烷	mg/L	2385～2590	2488
对乙酰氨基苯磺酰氯	mg/L	483～529	502
对位酯	mg/L	558～577	568
氨氮	mg/L	80～116	98
硫酸根	mg S/L	2615～2715	2665
	mg SO$_4^{2-}$/L	7845～8145	7995
总硫	mg S/L	5515～5815	9561
有机硫	mg SO$_4^{2-}$/L	2900～3100	3000
COD$_{Cr}$	mg/L	$(5.6～6.4)\times10^4$	6×10^4
pH 值		1.9～2.1	2
电导率	mS/cm	76～80	78

3. 执行标准和处理要求

执行标准：污水排放需达到城镇下水道水质标准 CJ 343—2010（现 GB/T 31962—2015）B 级标准：COD$_{Cr}$≤500mg/L，NH$_3$-N≤45mg/L，SS≤400mg/L，BOD$_5$≤350mg/L，pH 值为 6.5～9.5。

(二) 实验研究[3]

1. 高 COD$_{Cr}$ 废水的厌氧、好氧可生化性评价

从 9 个车间共 53 桶废水中选取 10 个 COD$_{Cr}$ 最高的车间废水进行可生化性分析，目的是考查废水的厌氧、好氧生物处理的可行性。各车间废水 COD$_{Cr}$ 含量见表 3-3。

表 3-3　各车间废水 COD$_{Cr}$ 含量

车间号	工艺段	COD$_{Cr}$/(mg/L)
103-1	甲基化母液	113280
103-3	溴化钠水	419325
303	1,3 合成工段洗料废水	435660
303	1,3-溴氯丙烷工程废水	167670
305	酯化尾水	252390
306	三溴苯重氮化工段一次洗料废水	282270
306	车间工段反应洗料废水	252390
308	三溴苯重氮化工段废水	123750
310	MAP酸洗工段用盐酸中和母液后的废水	92190
所有车间	混合水	153480

厌氧评价实验所用反应瓶为 500mL 医用输液瓶，将各个车间废水及综合废水的 COD$_{Cr}$

稀释到 3000mg/L 左右，稀释后废水加入量为 250mL，颗粒污泥接种量为 5gVSS/L。摇床控制温度 35℃，置换瓶内盛有质量分数为 3% 的 NaOH 溶液以吸收反应过程中产生的 H_2S 和 CO_2，排入量筒中的 NaOH 溶液体积即为实验过程中的甲烷产量。其中甲烷转化率 $= \dfrac{COD_{CH_4}}{COD_0} \times 100\%$，$COD_0$ 为原水 COD_{Cr} 浓度，COD_{CH_4} 为实验过程中所产生的 CH_4 总量所对应的 COD_{Cr} 浓度。其结果如图 3-1 和图 3-2 所示。

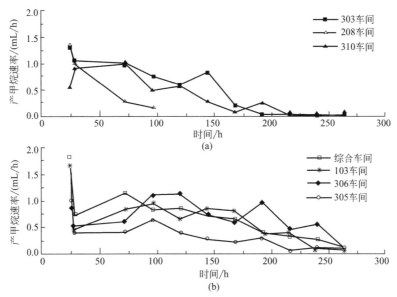

图 3-1　各个车间及综合废水的厌氧产甲烷速率变化

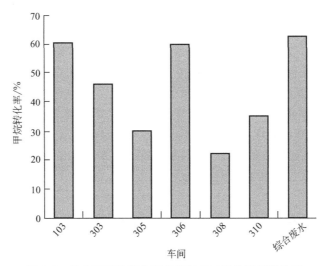

图 3-2　各个车间及综合废水厌氧 10d 后的甲烷转化率

好氧评价实验条件：用自来水稀释上述车间废水 COD_{Cr} 至 2000mg/L 左右，pH 值调到 7.0 左右，反应瓶内污泥浓度为 2000～3000mg/L，连续曝气 48h，反应过程中定期取样并测定上清液中的 COD_{Cr} 浓度。其实验结果见图 3-3。

图 3-1 为各车间及综合废水的厌氧产甲烷速率变化，其结果显示综合废水、103 车间，

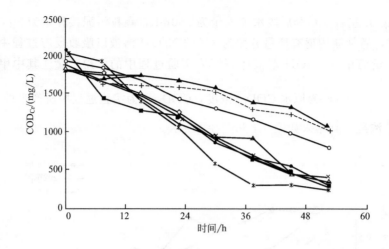

图 3-3   连续生物降解实验

—○— 103-1；—◇— 103-3；—✳— 3031,3 合成工段；—△— 3031,3-溴氯丙烷；—✕— 306 三溴苯重氮；
—□— 306 反稀料废水；—●— 308；—▲— 310；-- + -- 305；—■— 混合水

305 车间和 306 车间产甲烷速率下降较慢，264h 后仍有产气量，而 303 车间、308 车间和 310 车间产甲烷速率下降很快，192h 后不再产气，其中 308 车间产甲烷速率下降最快，96h 之后不再产气。

图 3-2 显示各个车间及综合废水厌氧 10d 后的甲烷转化率，其中 103 车间、306 车间与综合废水甲烷转化率都超过 50%，而 303 车间、305 车间、308 车间和 310 车间甲烷转化率低于 50%，308 车间最低，由此表明 103 车间、306 车间与综合废水具有良好的厌氧可生化性，但需要一定的生化反应时间才能把废水中有机物转化为甲烷。

从图 3-3 可知，所选择的 10 种最高 COD_{Cr} 废水都有生物降解功能，但是对于不同的废水而言，各自的厌氧反应速率不同。306 车间工段反应洗料废水、310 车间 MAP 酸洗工段用盐酸中和母液后的废水、103-1 甲基化母液好氧废水降解速率较慢，48hCOD_{Cr} 的去除率为 50% 左右，而其他车间废水降解速率较快，经过 48h 的生物降解大部分的 COD_{Cr} 能得到很好去除。

上述含有高浓度 COD_{Cr} 车间废水的可生化性评价结果表明 306 车间工段反应洗料废水、103-1 甲基化母液好氧降解效率差，但厌氧处理具有良好的降解效果，而 303 车间、308 车间和 310 车间废水厌氧处理效果不佳，但好氧处理能将其快速有效降解，由此说明可以采用厌氧和好氧的组合生化工艺处理各车间废水。

2. 小试连续实验

(1) 实验装置　小试工艺采用"厌氧-好氧"的生化处理工艺路线，工艺系统的示意如图 3-4 所示。其中厌氧装置采用有机玻璃材质制成的 UASB 反应器，反应器总高度为 1310mm，反应区内径为 180mm，反应有效体积为 6L，三相分离器高度和内径分别为 290mm、140mm。通过水浴加热使反应器温度维持在 35℃±2℃。UASB 反应器由底部进水，上部出水，所产生的沼气经三相分离器后，由反应器顶部排出，排出的气体经过装有 3moL/L NaOH 的洗气瓶和碱石灰吸收后，再通过湿式流量计计量甲烷产量。接种污泥来自处理淀粉废水的厌氧反应器内的颗粒污泥（45.8gVSS/L），接种量约占整个反应器体积的 50%。好氧反应器有效容积为 12L，接种污泥浓度 3000～4000mg/L。

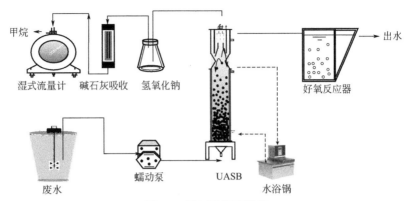

图 3-4　UASB 处理装置

（2）废水组成　本实验中厌氧处理所用废水是该企业的综合废水，包括 303 车间、306 车间、310 车间和 103 车间的废水，根据每天废水的产生量多少按比例混合。305 车间因为有两股含高浓度硫酸盐的废水（缩合工段压滤洗涤用水 SO_4^{2-} 含量为 61436mg/L 和 ASC 产品的固化洗涤用水 SO_4^{2-} 浓度为 136229mg/L），直接进入 UASB 反应器进行厌氧处理会产生大量的硫化物，将严重影响 UASB 的处理效果，所以 305 车间将和厌氧出水直接进入好氧反应池进行好氧处理。其他车间如 304 车间、307 车间、308 车间和 309 车间因为每天流量及 COD_{Cr} 浓度较低，并未在本次 UASB 厌氧＋好氧处理对象考虑之内。

（3）分析方法　VFA 采用蒸馏滴定法，硫化物用碘量法测定，硫酸盐用离子色谱测定（DIONEX，ICS-2100），总硫用元素分析仪测定（ELEMENTAR，VARIO EL Ⅲ），有机硫＝总硫－无机硫，甲烷含量用气相色谱（GC 2010，SHIMADZU，配置 TCD 检测器）测定，气体中 H_2S 含量用 H_2S 气体检测管测定，水中 H_2S 含量通过公式计算：

$$C_{水H_2S}=1/(1+K_1/10^{-pH})$$

式中　K_1——H_2S 第一电离常数。

UASB 厌氧处理实验共运行约 200d，整个实验过程中，原水 COD_{Cr} 用自来水稀释到 10000mg/L 左右后作为进水，进水 pH 值调节至 6.8～7.5，按照 1g COD_{Cr} 投加 0.8～1.0g $NaHCO_3$ 的比例调节和维持碱度。

整体实验设计如表 3-4 所列，包括 5 个阶段。第 1 阶段的运行从第 1 天至 120 天，COD_{Cr}/SO_4^{2-} 大约是 8，维持进水 COD_{Cr} 不变，通过逐渐缩短 HRT 来逐渐提高厌氧体系的 COD_{Cr} 容积负荷，该阶段的目的是通过实验找到最优的 COD_{Cr} 容积负荷，给实际的工程以指导意义；第 2 阶段运行从第 121 天至 140 天，系统从最高运行的 COD_{Cr} 容积负荷返回最优的 COD_{Cr} 容积负荷，目的是考察厌氧系统的稳定性；第 3 阶段的运行从第 141 天至 154 天，采用人工添加硫酸盐的方式，将进水的 COD_{Cr}/SO_4^{2-} 由 8 降低到 5，考察水质中硫酸盐的变化对厌氧系统及处理效果的影响；第 4 阶段的运行从第 155 天至 170 天，继续提高进水硫酸盐的浓度，降低进水的 COD_{Cr}/SO_4^{2-} 至 1.5，继续考察增加硫酸盐的浓度对厌氧系统处理效果的影响；第 5 阶段的运行从第 171 天至 196 天，恢复进水硫酸盐的浓度到第 1 阶段和第 2 阶段（即 COD_{Cr}/SO_4^{2-} 大约是 8），考察厌氧系统的恢复情况。

表 3-4　UASB 反应器运行条件

阶段	期间/d	COD_{Cr}/SO_4^{2-}	容积负荷/[kg/(m³·d)]	HRT/h
I	1~20		1	10.7
	21~30		2	5.3
	31~40		3	3.5
	41~50		4	2.6
	51~60	8	6	1.7
	61~70		8	1.3
	71~86		12	0.89
	87~100		16	0.67
	101~120		24	0.45
II	121~140	8	8	1.3
III	141~154	5	8	1.3
IV	155~170	1.5	8	1.3
V	171~196	8	8	1.3

最后，采用分子克隆技术对厌氧体系中微生物种群进行分析和鉴定。

UASB 连续运行的实验结果如图 3-5 所示。

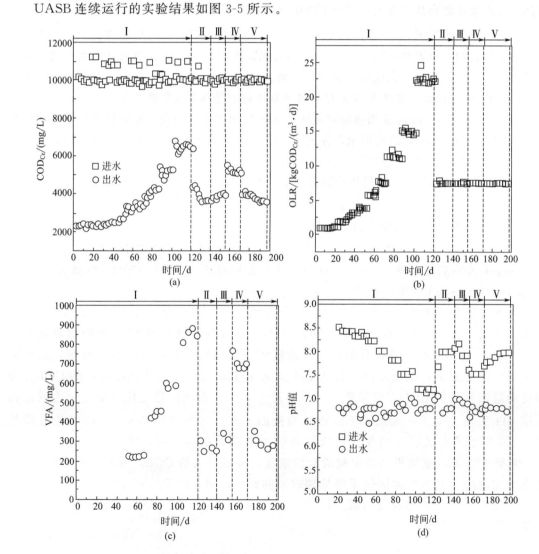

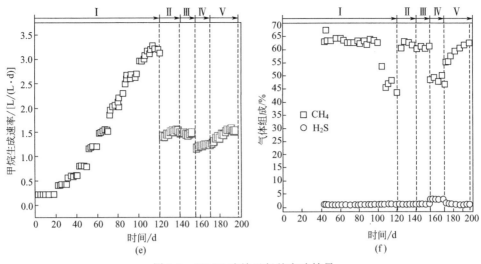

图 3-5　UASB 连续运行的实验结果

从图 3-5(a)、图 3-5(b) 和图 3-5(e) 的运行数据能够看出，在 HRT 大于 1.3d [对应的 COD_{Cr} 容积负荷 OLR 小于 8.0kg $COD_{Cr}/(m^3 \cdot d)$] 的条件下，COD_{Cr} 去除率为 69%～78%，产甲烷速率随负荷线性增加至 1.5L/(L·d)。从第 71 天起，HRT 缩短至 0.83d [对应的 COD_{Cr} 容积负荷是 12.0kg $COD_{CR}/(m^3 \cdot d)$]，COD_{Cr} 的去除率大幅下降至 58%。在第 120 天，HRT 继续缩短至 0.45d [对应的 COD_{Cr} 容积负荷是 24.0kg $COD_{Cr}/(m^3 \cdot d)$] 的条件下，COD_{Cr} 的去除率只有 36%，产甲烷率只有轻微的增加。同时从图 3-5(c) 可以看出，伴随着 HRT 的降低和 COD_{CR} 容积负荷的上升，体系中的 VFA 浓度明显升高。在 COD_{Cr} 容积负荷为 8.0kg $COD_{Cr}/(m^3 \cdot d)$ 时，VFA 的浓度只有 220mg/L，负荷为 12.0kg $COD_{Cr}/(m^3 \cdot d)$ 和 24.0kg $COD_{Cr}/(m^3 \cdot d)$ 的时候，VFA 浓度分别为 450mg/L、850mg/L。伴随着 VFA 浓度的升高，出水 pH 值不断降低 [见图 3-5(d)]。从图 3-5(f) 中可以看到，在 COD_{Cr} 容积负荷 16kg $COD_{Cr}/(m^3 \cdot d)$ 及以下时，甲烷含量大约 66% 甚至更高，但是在负荷最高的 24.0kg $COD_{Cr}/(m^3 \cdot d)$ 时，甲烷的含量跌至 48%，说明厌氧体系此时已经处于酸化阶段。

在第 2 阶段（第 121～140 天），提高 HRT 至 1.3d，系统 COD_{Cr} 容积负荷返回至 8.0kg $COD_{Cr}/(m^3 \cdot d)$，COD_{Cr} 去除率迅速恢复至 60%，同时 VFA、pH 值和产甲烷率也恢复至第 1 阶段的原有水平，说明整个厌氧体系有很强的恢复能力。根据上述结果可以判断最大可耐受负荷为 8.0kg $COD_{Cr}/(m^3 \cdot d)$。

UASB 连续运行中硫酸盐、硫化物、总硫与有机硫的变化如图 3-6 所示。

从图 3-6(a)、图 3-6(b) 和图 3-6(d) 可以看出，出水的硫酸盐浓度高于进水的硫酸盐浓度，而有机硫的含量从 1500mg SO_4^{2-}-S/L 减少到 300mg SO_4^{2-}-S/L，说明废水中有机硫物质在微生物的作用下释放出硫酸盐，导致出水硫酸盐含量升高。进一步可以发现，增加 COD_{Cr} 容积负荷从 12kg $COD_{Cr}/(m^3 \cdot d)$ 至 24kg $COD_{Cr}/(m^3 \cdot d)$ 并没有影响硫酸盐的释放，但是硫酸盐的还原受到影响，说明过高的负荷条件下，硫酸盐还原菌也会受抑制。在第 3 和第 4 阶段，为了考察水质中硫酸盐的变化对厌氧处理效果的影响，COD_{Cr}/SO_4^{2-} 的比值从原水中的 8 降低到 1.5，从图 3-5 与图 3-6 中可以看出在 COD_{Cr}/SO_4^{2-} 从原水中的 8 降低

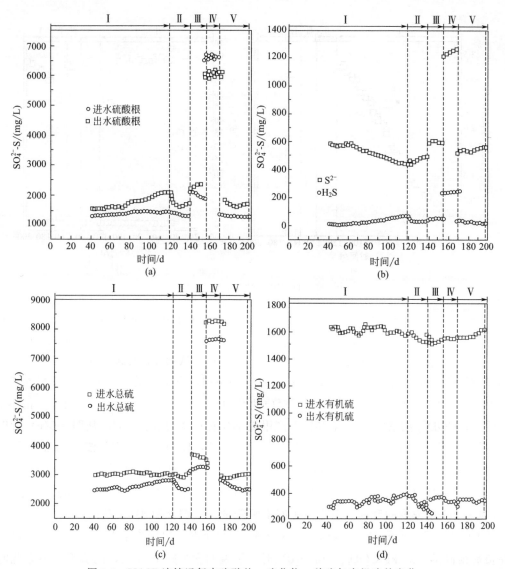

图 3-6　UASB 连续运行中硫酸盐、硫化物、总硫与有机硫的变化

到 5 的时候，COD_{Cr} 的去除率、VFA 和甲烷的产率没有发生明显的变化。但是当 $COD_{Cr}/$ SO_4^{2-} 进一步下降到 1.5 时候，COD_{Cr} 的去除率从 64% 大幅下降到 54%，气体中甲烷含量从 60% 下降到 50%，VFA 浓度从 300mg/L 增加到 680mg/L，甲烷产率从 1.5L/(L·d) 降至 1.2L/(L·d)。同时，出水硫化物从 600mgSO$_4^{2-}$-S/L 大幅增加至 1200mgSO$_4^{2-}$-S/L，自由的 硫化物从 40mgSO$_4^{2-}$-S/L 大幅增加至 240mgSO$_4^{2-}$-S/L。由此表明进水硫酸盐的大幅增加提高 了厌氧污泥中硫酸盐还原菌的活性。在第 5 阶段，第 171 天后 COD_{Cr}/SO_4^{2-} 重新到 8，由 图 3-5 和图 3-6 的结果可见反应器展示出较快的恢复能力，在 15d 的运行中，COD_{Cr} 的去除 率和甲烷产率回复至阶段 2 的水平。

厌氧出水与 305 车间废水混合后进行好氧处理。好氧反应器进水量为 2L/d，水力停留 时间 HRT 为 6d，好氧生化处理结果如图 3-7 所示，厌氧处理第 2 阶段出水经好氧处理后 COD_{Cr} 能达到（598±9）mg/L，去除率达到 81%±2%；随着第 3、4 阶段厌氧进水 COD_{Cr}/SO_4^{2-} 比例由原先的 8 逐渐降至 1.5，好氧出水 COD_{Cr} 也逐渐升高，去除率开始下降，运行至 187d 好氧出水 COD_{Cr} 升至 1686mg/L，去除率降为 69%；同时好氧处理过程中也发现将水力停留时间缩短至 4d，好氧出水 COD_{Cr} 迅速升高，由此确定好氧池水力停留时间 HRT=6d 是必要的；将上述好氧出水采用各种氧化技术进行氧化实验，综合比较发现 NaClO 氧化方法比较有效，当厌氧负荷 6~8kgCOD_{Cr}/($m^3 \cdot d$)，COD_{Cr}/SO_4^{2-} 不小于 5 的条件下，好氧出水在 NaClO 投加量为 300mg/L 时（以有效氯计），出水 COD_{Cr} 达到排放标准（≤500mg/L），同时色度也达到很好的去除。

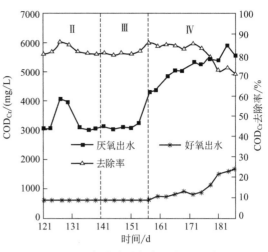

图 3-7　厌氧出水的好氧生化处理效果

3. 微生物种群的分析

通过两个不同阶段（第 60 天和第 120 天）的古菌和细菌的比较研究，进一步考察并揭示随着 OLR 的升高，厌氧生物处理系统内微生物的变化规律与实际处理效果的关联。由图 3-8 可以看到，在第 60 天 [OLR=6kgCOD_{Cr}/($m^3 \cdot d$)]，*Methanobacterium* sp. 氢利用型古菌占优势地位（占 54%），乙酸利用型古菌 *Methanosaeta Concilii* GP6 占 23%，*Methanosaeta Harundinacea* 占 9%，*Methanosarcina Mazei* 占 6%。到第 120 天 [OLR=24kg COD_{Cr}/($m^3 \cdot d$)]，乙酸利用型古菌数量大幅上升，*Methanosaeta Concilii* GP6 占 31% 和 *Methanosarcina Mazei* 占 21%。而氢利用型古菌 *Methanobacterium* sp. 所占比例下降至 27%。此分析结果中产甲烷菌数量变化与实际 VFA 浓度随 OLR 增加而大幅上升的结果一致。

与古菌的变化相比，细菌的变化更为明显（见表 3-5、表 3-6）。在第 60 天，细菌中占统治地位的是厚壁菌门（*Firmicutes*）（67.5%），其中，类球形赖氨酸芽孢杆菌（*Lysinibacillus Sphaericus*）占 36%。最近的一个研究发现球形赖氨酸芽孢杆菌 DMT-7 能有效地从柴油和汽油中脱硫。另外一个研究是在处理医药废水的污泥中分离出能降解二氯甲烷的球形赖氨酸芽孢杆菌 wh22。从 OLR 在 6.0kg COD_{Cr}/($m^3 \cdot d$) 时候，COD_{Cr} 较高的去除率和硫从有机硫中的释放中可以推断出厌氧反应器中和球形赖氨酸芽孢杆菌类似的微生物在有机物的降解和脱硫的过程中起着重要作用。在第 60 天，硫酸盐还原菌 *Desulfobacca Acetoxidans* 数量并不明显（仅占 1.8%），此结果从分子生物学的水平解释了为什么这一阶段硫酸盐还原率以及硫化物浓度较低。

第 120 天的优势种群厚壁菌门（*Firmicutes*）所占比例下降，同时出现了其他新的种群，如变形菌门（*Proteobacteria*）（23.2%）、拟杆菌门（11.9%）、*Candidate Division*（12%）和热孢菌门（*Thermotogae*）（11.2%）。*S. Fumaroxidans*、*S. Pfennigii* 和 *S. Wolinii* 是互营共生丙酸氧化菌，这类细菌和丙酸及其他有机物的氧化有关，它的出现很好地解释了出水中丙酸的浓度从第 60 天的 12mg/L 大幅增加到第 120 天的 98mg/L。第 120 天时，*Mesotoga Prima* 占总克隆数的 10.3%，是 60d 时的 3 倍。最近的研究表明 *Mesotoga* 在厌氧的条件下有降解芳香族化合物的功能。VFA 浓度升高而硫酸盐还原菌并未增加的原因在于大部分的脱硫弧菌（*Desulfovibrio*）不能以 VFA 为底物，因此能推断出第 120 天出现的 *Desulfovibrio* 完全归功于有机物的降解。梭状杆菌（*Clostridium*）具有脱磺酸基的作

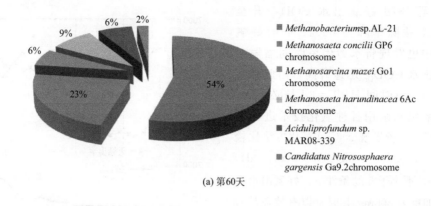

(a) 第60天

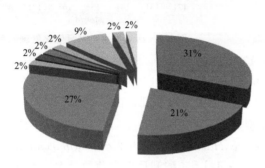

(b) 第120天

图 3-8　产甲烷古菌的分析

用，因此能推断出一些梭状杆菌属在对乙酰氨基苯磺酰氯和对位酯和其他磺酰基有机硫化合物在厌氧过程中脱磺酰基起了一定的作用。

表 3-5　细菌的组成（第 60 天）

门	属/种	OTUs	克隆数	百分比/%	相似度/%
Firmicutes	Lysinibacillus sphaericus	2	36	32.4	96
	Bacillus megaterium（WSH）	2	2	1.8	87
	Bacillus megaterium（DSM）	2	2	1.8	95
	Solibacillus silvestris	1	1	0.9	91
	Clostridium cellulovorans	1	4	3.6	94
	Clostridium clariflavum	1	1	0.9	87
	Eubacterium limosum	2	3	2.7	92
	Acetobacterium woodii	2	4	3.6	99
	Pelotomaculum thermopropionicum	1	1	0.9	87
	Ignavibacterium album	1	15	13.5	85
	Syntrophothermus lipocalidus	1	1	0.9	87
	Syntrophomonas wolfei sub sp.	2	2	1.8	93
	Moorella thermoacetica	3	3	2.7	88

续表

门	属/种	OTUs	克隆数	百分比/%	相似度/%
Proteobacteria	*Desulfobacca acetoxidans*	1	2	1.8	95
	Syntrophus aciditrophicus	2	3	2.7	98
	Syntrophobacter fumaroxidans	1	3	2.7	95
	Geobacter uraniireducens	1	1	0.9	97
	Lawsonia intracellularis	1	1	0.9	83
	Aminobacterium colombiense	1	1	0.9	91
	Acinetobacter baumannii	1	1	0.9	98
Caldiserica	*Solitalea canadensis*	1	1	0.9	81
	Owenweeksia hongkongensis	1	1	0.9	82
Chloroflexi	*Anaerolinea thermophila*	4	7	6.3	88
	Caldilinea aerophila	1	3	2.7	85
Actinobacteria	*Conexibacter woesei*	1	2	1.8	89
	Rubrobacter xylanophilus	1	2	1.8	84
Bacteroidetes	*Owenweeksia hongkongensis*	3	3	2.7	87
Thermotogae	*Mesotoga prima*	1	3	2.7	98
Synergistetes	*Moorella thermoacetica*	1	1	0.9	89
Spirochaetes	*Spirochaeta caldaria*	1	1	0.9	89
		44	111	100	

表 3-6　细菌的组成（第 120 天）

门	属/种	OTUs	克隆数	百分数/%	相似度/%
Firmicutes	*Eubacterium limosum*	3	9	7.7	92
	Eubacterium rectale	2	2	1.7	95
	Acetobacterium woodii	3	6	5.1	99
	Desulfitobacterium dichloroeliminans	1	1	0.9	88
	Thermincola potens	1	1	0.9	92
	Filifactor alocis	1	2	1.7	87
	Clostridium difficile	2	2	1.7	90
	Syntrophomonas wolfei subsp.	1	2	1.7	91
	Clostridium acidurici	1	2	1.7	94
	Moorella thermoacetica	1	2	1.7	88
Proteobacteria	*Desulfovibrio vulgaris* str.	1	1	0.9	84
	Desulfohalobium retbaense	1	1	0.9	78
	Desulfobacca acetoxidans	1	1	0.9	85
	Syntrophus aciditrophicus	4	5	4.3	92
	Syntrophobacter fumaroxidans	3	10	8.5	95
	Pseudomonas mendocina	1	1	0.9	99
	Acinetobacter sp.	1	2	1.7	97
	Nautilia profundicola	1	2	1.7	78
	Lawsonia intracellularis	1	4	3.4	84
Bacteroidetes	*Solitalea canadensis*	2	10	8.5	87
	Owenweeksia hongkongensis	3	4	3.4	88
Chloroflexi	*Anaerolinea thermophila*	6	8	6.8	88
	Caldilinea aerophila	1	1	0.9	85
Caldiserica	*Caldisericum exile*	2	2	1.7	93

续表

门	属/种	OTUs	克隆数	百分数/%	相似度/%
Candidate division	*Candidatus Cloacamonas acidaminovorans*	1	2	1.7	93
	Candidatus Methylomirabilis oxyfera	1	1	0.9	86
Synergistetes	*Thermanaerovibrio acidaminovorans*	2	4	3.4	89
	Aminobacterium colombiense	2	3	2.6	93
Ignavibacteria	*Ignavibacterium album*	1	6	5.1	85
Thermotogae	*Mesotoga prima*	3	12	10.3	98
	Moorella thermoacetica	1	1	0.9	85
Actinobacteria	*Rubrobacter xylanophilus*	1	2	1.7	84
	Conexibacter woesei	2	5	4.3	89
		58	117	100	

4. 小结

上述小试实验表明"厌氧-好氧-氧化"组合工艺处理的可行性，初步明确了工艺运行条件：高浓度含硫废水稀释后进水 COD_{Cr} 10000～20000mg/L，$COD_{Cr}/SO_4^{2-} \geqslant 5$，UASB 处理负荷 6.0kg $COD_{Cr}/(m^3 \cdot d)$，好氧停留时间 HRT＝6d，好氧容积负荷 0.5kg $COD_{Cr}/(m^3 \cdot d)$，次氯酸钠药剂投加量 300mg/L。

(三) 工艺流程

1. 工艺确定

依据小试实验结果，针对好氧条件下难降解的高含硫有机废水，采用厌氧 UASB-好氧生物处理。高含硫废水的原水通过河水、厌氧处理出水与其他车间低浓度废水混合稀释（约 10 倍）后进入厌氧 UASB 反应器，通过蒸汽加热方式将 UASB 反应器保持在 (35±2)℃。为减轻后续好氧反应池的负荷，并保证良好的好氧出水水质，在实际工程上，厌氧生物处理单元设计采用两级 UASB 串联运行，以实现高浓度有机废水的充分降解，并尽可能降低好氧处理池进水的有机物浓度。同时小试的实验结果显示废水中存在大量生化降解速率较慢的有机物，需要较长的生化反应时间，因此在实际工程上，好氧池设计水力停留时间 HRT 为 20d，为难降解有机物的降解提供充分的反应时间。另外，小试中发现次氯酸钠能有效去除好氧生化出水中的残留有机物和降低色度，因此后续氧化工艺投加次氯酸钠药剂，以实现废水的最终达标排放。因此，综合上述水质分析与小试结果，本工程确定了"厌氧-好氧-氧化"的工艺路线，计算其处理成本 20 元/吨左右，远低于厂方原计划采用的处理成本 1000 元/吨的多效蒸发＋焚烧处理工艺。

2. 工艺流程

废水处理工艺流程如图 3-9 所示。

图 3-9 中，各车间的高硫碳比废水经调节池收集后，用河水与厌氧出水稀释 10 倍，稀释后废水用蒸汽加热保持一定温度，同时投加微量元素后泵入厌氧 UASB 反应器，UASB 反应器出水依靠重力自流至综合调节池，与其他车间废水混合后一部分回流至调节池稀释浓水，剩余出水进入好氧反应池进行污染物的降解。好氧池出水进入催化氧化池，通过投加次氯酸钠氧化去除残留有机物，次氯酸钠氧化后的出水经接触氧化池进一步处理排入下游城镇污水厂。

3. 技术与工艺说明

处理站主要构筑物与设备如表 3-7 所列。

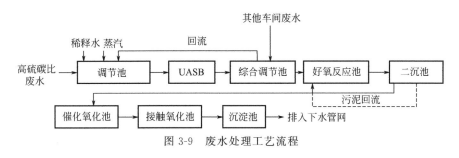

图 3-9　废水处理工艺流程

表 3-7　处理站主要构筑物与设备

构筑物	有效容积/m³	结构形式	数量	说明
车间废水调节池	422	钢筋混凝土	10	IFH80-50-200 提升泵，$Q=200\text{m}^3/\text{h}$，$H=20\text{mH}_2\text{O}$，$N=22\text{kW}$，12 台
综合调节池(后置)	825	钢筋混凝土	1	IHF150-125-250 提升泵，$Q=200\text{m}^3/\text{h}$，$H=25\text{mH}_2\text{O}$，$N=22\text{kW}$，2 台
厌氧 UASB 池	2800	钢板	4	一级提升泵 IF100-65-200C，$Q=200\text{m}^3/\text{h}$，$H=32\text{mH}_2\text{O}$，$N=18.5\text{kW}$，3 台 二级提升泵 IF80-65-200C，$Q=65\text{m}^3/\text{h}$，$H=20\text{mH}_2\text{O}$，$N=11\text{kW}$，12 台 厌氧回流泵 IF100-65-200C，$Q=50\text{m}^3/\text{h}$，$H=20\text{mH}_2\text{O}$，$N=7.5\text{kW}$，15 台
好氧生化池	10000	钢筋混凝土	2	罗茨风机 4 台 3L73WD，$Q=82\text{m}^3/\text{min}$，$H=6\text{mH}_2\text{O}$，$N=132\text{kW}$
辐流式二沉池	636	钢筋混凝土	2	刮泥机 D18000，N-1.5kW，2 台 污泥回流泵 IFH150-125-250，$Q=200\text{m}^3/\text{h}$，$H=20\text{mH}_2\text{O}$，$N=22\text{kW}$，2 台
催化反应池	413		1	
接触氧化池	782		4	
沉淀池	636		2	刮泥机 D18000，N-1.5kW，2 台 污泥回流泵 IFH80-65-160，$Q=50\text{m}^3/\text{h}$，$H=30\text{mH}_2\text{O}$，$N=11\text{kW}$，2 台
污泥浓缩池	332		1	刮泥机 D13000，N-1.5kW IFH80-65-160，$Q=50\text{m}^3/\text{h}$，$H=30\text{mH}_2\text{O}$，$N=11\text{kW}$，2 台
设备间与加药间				带式压滤机，HTB-2000，$B=2000$，$N=10\text{kW}$ 药剂罐 5m³，共 3 个

（1）调节池　调节池的主要功能是承接各车间废水，均化水质，混合稀释和调节水量，共 10 个，底部均设有曝气管用于曝气搅拌，其中 UASB 进水调节池设有蒸汽加热管线。

（2）厌氧 UASB　容积为 $2800m^3$ 的 UASB 反应罐共 4 座，钢制而成，两级串联，内置厌氧回流泵（IF100-65-200C，$Q=50m^3/h$，$H=20mH_2O$，$N=7.5kW$）15 台，进水管与内回流管均装有电磁流量，同时配有新型脉冲布水装置、水封罐和沼气脱硫系统，其中新型脉冲布水装置可以实现无级变速，方便均匀布水（图 3-10）；沼气脱硫系统由碱液吸收与生物脱硫单元组成，对脱硫后的甲烷气体进行回收，用于发电和供热（图 3-11）。

图 3-10　新型厌氧脉冲布水器　　　　　图 3-11　山东制药废水 UASB 反应罐

（3）综合调节池　综合调节池的主要功能是承接厌氧出水与其他各车间废水，均化水质，调节水量，其中综合调节池一部分水回流至调节池稀释进水，剩余废水进入好氧池。

（4）好氧生化池　好氧生化池的主要功能是去除污水中残留的可生化性有机物，两池并联运行，每座池有效容积 $10000m^3$，池顶密闭，设多点喷淋进水（40 多处），设计 HRT 为 20 天，为废水中降解速率慢的有机物提供足够时间进行充分降解。

（5）二沉池　二沉池的主要功能是将生化池出水进行泥水分离，两池并联运行，表面负荷 $2.36m^3/(m^2 \cdot h)$，有效水深 3m。二沉池内置用于污泥回流的潜污泵 2 台（IFH150-125-250，$Q=200m^3/h$，$H=20mH_2O$，$N=22kW$）。排泥方式根据沉淀池内泥位水平进行人工控制。

（6）催化氧化池　催化氧化池主要功能是通过投加氧化药剂，去除生化出水中残留的有机物与色度，保证出水水质达标，内设曝气管，用于搅拌和促进反应。

（7）接触氧化池　接触氧化池的主要作用是进一步去除废水氧化产生的生化可降解有机物，保证出水水质达标。

（8）设备间　设备间的主要功能是集脱水间、鼓风间于一体，内带宽 2m 的污泥脱水机与 4 台罗茨风机（3L73WD，$Q=82m^3/min$，$H=6mH_2O$，$N=132kW$）。

（9）污泥浓缩池　污泥浓缩池的主要功能是对剩余污泥进行浓缩，以降低污泥含水率、减少污泥体积。池内设置刮泥机 D13000，$N=1.5kW$，运行方式采用编程控制或人工控制。

（10）加药间　加药间的主要功能是配置和投加污水处理药剂，内置次氯酸钠加药系统。

三、实施效果和推广应用

1. 运行效果与机制分析[4]

图 3-12、图 3-13 和图 3-14 显示现场运行情况，原计划根据小试是采取河水稀释高硫碳比有机废水，但考虑到采用河水稀释费用高，企业承担困难，因此采用小部分河水、厌氧出水和其他车间低 COD_{Cr} 和低盐分的废水稀释原水的策略。

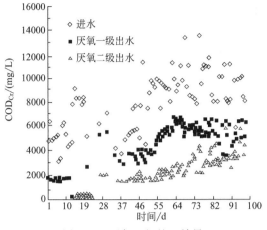

图 3-12　厌氧两级处理效果

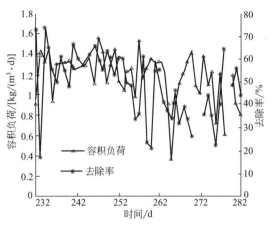

图 3-13　UASB 的容积负荷与处理效果（改造后）

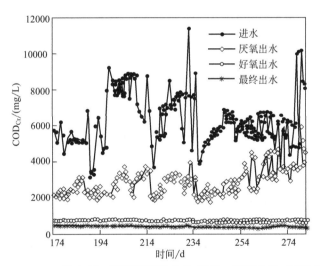

图 3-14　稳定运行进出水 COD_{Cr} 处理效果（改造后）

由图 3-12 所示，开始阶段 UASB 两级运行，通过逐级提高进水 COD_{Cr} 的浓度与进水量，调节 UASB 运行的 COD_{Cr} 容积负荷。当进水水量 80m³/d 时，一级厌氧容积负荷 (1.14 ± 0.28)kgCOD_{Cr}/(m³·d)，二厌氧容积负荷 (0.64 ± 0.17)kgCOD_{Cr}/(m³·d)，进水 COD_{Cr} 平均为 (9170 ± 2101)mg/L，一级厌氧出水 COD_{Cr} 平均为 (5502 ± 910)mg/L，二级厌氧出水 COD_{Cr} 平均为 (3205 ± 1039)mg/L。稀释后的进水硫酸盐平均浓度为 (4992 ± 1298)mg/L，经两级厌氧处理后出水硫酸盐升高，达到 (7705 ± 900)mg/L，同时出水 S^{2-} 浓度也明显高于进水，达到 (130 ± 56)mg/L。以上现象说明高浓度废水中含有大量的

有机硫化物，经厌氧转化为硫酸盐与硫化物，导致厌氧出水硫酸盐增高，由此造成厌氧出水稀释高浓度有机废水后，进水硫碳比高达 $0.5\sim2.0$。但当进水量提升至 $120m^3/d$ 时二级厌氧出水 COD_{Cr} 迅速上升，达到 $6000mg/L$ 左右，严重影响好氧稳定运行。

为实现负荷为 $138m^3/d$ 的满负荷水量运行，将厌氧运行由两级处理改为单级运行，四个厌氧罐并联运行，图 3-13、图 3-14 显示改造后最高进水 COD_{Cr} 能达 $13000\sim15000mg/L$，厌氧容积负荷在 $1.0\sim2.5kgCOD_{Cr}/(m^3 \cdot d)$ 之间，虽然厌氧系统产生 VFA 达到 $20\sim35mmol/L$，但通过投加碳酸氢钠保持厌氧系统 pH 值中性，有效防止了酸化抑制产甲烷菌的作用，维护了系统处理效果的稳定，处理后 COD_{Cr} 去除效率达到 $50\%\sim60\%$。厌氧出水与其他车间废水混合后经好氧有效处理，生化出水 COD_{Cr} 降至 $600mg/L$ 左右，并经次氯酸钠氧化后整个工艺最终出水 $COD_{Cr}<500mg/L$，氨氮 $<10mg/L$，符合《污水排入城镇下水道水质标准》（CJ 343—2010）（现 GB/T 31962—2015）B 级排放标准。

2. 经济技术分析

主要经济技术指标如表 3-8 所列。

表 3-8　主要经济技术指标

序号	项目名称	单位与数量	备注
1	工程总投资	1.2 亿元	
2	处理水量	1000m³/d	
3	占地面积	800m³	
4	人数	10 人	
5	药剂消耗		
	微量元素	9.1 吨/年	价格 10 万元/吨
	次氯酸钠(有效氯 11%)	995 吨/年	价格 800 元/吨
6	药剂费	170.6 万元/年	
7	蒸汽费	24.09 万元/年	
8	人工费	42 万元/年	
9	电费	447.86 万元/年	
10	维护费	4 万元/年	
11	合计运行费用	688.55 万元/年	

四、总结

① 高浓度有机硫废水直接进行好氧处理会导致系统崩溃。

② 通过采用脉冲均匀布水、微量元素投加等进水水质调控关键设备与技术有效解决了高硫废水厌氧处理中产甲烷菌抑制问题。

③ 系统运行结果表明，采用厌氧预处理工艺运行稳定，成本适宜（20 元/吨左右），远低于多效蒸发＋焚烧处理成本，并回收了大量清洁能源甲烷，实现了资源化利用。

第二节　磺胺类药物等生产废水

一、问题的提出

某制药企业生产甲氧苄氨嘧啶（TMP）、磺胺甲基异恶唑（SMZ）、三甲氧基苯甲醛（TMB）等数十种医药原料药和医药中间体，在生产过程中产生约 1000t/d 的浓水（母液和洗料水）和约2000t/d的低浓度废水。浓水平均含有5.7%的盐分、4.8%的COD_{Cr}，生物抑制性强，且含有高浓度硫酸盐。

通常针对高浓度有机废水，厌氧是有效的处理技术，但由于该股废水碳硫比低，造成厌氧甲烷化过程受到抑制。考虑到厌氧水解阶段，难降解大分子有机物可以被降解为小分子，有利于提高废水的可生化性，因此本工程利用厌氧水解作用处理浓水，并取得良好处理效果，消除了好氧池内大量泡沫的产生问题。之后浓水的厌氧水解出水与淡水、稀释水均匀地进入好氧调节池。好氧进水COD_{Cr}维持在5000mg/L以下，有助于好氧系统对有机物与氨氮的有效去除，保障出水水质稳定达标。

二、工艺流程和技术说明

（一）工程概况

1. 基本信息

山东省某制药企业主要生产奥美拉唑、磺胺甲噁唑、盐酸二甲双胍、间溴苯甲醚和1，3,5-三甲氧基苯等数十种产品。

2. 水质水量

该制药企业所产生的工艺废水水质与水量情况如表3-9所列。

由表3-9可见，制药废水的特点是有机污染物（COD_{Cr}）浓度、氨氮浓度和盐分都很高。101-4号、101-5号、104-1号、107-3号、107-4号、111-3号和111-6号废水的COD_{Cr}浓度高，101-6号、102-5号、103-1a号、108-5号及108-7号废水的盐分高，101-2号、107-4号、108-3号和111-1号废水含有高浓度的氨氮。工艺废水加权平均的COD_{Cr}、NH_3-N及盐分浓度分别为41927mg/L、2999mg/L和44g/L。

表 3-9　制药工艺废水水质与水量

序号	废水编号	水样名称	水量/(t/d)	pH 值	COD_{Cr} /(mg/L)	NH_3-N /(mg/L)	盐分 /(g/L)
1	101-1	蒸馏废水	2.3	13	997	51.6	6.3
2	101-2	一步废水	3.0	13	63194	2150	21.7
3	101-3	洗苯胺物水	75	4	54648	427	7.8
4	101-4	母液蒸馏	14	7	248235	116	0.22
5	101-5	回收母液水	5.0	11	815055	46252	3.4
6	101-6	洗粗品废水	80	13	60720	467	75.6
7	101-7	TMP 母液	47	8	7517	7679	2.0
8	101-8	TMP 洗涤水	23	8	1567	1160	1.4
9	102-1	压滤母液	47	6	98000	18906	73.8
10	102-2	分层废液	54	13	32144	20356	161.7
11	102-3	分层废液	7	6	9369	24	24
12	102-4	分层废液	16	3	8938	—	5.2
13	102-5	洗涤废水	30	6	66248	154	176
14	102-6	母液废水	62	6	6272	18	12.2
15	102-7	精制水	100	3.9	3548	38	10
16	102-8	精制水	100	5.4	3991	35	12
17	103-1a	甲基化(母液)	60	14	99581	93	120.4

序号	废水编号	水样名称	水量/(t/d)	pH 值	COD$_{Cr}$/(mg/L)	NH$_3$-N/(mg/L)	盐分/(g/L)
18	103-1b	甲基化(洗涤)	50	8	13358	88.4	11.6
19	103-2	铜泥废水	21	7	2348	1.8	2
20	104-1	BBA 反应 2 碱水	2.0	14	246928	55.4	—
21	104-2	BBA 母液酸水	9.0	4	3036	1.1	50.2
22	104-4	分层碱水	6.0	14	23074	23	52.9
23	104-5	ODB 水洗固化物	8.0	2	142	10.7	1
24	104-6	BBA 反应蒸馏	2.5	7	721	9.2	1.1
25	104-7	BBA 水洗酸水	2.0	3	1093	1.7	19.4
26	107-1	成盐废水	3.6	2	3195	20.7	0.6
27	107-2	蒸馏醇类水	0.1	8	6037	—	0.2
28	107-3	粗品母液蒸馏	0.3	6	174440	—	18
29	107-4	蒸馏醇类水	1.8	14	60754	1172	0.02
30	108-1	水洗滤饼水	0.3	13	10320	18.4	29.6
31	108-2	蒸馏水	2.0	12	1085	26.6	16
32	108-3	间反应 1 水洗	3.3	4	22512	1042	1.4
33	108-4	间硫酸洗水	1.5	2	313560	12752	142.2
34	108-5	间液碱洗水	2.4	14	53868	129.6	—
35	108-6	BON 废水	4.5	8	59898	997	82.9
36	108-7	MAP 母液废水	15	8	67536	247.5	243.1
37	109-1	蒸馏废水	0.3	6	110550	309	0.37
38	109-2	碱液废水	9.0	14	144720	20	—
39	111-1	硝基物中和分层	3.0	9	82008	47817	2.4
40	111-2	Ⅲ分层废水	0	7	262640	180	4.8
41	111-3	羟基甲苯分层	0.7	6	235170	446.7	—
42	111-4	硫醚物洗涤水	0	7	8702	2	2.6
43	111-5	硫醚物母液	0	12	225120	298.3	40.6
44	111-6	Ⅵ母液	0.5	7	627200	228.0	12.5
45	111-7	Ⅵ洗涤水	1.5	7	65072	27.6	2.2
46	111-8	精制分层	1.3	9	52662	86.5	40

3. 执行标准和处理要求

（1）处理规模　高浓度废水水量 1000m³/d，混合水废水总水量 3000m³/d。

（2）进水水质指标　a. 高浓度废水 COD$_{Cr}$≤30000mg/L；b. 混合水，COD$_{Cr}$≤5000mg/L，TN≤500mg/L。

依据山东省寿光市环保局给定排放指标，该制药尾水排放需执行排放标准《污水排入城镇下水道水质标准》（CJ 343—2010）B 级标准。出水水质指标为：COD$_{Cr}$≤500mg/L；NH$_3$-N≤15mg/L，SS≤70mg/L，BOD$_5$≤20mg/L。

（二）实验研究

1. 小试研究

（1）各车间废水的可生化性实验　由表 3-9 可见，该制药废水有 44 股之多，小试选取主要车间废水进行好氧及厌氧可生化性评价实验。好氧评价实验在 1L 烧杯中进行，加入活性污泥浓度为 3500mg/L，将浓水 COD_{Cr} 稀释至 3000mg/L 后进行好氧序批式曝气处理，溶解氧控制在 2～3mg/L。厌氧可生化性评价实验所用反应瓶为 500mL 医用输液瓶，颗粒污泥接种量为废水量的 50%，摇床控制温度 35℃，摇床转速 130r/min，置换瓶内盛有质量分数为 3% 的 NaOH 溶液以吸收反应过程中产生的 H_2S 和 CO_2，排入量筒中的 NaOH 溶液体积即为培养过程中的甲烷产量。

图 3-15(a) 可生化性实验结果发现 101 车间与 102 车间废水有良好的好氧可生化性（102 车间草酸二甲酯除外），102 车间废水的厌氧甲烷活性高于其他车间废水，特别是 102 车间草酸二甲酯最佳 [图 3-15 （b）]，说明了该企业的浓水具有一定的可生化性。

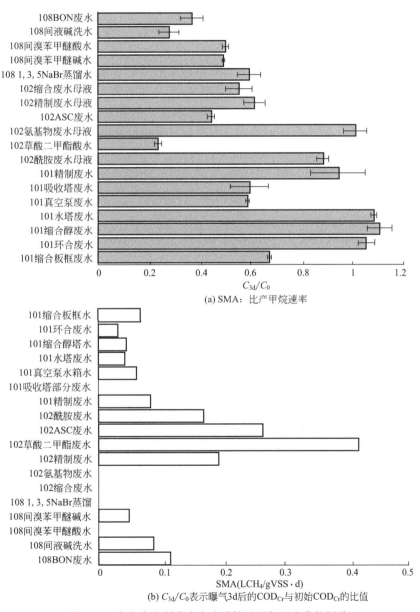

(a) SMA：比产甲烷速率

(b) C_{3d}/C_0 表示曝气3d后的COD_{Cr}与初始COD_{Cr}的比值

图 3-15　寿光合成制药废水水质情况厌氧可生化性评价

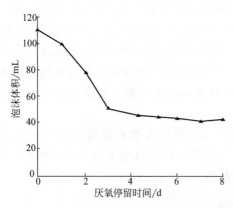

（2）泡沫控制　现场废水直接好氧处理产生大量泡沫，难以控制，严重影响废水处理系统运行。因此开展泡沫控制技术研究，为实际工程提供技术支持[5]。

厌氧反应器体积为 1L，厌氧污泥 MLSS 为 30000mg/L，改变水力停留时间，厌氧出水在 1L 的量筒中曝气，泡沫体积随厌氧停留时间的变化曲线如图 3-16 所示，厌氧停留时间为 6d 时，废水泡沫体积从 110mL 减小到 43mL，再继续增加停留时间，废水起泡能力降低不明显。

图 3-16　泡沫体积随厌氧停留时间的变化曲线

2. 中试试验

小试的研究结果说明大部分浓水具有很好的厌氧与好氧可生化性，因此中试采用厌氧/好氧组合工艺（A/O）（工艺流程见图 3-17、图 3-18），厌氧池工作容积 200L，好氧池工作容积 400L，污泥回流量 50%，进水按各车间废水水量比例混合，运行过程中通过逐步减少稀释比提高反应器负荷，直至反应器达到最大负荷承受能力为止。通过约半年的中试运行发现，进水水质 COD_{Cr} 为 10000~20000mg/L，氨氮>4000mg/L、碳硫比 COD_{Cr}/SO_4^{2-} <1 条件下，厌氧甲烷化受到抑制，但厌氧产酸菌能将废水中很大一部分有机物转变成有机酸，可生化性大幅提高。当厌氧 COD_{Cr} 负荷达到 $2kgCOD_{Cr}/(m^3 \cdot d)$ 时，厌氧出水 VFA 达到 60~80mmol/L，经好氧处理后 COD_{Cr} 降至 1500~2800mg/L（图 3-19）。同时也发现进水氨氮浓度太高（1000~4000mg/L），造成生化系统负荷高，硝化难以进行。

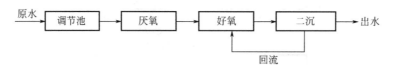

图 3-17　中试工艺流程

图 3-18　合成制药抗生素生产废水中试现场

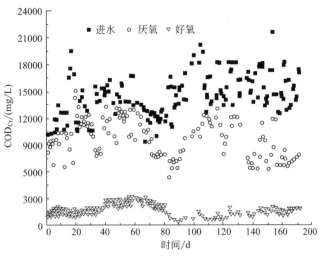

图 3-19　中试厌氧-好氧组合工艺 COD_{Cr} 处理效果

3. 小结

小试与中试实验结果初步确定了 A/O 工艺路线的可行性，该工艺利用厌氧水解不仅可提高废水的可生化性，还能有效控制好氧的工艺泡沫产生，但由于好氧进水 COD_{Cr} 与 NH_3-N 的浓度太高，造成出水水质无法达标，因此需要利用低浓度废水与稀释水稳定好氧进水 COD_{Cr} 在合适的浓度，确保好氧系统对有机物与 NH_3-N 的同时高效去除。

（三）工艺流程

1. 工艺确定

根据中试的研究结果，工程采用 A/O 工艺，考虑到各车间所有混合水处理增加工程投资费用，因此，工程将企业各车间生产浓水进入厌氧池处理，将各车间低浓度的废水与部分清水稀释厌氧出水的浓水，稳定好氧进水 COD_{Cr} 在 3000～4000mg/L，有效解决了中试高浓度有机物和氨氮对好氧系统硝化菌抑制作用的问题。为实现工业废水中生化降解速率慢的有机物充分降解，生化系统需要一定长的反应时间，从而保障了出水水质达标。

2. 工艺流程

制药废水处理工艺流程如图 3-20 所示，企业废弃的旧好氧池被改造成厌氧池；生化好氧池采用循环型反应池，顶部多点进水，同时增设内回流系统，实现泥水高效均匀混合，防止局部负荷过高；二沉池 20% 的污泥回流至厌氧水解池，补充厌氧水解池流失的污泥，同时实现了污泥减量化，节省了污泥处理费；为保证出水水质达标，生化出水后设置物化深度处理单元设施，通过投加混凝剂或氧化剂去除废水残留有机物。

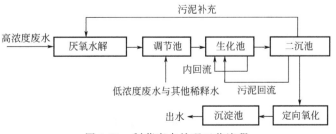

图 3-20　制药废水处理工艺流程

3. 技术与工艺说明

处理站主要构筑物和设备如表 3-10 所列。

表 3-10　处理站主要构筑物和设备

构筑物	有效容积	结构形式	数量	说明
调节池	$46.7m^3$	钢筋混凝土	8	
厌氧水解池		钢筋混凝土	2	
综合调节池		钢筋混凝土	2	
好氧生化池	$10000m^3$	钢筋混凝土	2	罗茨风机，4 台，3L73WD，$Q=82m^3/min$，$H=6mH_2O$，$N=132kW$； 内循环泵 ISWH200-200A，$Q=180m^3/h$，$H=10mH_2O$，$N=1kW$
辐流式二沉池	$890m^3$	钢筋混凝土	2	刮泥机 $D18000$，$N=1.5kW$ 污泥回流泵 ISWH200-200A，$Q=180m^3/h$，$H=10mH_2O$，$N=1kW$
絮凝反应池	$57m^3$	钢筋混凝土	1	空气搅拌
辐流式絮凝沉淀池	$686m^3$	钢筋混凝土	1	刮泥机 $D18000$，$N=1.5kW$
污泥池		钢筋混凝土	1	刮泥机 $D13000$，$N=1.5kW$ 污泥输送泵 ISWH65-125，2 台，$Q=25m^3/h$，$H=20mH_2O$，$N=3kW$
设备间	尺寸 28m×18m	砖混结构	1	污泥脱水机 HTB2000，2 台； 污泥泵 ISWH65-125A，2 台，$Q=12.5m^3/h$，$H=20mH_2O$，$N=1.5kW$；加药系统

（1）调节池　调节池的主要功能是承接各车间废水，均化水质，水泵的开、停根据集水井内水位计自动控制或人工控制。

（2）厌氧水解池　厌氧水解池由以前废弃的好氧池改造而成，采用污泥床形式，主要功能是利用厌氧微生物将废水中有机物水解成小分子有机酸。

（3）综合调节池　综合调节池的主要功能是承接厌氧出水与其他各车间废水的稀释，均化水质，发挥调节水量的作用，内设曝气管线。

（4）好氧生化池　好氧生化池主要功能是去除污水中残留的可生化性有机物与氨氮，分两池并联运行，每池 $10000m^3$，池顶密封，设多点喷淋进水（40 多点），设计 HRT 为 7d，为提高泥水混合效果，设内循环泵 ISWH200-200A，$Q=180m^3/h$，$H=10mH_2O$，$N=1kW$，内回流 100%。

（5）二沉池　二沉池的主要功能是将生化池出水进行泥水分离，两池并联运行，表面负荷 $2.36m^3/(m^2 \cdot h)$，有效水深 3m。二沉池内置用于污泥回流泵 2 台（ISWH200-200A，$Q=180m^3/h$，$H=10mH_2O$，$N=1kW$），回流比 50%～80%。排泥方式根据沉淀池内泥位水平人工控制。

（6）絮凝反应池　絮凝反应系统由絮凝反应池与絮凝沉淀池组成，絮凝反应池的主要功能是通过投加絮凝剂或氧化药剂等，进一步去除生化出水中残留的悬浮物与有机物，保证出水水质达标。内设曝气管，用于搅拌反应。絮凝沉淀池的主要作用是分离物化产生的泥水。

（7）设备间　设备间的主要功能是集加药间、脱水间、鼓风间于一体。面积 28m×18m。

（8）污泥浓缩池 污泥均质池的主要功能是承接排放的剩余污泥浓，降低剩余污泥含水率、减少污泥体积，内置刮泥机 $D13000$，$N=1.5\text{kW}$。

三、实施效果和推广应用

1. 运行处理效果与机制分析

实际运行过程中高浓度废水水量 $400\sim500\text{m}^3/\text{d}$，进水 COD_{Cr} 平均值为（24976 ± 1424）mg/L，虽然厌氧反应池 COD_{Cr} 去除率低，出水平均值为（23584 ± 1907）mg/L，但发现高浓度废水经厌氧处理后 VFA 迅速升高至 $50\sim60\text{mmol/L}$，说明厌氧处于酸化水解主导阶段，产酸菌将高浓度废水中生化难降解有机物转化成有机酸，改善了废水的可生化性；厌氧出水被各车间其他低浓度废水及清水稀释维持 COD_{Cr} 平均浓度（3532 ± 153）mg/L，TN 平均浓度（223 ± 16）mg/L，$NH_3\text{-N}$ 平均浓度 70mg/L，经好氧处理后有机物与氨氮得到很好的去除，出水 COD_{Cr} 平均值为（259 ± 13）mg/L，$NH_3\text{-N}$ 平均值为（12 ± 2）mg/L（图 3-21），出水水质满足排放要求；二沉池大部分污泥回流至好氧池，一小部分污泥回流至厌氧水解池，补充厌氧水解池流失的污泥。整个工艺在运行过程中好氧池泡沫得到很好的控制，不需要投加消泡剂，大大节省了运行费用。

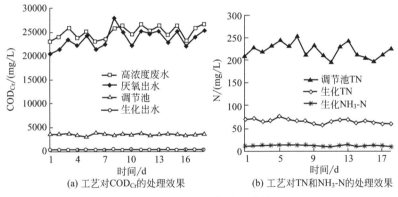

(a) 工艺对 COD_{Cr} 的处理效果　　(b) 工艺对 TN 和 $NH_3\text{-N}$ 的处理效果

图 3-21　工艺废水处理效果

2. 经济技术分析

主要经济技术指标见表 3-11。

表 3-11　主要经济技术指标

序号	项目名称	单位与数量	备注
1	工程总投资	782 万元	
2	处理水量	3000m³/d	
3	占地面积	600m³	
4	人数	11 人	
5	药剂费		几乎不投加药剂
6	人工费	40 万元/年	
7	电费	547.5 万元/年	
8	维护费	3 万元/年	
9	合计运行费用	590.5 万元/年	

四、总结

① 由于精细化工废水组成复杂，水质变动大，必须根据其水质特征设置不同的调节池，分别进行收集和调节，保证后续处理单元的水质稳定。

② 针对高硫碳比废水，通过厌氧水解酸化，进行有机物的转化，消除泡沫产生的原因物质，有效地解决了好氧池泡沫产生问题。

③ 好氧产生的污泥部分回流至厌氧池，不仅有效保证了厌氧池污泥量，同时还实现了剩余污泥减量化，节省了污泥处理费用。

参 考 文 献

[1] 刘德峥.精细化工生产工艺 [M].第2版.北京：化学工业出版社，2008.

[2] 冯晓西.精细化工废水治理技术 [M].北京：化学工业出版社，2000.

[3] 贺延龄.废水的厌氧生物处理 [M].北京：中国轻工业出版社，1998.

[4] Weicheng Li，Qigui Niu，Hong Zhang，et al. UASB treatment of chemical synthesis - based pharmaceutical wastewater containing rich organic sulfur compounds and sulfates and associated microbial characteristics [J]. Chemical Engineering Journal，(260)：55-63，2015.

[5] 何士龙，王恒康，张莎莎等.新诺明废水生化处理中的泡沫控制 [J].化工环保，32 (4)：329-333，2012.

第四章　煤化工废水处理工艺及工程应用

Chapter 04

煤化工主要是指以煤为原料经过化学加工，使煤转化为气体、液体和固体燃料及化学品的过程，包括煤焦化、煤制气、煤制油、煤制甲醇、煤制烯烃等[1]。煤化工过程产生的废水水质复杂，主要包括酚类、硫氰化物、氰化物、含氮（硫、氧）的杂环化合物、石油类等，酚氨回收后，其 COD_{Cr} 为 3000～8000mg/L、挥发酚 300～800mg/L、氨氮（NH_3-N）200～500mg/L，且煤化工废水常常还含有各种发色基团物质而色度高，是一种典型的难降解有机工业废水。

目前国内煤化工废水的处理通常采用"一级物化预处理-二级生化处理-三级深度处理"的工艺路线[2]。煤化工废水常用的预处理技术为"隔油-气浮"联用工艺[3]。常用的生化处理技术包括活性污泥法、生物膜法和生物流化床法等。由于煤化工废水经二级生化处理后仍然存在一定程度的难降解有机物且具有一定的毒性[4]，使得出水 COD_{Cr} 和色度等指标仍不能达到排放标准，因此生化处理后的出水需要进行深度处理。深度处理方法主要有混凝沉淀、臭氧（O_3）氧化、芬顿（Fenton）氧化、电化学氧化等物化技术，在实际工程应用中普遍存在处理效果不佳的问题[5]。

同时伴随着煤化工行业排放标准的提升，如《炼焦化学工业污染物排放标准》（GB 16171—2012），加之湿法熄焦工艺的淘汰，煤化工废水处理面临更高的挑战。针对目前煤化工废水的处理难题，本章通过对焦化废水和煤制气废水的废水处理工程成功实施案例的介绍进行经验总结。

第一节　焦化废水

一、问题的提出

焦炭代替煤炭用于炼铁，其在冶金史上具有划时代的意义。近年来，中国经济的持续发展，钢铁需求量不断增长，中国焦炭行业随之快速发展。2006～2010 年我国焦炭产量从 1.22×10^8 t 增加到 4.28×10^8 t，占世界焦炭产量的 62%，成为世界第一焦炭生产大国[6]。与此同时，焦炭行业也产生了大量的焦化废水。焦化废水是煤在高温干馏以及煤气净化、化学产品精制过程中形成的废水，是一种典型的高浓度、高污染的工业有机废水[7]，水质组成复杂，包括大量的有机污染物和无机污染物如酚类、硫氰化物、氰化物、杂环化合物（氧、硫、氮）、多环芳烃（PAHs）、NH_3-N 等[7～11]。据统计，2005 年焦炭行业排放的焦化废水达到 1.8×10^8 m³，约占全国工业废水排放总量的 2%，其中 COD_{Cr} 排放量约为 1.25×10^5 t，NH_3-N 排放量约为 1.9×10^4 t[12]。根据国家统计局的统计，2014 年我国焦化

废水的排放量将近 $3 \times 10^8 t^{[13]}$。

目前国内焦化废水处理工艺仍然以生化为主，主要工艺路线是"预处理＋生化处理＋深度处理"工艺。乌海某煤焦化企业污水处理系统的预处理采用隔油-气浮-臭氧催化氧化多级物化技术；生化采用的长流程推流式活性污泥法，好氧生化系统采用大池容，设计停留时间达到 7d，在实际运行过程中出现有机物与氨氮处理不协调，氨氮处理效果差的问题；同时生化出水 COD_{Cr} 为 200～300mg/L，常规的混凝与氧化技术无法处理，难以满足《炼焦化学工业污染物排放标准》（GB 16171—2012）间接排放中 $COD_{Cr} \leqslant 150mg/L$ 的要求。

针对上述问题，项目组系统开展了生化系统优化与深度处理技术研究。通过对好氧生化工艺水质分析，发现有机物在好氧推流式工艺前端就得到迅速降解，导致好氧工艺后端负荷低 $[\leqslant 0.1kgCOD_{Cr}/(kgMLSS \cdot d)]$，且停留时间较长（6～8d），进而导致菌胶团解体、硝化菌流失，硝化效果差。为此采用缩短流程、引入部分原水提高负荷、加大污泥回流比、缩短停留时间等措施，促进异养菌与硝化菌协同生长，实现有机物和氨氮同时高效去除；利用原位氧化吸附技术产生的比面积大、电荷中和能力强的新生态低聚合态羟基氧化铁对生化出水中难降解有机物进行高效吸附，保证焦化废水出水达标外排或熄焦回用。

二、工艺流程和技术说明

1. 工程概况

（1）基本信息　内蒙古乌海市矿产资源丰富具有发展能源、建材、化工冶金工业的独特优势。其中煤炭产业是乌海市工业经济的支柱产业，其中煤炭资源以优质焦煤为主，工业利用价值很高。乌海某煤焦化企业年产能力 $100 \times 10^4 t$ 焦炭、$5 \times 10^4 t$ 焦油、$1.3 \times 10^4 t$ 粗苯、$1.3 \times 10^4 t$ 硫胺、$0.2 \times 10^4 t$ 硫黄和 $2 \times 10^8 m^3$ 焦炉剩余煤气置换液化煤气。

（2）水质水量　该企业废水来源主要为蒸氨废水和生活污水的混合液，因限产蒸氨废水水量 $Q = 500m^3/d$，其他污水水量 $Q = 100m^3/d$。由于蒸氨废水占废水总量的很大比例，它的水质变化对水处理系统正常运行至关重要。因此通过调控蒸氨系统加碱量与蒸汽量，用来稳定蒸氨出水水质：$COD_{Cr} < 5000mg/L$，NH_3-N $< 100mg/L$，TN $< 300mg/L$，碱度 $> 2000mg/L$，有助于保障工艺处理出水达标。进水调节池水质指标见表 4-1。

表 4-1　焦化废水进水水质指标

指标	pH 值	COD_{Cr}/(mg/L)	NH_3-N/(mg/L)	TN/(mg/L)	碱度/(mg/L)
检测值	6～9	2080～4300	25.4～200	152.3～847.3	262.8～2652.6

（3）执行标准和处理要求　排放要求执行《炼焦化学工业污染物排放标准》（GB 16171—2012）间接排放标准（熄焦用水），即：$COD_{Cr} \leqslant 150mg/L$，SS $\leqslant 70mg/L$，NH_3-N $\leqslant 25mg/L$，挥发酚 $\leqslant 0.5mg/L$，氰化物 $\leqslant 0.2mg/L$，pH 值为 6～9。

2. 中试研究

（1）工艺流程　为验证小试的研究成果，开展中试研究，进水量 $24m^3/h$，中试处理工艺流程和中式装置尺寸见图 4-1 和表 4-2。

表 4-2　中试装置尺寸

项目	缺氧池	好氧池	二沉池	混凝池	沉淀池1	氧化吸附池	沉淀池2
有效容积/m³	24	48	2	0.5	2.5	1	2.5

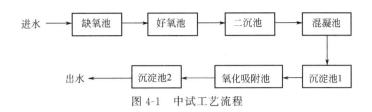

图 4-1　中试工艺流程

焦化废水首先采用缺氧-好氧生化工艺处理，去除生化易降解有机物，生化出水采用混凝与氧化吸附组合工艺处理。

（2）实验结果　图 4-2 显示焦化废水进水 COD_{Cr} 平均值为（1190±546）mg/L，生化工艺污泥浓度平均达到 3698mg/L，污泥负荷为 0.1kgCOD_{Cr}/（kgMLSS·d），其中缺氧出水 COD_{Cr} 平均值为（887±393）mg/L，好氧出水 COD_{Cr} 平均值为（188±39）mg/L，生化工艺去除率达到 80%±13%，表明生化工艺对焦化废水有很好的处理效果。混凝工艺出水 COD_{Cr} 平均值为（109±13）mg/L。氧化吸附工艺出水 COD_{Cr} 平均值为（80±5）mg/L。

图 4-3 为中试工艺对 NH_3-N 的去除效果，结果显示焦化废水进水 NH_3-N 平均值为（260±65）mg/L，生化出水 NH_3-N 平均值为（6.5±3）mg/L，达到低于 10mg/L 的要求。

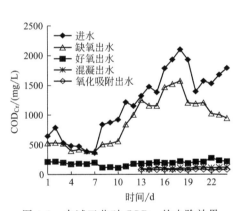

图 4-2　中试工艺对 COD_{Cr} 的去除效果

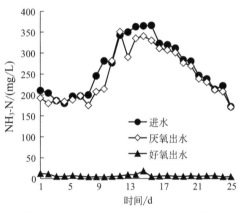

图 4-3　中试工艺对 NH_3-N 的去除效果

（3）小结　通过上述实验结果可以看出缺氧-好氧-混凝-氧化吸附组合工艺是一套行之有效的焦化处理工艺，缺氧-好氧生化系统实现焦化废水中的污染物高效去除，氧化吸附技术有效保障了出水 COD_{Cr}、NH_3-N 满足《炼焦化学工业污染物排放标准》（GB 16171—2012）间接排放标准。

3. 工艺流程

（1）工艺确定　该企业原有一套处理工艺，工艺流程如图 4-4 所示，生活污水与焦化废水在集水井混合泵入预处理单元。预处理单元由 CSN 浓缩池-气浮池-臭氧催化氧化反应器组成，主要目的是去除来自水中的颗粒物和焦油，降解污水中的难降解有机物，提升可生化性。预处理后出水经调节池后进入生化系统。生化系统由厌氧 UASB、缺氧与好氧工艺（A/O）组成。A/O 出水经集泥井流入二沉池，二沉池污泥回流至好氧 1 段；二沉出水经接触氧化池与混凝池后流入清水池用于熄焦，混凝投加聚合硫酸铁（PFS）与聚丙烯酰胺（PAM）。

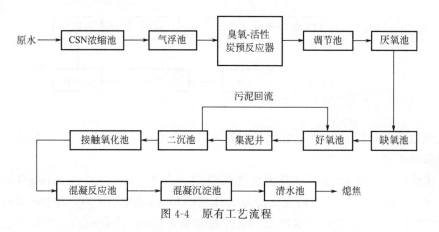

图 4-4   原有工艺流程

该套原有处理系统的处理效果如表 4-3 所列。

表 4-3   原有处理系统的处理效果

指标	pH 值	$COD_{Cr}/(mg/L)$	NH_3-$N/(mg/L)$	$TN/(mg/L)$
进水	8~9	2080~4300	25.4~200	152.3~847.3
生化出水	7~8.5	600~800	18~178	150~852
混凝出水	7~8	500~700	16~176	150

从表 4-3 可见整套工艺系统中有机物、氨氮与总氮的处理效果不佳，无法满足回用熄焦的要求。通过对上述工艺运行情况的分析，发现存在如下问题：a. 工艺前端预处理采用 CSN 池-气浮-臭氧氧化工艺，但实际运行中发现预处理不发挥作用；b. 由于高浓度还原性物质的存在，厌氧没有处理效果；A/O 段采用常规推流方式，产生大量泡沫，污泥龄过长致使污泥活性较差。

针对上述工程存在的问题，工艺方案调整如下：a. 焦化废水越过前端预处理工序（CSN-气浮-SOCD）直接泵入后段的生化系统；b. 调整生化进水、回流方式，调整污泥龄；c. 改造混凝搅拌系统，增加氧化吸附单元。

（2）工艺流程   改造后工艺流程如图 4-5 所示。

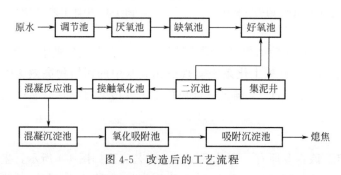

图 4-5   改造后的工艺流程

（3）技术与工艺说明   工艺主要构建物简要说明如下。

① 调节池。用于水质、水量的调节。

② 缺氧-好氧生化池。缺氧-好氧生化由四套并列式推流池组成。每套系统前两格为缺氧池，每格设一个水下搅拌器；后 6 格为好氧池，底部布微孔曝气盘。

③ 混凝罐。混凝罐由混凝罐和絮凝罐组成。

④ 混凝沉降池。混凝沉降池的主要功能是沉淀去除混凝絮体，底部设刮泥机。

⑤ 氧化吸附池。将原有的清水池改造成氧化吸附池，主要功能是通过深度处理实现 COD_{Cr} 达标。该池分两段，均设有减速搅拌器，第一段用于氧化吸附药剂快速混合，第二段实现药剂充分反应。

⑥ 吸附沉淀池。将原有的 CSN 池改造成吸附沉淀池，主要功能是废水中和沉淀后回用熄焦。该池分三段，前两段设有减速搅拌器，用于废水 pH 值调节和絮凝，第三段用于固水分离。

主要构筑物和设备如表 4-4 所列。

表 4-4 处理站主要构筑物和设备

构筑物	有效容积/m^3	结构形式	数量	备注
调节池	400	钢筋混凝土	1	
气浮池	10	钢板	2	停用
臭氧催化氧化反应器	50	钢板	4	停用
厌氧 UASB	500	钢筋混凝土	2	
缺氧池	250	钢筋混凝土	8	每个池配液下 1 台搅拌器
好氧池	250	钢筋混凝土	24	离心风机 2 台 3L73WD，$Q=82m^3/min$，$H=6m$，$N=132kW$
集泥井	30	钢筋混凝土	2	
二沉池	600	钢筋混凝土	1	
接触氧化池	120	钢筋混凝土	4	
混凝反应池	10	钢板	2	每个罐 1 台搅拌机，功率 2kW
混凝沉淀池	500	钢筋混凝土	1	
氧化吸附反应池	100	钢筋混凝土	1	原来的清水池改造，加 2 台搅拌机，功率 2kW
沉淀池	600	钢筋混凝土	1	原来的 CSN 池改造
污泥房				带式压滤机脱水机 1 台，带宽 2m 污泥泵 ISWH65-125A 2 台，$Q=25m^3/h$，$H=20m$，$N=1.5kW$

三、实施效果和推广应用

（一）运行处理效果与机制分析

1. 运行效果

原水水质稳定是保障后续生化处理效果的关键，进入废水处理系统之前的蒸氨工艺对水质影响很大。首先进行原水水质调控，通过控制加碱量与蒸汽量控制蒸氨出水水质氨氮 < 100mg/L。

工艺改造前 A/O 系统 4 个系列同时运行，污泥负荷低于 $0.1kgCOD_{Cr}/(kgMLSS \cdot d)$，污泥老化严重，出水 COD_{Cr} 高达 600mg/L。通过关闭两列 A/O 生化系统和调整污泥龄，将污泥负荷调至 $0.1 \sim 0.2kgCOD_{Cr}/(kgMLSS \cdot d)$。调整后生化系统 COD_{Cr} 处理效果很快得到提升，出水 COD_{Cr} 降至 300 ~ 400mg/L。

如图 4-6 和图 4-7 所示，NH_3-N 约 7mg/L，整个生化系统 COD_{Cr} 与 NH_3-N 平均总去除率分别为 95%、90.5%。同时图 4-6 也显示接触氧化工艺对 COD_{Cr} 几乎没有去除，说明好氧出水几乎没有可生化性，残留的有机物为生化难降解有机物。图 4-8 显示采用混凝与氧化吸附组合的深度处理工艺能有效去除残留有机物，混凝剂采用聚合硫酸铁，投加量

300mg/L，能去除40%的COD_{Cr}，出水COD_{Cr}平均为186mg/L±28mg/L。原位氧化吸附氧化药剂投加量100mg/L，能去除30%左右COD_{Cr}，出水COD_{Cr}平均值为129mg/L±9mg/L，同时出水NH_3-N平均值8mg/L±3mg/L，出水水质满足《炼焦化学工业污染物排放标准》（GB 16171—2012）间接排放标准COD_{Cr}≤150mg/L、NH_3-N≤25mg/L的要求（用于熄焦）。

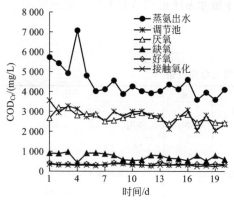

图4-6　稳定阶段生化工艺COD_{Cr}变化情况

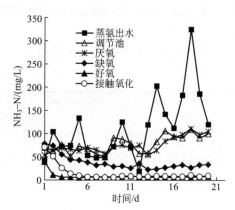

图4-7　稳定阶段生化工艺NH_3-N变化情况

综上所述，改造后的焦化废水处理形成了一套以"厌氧-好氧-混凝-氧化吸附"为核心的处理工艺，工程运行结果证实该工艺对废水中COD_{Cr}、NH_3-N与TN都有很好的去除效果，特别是厌氧-好氧生化系统能实现在低耗氧下对废水中有机物的充分去除，同时氧化吸附的深度处理技术能有效解决了焦化废水难达标的问题。

2. 机制研究

针对焦化废水有机物污染的组成和去除规律，重点研究了：a.焦化废水中COD_{Cr}的组成分析；b.生化系统各工艺段对特征污染物的去除特性研究；c.焦化废水处理过程中含硫化合物形态变化研究[14]。

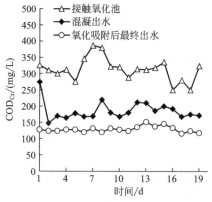

图4-8　生化出水深度处理COD_{Cr}去除效果

（1）焦化废水进水COD_{Cr}组成分析　根据文献[15]以超纯水为空白通过测定各污染物不同浓度标准溶液的COD_{Cr}值进而求得各种污染物的平均COD_{Cr}当量值，即单位浓度所对应的COD_{Cr}值（ThOD）。以COD_{Cr}值为纵坐标，污染物浓度为横坐标作图，则COD_{Cr}与浓度关系的斜率即该物质的平均ThOD。文献中通过正交实验发现，COD_{Cr}测定过程中各离子之间不存在交互影响。因此各物质对COD_{Cr}的贡献值COD_{est}可以通过各物质的浓度（c_i）与各物质的平均COD_{Cr}当量值（$ThOD_i$）求得：

$$COD_{est} = \sum_{i}^{n} ThOD_i \times c_i$$

结合文献和实验所测得挥发酚（以苯酚计）、煤焦油的ThOD，得出焦化废水主要组成污染物对COD_{Cr}的贡献，见图4-9。

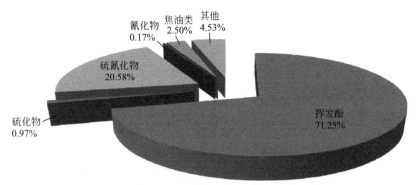

图 4-9　焦化废水进水 COD_{Cr} 组成

从图 4-9 可见前 5 种有机物占焦化废水污染物总量的 95.47%，其中挥发酚类与硫氰化物占很大比例。从文献调研可知虽然这些物质有一定的生物毒性，但能被驯化后的活性污泥降解。

（2）生化系统各工艺段对特征污染物的去除特性研究　稳定运行期间测定调节池、厌氧、缺氧、好氧段废水中酚类、硫氰化物、硫化物、硫酸根的变化，由于废水氰化物含量低（$<5\times10^{-6}$），因此没有作为目标污染物进行分析。

从图 4-10 可见，虽然挥发酚在焦化废水中的浓度较高，调节池挥发酚的平均浓度达到 1253.38mg/L，但是却易被驯化过的污泥降解，其中缺氧、好氧段去除率较高，分别为 81.13%、13.47%。经过生化处理后出水挥发酚浓度降到 0.3mg/L，达到间接排放标准。

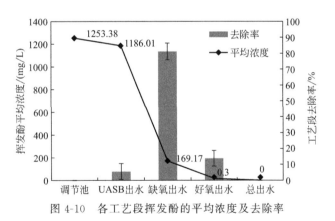

图 4-10　各工艺段挥发酚的平均浓度及去除率

图 4-11 和图 4-12 分别是系统各工艺段硫氰化物、硫化物的变化情况。从图 4-11 中可以看出调节池硫氰化物的平均浓度是 364.78mg/L，经过生化处理后被完全降解。其中厌氧段去除率为 10.88%，缺氧段去除率为 74.97%，好氧段去除率为 14.15%，缺氧工艺对硫氰化物降解效果最佳。图 4-12 显示进水调节池硫化物平均浓度约为 85.61mg/L，经过生化系统处理后最终能被完全降解，其中缺氧阶段去除率达到 80.99%。

图 4-13 显示各工艺段硫酸根（SO_4^{2-}）的变化情况，原水中 SO_4^{2-} 浓度为 151mg/L，经过厌氧处理后，出水中的 SO_4^{2-} 浓度为 201mg/L，相比进水略有升高，经过缺氧和好氧工艺 SO_4^{2-} 浓度出现了大幅度的增加，分别升高至 1327mg/L 和 1580mg/L。说明了焦化废水中低价含硫化合物主要在 A/O 系统（特别是缺氧工艺）降解转变为 SO_4^{2-}。若将缺氧段与

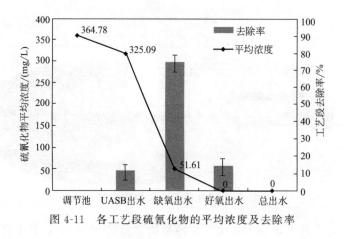

图 4-11　各工艺段硫氰化物的平均浓度及去除率

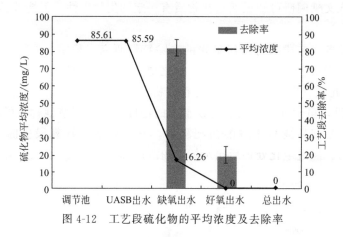

图 4-12　工艺段硫化物的平均浓度及去除率

好氧段去除的硫氰化物、硫化物折算成 SO_4^{2-} 计算，加上工艺段进水 SO_4^{2-} 浓度，最终缺氧段与好氧段出水 SO_4^{2-} 浓度为 878mg/L 和 1011mg/L，而实际的缺氧段与好氧段出水 SO_4^{2-} 浓度为 1327mg/L 和 1580mg/L，可以看出 SO_4^{2-} 计算转变浓度小于实际生产量，由此可推断废水中仍有未知的有机硫化物。

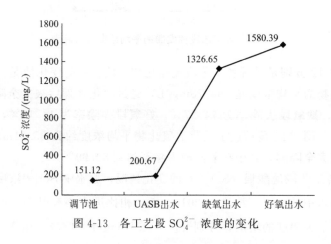

图 4-13　各工艺段 SO_4^{2-} 浓度的变化

通过上述分析发现经过生化反应，焦化废水中主要污染物组成都得到有效地去除，但有一定量的未知有机硫化物转化成硫酸根，推测这些未知有机硫化物可能就是生化出水残留的关键有机污染物。因此开展了焦化废水生化出水含硫化合物识别研究，为深度处理技术提供支持。

（3）焦化废水处理过程中含硫化合物形态变化研究

1）生化过程中含硫化合物组成 XPS 研究　X 射线光电子能谱分析（XPS）是近些年来出现的最有效的元素定性方法之一[16]，各种元素都有它的特征电子结合能，利用 X 射线去辐射样品，使得原子或分子中的内层电子或者价电子受到激发而发射出来，被激发出来的电子称作光电子。根据同一原子的内层电子结合能在不同的分子中相差较大，其具有特征性。因此可以利用其特征结合能对样品中的元素进行定性分析和元素价态分析。随着这一技术的发展，XPS 被广泛应用于煤中有机硫的分析，诸多学者利用硫元素的 2p 电子跃迁的结合能来分析煤中硫的存在形态[17~21]。

本次实验利用该技术进行焦化废水处理过程中含硫化合物形态的分析，实验采用 Thermo Fisher 公司 ESCALAB 250Xi 型号 X 光电子能谱（XPS）。X 射线激发源：单色化 Al Kα 源（$E=1486.6eV$，15kV，150W）$500\mu m$ 束斑；扫描模式：CAE；透镜模式：Large Area XL 能量分析器固定透过能为 30eV，以 C1s 为定标标准，进行校正。结果见图 4-14、表 4-5。

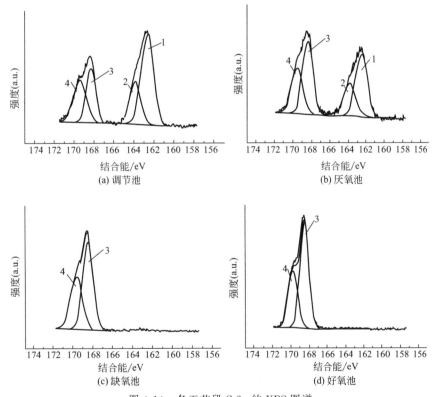

图 4-14　各工艺段 S 2p 的 XPS 图谱

图 4-14、表 4-5 显示 1 号峰在 162.5eV 左右可归属为硫醚硫醇类；2 号峰在 163.912eV 和 163.8eV 归属为噻吩型硫；3 号峰大致在 168.5eV 属于砜类硫；4 号峰大于 169eV 归属于无机硫。

表 4-5　各工艺段组分的 S 2p 的 XPS 分析结果

工艺段	峰编号	结合能/eV	类型	半峰宽/eV
调节池	1	162.660	硫醚硫醇类	1.420
	2	163.912	噻吩类	1.273
	3	168.297	砜类	1.084
	4	169.420	无机硫	1.560
厌氧池	1	162.490	硫醚硫醇类	1.478
	2	163.800	噻吩类	1.520
	3	168.363	砜类	1.318
	4	169.545	无机硫	1.483
缺氧池	3	168.480	砜类	1.240
	4	169.671	无机硫	1.420
好氧池	3	168.500	砜类	1.170
	4	169.792	无机硫	1.201

生化处理系统中含硫化合物组成变化如表 4-5 所列。调节池中的有机硫化物为硫醇硫醚类、噻吩类和砜类。经过缺氧生化处理后，出水中硫醇硫醚类、噻吩类的峰消失，表明此类有机硫化合物在缺氧段得到生物降解或吸附去除。而好氧出水中 3 号峰仍存在，表明一些砜类物质在生化阶段不能完全降解。同时也应该指出 XPS 只能按类别定性，需要结合其他分析技术才能对焦化废水中含硫有机物进行更为精细的定性与定量分析，因此采用全二维飞行时间质谱对生化出水含硫有机物进行定性分析。

2）焦化废水生化出水全二维飞行时间质谱（GC×GC-TOFMS）分析

① 全二维飞行时间质谱方法与条件。GC×GC 系统为 Agilent 6890N 气相色谱仪，载气为高纯氦（99.9999%），冷却剂为液氮，热调制气为压缩空气，冷调制气为高纯氮，调制器补偿温度为 20℃，调制周期 6s，恒流模式 1mL/min，进样量为 1μL，无分流进样，进样口温度 250℃。

一维色谱柱：RXI-5SILMS，30m×250μm×0.25μm，升温程序为起始温度 55℃，保持 1min；10℃/min 升至 160℃，保持 5min；15℃/min 升至 280℃，保持 10min。

二维色谱柱：RXI-17，1.79m×100μm×0.1μm，升温程序为起始温度 55℃，保持 1min；10℃/min 升至 165℃，保持 5min；15℃/min 升至 285℃，保持 10min。

TOFMS 为美国 LECO 公司的 Pegasus 4D，电子轰击电离源的电压为 70eV，检测器电压为－1850V，传输线温度为 300℃，离子源温度为 220℃，以 100 张全谱图/秒的频率采集质量数范围为 45～500 的质谱数据。

② 实验结果。通过对好氧出水全二维飞行时间质谱 NIST 标准谱库筛查，筛查相似度 ≥700 的含硫有机物见表 4-6。

表 4-6　好氧出水全二维 NIST 标准谱库筛查物质

英文名称	中文名称	结构	相仿性（标样）	R.T.(S)（水样）
Dimethyl sulfone	二甲基砜	O ∥ —S— ∥ O	833	4802.000

续表

英文名称	中文名称	结构	相仿性（标样）	R.T.(S)（水样）
Benzene,(methylthio)-	甲基苯基硫醚		924	6401.690
Phenol,2-(methylthio)-	2-甲硫基苯酚		820	7201.750
Benzene,1-methyl-3-(methylthio)-	1-甲基-4-甲硫基苯		768	7351.760
Benzothiazole	苯并噻唑		843	7802.210

　　根据 NIST 谱库筛查出的物质，用标样进行验证，表 4-6 是标样与水样保留时间对比表，标准品与水样的保留时间非常接近，几乎同时出峰，同时 NIST 谱库与水样的碎片离子峰（M/Z）对比十分吻合，因此确定了焦化废水生化好氧出水部分含硫有机物是二甲基砜、甲基苯基硫醚、2-甲硫基苯酚、1-甲基-4-甲硫基苯、苯并噻唑，这些物质可能是导致生化出水残留的难降解有机物。

(二) 经济技术分析

　　该项目主要经济技术指标如表 4-7 所列。

表 4-7　主要经济技术指标

序号	项目名称	单位与数量
1	工程总投资	2500 万元
2	处理水量	600m³/d
3	占地面积	6000m³
4	人数	6 人
5	药剂消耗 硫酸(98%) 氢氧化钠(98%) 聚合硫酸铁 氧化吸附剂 聚丙烯酰胺	 73t/a 109.5t/a 65.7t/a 65.7t/a 2.6t/a
6	药剂费	57.9 万元/年
7	人工费	25 万元/年
8	电费	153.3 万元/年
9	维护费	2 万元/年
10	合计运行费用	238.2 万元/年

四、总结

　　① 焦化废水水质变化受煤的配比、焦炉炉温和蒸氨工艺的影响较大。因此，降低煤种更换频率、保持较高炉温和稳定的蒸氨工艺是焦化废水稳定达标的关键。

　　② 维持一定的污泥负荷和适当污泥龄是保证污泥有较高活性的关键，特别是调控好氧系统中异养菌与硝化菌的比例，从而实现有机物与氨氮的良好去除。

③ 利用混凝-原位氧化吸附组合技术实现生化出水残留有机物的高效去除，解决了焦化废水出水达标困难的难题。

第二节　煤制气废水

一、问题的提出

煤制气废水主要来自煤气发生炉的煤气洗涤、冷凝以及净化等过程，受原煤性质、煤炭气化工艺、副产品回收等诸多因素的影响，水质复杂，含有大量酚类、焦油、芳香烃类、杂环类、氮等有毒有害物质，是一种典型的高浓度难生物降解的工业废水。在内蒙古水资源缺乏地区，废水零排放和水资源循环利用成为必要。

针对上述问题，部分根据煤制气生产工艺废水水质进行分类处理，选择了生化＋深度废水处理，污水资源化采用双膜法-多效蒸发，最大限度地实现了水资源回用，为煤制气企业废水处理与资源化提供了可行性的技术工艺。

二、工艺流程和技术说明

（一）工程概述

1. 基本信息

内蒙古某煤制气公司位于赤峰市，是内蒙古进行煤炭综合开发的项目之一，该项目采用碎煤气化、煤气冷却、低温甲醇洗、粗煤气变换、甲烷合成等国际先进技术生产天然气及其他副产品。在煤制气生产过程中产生的污水包括：制气排放废水，动力化学制水车间产生的酸碱废液和凝结水处理站产生的酸碱废液，浊循环排污水。

2. 水质水量

各处理单元水量与水质如下所述。

（1）煤制气污水水量与水质　见表 4-8。

表 4-8　煤制气污水水量与水质

废水组成	水量 /(m³/h)	COD_Cr /(mg/L)	BOD₅ /(mg/L)	TN /(mg/L)	NH₃-N /(mg/L)	SS /(mg/L)	油 /(mg/L)
化工区生活污水、厂前区生活污水	138	1000	400	85	50	350	150
间断地坪冲洗水、初期雨水	11	500	100	85	50	450	200
煤气化废水、甲醇废水	701	3500	1015	250	150	100	100
综合污水	850	3055	903	221	132	120	109

（2）浓盐水处理段　动力化学制水酸碱废液排水量平均为 $50m^3/h$，最大 $70m^3/h$。

除盐水设计回收率为 70% 左右，产生 30% 左右浓水，正常运行中系统来水量为 40～$50m^3/h$ 左右，产生 10～$15m^3/h$ 浓盐水排入蒸发系统。

（3）浊循环排污水和回用段反渗透浓水膜浓缩系统　本系统整体设计处理水量为 $300m^3/h$，整体回收率为 70%，即产生 $210m^3/h$ 左右的除盐水回用，产生 $90m^3/h$ 左右的浓盐水排入多效蒸发系统进行处理。进水水质如表 4-9 所列。

表 4-9 浊循环排污水和回用段反渗透浓水设计进水水质

项目	指标
pH 值	7.80
COD_{Cr}/(mg/L)	298.5
TOC/(mg/L)	59.7
TDS/(mg/L)	6159.4
NH_3/NH_4^+/(mg/L)	24.7
TSS/(mg/L)	25.0

（4）多效蒸发系统 设计处理水量为 $100m^3/h$，0.5MPa 蒸汽用量为 38t/h。设计进出水水质如表 4-10、表 4-11 所列。

表 4-10 多效蒸发系统设计进水水质（一）

序号	检验项目	单位	设计进水水质
1	COD_{Cr}	mg/L	<804
2	pH 值		7.5~9.0
3	温度	℃	<40
4	浊度	NTU	<80
5	含盐量	mg/L	18000
6	NH_3-N	mg/L	
7	Cl^-	mg/L	3000
8	SO_4^{2-}	mg/L	2558
9	氟化物	mg/L	50
10	总碱度	mg/L	1600
11	钙	mg/L	133
12	镁	mg/L	50
13	铁	mg/L	1.0
14	可溶性硅	mg/L	50
15	胶体硅	mg/L	5

表 4-11 多效蒸发系统设计进水水质（二）

序号	项目	单位	指标
1	pH 值		6~9
2	COD_{Mn}（$KMnO_4$ 法）	mg/L，O_2	<5
3	总有机碳（TOC）	mg/L	<2
4	氨氮	mg/L	<5
5	电导率	$\mu S/cm$	<100

（二）工艺流程

1. 工艺确定

克旗公司污水处理系统可分为有机污水主生化段、有机污水深度处理段、有机污水回用段、再生膜浓缩段、浊循环排污水和回用段、反渗透浓水膜浓缩段和多效蒸发系统，共 6 个功能单元。

2. 工艺流程与技术说明

（1）有机污水处理段

1）主生化段 有机污水主生化段的主要功能是利用大量的微生物降解去除全厂废水中的有机物和氨氮，工艺流程为调节池—水解酸化（UASB）—缺氧/好氧（A/O）—二沉池，详情见图 4-15。

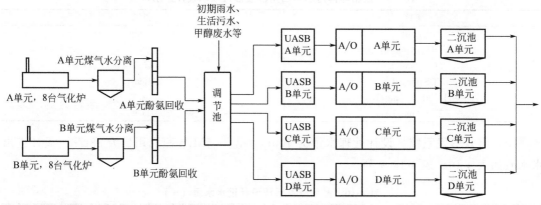

图 4-15　有机污水主生化段工艺流程

各单元功能如下。

① 调节池：对来水进行水质和水量调节。

② 水解酸化单元：利用厌氧装置中存在的大量厌氧微生物或兼性厌氧微生物来降解污水中含有的溶解性有机物及部分非溶解性有机物，有机物在厌氧微生物的作用下转化为 H_2/CO_2、甲烷、乙酸和其他有机酸以及新细胞。

③ A/O 池：A/O 池分为缺氧、好氧工段，好氧段主要功能是去除 BOD_5、COD_{Cr}，同时自养硝化细菌的硝化作用将 NH_3、NH_4^+ 氧化为 NO_x^-，部分硝化液回流至 A 池，在缺氧条件下，有机氮转化形成 NH_3、NH_4^+ 的氨化过程及异氧反硝化细菌的反硝化作用将 NO_x^- 还原为分子态氮（N_2），同时消耗一定量 COD_{Cr}。

④ 二沉池：A/O 池的出水自流至二沉池中进行泥水分离，上清液进入下一工段，二沉池污泥一部分回流至缺氧池，剩余污泥送至污泥处理系统进行浓缩与脱水处理。

2）有机污水深度处理段　有机污水深度处理段的主要功能是利用粉末状活性焦将废水中有机物进行吸附去除后，再利用装有颗粒活性焦的曝气生物滤池，将废水中的有机物和氨氮进一步去除，以达到废水回用段膜处理系统的进水要求。工艺流程为：活性焦吸附—活性焦沉淀——级 BAF—二级 BAF—变孔隙滤池（起过滤悬浮物的作用）—出水，详情见图 4-16。

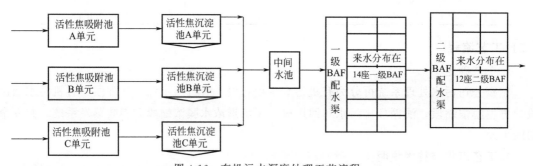

图 4-16　有机污水深度处理工艺流程

① 活性焦吸附池：通过活性焦表面较发达的中孔结构和较大的比表面积，进一步吸附去除污水中难降解的有机物。

② 活性焦沉淀池：吸附后的焦水混合液进入沉淀池进行固液分离，沉淀池底部一部分

焦水混合物通过回流泵回流至吸附池，另一部分通过排焦泵排至真空脱水系统进行脱水。

③ 曝气生物滤池（BAF）：反应池内部添加填料（采用颗粒状活性焦）后，好氧、厌氧和缺氧同时存在于系统，使废水中残留的有机物和氨氮得以有效去除。

④ 变孔隙滤池：内部填装不同粒径的石英砂，过滤去除废水中的悬浮物。

3）有机污水回用段　有机污水回用段的主要功能是利用超滤膜将废水中悬浮物进行去除后，废水一部分回用至浊循环系统，另一部分进入反渗透处理单元进行除盐，得到较纯净的回用水，详情见图 4-17。

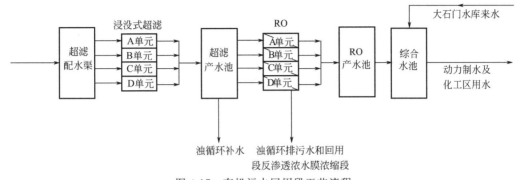

图 4-17　有机污水回用段工艺流程

① 浸没式超滤：作用是去除水中的悬浮固体，包括胶体、细菌等杂质，为反渗透提供合格的进水。可大大延长反渗透膜的清洗周期，延长反渗透膜的使用寿命。

② 反渗透：将水中溶解盐、有机物等杂质进行有效分离，得到较纯净的回用水。

（2）浓盐水处理段

1）浓盐水膜浓缩段　浓盐水膜浓缩段的主要作用是将动力化学制水车间产生的酸碱废液和凝结水处理站产生的酸碱废液进行进一步膜浓缩，使废水减量，并得到较纯净的回用水。工艺流程如图 4-18 所示。

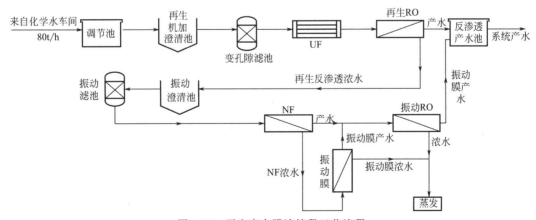

图 4-18　再生废水膜浓缩段工艺流程

机加澄清池（机械加速澄清池）和振动澄清池的作用是将废水中钙、镁、硅等易结垢的物质，通过加药的方法产生沉淀，从而从水体中去除。

超滤、反渗透功能如回用段所述。

纳滤：纳滤类似于反渗透，对有机物和高价盐的截留率高。

2）浊循环排污水和回用段反渗透浓水膜浓缩系统　浊循环排污水和回用段反渗透浓水膜浓缩系统的主要作用是将上述废水进行浓缩和除盐水回收。工艺流程如图 4-19 所示。

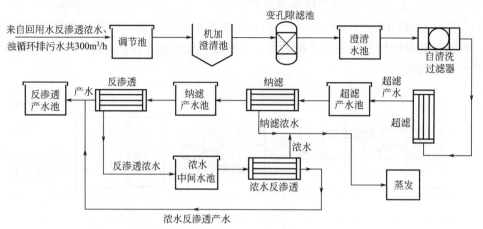

图 4-19　浊循环排污水和回用段反渗透浓水膜浓缩工艺流程

机加澄清池的主要功能是将浊循环系统中悬浮物和部分钙离子、镁离子进行沉淀去除。超滤、纳滤、反渗透功能如回用段所述。

3）多效蒸发系统　多效蒸发系统利用 0.5MPa 的低压蒸汽，将再生膜浓缩系统和浊循环膜浓缩系统产生的浓盐水进行蒸发浓缩，最终得到结晶盐和蒸发冷凝液。结晶盐排入危废填埋场，蒸发冷凝液排入浊循环系统。工艺流程如图 4-20 所示。

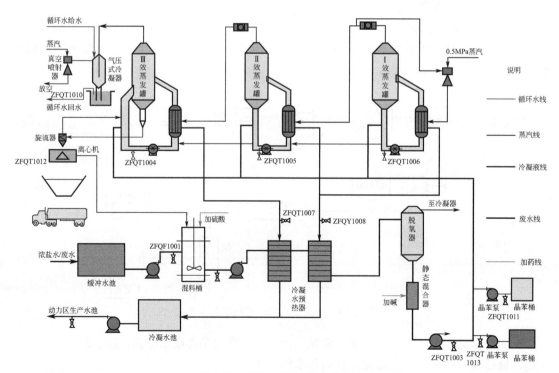

图 4-20　多效蒸发系统工艺流程

三、实施效果

1.有机污水处理段

（1）有机污水生化处理段 有机污水生化处理后出水水质如表 4-12 所列。

表 4-12 有机污水生化处理后出水水质

指标	二沉池出水水质
COD_{Cr}/(mg/L)	350
BOD_5/(mg/L)	50
NH_3-N/(mg/L)	70～80
TN/(mg/L)	50
pH 值	6.5～7.5
石油类/(mg/L)	10
SS/(mg/L)	70

存在的问题如下：a.酚氨回收系统来水波动较大时，如现场取样监测不及时，废水切换与稀释工作将滞后则会对生化系统造成较大冲击。所以根据化工区工况，有针对性地加大采样频次，设法修复或设置特征物质在线检测仪表；b.A/O 段氨氮硝化效果差，二沉池出水 NH_3-N 为 70～80mg/L；c.污泥老化严重，二沉池出水悬浮物偏高，工况较好时为 120～150mg/L。

（2）有机污水深度处理段 有机污水深度处理出水水质如表 4-13 所列。

表 4-13 有机污水深度处理出水水质

指标	出水水质
COD_{Cr}/(mg/L)	50
BOD_5/(mg/L)	5
NH_3-N/(mg/L)	5
TN/(mg/L)	30
pH 值	7.0～8.5
浊度/NTU	5
SS/(mg/L)	10
钙硬度(以 $CaCO_3$ 计)/(mg/L)	250
甲基橙碱度(以 $CaCO_3$ 计)/(mg/L)	200
含盐量(非 TDS,非溶解性总固体)/(mg/L)	100

存在的问题如下。

① 真空皮带脱水机能力不够。实际运行中，原焦水混合液含水率为 98%～99%，经真空皮带脱水机处理后，含水量仍为 80%左右（原要求含水率在 50%以下）。且处理焦水混合物的量只有原设计要求的 60%左右。2014 年，开展了板框压滤机现场试验，结果表明其处理效果满足要求，根据实验情况，进行技改。

② 活性焦沉淀池出水悬浮物偏高。受活性焦真空皮带脱水机工况、焦粉粒径、水质及现场操作的影响，造成活性焦沉淀池出水带焦（跑焦）的问题。

③ 吸附单元加焦量小。设计水焦比为 350：1，实际运行中，受脱焦和跑焦问题制约，水焦比控制在 700：1 左右 [(500：1)～(1000：1)]，出水水质达不到设计要求。

（3）有机污水回用段　出水经超滤与反渗透后出水水质满足回用要求。在运行过程中受前段来水悬浮物含量偏高及跑焦问题的影响，浸没式超滤单元制水周期受影响。现拟增加两套浸没式超滤膜箱，并对受污染膜箱进行离线清洗。

2. 浓盐水处理段

（1）再生废水膜浓缩段　除盐水回收率为 70% 左右，产生 30% 左右浓水，正常运行中系统来水量为 $40\sim50m^3/h$，产生 $10\sim15m^3/h$ 浓盐水排入蒸发系统。

（2）浊循环排污水和回用段反渗透浓水膜浓缩系统　$210m^3/h$ 左右的除盐水回用。实际运行中，受浊循环系统运行工况差的影响，来水悬浮物偏高，影响超滤系统运行。受浊循环和回用段反渗透浓水中有机物波动的影响，膜系统产生污染倾向大。

（3）多效蒸发系统　实际运行过程中，进出水的水质如表 4-14 所列。

表 4-14　多效蒸发进出水水质

检测项目	蒸发进水	蒸发冷凝液
pH 值	8.1	9.2
电导率/(μS/cm)	17000	1000
TDS/(mg/L)	14000	720
浊度/NTU	4	2
COD_{Cr}/(mg/L)	$500\sim2000$	40
NH_3-N/(mg/L)	约 20	18
总碱度(以 $CaCO_3$)/(mg/L)	约 900	60

运行中，将蒸发罐内液位瞬间下降的现象称为飞料，此时蒸发罐内大量高含盐废水进入蒸发冷凝液系统，严重影响水质。

运行中，进入蒸发系统的废水易产生泡沫，在沸腾条件下，水体易被蒸汽夹带，使得蒸发冷凝液水质长期较差。

四、总结

① 本工程针对煤制气废水成功实施了各工艺段废水分类处理后回用。

② 有机污染废水经过生化-物化吸附处理后采用双膜法（超滤-反渗透）回用，低有机污染的动力化学制水车间产生的酸碱废液和凝结水处理站产生的酸碱废液直接采用双膜法回用，两者产生的回用段反渗透浓水和浊循环排污水再经双膜法回用，进一步回收水资源，最终产生的浓水经多效蒸发后结晶成盐。形成废水资源化＋零排放系统。

③ 生化处理单元硝化效果不稳定，深度处理单元 COD_{Cr} 处理效率有限，处理工艺有待优化，多效蒸发存在沸腾、系统不稳定的问题。

参 考 文 献

[1] 李玉林，胡瑞生，白雅琴. 煤化工基础 [M]. 北京：化学工业出版社，2006.

[2] 王香莲，湛含辉，刘浩. 煤化工废水处理现状及发展方向 [J]. 现代化工，34 (3)：1-4，2014.

[3] 刘峰，乔瑞平，李海涛，等. 高含油煤气化废水除油预处理的工艺研究 [J]. 现代化工，(1)：115-118，2016.

[4] 朱小彪. 焦化废水强化处理工艺特性和机理及排水生物毒性研究 [D]. 北京：清华大学，2012.

[5] 叶文旗，赵翠，潘一，等. 高级氧化技术处理煤化工废水研究进展 [J]. 当代化工，(2)：172-174，2013.

[6] Huo H, Lei Y, Zhang Q, et al. China's coke industry: Recent policies, technology shift, and implication for energy and the environment [J]. Energy Policy, 51: 397-404, 2012.

[7]　Chao Y M，Tseng I C，Chang J S. Mechanism for sludge acidification in aerobic treatment of coking wastewater [J]. Journal of Hazardous Materials，137（3）：1781-1787，2006.

[8]　Ghose M K. Complete physico-chemical treatment for coke plant effluents [J]. Water Research，36（5）：1127-34，2002.

[9]　Lai P，Zhao H Z，Wang C，et al. Advanced treatment of coking wastewater by coagulation and zero-valent iron processes [J]. Journal of Hazardous Materials，147（1）：232-239，2007.

[10]　Luthy R G，Stamoudis V C，Campbell J R，et al. Removal of Organic Contaminants from Coal Conversion Process Condensates [J]. Journal，55（2）：196-207，1983.

[11]　Zhang M，Tay J H，Qian Y，et al. Coke plant wastewater treatment by fixed biofilm system for COD and NH_3-N removal [J]. Water Research，32（2）：519-527，1998.

[12]　韦朝海，贺明和，任源，等. 焦化废水污染特征及其控制过程与策略分析 [J]. 环境科学学报，27（7）：1083-1093，2007.

[13]　黄源凯，韦朝海，吴超飞，等. 焦化废水污染指标的相关性分析 [J]. 环境化学，（9）：1661-1670，2015.

[14]　宋玉琼. 焦化废水中难降解有机污染物的识别及控制技术研究 [D]. 北京：中国科学院大学，2016.

[15]　曹臣，韦朝海，杨清玉，等. 废水处理生物出水中 COD 构成的解析-以焦化废水为例 [J]. 环境化学，31（10）：1494-1501，2012.

[16]　陈鹏. 应用 XPS 研究煤中有机硫在脱硫时的存在形态 [J]. 洁净煤技术，（2）：17-20，1997.

[17]　Gorbaty M L，George G N，Kelemen S R. Chemistry of organically bound sulphur forms during the mild oxidation of coal [J]. Fuel，69（8）：1065-1067，1990.

[18]　Marinov S P，Tyuliev G，Stefanova M，et al. Low rank coals sulphur functionality study by AP-TPR/TPO coupled with M S and potentiometric detection and by XPS [J]. Fuel Processing Technology，85（4）：267-277，2004.

[19]　Pietrzak R，Wachowska H. The influence of oxidation with HNO_3，on the surface composition of high-sulphur coals：XPS study [J]. Fuel Processing Technology，87（11）：1021-1029，2006.

[20]　Shimizu K，Iwamib Y，Suganumac A，et al. Behaviour of sulfur in high-sulfur coal in a superacidic medium without gaseous hydrogen [J]. Fuel，76（10）：939-943，1997.

[21]　朱应军，郑明东. 炼焦用精煤中硫形态的 XPS 分析方法研究 [J]. 选煤技术，（03）：55-57，2010.

第五章

发酵类制药废水处理工艺及工程应用

Chapter 05

美国医药工业污染物排放标准体系将制药企业分为发酵类、合成类、提取类、混装与加工制剂类、实验类五类。我国制药工业污染物排放标准体系按照企业生产过程类别，并根据我国医药工业的特点将医药企业分为六类，即发酵类、化学合成类、提取类、中药类、生物工程类、混装与加工制剂类。其中发酵类制药生产过程产生的废水是医药行业最大的废水污染源，本章重点针对发酵类制药废水进行处理工艺和工程应用介绍。

发酵类药物主要是指由生物在其生命活动中代谢产生的具有选择性抑制或杀灭某些微生物以及致病细胞的天然（生命）有机合成物质。它是具有能在低浓度下选择性地抑制或杀灭其他种微生物或肿瘤细胞能力的化学物质，是人们控制感染性疾病及防治动植物病害的重要药物。发酵类药物最开始是从抗生素的生产发展起来的，截至目前，用于临床医学或其他用途的发酵类药物还是以发酵类抗生素为主，其他还有发酵类维生素、发酵类氨基酸以及发酵类其他药物，产品约有数百种。

发酵类抗生素类药物产品分类如下所述。

(1) β-内酰胺类　分子中含有 4 个原子组成的 β-内酰胺环的抗生素，其中以青霉素类（青霉素钠等）和头孢菌素类（头孢菌素 C 等）两类抗生素为主，还有一些 β-内酰胺酶抑制剂（克拉维酸钾）和非经典的 β-内酰胺类抗生素（硫霉素、诺卡霉素）。

(2) 四环类　由放线菌产生的以并四苯为基本骨架的一类广谱抗生素，如盐酸土霉素、盐酸四环素、盐酸金霉素等。

(3) 氨基糖苷类　是由氨基糖（单糖或双糖）与氨基醇形成的苷。如硫酸链霉素、硫酸双氢链霉素、硫酸庆大霉素等。

(4) 大环内酯类　由链霉菌产生的一类显弱碱性的抗生素，分子结构特征为含有一个内酯结构的十四元或十六元大环。如红霉素、柱晶白霉素、麦白霉素等。

(5) 多肽类　由 10 个以上氨基酸组成的抗生素。如盐酸去甲万古霉素、杆菌肽、环孢素、卷曲霉素（卷须霉素）、紫霉素、结核放线菌素、威里霉素、恩拉霉素（持久霉素）、平阳霉素等。

(6) 其他类　洁霉素、利福霉素、创新霉素、赤霉素、井岗霉素、环丝氨酸（氧霉素）、更新霉素、自立霉素、正定霉素（柔红霉素）、链褐霉素、光辉霉素（多糖苷类）、阿克拉霉素、新制癌霉素、克大霉素（贵田霉素）、阿霉素等。

发酵制药的基本过程是在人工控制条件下，微生物生长繁殖，在代谢中产生特定的物质，然后再经过提取、分离、纯化等过程得到药品。抗生素生产以好氧发酵法为主，发酵过程基本相同，但发酵罐的大小、控制条件、原材料、污染物产量等因素根据品种的不同有很大差异。发酵制药的提取、分离和纯化过程比较复杂，根据产品的性质不同可采取溶媒萃取法、化学沉淀法、离子交换法、吸附法、层析法等方法。通过发酵产生的药物有的存在于微生物细胞外的发酵液中，有的存在于微生物细胞体内，因此提取方法也略有不同，图 5-1 和图 5-2 给出发酵类制药生产工艺流程。其中，胞外发酵类抗生素从去除菌丝后的母液中提取，而胞内发酵类抗生素直接从发酵后母液中提取。

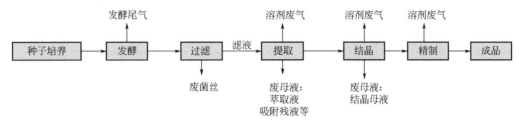

图 5-1 胞外提取发酵类制药生产工艺流程及排污节点

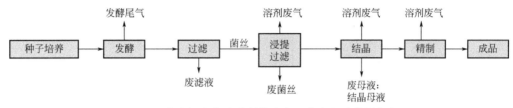

图 5-2 胞内提取发酵类制药生产工艺流程及排污节点

发酵类制药生产废水主要来自提取过程产生的废母液；发酵罐的清洗，菌丝过滤设备和滤布的清洗以及车间地面的冲洗等过程产生的洗涤废水；生产过程产生的洗气水、真空系统排水及循环冷却水排污等废水。废母液的主要特征如下。

（1）污染物浓度高 废水中有机物污染物浓度高，如青霉素 COD_{Cr} 为 $15000 \sim 80000mg/L$、土霉素 COD_{Cr} 为 $8000 \sim 35000mg/L$。因此好氧生物法处理有较大的困难。

（2）存在难生物降解物质和有抑菌作用的抗生素、抗药菌和抗性基因等 由于抗生素的分离提取效率不高，一般为 $60\% \sim 70\%$，因此废母液中残留抗生素含量一般较高。如四环素、土霉素废母液的残余抗生素浓度为 $1000mg/L$ 左右。高浓度抗生素会对后续生物处理产生影响。此外，由于抗生素的选择压力，制药废水生物处理过程中产生的抗药菌和抗性基因污染和排放不容忽视。

（3）氨氮浓度高 其废水氮源过剩，母液中氨氮含量通常在 $300mg/L$ 以上，且通常反硝化碳源相对不足。

部分抗生素生产废水水质特征和主要污染因子见表 5-1[1,2]。

表 5-1 部分抗生素生产废水水质特征和主要污染因子

种类	废水生产工段	COD_{Cr} /(mg/L)	SS /(mg/L)	SO_4^{2-} /(mg/L)	残留抗生素/(mg/L)	TN /(mg/L)	其他 /(mg/L)
青霉素	提取	1500～8000	5000～23000	5000		500～1000	
氨苄青霉素	回收溶媒后	5000～70000	<50000		开环物 54%	氨氮 0.34%	
链霉素	提取	10000～16000	1000～2000	2000～5500		<800	甲醛 100
卡那霉素	提取	25000～30000	<250000		80	<600	
庆大霉素	提取	25000～40000	10000～25000	4000	50～70	1100	
四环素	结晶母液	20000			1500	2500	草酸 7000
土霉素	结晶母液	10000～35000	2000	2000	500～1000	500～900	草酸 10000

续表

种类	废水生产工段	COD_{Cr} /(mg/L)	SS /(mg/L)	SO_4^{2-} /(mg/L)	残留抗 生素/(mg/L)	TN /(mg/L)	其他 /(mg/L)
麦迪霉素	结晶母液	15000~40000	1000	4000	760	750	乙酸乙酯 6450
洁霉素	丁醇提取回收后	15000~20000	1000	<1000	50~100	600~2000	
金霉素	结晶母液	25000~30000	1000~50000		80	600	

　　发酵类制药工业水污染物排放标准于 2008 年 6 月 25 日发布，2008 年 8 月 1 日正式实施《发酵类制药工业水污染物排放标准》（GB 21903—2008）（表 5-2）。自本标准实施之日起，发酵类制药工业企业的水污染物排放控制按标准的规定执行，不再执行《污水综合排放标准》（GB 8978—1996）中的相关规定。标准还规定了水污染物特别排放限值。新标准的实施对发酵类制药废水处理提出了新的挑战。

表 5-2　新建企业水污染物排放限值

序号	污染物项目	排放限值	污染物排放监控位置
1	pH 值	6~9	
2	色度(稀释倍数)/倍	60	
3	悬浮物/(mg/L)	60	
4	生化需氧量(BOD_5)/(mg/L)	40(30)	
5	化学需氧量(COD_{Cr})/(mg/L)	120(100)	
6	氨氮(以 N 计)/(mg/L)	35(25)	企业废水总排放口
7	总氮(以 N 计)/(mg/L)	70(50)	
8	总磷(以 P 计)/(mg/L)	1.0	
9	总有机碳(TOC)/(mg/L)	40(30)	
10	急性毒性($HgCl_2$ 毒性当量)/(mg/L)	0.07	
11	总锌/(mg/L)	3.0	
12	总氰化物/(mg/L)	0.5	

注：括号内排放限值适用于同时生产发酵类原料药和混装制剂的联合生产企业。

　　目前制药项目生产废水净化处理后进入环境水体可有以下 2 种路径。

　　① 通过制药企业内部的处理系统＋城市（或园区）二级污水处理厂组成的两级污水处理系统，处理至《城镇污水处理厂污染物排放标准》（GB 18918—2002）中一级 A/B 标准限值后进入环境水体。

　　② 通过制药生产企业内部处理系统，直接将废水处理至制药工业水污染物排放标准 GB 21903—2008~GB 21908—2008 限值要求后，进入环境水体。

　　目前，大部分抗生素原料药企业的废水是按第 1 种途径净化处理后进入环境水体。

　　本章首先针对结合抗生素生产废水中抗生素浓度残留测定不能代表其造成的生物效应的问题，引入了抗生素生产废水中残留效价的概念、测定方法和应用，然后选取 3 种重要的抗生素生产废水处理的实际案例进行了介绍。

第一节　抗生素生产废水处理中的残留效价及评价

一、问题的提出

　　制药废水中的抗生素通过处理系统而发生水解、生物降解等过程后，其转化产物可能保留抑菌活性[3]。仅仅利用仪器方法测定抗生素母体的浓度，可能会低估废水中的抗生素和具有抑菌活性的相关物质的危害。这些转化产物虽然可能比抗生素本身的抗菌活性低[4]，但仍会对环境中的微生物产生选择压力，促进抗性的出现和传播[5]。抗生素生产废水处理系统中抗生素的排放已引起重要的关注，但其相关产物的潜在影响不清楚。

药典中使用微生物检定法，并以抗菌活性的指标来衡量抗生素中有效成分的效力，以"效价"表示活性单位。而如何对废水中包括抗生素和相关物质在内的综合效力（残留效价）进行评价至今为止还没有一个确定的方法。

针对以上问题，本项目组利用药典中抗生素效价的概念，建立了基于实时比浊法的抗生素生产废水效价测定方法，并提出选择一种标准参照抗生素，并利用其效价当量进行不同抗生素废水效价表征和比较的思路，用于不同类抗生素废水效价的表征。首先，利用建立的效价测定方法从包括红霉素、土霉素、螺旋霉素等 20 种最常见的、使用量大和有代表性的抗生素标准品的效价测定标准曲线中，根据线性范围宽、抑菌能力强、稳定性好等特点选择红霉素作为标准参照抗生素；然后将此方法用于 4 种抗生素生产废水效价的表征，可以对含有不同或混合抗生素废水进行残留效价的评价和比较，为相关抗生素生产废水中残留效价的环境管理提供参考和数据基础。

二、仪器与试剂

① WBS-100 微生物浊度法测定仪。

② 金黄色葡萄球菌 CMCC（B）26003：作为革兰阳性菌的代表，用作效价测定中的标准菌株。

③ 大肠杆菌感受态细胞 [Takara，TOP10，puk13（0.1ng/μL）]：作为革兰阴性菌的代表，用作效价测定中的标准菌株。

④ 抗生素Ⅲ号检定培养基和营养琼脂培养基：用于金黄色葡萄球菌和大肠杆菌的培养以及菌液的制备。

⑤ 抗生素标准品：红霉素（效价 938U/mg）、螺旋霉素（效价 1348U/mg）、巴龙霉素（效价 718U/mg）、核糖霉素（效价 695U/mg）、土霉素（效价 874U/mg）、四环素（效价 971U/mg）、链霉素（效价 711U/mg）、硫酸卡那霉素（效价 694U/mg）。

⑥ 分析标准品：磺胺甲噁唑（新诺明，SMZ）、甲氧苄啶（TMP，≥99.0%，HPLC），6-氨基青霉烷酸（6-APA，96%）、土霉素（≥95%，HPLC）、替加环素（≥98%，HPLC）。

⑦ 用于效价测定的抗生素标准溶液：将抗生素标准品用水/乙醇/盐酸溶解而成，实验时用 PBS 稀释至不同浓度。

⑧ 初始菌悬液：冻存的标准菌株从 −80℃ 取出，快速融冰后，置于抗生素Ⅲ号检定培养基中，37℃ 条件下，振荡培养 6h。之后将菌接种于营养琼脂斜面上，37℃ 条件下，培养 16～18h 后，将斜面存于 4℃，1 周内使用。实验时，将斜面上的菌用 10mL 无菌水洗下，并用抗生素Ⅲ号检定培养基稀释，配制成初始菌悬液（580nm 波长下的吸光度值为 0.30）。

三、效价测定方法的建立

利用抗生素在液体培养基中对试验菌生长的抑制作用，根据抗生素在一定浓度范围内对数剂量与浊度（吸光度）呈线性关系，在剂量响应曲线的直线范围内进行抗生素残留效价测定。采用金黄色葡萄球菌作为标准菌株，分别采用废水中相应的抗生素和标准参照抗生素作标准曲线，测得相应的抗生素效价当量。主要步骤如下所述。

① 1mL 的抗生素标准溶液或者待测样品（经过 SPE 前处理且洗脱后用 PBS 稀释至适当倍数）与 9mL 菌液混合，分别为标准曲线组和待测样品组，同时设置 1mL PBS 和 9mL 菌液混合作为阳性对照，1mL PBS 和 9mL 不加菌液的抗生素Ⅲ号培养基混合作为空白对照。

② 37℃ 条件下培养 4h，间歇震荡培养，从 45min 后每 10min 用 WBS-100 微生物浊度法测定仪测定 580nm 下的光密度（OD_{580nm}），反映细菌的生长。

③ 实验结束后得到 20 组监测数据，根据标准曲线的线性相关系数选择标准曲线相关性高的一组数据，并根据此标准曲线计算样品的效价当量（EQ，mg/L）。当样品的 OD_{580nm} 接近阳性对照的 OD_{580nm} 时认为没有抑菌能力，即无效价。所有样品的效价测定 3 个平行样，计算平均值。

为了比较本研究的实时定量的方法与以往研究所用的固定生长时间的方法（固定生长时间后终止细菌生长之后测定菌悬液的 OD 值），对模拟土霉素废水（土霉素浓度为 0.30mg/L）的抑制率连续测定了 5 次。抑制率（I，%）计算方法如式（5-1）所列：

$$I = [(D_t - E_t)D_t] \times 100 \qquad (5-1)$$

式中　t——选定的培养时间，min；

　　　E_t——培养时间 t 时待测样品的 OD_{580nm}；

　　　D_t——培养时间 t 时阳性对照（不含抗生素和样品）的 OD_{580nm}。

抑制率（I）的值在 0～1 之间。

以往的研究中[6~10]，抗菌效价是培养固定时间（通常是 6h 或 8h）后杀死微生物，阻止其生长后进行测定的（表 5-3）。细菌生长速率受起始细胞数目、温度以及振摇速度等多种因素影响，因此很难在一个固定的生长时间下得到高的重复性。此外，由表 5-3 中还可以看到，以往的研究中抗菌效价通常采用生长抑制率（%），EC_{50}（mg/L）或者 PEQ（0～1）表征。这些方法只是测定不同的处理过程中效价的变化。在本研究中，采用抗生素效价当量（EQ，mg/L）来表征废水中抗菌效价，从而可以与 UPLC-MS/MS 测得的物质浓度相比较来评估环境样品中不同物质的效价贡献，更适合评价抗生素引起的环境和生态风险。

表 5-3　本研究及以往研究中的效价测定结果的比较

项目	研究对象	环境过程	测定方法		标准菌株	效价表征	抗生素浓度检测	参考文献
环境样品	抗生素生产废水	废水处理系统	实时定量方法	37℃，振摇，实时测定（≤4h）	金黄色葡萄球菌（Staphylococcus aureus）	抗生素效价当量（EQ，mg/L）	UPLC-MS/MS	本研究
抗生素溶液	磺胺类药物溶液	光解	固定生长时间	37℃，200r/min 振摇，8h	大肠杆菌（Escherichia coli DH5a）	EC_{50}	HPLC	[6]
	四环素溶液	光解		37℃，190r/min 振摇，6h	大肠杆菌（Escherichia coli DH5a）	EC_{50}	—	[7]
	林可霉素，环丙沙星，甲氧苄啶溶液	高锰酸钾氧化		37℃，轻微振摇，6h	大肠杆菌（Escherichia coli DH5a）	生长抑制率（I，%）；EC_{50}	LC-MS/MS；HPLC-PDA	[8]
	抗生素（13 种）[①]；杀菌剂三氯生溶液	臭氧氧化		37℃ 或 30℃，200r/min 振摇，8h	大肠杆菌（Escherichia coli K12 wild-type）；枯草芽孢杆菌（Bacillus subtilis Marburg）	生长抑制率（I，%）；PEQ= $EC_{50,0}/EC_{50,x}$	—	[9]

续表

项目	研究对象	环境过程	测定方法		标准菌株	效价表征	抗生素浓度检测	参考文献
抗生素溶液	环丙沙星溶液	光解和光催化	固定生长时间	37℃,200r/min振摇,8h	大肠杆菌(Escherichia coli)	生长抑制率(I,%);PEQ=EC$_{50,0}$/EC$_{50,x}$	HPLC	[10]
	β-内酰胺溶液	臭氧氧化		30℃,200r/min振摇,8h	枯草芽孢杆菌(Bacillus subtilis Marburg)	生长抑制率(I,%);PEQ=EC$_{50,0}$/EC$_{50,x}$	HPLC-MS/MS;HPLC-UV	[11]

① 罗红霉素,阿奇霉素,泰乐菌素,环丙沙星,恩诺沙星,青霉素G,头孢氨苄,磺胺甲噁唑,甲氧苄啶,林可霉素,四环素,万古霉素,阿米卡星。

图 5-3 中比较了本研究中建立的实时定量的方法与传统的固定时间方法的重复性(结果见表 5-4)。本研究中建立的实时定量方法的相对标准偏差(RSD)为 1.08%,远低于传统固定时间测定的方法(5.62%~11.29%),表 5-4 表明本研究建立的方法能够得到高重复性。

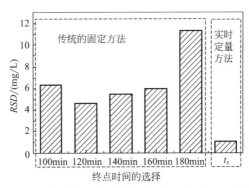

图 5-3　本研究建立的实时定量方法与传统的固定时间方法的重复性比较($n=5$)

(t_x 根据实时定量方法中线性相关系数确定)

表 5-4　本研究建立的实时定量方法与传统的固定时间方法的重复性比较($n=5$)

抑制率[①]/%	传统的固定生长时间的方法					实时定量方法(t_x)[②]
	100min	120min	140min	160min	180min	
土霉素溶液($n=5$)	61.35	61.64	60.51	53.96	46.68	50.32(170min[②])
	52.77	55.15	54.34	50.69	42.88	50.69(160min[②])
	58.76	56.68	54.45	48.62	38.54	51.46(150min[②])
	57.59	55.96	52.54	46.65	36.23	50.00(150min[②])
	53.57	55.53	55.52	53.08	46.82	50.51(170min[②])
平均	56.81	56.99	55.47	50.60	42.23	50.60
RSD/%	6.33	4.66	5.43	6.01	11.29	1.08

① 结果通过细菌生长的抑制率(%)来表示。

② t_x 根据实时定量方法中线性相关系数确定。

表 5-5 提供了 8 种抗生素(包括 2 种大环内酯类、3 种四环素类、3 种氨基糖苷类)对金黄色葡萄球菌抑制的标准曲线。不同抗生素的线性范围和斜率不同,其中螺旋霉素的线性范围为 4.5~17.0mg/L,斜率为 0.592±0.103;土霉素的线性范围为 0.10~0.40mg/L,斜率为 0.480±0.196。仪器检测限(instrumental detection limits,IDLs)是通过阳性对照

（不含抗生素和样品）的 OD_{580nm} 值的 90% 经过线性方程计算得到的效价当量，随抗生素不同而不同，在 $0.05 \sim 4.41 mg/L$ 之间。方法的检测限是根据不同抗生素的线性浓度范围确定的，在 $0.20 \sim 24.00 \mu g/L$ 之间。

表 5-5 抗生素抑制金黄色葡萄球菌的线性范围、仪器检测限、方法定量限

抗生素	R^2	线性范围/(mg/L)	斜率[1]	PBS[2]	IDL[3]/(mg/L)	LOQ[4]/(μg/L)
螺旋霉素[5]	0.997 ± 0.001	$4.50 \sim 17.00$	0.592 ± 0.103	7.8	2.92	18.00
红霉素[5]	0.995 ± 0.003	$0.10 \sim 1.00$	0.556 ± 0.138	7.8	0.10	0.40
土霉素[6]	0.997 ± 0.002	$0.10 \sim 0.40$	0.480 ± 0.196	6.0	0.10	0.40
四环素[6]	0.998 ± 0.001	$0.05 \sim 0.30$	0.095 ± 0.008	6.0	0.05	0.20
巴龙霉素	0.995 ± 0.002	$0.80 \sim 3.00$	0.628 ± 0.182	7.8	0.62	3.20
罗红霉素	0.998 ± 0.001	$6.00 \sim 18.00$	0.646 ± 0.201	7.8	3.44	24.00
链霉素	0.998 ± 0.001	$5.00 \sim 30.00$	0.531 ± 0.140	7.8	4.41	20.00
卡那霉素	0.994 ± 0.003	$4.00 \sim 18.00$	0.184 ± 0.023	7.8	2.11	16.00

① 多次测定的平均值（$n \geqslant 3$）。
② 效价测定时所用 PBS 的 pH 值。
③ 仪器检出限（instrumental detection limits，IDL），根据阳性对照的 580nm 波长下的 OD 值的 90% 计算得到的抗生素效价当量。
④ 方法定量限（quantification limits of method，LOQ）。
⑤ 抗生素标准溶液：每 10mg 抗生素用 4mL 乙醇溶解。
⑥ 抗生素溶液：每 10mg 抗生素用 1mL 盐酸溶解。

四、抗生素废水中残留效价的评价

1. 样品的采集

效价测定方法的应用评价中主要以螺旋霉素和土霉素为样本。水样样品为含螺旋霉素（SPM-W）、土霉素（OTC-W）的废水，来自 4 个抗生素废水处理系统，包括江苏省的某制药厂 2 个螺旋霉素生产废水处理系统，1 个螺旋霉素废水模拟小试和 1 个位于河北的某制药厂的土霉素废水处理系统。各个系统的采样点如图 5-4 所示。

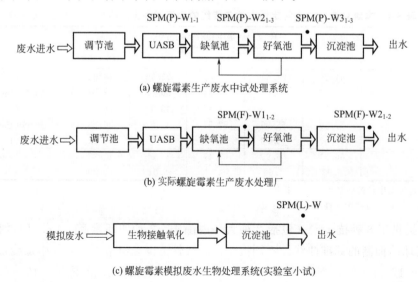

(a) 螺旋霉素生产废水中试处理系统

(b) 实际螺旋霉素生产废水处理厂

(c) 螺旋霉素模拟废水生物处理系统(实验室小试)

(d) 土霉素生产废水生物处理系统

图 5-4　4 个废水生物处理系统的工艺示意及采样点（"·"：采样点）

2. 废水中残留效价的评价

螺旋霉素和土霉素废水的残留效价当量和 UPLC-MS/MS 测得的抗生素浓度分别见表 5-6 和表 5-7。首先可以看出，不同抗生素废水对金黄色葡萄球菌的参照抗生素效价当量不同。从表 5-6 中可以看出螺旋霉素废水的螺旋霉素效价当量明显高于通过 UPLC-MS/MS 测得的螺旋霉素浓度。螺旋霉素废水处理中试系统进水中螺旋霉素浓度为 1.88～2.26mg/L，经过生物处理后出水中仅含 0.77～0.84mg/L。而残留效价从进水中的 11.01mg/L 螺旋霉素效价当量降至出水中的 1.54～1.82mg/L 螺旋霉素效价当量。在实际螺旋霉素废水处理系统中，螺旋霉素浓度从 0.38～1.41mg/L 经生物处理降至 0.31～0.39mg/L。而残留效价从 1.65～2.05mg/L 降至 0.71～1.50mg/L 螺旋霉素效价当量。皮尔森相关性分析发现螺旋霉素废水中的螺旋霉素效价当量与浓度值呈显著正相关（$R^2 = 0.896$；$p < 0.01$）。

表 5-6　螺旋霉素生产废水的残留效价及其螺旋霉素浓度

样品	效价[1]（螺旋霉素 EQ）/(mg/L)	SPM 浓度[2]/(mg/L)
SPM(P)-W1₁	11.01±0.08	1.88±0.03
SPM(P)-W2₁	8.56±0.000	1.61±0.01
SPM(P)-W3₁	1.81±0.11	0.84±0.01
SPM(P)-W2₂	8.91±0.04	2.26±0.04
SPM(P)-W3₂	1.54±0.01	0.77±0.01
SPM(P)-W2₃	10.91±0.83	1.50±0.07
SPM(P)-W3₃	1.81±0.12	0.81±0.03
SPM(F)-W1₁	1.65±0.22	0.38±0.01
SPM(F)-W2₁	0.71±0.09	0.31±0.01
SPM(F)-W1₂	2.05±0.04	1.41±0.05
SPM(F)-W2₂	1.50±0.05	0.39±0.01

[1] 实时定量方法测得的效价值，以螺旋霉素当量表征。
[2] 通过 UPLC-MS/MS 测定的螺旋霉素（SPM）浓度。

表 5-7　土霉素生产废水的残留效价和土霉素及其三种主要降解产物的浓度

样品	效价[1]（土霉素 EQ）/(mg/L)	OTC 浓度[2]/(mg/L)	EOTC 浓度[2]/(mg/L)	α-OTC 浓度[2]/(mg/L)	β-OTC 浓度[2]/(mg/L)
OTC-W11	8.43±0.49	7.80±0.67	0.61±0.04	—	—
OTC-W21	2.27±0.14	2.24±0.01	—	—	—
OTC-W31	1.52±0.16	2.03±0.01	—	—	—
OTC-W11[3]	13.41±0.76	12.23±0.04	0.75±0.01	—	—
OTC-W12	6.57±0.24	6.26±0.16	0.41±0.03	—	—
OTC-W32	0.66±0.04	0.62±0.09	—	—	—

[1] 实时定量方法测得的效价值，以土霉素当量表征。
[2] 通过 UPLC-MS/MS 测定的土霉素（OTC）及其 3 种降解产物（EOTC，α-OTC，β-OTC）的浓度。
[3] 土霉素废水样品中添加 5mg/L 土霉素标准品。

从表 5-7 中可以看出土霉素废水的土霉素效价当量与 UPLC-MS/MS 测得的土霉素浓度

非常接近。进水中的土霉素浓度在 $6.26 \sim 7.80 mg/L$，经过生物处理后出水降至 $0.62 \sim 2.03 mg/L$，而土霉素效价当量从进水中的 $6.58 \sim 8.43 mg/L$（土霉素当量）降至 $0.66 \sim 1.52 mg/L$（土霉素当量），达到 $82\% \sim 90\%$ 的去除率。土霉素的三种常见的已知降解产物（4-差向异构土霉素，α-原土霉素，β-原土霉素）也同时通过 UPLC-MS/MS 进行检测。仅发现废水中残留高浓度的土霉素和 4-差向异构土霉素，其中 4-差向异构土霉素只在进水中测得。同样相关性分析发现土霉素效价当量和土霉素浓度呈显著性相关（$R^2 = 0.999$；$p < 0.01$），说明土霉素是废水中抗菌效价的主要贡献者。

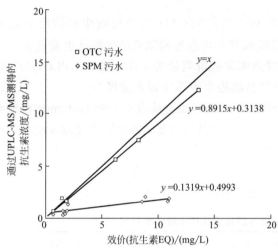

图 5-5　两类抗生素废水的抗生素浓度与
抗生素效价当量（EQ，mg/L）的相关性

图 5-5 为螺旋霉素和土霉素废水中相应的抗生素效价当量与浓度的比较，斜率越接近 1 表示效价当量与浓度的差别越小。从图中可以看出，螺旋霉素废水的螺旋霉素效价当量显著高于螺旋霉素浓度，斜率为 0.132；而土霉素废水的土霉素效价当量与测得的土霉素浓度很接近，斜率为 0.892。因此可以判断，螺旋霉素废水中有除了螺旋霉素本身之外的其他物质贡献废水效价，因此有必要研究废水中的抗生素本身及其转化产物，从而更有效地控制抗性基因的产生和传播。鉴于此目的，本研究建立的实时定量的效价测定方法能够更有效地评价包括抗生素及其未知的相关产物的综合影响。

　　在已知的螺旋霉素相关物质中，新螺旋霉素被认为是螺旋霉素最主要的转化产物[12]，在螺旋霉素生产废水中浓度可高达 $(5.3 \pm 0.4) mg/L$[13]。图 5-6 所示为螺旋霉素和新螺旋霉素的化学结构。

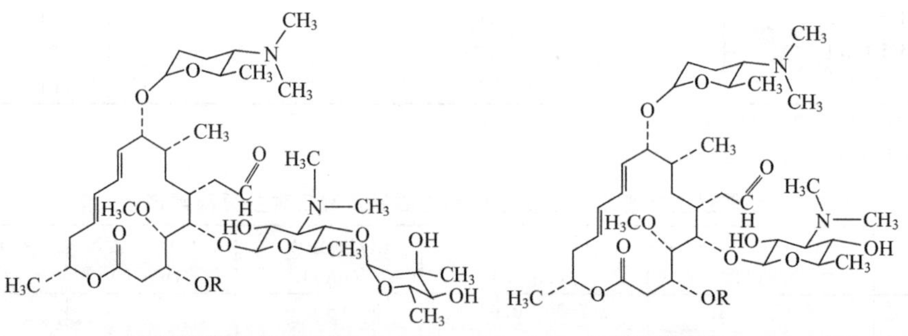

(a) 螺旋霉素(Spiramycin)　　　　　(b) 新螺旋霉素(Neopiramycin)

图 5-6　螺旋霉素和新螺旋霉素的化学结构

　　如表 5-8 所列，新螺旋霉素与螺旋霉素的相对效价为 0.874（10mg/L 的新螺旋霉素与螺旋霉素的比值），与欧洲药品评价局兽用药物委员会报道的新螺旋霉素占螺旋霉素抗菌活性的 88% 相一致。此实验结果表明新螺旋霉素对废水残留效价的贡献不能忽视。因此对实际螺旋霉素废水处理厂以及螺旋霉素模拟废水实验室小试进行样品采集并检测其效价（螺旋霉素当量），同时对其中的螺旋霉素和新螺旋霉素浓度进行分析（见表 5-8）。在新螺旋霉素

浓度的基础上，通过其与螺旋霉素的相对效价系数转换得到新螺旋霉素的效价为 0.14～3.79mg/L 螺旋霉素当量，对废水残留效价贡献 13.15%～22.89%。

表 5-8　螺旋霉素生产废水中新螺旋霉素对残留效价的贡献

样品[①]	螺旋霉素浓度[②]/(mg/L)	新螺旋霉素浓度[②]/(mg/L)	新螺旋霉素效价[③]（螺旋霉素 EQ)/(mg/L)	废水残留效价[④]（螺旋霉素 EQ)/(mg/L)	新螺旋霉素对废水残留效价的贡献[⑤]	未知物质对废水残留效价的贡献[⑥]
SPM(F)-W1₁	0.38±0.01	0.32±0.02	0.28±0.01	1.65±0.22	16.71%	60.26%
SPM(F)-W2₁	0.31±0.01	0.16±0.01	0.14±0.01	0.71±0.09	19.72%	36.88%
SPM(F)-W1₂	1.41±0.05	0.52±0.02	0.46±0.01	2.05±0.04	22.29%	9.09%
SPM(F)-W2₂	0.39±0.01	0.39±0.01	0.34±0.01	1.50±0.05	22.89%	51.21%
SPM(L)-W	17.03±0.52	4.33±0.13	3.79±0.11	28.79±2.73	13.15%	27.72%

① SPM (L) -W 采集自好氧生物处理小试反应器出水；SPM (F) -W1₁, W2₁ 和 SPM (F) -W1₂, W2₂ 分别于 2013 年 11 月和 2014 年 12 月采集自实际螺旋霉素生产废水处理厂。
② 浓度采用 UPL-MS/MS 测定。
③ 新螺旋霉素效价通过新螺旋霉素浓度与相对效价换算系数计算得到（相对效价换算系数见表 5-9）。
④ 废水残留效价采用实时定量方法测定，并用螺旋霉素效价当量表征（螺旋霉素 EQ, mg/L）。
⑤ 新螺旋霉素对废水残留效价的贡献＝新螺旋霉素效价/废水残留效价×100%。
⑥ 未知物质对废水残留效价的贡献＝［1－（螺旋霉素效价＋新螺旋霉素效价)/废水残留效价］×100%，其中螺旋霉素效价＝螺旋霉素浓度×1（相对效价换算系数见表 5-9）。

但是废水的残留效价仍然高于其中螺旋霉素和新螺旋霉素贡献的效价之和，留下 9.09%～60.26% 的效价是未知来源的，也就是说，废水中存在一些未知物质具有抗菌活性。污水处理系统中的具有抗菌活性的抗生素及其相关物质都能影响微生物群落结构，诱导和传播抗性基因，从而扰乱生态系统的功能。因此，抗菌效价的测定因其可以评价所有具有抗菌活性的物质而成为环境管理的重要工具。而通过以上讨论可以推测螺旋霉素可能转化成未知产物或中间产物仍具有抗菌活性，结论有待进一步的研究。

根据前面的结果与讨论，土霉素废水中效价的主要贡献者为土霉素本身，其次为土霉素转化产物（4-差向异构土霉素）（表 5-7）。另外，土霉素的三种主要的降解产物（4-差向异构土霉素、α-原土霉素和 β-原土霉素）与土霉素效价相比的相对效价分别为 0.007、0.003、0.007（见表 5-9），也就是说这几种降解产物比土霉素本身的抗菌活性低很多。由此可以看出，土霉素与螺旋霉素不同，一经转化就丢失大部分的抗菌效价。而低效价的转化产物是否意味着诱导抗性基因的能力低还需要进一步的研究验证。

表 5-9　抗生素的主要转化产物对抗生素本身的相对效价

抗生素	转化产物	相对效价
土霉素(OTC)		1
	4-差向异构土霉素(EOTC)	0.007[①]
	α-原土霉素(α-OTC)	0.003[①]
	β-原土霉素(β-OTC)	0.007[①]
螺旋霉素(SPM)		1
	新螺旋霉素(NeoSPM)	0.874[②]

① 土霉素降解产物的相对效价＝降解产物与土霉素本身的 EC₅₀ 的比值。
② 新螺旋霉素的相对效价＝10mg/L 的新螺旋霉素的螺旋霉素效价当量与 10mg/L 螺旋霉素效价的比值。

值得注意的是药典中采用不同的标准菌株［如金黄色葡萄球菌（Staphylococcus aureus）、大肠杆菌（Escherichia coli）和白色念珠菌（Candidaalbicans）］对不同的抗生素进行效价测定。在本研究中，若只采用了最常用的金黄色葡萄球菌作为标准菌株来测定抗生素废水中的残留效价具有一定的局限性。而考虑到个别窄谱抗生素只对革兰阴性菌有作用，针对此情况，选择了大肠杆菌为标准菌株作为革兰阴性菌的代表。结果如表 5-10 所列。

表 5-10　抗生素抑制大肠杆菌的线性范围[①]

抗生素	R^2	线性范围/(mg/L)	斜率	PBS[②]
红霉素	0.993	1.00~20.00	0.075	7.8
土霉素	0.994	2.00~15.00	0.621	6.0
四环素	0.999	10.00~20.00	1.541	6.0
巴龙霉素	0.997	7.50~15.00	0.155	7.8
卡那霉素	0.998	4.00~10.00	0.120	7.8
核糖霉素	0.995	7.50~18.00	0.056	7.8
新诺明	0.997	1.00~10.00	0.169	7.8

① 除红霉素外其他为单次实验结果。
② 效价测定时所用 PBS 的 pH 值。

　　抗生素及其相关物质经废水排放进入环境中可能会影响生态系统的微生物群落结构和功能。不仅如此，这些具有抑菌能力的物质可能促进细菌抗药性和抗性基因的产生和传播。因此，仅检测抗生素浓度可能不能全面地反映废水排放对环境的危害。废水残留效价从这个角度来说更能有效地评估其环境风险。

五、标准参照抗生素的选择与不同抗生素废水效价的比较研究

　　本研究中，抗菌效价是在标准曲线的基础上计算而得，不同的抗生素由于其本身的抗菌特性和抗菌机制而显示不同的效价。虽然此方法是针对抗生素废水中效价测定而建立，抗生素废水中通常只含有一类高浓度抗生素或以一类抗生素为主，但是也可以将其应用于其他环境样品，如通常含有一种或两种浓度较高的已知抗生素的养殖废水。对于其他环境样品，如污水和地表水，可能需要进一步的研究是否可以采用此方法。这些环境样品中通常含有多种类型的抗生素，因此标准参照抗生素的选择是一个难题。

　　为了选择能够作为不同废水效价评价的标准参考抗生素，本节选择了 20 种常用、使用量大和有代表性的抗生素测定抗生素的效价标准曲线。选择金黄色葡萄球菌作为代表革兰阳性菌的标准菌株，主要抗生素类型包括大环内酯类、四环素类、氨基糖苷类、林可酰胺类几大类抗生素和磺胺类化学合成药物。

（一）标准参照抗生素的选择

　　20 种抗生素对金黄色葡萄球菌的线性浓度范围结果汇总见表 5-11。

表 5-11　20 种抗生素对金黄色葡萄球菌的线性浓度范围

抗生素	线性浓度范围/(mg/L)	斜率[①]	斜率×高低浓度比[②]
螺旋霉素	4.50~17.00	0.592	2.24
红霉素	0.15~1.00	0.556	3.75
泰乐菌素	0.80~3.00	0.092	0.35
麦白霉素	1.00~3.30	0.122	0.40
吉他霉素	0.72~2.00	0.088	0.24
阿奇霉素	0.40~1.32	0.051	0.17
克拉霉素	0.10~0.80	0.085	0.68
土霉素	0.10~0.40	0.480	1.92
四环素	0.05~0.30	0.095	0.57
替加环素	0.20~0.40	1.258	2.52
多西环素	0.04~0.16	0.058	0.23
巴龙霉素	0.80~3.00	0.628	2.36
核糖霉素	6.00~18.00	0.646	1.94

续表

抗生素	线性浓度范围/(mg/L)	斜率[①]	斜率×高低浓度比[②]
链霉素	5.00～25.00	0.531	2.66
卡那霉素	4.00～18.00	0.184	0.83
庆大霉素	0.15～1.00	0.075	0.50
妥布霉素	0.50～1.50	0.080	0.24
盐酸大观霉素	25.00～100.00	0.039	0.16
林可霉素	0.35～1.40	0.170	0.68
复方新诺明[③]	1.00～8.00	0.076	0.61

① 斜率为三次实验平均值，RSD 小于 5%。
② 高低浓度比表示标准曲线浓度范围的高浓度与低浓度的比值。
③ 复方新诺明为磺胺甲噁唑与甲氧苄啶按 5∶1 的配比配制。

标准参照抗生素的选择依据是斜率×高低浓度范围比的综合指标，此值越大，线性范围宽（高低浓度范围比），抗生素的抑菌活性也较强（斜率），不易受到外界环境的影响，试验重复性较好。从表 5-11 中看，红霉素的斜率×高低浓度范围比的综合指标最高（3.75），斜率也相对较高，其次为链霉素（2.66）、替加环素（2.52）、巴龙霉素（2.36）和螺旋霉素（2.24）。

综合考虑成本和易获取性，本研究选择采用红霉素作为以金黄色葡萄球菌为受试菌株进行效价测定的标准参照抗生素。

（二）不同抗生素废水效价的比较研究

1. 样品的采集

水样样品为含螺旋霉素（SPM-W）、土霉素（OTC-W）、6-氨基青霉烷酸（6-APA-W）和磺胺甲噁唑（新诺明）（SMZ-W）的生产废水。

SPM-W 水样来自江苏某制药厂螺旋霉素生产废水处理的 UASB 厌氧-缺氧-好氧中试系统，包括进水、UASB 出水、缺氧出水、好氧出水。每个水样均取三次。

OTC-W 水样取自河北某制药厂的土霉素生产废水处理以及土霉素废水厌氧处理小试系统。采集的水样包括 SBR 进水、SBR 出水、二沉出水以及厌氧小试的进出水。每个水样均取两次。

6-APA-W 来自内蒙古某制药厂的（6-APA）生产废水深度处理的小试系统，包括进水、好氧-臭氧-生物滤池各级出水。

SMZ-W 取自山东某制药厂 SMZ 生产废水处理和 SMZ 废水厌氧小试处理系统。采集水样包括磺胺甲噁唑废水、调节池出水、二沉出水（1，2 分别来自两个二沉池）以及小试进水和厌氧出水。

2. 不同抗生素废水效价比较的结果

（1）采用标准参照抗生素对螺旋霉素生产废水中残留效价的测定结果　以金黄色葡萄球菌为标准测试菌株，同时以红霉素（标准参照抗生素）和螺旋霉素（废水中的目标抗生素）的标准曲线进行螺旋霉素生产废水中残留效价的测定，结果如表 5-12 所列。螺旋霉素生产废水的螺旋霉素效价当量从进水的 26.24～103.24mg/L，经过 UASB 工艺处理后，最终出水可降至 1.54～1.81mg/L，去除率均高于 90%。红霉素效价当量从进水的 2.87～7.26mg/L 降至 0.09mg/L，与螺旋霉素效价当量的数值相差较大，但是规律一致，如图 5-7 所示，通过相关性分析说明螺旋霉素效价当量和红霉素效价当量呈极显著相关（$p < 0.01$）。

表 5-12　螺旋霉素生产废水中螺旋霉素效价当量和红霉素效价当量

SPM-W 水样[①]	SPM EQ[②]/(mg/L)	ERM EQ[②]/(mg/L)
进水 A	35.400±0.493	2.871±0.054
UASB 出水 A	11.010±0.077	0.752±0.007
缺氧出水 A	8.563±0.000	0.534±0.000
好氧出水 A	1.810±0.112	0.090±0.020
进水 B	54.181±2.081	3.833±0.169
UASB 出水 B	26.235±0.968	1.293±0.058
缺氧出水 B	8.908±0.041	0.564±0.004
好氧出水 B	1.536±0.005	0.083±0.000
进水 C	103.238±2.469	7.263±0.737
UASB 出水 C	32.025±1.610	1.896±0.004
缺氧出水 C	10.909±0.83	0.605±0.088
好氧出水 C	1.812±0.115	0.091±0.021

① 来自螺旋霉素生产废水中试系统，A、B 和 C 分别表示三次采样。
② SPM EQ 和 ERM EQ 分别表示以螺旋霉素和红霉素作标准曲线得到的效价当量值。

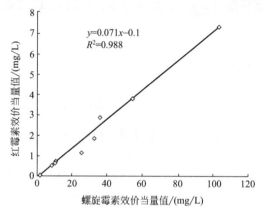

图 5-7　螺旋霉素生产废水中的螺旋霉素效价当量与红霉素效价当量的相关性

　　(2) 采用标准参照抗生素对土霉素生产废水中残留效价的测定结果　以金黄色葡萄球菌为标准测试菌株，同时以红霉素（标准参照抗生素）和土霉素（废水中的目标抗生素）的标准曲线对土霉素生产废水中残留效价进行测定，结果如表 5-13 所列。土霉素生产废水处理系统的土霉素效价当量分别从 8.43mg/L 和 6.57mg/L 经过 SBR 工艺处理后，最终出水可降至 1.52mg/L 和 0.66mg/L，去除率可分别达 82% 和 90%。小试的进水由土霉素生产废水经过不同比例稀释而得，其中的土霉素效价当量分别为 7.39mg/L 和 5.76mg/L，经过厌氧处理后，出水中分别降至 2.70mg/L 和 1.07mg/L，去除率分别为 63% 和 81%。通过土霉素生产废水处理系统和小试进出水的残留效价两次采样的结果比较，可以初步发现进水效价的高低与最终去除率呈正相关，可能与土霉素影响生物处理系统的微生物群落结构和功能有关。红霉素效价当量呈现一致的规律，如图 5-8 所示，通过相关性分析说明土霉素效价当量和红霉素效价当量呈极显著相关（$p < 0.01$）。

表 5-13　土霉素生产废水中土霉素效价当量和红霉素效价当量

水样	OTC EQ[①] (mg/L)	ERM EQ[①] (mg/L)
SBR 进水 A[②]	8.426±0.486	22.808±0.523
SBR 出水 A[②]	2.269±0.135	4.034±0.043

续表

水样	OTC EQ[①] (mg/L)	ERM EQ[①] (mg/L)
二沉出水 A[②]	1.518±0.165	3.234±0.440
SBR 进水 B[②]	6.567±0.242	20.608±0.758
SBR 出水 B[②]	3.794±0.116	9.436±0.814
二沉出水 B[②]	0.664±0.040	2.546±0.127
小试进水 A[③]	7.387±0.292	21.728±1.150
小试出水 A[③]	2.702±0.090	9.532±0.294
小试进水 B[③]	5.760±0.054	17.958±1.068
小试出水 B[③]	1.066±0.010	2.064±0.008

① OTC EQ 和 ERM EQ 分别表示以土霉素和红霉素作标准曲线得到的效价当量值。
② 来自土霉素生产废水生物处理系统各级工艺，A 和 B 分别代表两次采样。
③ 来自土霉素生产废水小试装置的进出水，A 和 B 分别代表两次采样。

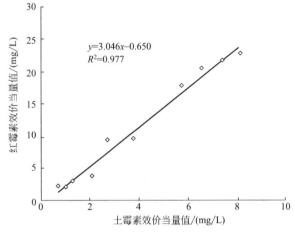

图 5-8　土霉素生产废水中的土霉素效价当量与红霉素效价当量的相关性

（3）采用标准参照抗生素对 6-氨基青霉烷酸生产废水中残留效价的测定结果　采用红霉素作为标准参照抗生素，本研究还对 6-氨基青霉烷酸生产废水也进行了效价测定。实验结果如图 5-9 所示，6-氨基青霉烷酸生产废水无抑菌能力，在测定过程中，水样的 OD_{580nm}[12]（C_t）

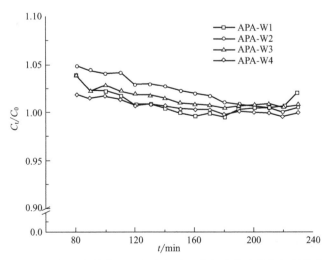

图 5-9　6-氨基青霉烷酸生产废水对金黄色葡萄球菌的抑制能力
（C_t 和 C_0 分别表示样品和阳性对照的 OD_{580nm}）

与不加抗生素和水样的阳性对照的 OD_{580nm}（C_0）的比值接近 1（1～1.05）。6-氨基青霉烷酸是半合成青霉素的前体，由一个饱和的噻唑环和一个四元 β-内酰胺环组成，几乎无生物活性，其 6 位氨基上可接上不同侧链，产生一系列抑菌活性较强的半合成青霉素（如氨苄西林、阿莫西林、美洛西林等）[14]。对 6-氨基青霉烷酸的标准品进行效价测定，实验结果显示 10mg/L 以下对金黄色葡萄球菌完全无抑制，浓度高达 100mg/L 的 6-氨基青霉烷酸才有与 0.1mg/L 的红霉素相当的抑菌能力。

（4）采用标准参照抗生素对磺胺甲噁唑生产废水中残留效价的测定结果　磺胺甲噁唑生产废水的红霉素效价当量如表 5-14 所列，磺胺甲噁唑生产废水及其处理系统各工艺出水的红霉素效价当量为 0.231～1.423mg/L，小试的进水和厌氧出水分别为 0.722mg/L ±0.092mg/L 和 0.170mg/L±0.015mg/L。磺胺甲噁唑（SMZ）的抑菌活性偏低，通常与甲氧苄啶（TMP）以 5∶1 的质量比联用[15]，表 5-11 中二者联用的复方新诺明（SMZ＋TMP）的标准曲线，浓度范围在 1.00～8.00mg/L。但是对单独磺胺甲噁唑的标准品进行效价测定，发现 50mg/L 的磺胺甲噁唑对金黄色葡萄球菌的抑制能力相当于 0.1mg/L 的红霉素（抑制率＜10％）。因此磺胺甲噁唑生产废水测得的效价较低。

表 5-14　磺胺甲噁唑生产废水中红霉素效价当量

水样	ERM EQ[①]/(mg/L)
磺胺甲噁唑生产废水	1.423±0.036
调节池出水	0.548±0.048
二沉池 1 出水[②]	0.273±0.013
二沉池 2 出水[②]	0.231±0.009
小试进水	0.722±0.092
小试厌氧出水	0.170±0.015

① ERM EQ 表示以红霉素作标准曲线得到的效价当量值。
② 分别采集自两个二沉池。

（5）不同类抗生素生产废水残留效价的表征和比较　从表 5-12 和表 5-13 中可以看出螺旋霉素效价当量的值总体高于土霉素效价当量的值，但是不同抗生素的抑菌活性不同，因此以不同抗生素作标准曲线测得的效价当量不尽相同，难以进行比较。通过上述两类抗生素生产废水的实验验证，可以看出选择稳定性好不易受其他因素干扰的红霉素作为标准参照抗生素可以有效地反映抗生素生产废水的残留效价水平及其变化。

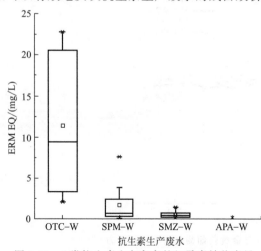

图 5-10　4 类抗生素生产废水的红霉素效价当量

采用红霉素作为标准参照抗生素可以得到不同抗生素生产废水的红霉素效价当量，从而可以比较不同抗生素生产废水的残留效价，图 5-10 为 4 类抗生素生产废水的红霉素效价当量的分布。土霉素生产废水的红霉素效价当量最高（2.06～22.81mg/L），其次是螺旋霉素和磺胺甲噁唑生产废水（分别为 0.08～7.26mg/L 和 0.17～1.42mg/L），而 6-氨基青霉烷酸生产废水无效价，这与其本身的性质有关。目前国内对于效价的研究主要集中在药品制剂的纯度检测上，对环境样品缺乏研究。国外有一些采用 EC_{50}，抑制率表征抗生素类物质在光解、臭氧等转化过程中抗菌活性（效价）变化的报道，但是不能用于评价废水等环境样品抗生素及相关物质的效价当量和进行不同废水的效价比较。而本研究选择红霉素作为统一的抗生素当量标准，可以对不同类型抗生素废水的残留效价进行比较。

为了讨论利用红霉素效价当量表征不同废水效价的可靠性，总结了4种抗生素标准品的效价范围，通过抗生素配水效价测定数据计算其对金黄色葡萄球菌的50%抑制率浓度，如表5-15所列。可以看出土霉素的抑菌活性最高（50%抑制率浓度为0.215mg/L），其次是红霉素（0.999mg/L）和螺旋霉素（6.417mg/L），而磺胺甲噁唑和6-氨基青霉烷酸的抑菌活性极弱（>300mg/L）。因此，这与图5-10不同废水效价比较的结果相符，例如螺旋霉素废水的螺旋霉素效价当量值（1.54～103.24mg/L）高于土霉素废水土霉素效价当量，而用红霉素效价当量表征则低于土霉素废水的效价当量（0.08～7.26mg/L），这与两种抗生素的抑菌能力一致[16,17]。

表 5-15　对金黄色葡萄球菌 50%和 10%抑制率浓度

抗生素	红霉素	土霉素	螺旋霉素	复方新诺明	磺胺甲噁唑	6-氨基青霉烷酸
50%抑制率浓度/(mg/L)	0.999	0.215	6.417	3.749[①]	>300[②]	>300[②]
10%抑制率浓度/(mg/L)	UD[③]	UD	UD	UD	64.590	67.150

① 复方新诺明为磺胺甲噁唑与甲氧苄啶按5:1的配比配制。
② 磺胺甲噁唑和6-氨基青霉烷酸的抑菌活性弱，对金黄色葡萄球菌的50%抑制率浓度不在标准曲线范围内，此值为根据50mg/L和100mg/L的抑制率估算所得，因此另计算其10%抑制率浓度。
③ UD-低于检测限。

六、总结

① 针对抗生素生产废水中残留抗生素及其相关物质浓度高的问题，建立高重复性的实时定量的残留效价测定方法，可以作为抗生素废水及其他环境水体环境风险评价的重要工具。

② 引入抗生素效价当量（EQ，mg/L）的概念，将抗生素及其已知转化产物的浓度比较，进而评估每种物质对效价的贡献。

③ 针对不同类抗生素废水比较和含有多种抗生素的混合废水的效价评价，以红霉素作为标准参照抗生素，对于不同废水的比较和混合抗生素废水效价的表征具有重要的意义。

第二节　螺旋霉素等抗生素生产废水

一、问题的提出

无锡某制药厂交替生产螺旋霉素、核糖霉素和巴龙霉素。其中，螺旋霉素是由生二素链霉菌所产生的多组分大环内酯类抗生素。巴龙霉素与核糖霉素属于氨基糖苷类抗生素。提取该抗生素后的废弃母液中含有大量的废菌渣和未完全降解的发酵基质豆油，造成母液乳化严重，无法有效分离，若直接进入后续的生化系统，会对后续的生化系统造成影响。同时抗生素废母液中含有残留抗生素，易在生化系统中产生抗性基因，若直接外排易造成抗性基因及抗药菌的传播与扩散。

针对上述问题，提出了利用真菌的特点，实现油、水、菌渣的有效分离，生化-芬顿氧化组合工艺实现常规污染物和抗生素抗性基因的协同控制。

二、工艺流程和技术说明

(一) 工程概况

1. 基本信息

制药企业位于江苏省无锡市,占地面积 $100000m^2$,主要生产抗生素原料药、化学合成原料药以及口服固体制剂;发酵总量近 $500m^3$,建有 8 个符合国际国内 GMP 要求的生产车间。目前企业主要产品有硫酸核糖霉素、螺旋霉素、硫酸奈替米星及硫酸西索米星等抗生素药物。

2. 水质水量

该企业污水处理项目设计总水量:$Q=1200m^3/d$,总计每天废水量约 $971m^3$,最大废水量约 $1194m^3$。其中中和池每天最大量为 $535m^3/d$,氨池每天最大量为 $228m^3/d$,氯化铵池每天最大量为 $25.3m^3/d$,巴龙霉素废水、核糖霉素废水与螺旋霉素废水三种抗生素废水相互交替生产,平均水量 $127m^3/d$。

进出水水质、污水样水质监测数据见表 5-16。

表 5-16 废水水质特征

指标	$COD_{Cr}/(mg/L)$	$NH_3\text{-}N/(mg/L)$	$TN/(mg/L)$	$SO_4^{2-}/(mg/L)$	$TP/(mg/L)$	pH 值
核糖霉素废水	30340~44040	1000~1400	1100~1300	700~1000	512~800	5.0~7.0
螺旋霉素废水	17190~24579	600~1000	1000~1300	5000~8000	8~30	4.0~6.0
巴龙霉素废水	24964~40987			3000~5000		4.0~5.0

如表 5-16 所列,该企业主要的高浓度废水为巴龙霉素废水、核糖霉素废水与螺旋霉素废水,这三股抗生素生产废水呈现出酸性、污染物浓度、TN、$NH_3\text{-}N$ 浓度高的特点。核糖或巴龙霉素废水菌渣含量高(SS 在 20000~25000mg/L)、乳化严重,且硫酸盐高达 3500mg/L。螺旋霉素废水含有 2% 的醋酸丁酯提取溶液,蒸馏回收后出水 COD_{Cr} 约为 15000mg/L。

3. 水质执行标准和处理要求

污水排入执行标准《城镇下水道水质标准》(CJ 343—2010)C 级标准:$COD_{Cr}\leqslant400mg/L$,$NH_3\text{-}N\leqslant25mg/L$,$TP\leqslant5mg/L$,pH 值为 6~9。

(二) 实验研究

1. 小试研究

该企业的巴龙霉素、核糖霉素采用链霉菌、放线菌作为发酵菌种,以黄豆饼粉、酵母粉、淀粉、豆油等为培养基进行发酵生产,车间直接排放的发酵废水中含有大量的豆油和菌丝体。传统的酸化隔油、气浮等物化方法的除油效果不佳,并且由于油含量过高导致菌渣表面特性发生改变,同时悬浮物质无法有效沉降浓缩,导致后续板框压滤处理困难。前期大量的技术实验验证发现,投加破乳剂、絮凝剂进行调试的效果佳,而调质-滤布压滤污泥无法脱水成型。因此,如何实现发酵类抗生素废水中油、水、菌渣的有效分离成为巴龙霉素废水、核糖霉素废水处理的难题,预处理技术成为研究重点。从而,小试研究对发酵类抗生素废水的预处理、生化处理和深度处理方案分别进行了探讨。

(1) 利用酵母菌对抗生素生产废水的预处理实验研究 酵母菌已被成功用于多种高浓度

有机废水的处理（其原理详见本书第一章第五节）。本项目组亦在前期的研究中利用筛选的原油降解酵母菌成功处理豆油废水，实现豆油的降解去除。因此本次利用实验室前期筛选出的以下五株酵母处理巴龙霉素废水。热带假丝酵母（*Candida tropicalis*，CGMCC 2.2158）、白假丝酵母（*Candida boidinii*，CGMCC 2.2162）、异常毕赤酵母（*Pichia anomala*，CGMCC 2.4177）从油污染现场筛选得到；解脂假丝酵母（*Candida lipolytica*，CGMCC 2.1207）购买于中科院微生物所菌株保藏中心；阿萨希丝孢酵母（*Trichosporon asahii*）以及土星拟威尔酵母（*Williopsis saturnus*）是从味精废水中筛选到的能够耐高盐、高渗透压环境的酵母菌菌株。

图 5-11　酵母菌处理巴龙霉素废水的反应器

预处理装置为两套 SBR（图 5-11），每个有效容积为 20L，内设 12cm 曝气盘，曝气量采用空气流量计控制。两套装置采用批量方式运行，每批曝气几天后换水，两套装置的曝气量分别为 $0.2m^3/h$ 和 $0.6m^3/h$，考察曝气量对巴龙霉素废水处理效果的影响，其实验结果见图 5-12、图 5-13。

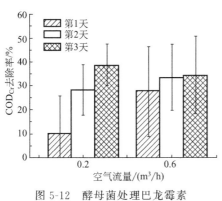

图 5-12　酵母菌处理巴龙霉素废水 COD_{Cr} 去除率变化

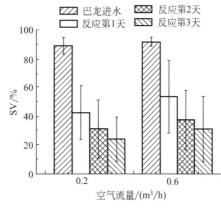

图 5-13　酵母菌处理巴龙霉素废水油、菌渣、水分离情况

两套系统的 DO 均小于 0.1mg/L，处于水解酸化阶段，COD_{Cr} 的去除效率不高，只有 30%～40%，但分离油/菌渣/水的分离效果很好，分离后出水的含油量大大降低（见表 5-17）。曝气后的最开始 2d 时间内，高曝气量的装置对 COD_{Cr} 去除率高于低曝气量装置，但是曝气 3d 后两个装置对 COD_{Cr} 的去除效果几乎无异。菌渣的沉降性能随着曝气时间的延长而变好，且低曝气量条件的效果更好。低曝气量装置的除油效果略高于高曝气量的装置。

表 5-17　酵母菌去除巴龙霉素废水含油量

项目	含油量/(mg/L)
原水	560
$0.6m^3/h$ 空气流量	3.4
$0.2m^3/h$ 空气流量	2.91

（2）UASB-缺氧-好氧的生化处理研究　将酵母处理后的巴龙霉素废水与螺旋霉素废水

按 1∶1 混合，进行生化-物化组合工艺处理，探索可行性工艺方案。小试工艺流程采用 UASB-缺氧-好氧，有效容积分别是 4L、2L 和 4L，处理效果如图 5-14、图 5-15 所示。

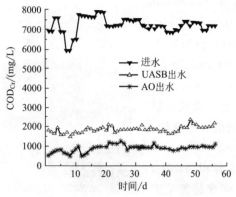

图 5-14　小试工艺对巴龙、螺旋混合
废水（1∶1）的 COD_{Cr} 去除情况

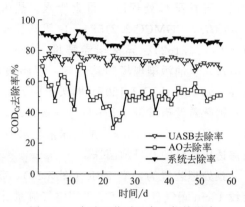

图 5-15　小试工艺对巴龙、螺旋混合
废水（1∶1）的 COD_{Cr} 去除率

图 5-14 和图 5-15 显示进水 COD_{Cr} 平均浓度（7303±272）mg/L，UASB 出水 COD_{Cr} 平均浓度（1922±160）mg/L，COD_{Cr} 的平均去除率为 73.7%±2.3%；A/O 出水 COD_{Cr} 平均值为（979±107）mg/L，A/O 系统 COD_{Cr} 平均去除率 48.9%±6.1%，生化系统总的去除率达到 86.6%±1.5%。

（3）混凝-芬顿氧化组合深度处理的研究　为实现达标排放，生化出水采用聚合氯化铝（PAC）与聚合硫化铁（PFS）混凝，研究发现两种絮凝剂处理效果差异不大，但出水仍无法满足 COD_{Cr}<400mg/L 的要求。采用芬顿氧化，pH=5，H_2O_2 投加量 300mg/L 时，出水 COD_{Cr} 为 438mg/L，但药剂费用较高。因此深度处理采用混凝与芬顿氧化结合的方法：投加 200mg/L PAC 后的混凝出水再进行芬顿氧化，氧化条件：pH=5、Fe^{2+}/H_2O_2=1∶1.5、H_2O_2=100mg/L。深度处理后的出水 COD_{Cr}≤400mg/L。

本项目通过构建真菌克隆文库，对接种酵母菌群进行追踪。克隆文库结果表明，对于小试的酵母菌系统的真菌克隆文库，由 105 个 18S rRNA 基因克隆子组成并在 97% cutoff 的基础上被划分为 5 个 OTU，其中 *Pichia*、*Candida* 和 *Williopsis* 分别占总克隆子数量的 53.3%、24.8% 和 18.1%。接种的 *Trichosporon asahii* 酵母菌在运行过程中消失。

以上的小试研究证明"酵母预处理-UASB-缺氧-好氧-混凝-芬顿氧化组合工艺"处理巴龙等抗生素废水的可行性，因此开展现场中试进行验证。

2. 中试研究

（1）现场中试工艺及装置　中试采用酵母菌对巴龙和核糖霉素废水进行预处理，反应在 200L 的 SBR 反应罐中进行；主体处理工艺为厌氧-缺氧-好氧，主体工艺流程示意见图 5-16、图 5-17。现场试验装置参数见表 5-18。

（2）中试阶段安排　现场中试采用连续运行方式，经历了 3 个阶段：a. 螺旋霉素废水处理阶段；b. 螺旋/巴龙混合废水处理阶段；c. 处理螺旋/核糖混合水阶段。

表 5-19 分别列出了工艺在运行阶段的主要操作运行参数。因冬天气温低，厌氧采用加热带、好氧采用加热棒保持适宜的水温。由于原水的 pH 值偏低，采用 10% 的 NaOH 溶液调节至中性。

图 5-16　现场中试 UASB 装置

表 5-18　试验装置参数

试验系统	有效容积/L	个数
原水池	500	1
调节池	500	1
厌氧池	400	1
缺氧池	200	1
好氧池	400	1
二沉池	60	1
混凝搅拌池	5	1
混凝沉淀池	60	1

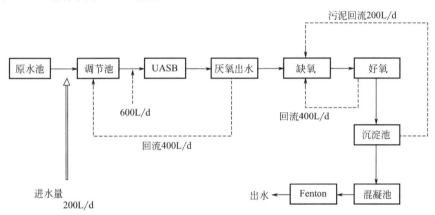

图 5-17　中试所采用的废水处理主体工艺流程示意

表 5-19　现场试验期间工艺的操作运行参数（均值±标准偏差）

项目	厌氧	一级好氧	二级好氧
温度/℃	30～30	17～28	17～30
pH 值	7.43±0.50	7.7～8.5	7.4～8.5

① 螺旋霉素废水处理阶段。结果见表 5-20，稳定运行时，螺旋霉素废水进水 COD_{Cr} 平均浓度（7193±424）mg/L，厌氧出水 COD_{Cr} 平均值（1431±56）mg/L，COD_{Cr} 平均去除率 80.04%±1.4%；好氧沉淀出水 COD_{Cr} 平均值（615±62）mg/L，COD_{Cr} 平均去除率 57%±4.5%；好氧混凝后 COD_{Cr} 平均值（438±56.1）mg/L，COD_{Cr} 平均去除率 28.56%±7.7%；Fenton 氧化出水（355±55）mg/L，COD_{Cr} 去除率 21.5%±4.5%。

表 5-20　螺旋霉素废水的处理效果

进水 COD_{Cr} /(mg/L)	厌氧后 COD_{Cr} /(mg/L)	厌氧 去除率 /%	A/O后 COD_{Cr} /(mg/L)	好氧 去除率 /%	混凝后 COD_{Cr} /(mg/L)	混凝 去除率/%	Fenton 后 COD_{Cr} /(mg/L)	Fenton 去除率 /%
6400～7800	1317～1500	80.0±1	467～688	57±4.5	300～517	28.6±7.7	301～471	21.5±8.9

② 螺旋/巴龙霉素混合废水处理阶段。中试巴龙霉素废水预处理装置为 200L 的 SBR 反应器，酵母菌处理 3d 后沉降，上清液与螺旋霉素废水 1∶1 混合进行厌氧处理。为缩短厌氧培养时间，驯化开始时加入柠檬酸，维持厌氧系统容积负荷 3g/(L·d)。

生化系统处理效果如图 5-18 所示，螺旋霉素和巴龙霉素混合水（1∶1）COD_{Cr} 平均浓度（7234±769）mg/L；厌氧出水 COD_{Cr} 平均浓度（2276±302）mg/L，COD_{Cr} 平均去除率 68.1%±5.78%；好氧沉淀出水 COD_{Cr} 平均浓度（905±126）mg/L，COD_{Cr} 平均去除率 60.1%±5.8%。中试深度处理试验混凝剂 PAC 加药量 200mg/L，出水 COD_{Cr} 平均浓度（626±57）mg/L，COD_{Cr} 平均去除率 20.75%±7.1%；Fenton 加药量 100mg/L，Fe^{2+}∶H_2O_2=1∶1.5（摩尔比），出水 COD_{Cr} 平均浓度（420±42）mg/L，COD_{Cr} 平均去除率 37.6%±20.5%（见图 5-19）。

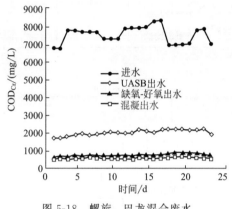

图 5-18　螺旋、巴龙混合废水
（1∶1）生化系统处理效果

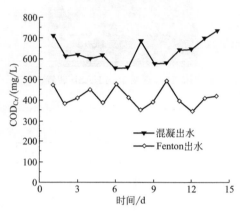

图 5-19　螺旋、巴龙混合废水（1∶1）中
试 Fenton 工艺段处理效果

③ 螺旋霉素、核糖霉素混合废水处理阶段。系统逐渐提高核糖比例至螺旋霉素∶核糖霉素废水比例 1∶1。COD_{Cr} 去除效果如表 5-21 所列，核糖霉素和螺旋霉素 1∶1 混合进水 COD_{Cr} 平均浓度（7609.3±269.3）mg/L，UASB 出水 COD_{Cr} 平均值（1727.4±11.3）mg/L，COD_{Cr} 平均去除率 77.3%±0.9%；A/O 工艺段出水 COD_{Cr} 平均值（819.1±58.7）mg/L，COD_{Cr} 平均去除率 52.6%±3.4%；混凝 PAC 加药量 200mg/L，出水 COD_{Cr} 平均值（537.7±40.4）mg/L，COD_{Cr} 平均去除率 34.2%±5.1%。

表 5-21　螺旋、核糖混合废水工艺处理效果

核糖霉素废水比例	进水 COD_{Cr} /(mg/L)	厌氧后 COD_{Cr} /(mg/L)	厌氧去除率 /%	缺氧-好氧后 COD_{Cr} /(mg/L)	好氧去除率 /%	混凝后 COD_{Cr} /(mg/L)	混凝去除率 /%
25%	7434~8157	1661~1748.8	78.1±0.8				
50%	7336~7932	1714~1747	77.3±0.9	767~927	52.6±3.4	468~570	34.2±5.1

④ 工艺对水质 NH_3-N、TN、TP 和色度的去除情况。整套工艺对各股废水的 NH_3-N、TP、TN、色度有很好的去除效果，NH_3-N、TP 去除率都在 90% 以上，TN 去除率都在 50% 以上，出水 NH_3-N 为 4~8mg/L，出水色度 25 度，达到排放标准 NH_3-N<10mg/L，TP<10mg/L 的要求。

⑤ 抗性基因的丰度和分布。为全面了解抗生素对生物处理系统中抗性基因的影响，调查了螺旋霉素生产废水处理中试系统中的 MLS 抗性基因 [称为大环内酯类-林可霉素类-链阳菌素（MLS）][18]。从 19 种 MLS 抗性基因中检测到 8 种 [*erm*（B），*erm*（F），*erm*（T），*erm*（X），*msr*（D），*mef*（A），*ere*（A），*mph*（B）]，并与 3 种检出的转移因子

（$intI1$，$IS_{CR}1$，Tn916/1545）进行定量，调查其在螺旋霉素生产废水处理系统中的丰度和分布。同时，通过构建克隆文库分析细菌群落结构和 MLS 抗性基因的多样性[19]。

如图 5-20 所示，在螺旋霉素生产废水处理系统中采集的污水样品包括进水和各级处理（UASB、缺氧、好氧）的出水（$W_1 \sim W_4$），污泥样品包括 UASB、缺氧、好氧单元的污泥（$S_1 \sim S_3$）。螺旋霉素生产菌渣（SPM-FR）直接采自生产车间。此外，从北京、天津两个城市的污水厂采集好氧污泥（STP-AS），并从河南省某肌酐生产废水处理厂采集非抗生素类发酵污泥（NPW-AS）作为抗生素浓度较低的对比体系。

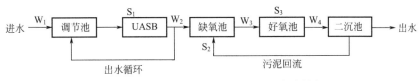

图 5-20　螺旋霉素生产废水处理系统采样点

表 5-22 所列 3 个处理过程中菌渣、污水与污泥中螺旋霉素的浓度水平，发现进水（W_1）中螺旋霉素浓度达到 12.4～41.8mg/L，经过厌氧处理（W_2）大幅度降低至 1.8～3.8mg/L，经过 A/O 处理（W_4）进一步降低至 0.9～3.0mg/L。厌氧污泥（S_1）中的螺旋霉素浓度为 149.6～289.4mg/kg 干重，好氧污泥（S_3）中的螺旋霉素浓度为 24.5～113.5mg/kg 干重。生产菌渣（SPM-FR）中螺旋霉素浓度为 931.3mg/kg 干重。

表 5-22　菌渣、污水和污泥中的螺旋霉素浓度

3 个处理过程	污水/(mg/L)				污泥/(mg/kg DW)			SPM 菌渣/(mg/kg DW)
	W_1	W_2	W_3	W_4	S_1	S_2	S_3	
SPM	41.5	3.8	3.0	3.0	289.4	153.7	113.5	
SPM/RIB	12.4	1.8	0.8	0.9	149.6	37.1	24.5	931.3
SPM/PAR	41.8	2.4	2.8	1.2	222.0	222.2	110.3	

注：DW：干重；SPM：螺旋霉素；RIB：核糖霉素；PAR：巴龙霉素。

在 19 种检测的 MLS 抗性基因中，有 8 种在各污泥样品中检出，包括 4 种 rRNA 甲基化基因［erm(B)、erm(F)、erm(T)、erm(X)］，2 种外排泵基因［mef(A)、msr(D)］，1 种酯化酶基因 ere(A)，1 种磷酸化酶基因 mph(B)。erm(B)、erm(F)、ere(A) 出现频率最高，在所有污泥样品中检出，而 erm(X) 和 mph(B) 在所有好氧污泥中检出，厌氧污泥中检出频率略低。erm(T)、mef(A)、msr(D) 在厌氧污泥中检出频率高于好氧污泥。对于转移因子，$intI1$ 在所有污泥样品中检出，而 Tn916/1545 在厌氧污泥中的检出频率高于好氧污泥。生产菌渣中，所有调查的基因和转移因子均未检出。

8 种 MLS 抗性基因的相对丰度见表 5-23。菌渣中 ere(A)、mph(B)、mef(A) 低于检测限，其他 5 种基因 erm(B)、erm(F)、erm(T)、erm(X)、msr(D) 的相对丰度为 $7.0 \times 10^{-6} \sim 1.5 \times 10^{-3}$，总丰度（$MLS^T$）为 1.6×10^{-3}。比较而言，生产废水处理系统活性污泥中的 MLS 抗性基因相对丰度远远高于生产菌渣。有研究表明对抗生素生产细菌和病原菌中的核糖体保护类 MLS 抗性基因系统发育分析发现生产细菌和病原菌中的基因在亲缘关系上相距较远[19]，也就是说，生产细菌所携带的抗性基因种类不同于环境细菌和病原菌。因此推测，生产废水处理系统中的 MLS 抗性基因并非直接来自 SPM 生产菌渣，而是在较高的抗生素选择压力下产生。

在螺旋霉素生产废水处理系统的好氧污泥中，G-细菌是最主要的细菌，所占比例高达

96.2%。尽管 G-细菌不是螺旋霉素的主要作用对象，但在处理螺旋霉素生产废水的活性污泥中依然产生大量 MLS 抗性基因，总丰度达到 3.7×10^{0}，比城市污水（STP-AS，1.6×10^{-2}）和非抗生素发酵废水处理系统（NPW-AS，1.1×10^{-2}）高 2 个数量级（$P < 0.05$），说明了螺旋霉素生产废水是重要的抗性基因污染源。值得注意的是，厌氧污泥与好氧污泥中 MLS 抗性基因的丰度存在显著差异，厌氧污泥（S_{1mean}）中 8 种基因的相对丰度范围为 $4.8 \times 10^{-3} \sim 3.2 \times 10^{-1}$，总丰度为 4.3×10^{-1}；好氧污泥（S_{3mean}）中 8 种基因的相对丰度范围为 $2.4 \times 10^{-4} \sim 1.7 \times 10^{0}$，总丰度达到 3.7×10^{0}，主要原因一方面是由于厌氧污泥的运行条件导致垂直进化和水平转移受限；另一方面是由于厌氧污泥中较为单一的细菌群落结构（厚壁菌）。

对影响 MLS 抗性基因分布的因素研究发现，通过双变量相关性分析，处理螺旋霉素生产废水的污泥样品中 5 种丰度较高的 MLS 抗性基因 [*erm*(B)、*erm*(F)、*erm*(X)、*ere*(A)、*mph*(B)] 都与 I 型整合子（*int*I1）存在显著正相关（$r^2 = 0.74$，0.92，0.97，0.88，0.93；$P < 0.05$）（图 5-21），由于 *int*I1 是各种环境中最为常见的转移因子，能够整合和转移抗性基因盒，因此推测 *int*I1 可能在这些基因的增殖过程中起到重要作用。

同时对 8 种 MLS 抗性基因多样性调查发现，*ere*(A) 多样性最高，其分布在螺旋霉素生产废水处理系统的好氧和厌氧污泥中不同，而在抗生素浓度不同的三个好氧污泥中分布相似；表明抗性基因的序列类型分布主要受到细菌群落结构影响，而抗生素选择压力对其影响不大。因此，除了 COD_{Cr}、氨氮等常规水质指标，如何阻断抗生素、抗性基因生成和排放是抗生素废水处理需要考虑的重要问题。

（三）工艺流程

1. 工艺确定

依据小试与中试试验结果，酵母能有效分离巴龙霉素废水的油、水、菌渣，因此采用酵母预处理对巴龙与核糖霉素废水进行破乳分离，分离后的滤液与其他车间污水混合进行厌氧-缺氧-好氧生化处理，有效地去除废水有机物污染、氨氮与总氮，生化出水先进行 Fenton 氧化出水去除残留有机物，出水经曝气滤池达标排放。

2. 工艺流程图

依据小试与中试试验结果，现场工程设计工艺如图 5-22 所示。

巴龙霉素与核糖霉素废水从车间序批式排放到 4 个酵母反应池（总容积 140m³），反应 3d 后轮流排放至污泥池，与生化、物化排放污泥混合后进入污泥浓缩池沉降分离，浓缩池上清液与污泥压滤后的滤液一同流入中间水池，再由中间水池泵入调节池，而螺旋霉素废水、车间酸碱水和其他冲洗等废水也通过调节池进入 UASB；UASB 的进水量 30m³/h，部分回流水至调节池，24h 循环，出水自流入缺氧-好氧池，二沉污泥回流至缺氧池，二沉出水流入 Fenton 氧化池，加盐酸控制反应 pH=5 左右，H_2O_2 投加量 100mg/L，$FeSO_4 \cdot 7H_2O$ 投加量 228mg/L，反应出水调节至中性沉淀后再经曝气生物滤池工艺后排入下游工业园区污水处理厂。

3. 技术与工艺说明

生化系统 UASB-缺氧-好氧有 2 组并联运行，整个工艺厌氧 pH 值控制在 6.8~7.8，ORP 显示−400mV，温度 30~38℃，缺氧 DO 控制 0.1~0.6mg/L，好氧 DO 控制在 2~4mg/L。该抗生素废水处理主要设施技术参数见表 5-24。

表 5-23　菌渣和污泥中 MLS 抗性基因和转移因子的相对丰度（括号内为标准偏差）

样品名	erm(B)	erm(F)	erm(T)	erm(X)	ere(A)	mph(B)	mef(A)	msr(D)	MLS^T	intI1	IS$_{CR}$1	Tn916/1545
SPM-FR	$1.5×10^{-3}$ $(5.2×10^{-4})$	$1.0×10^{-5}$ $(7.4×10^{-7})$	$1.8×10^{-4}$ $(2.9×10^{-5})$	$1.2×10^{-5}$ $(4.7×10^{-6})$	UD (UD)	UD (UD)	UD (UD)	$6.9×10^{-6}$ $(2.3×10^{-6})$	$1.6×10^{-3}$ $(5.3×10^{-4})$	$2.0×10^{-6}$ $(5.9×10^{-7})$	UD (UD)	$1.8×10^{-4}$ $(3.8×10^{-5})$
S$_{1mean}$	$3.2×10^{-1}$ $(8.7×10^{-2})$	$6.6×10^{-2}$ $(4.8×10^{-2})$	$4.8×10^{-3}$ $(8.0×10^{-3})$	$1.1×10^{-3}$ $(1.7×10^{-3})$	$2.8×10^{-2}$ $(1.7×10^{-2})$	$1.0×10^{-4}$ $(1.1×10^{-4})$	$5.4×10^{-3}$ $(4.3×10^{-3})$	$1.2×10^{-2}$ $(1.1×10^{-2})$	$4.3×10^{-1}$ $(2.6×10^{-1})$	$1.2×10^{-2}$ $(1.4×10^{-2})$	$4.6×10^{-5}$ $(6.6×10^{-5})$	$8.8×10^{-2}$ $(6.6×10^{-2})$
S$_{2mean}$	$1.8×10^{0}$ $(1.6×10^{-1})$	$5.2×10^{-1}$ $(1.1×10^{-1})$	$7.0×10^{-3}$ $(1.2×10^{-2})$	$7.9×10^{-1}$ $(6.4×10^{-1})$	$1.3×10^{-1}$ $(6.5×10^{-2})$	$2.4×10^{-2}$ $(2.0×10^{-2})$	$3.9×10^{-3}$ $(1.0×10^{-2})$	$1.3×10^{0}$ $(1.6×10^{-2})$	$3.3×10^{0}$ $(2.1×10^{0})$	$8.9×10^{-1}$ $(8.2×10^{-1})$	$1.2×10^{-3}$ $(1.3×10^{-3})$	$6.2×10^{-2}$ $(9.3×10^{-2})$
S$_{3mean}$	$1.7×10^{0}$ $(2.2×10^{-1})$	$5.3×10^{-1}$ $(1.1×10^{-1})$	$2.4×10^{-4}$ $(4.2×10^{-4})$	$1.3×10^{0}$ $(1.2×10^{0})$	$1.3×10^{-1}$ $(2.8×10^{-2})$	$5.7×10^{-2}$ $(3.6×10^{-2})$	$3.5×10^{-3}$ $(3.8×10^{-3})$	$4.5×10^{-3}$ $(2.4×10^{-3})$	$3.7×10^{0}$ $(9.4×10^{-1})$	$1.3×10^{0}$ $(3.0×10^{-1})$	$1.4×10^{-3}$ $(1.4×10^{-3})$	$1.5×10^{-2}$ $(1.1×10^{-2})$
STP-AS	$9.5×10^{-3}$ $(2.3×10^{-3})$	$1.4×10^{-2}$ $(4.9×10^{-3})$	UD (UD)	$1.6×10^{-3}$ $(6.6×10^{-5})$	$4.2×10^{-3}$ $(8.8×10^{-5})$	UD (UD)	$3.3×10^{-4}$ $(5.8×10^{-5})$	$1.1×10^{-3}$ $(1.6×10^{-4})$	$1.6×10^{-2}$ $(1.4×10^{-3})$	$3.7×10^{-2}$ $(8.3×10^{-3})$	UD (UD)	$3.0×10^{-3}$ $(2.7×10^{-4})$
NPW-AS	$6.2×10^{-5}$ $(8.0×10^{-6})$	$8.2×10^{-5}$ $(1.9×10^{-4})$	UD (UD)	$3.4×10^{-4}$ $(2.8×10^{-5})$	$2.2×10^{-3}$ $(7.0×10^{-5})$	UD (UD)	$2.1×10^{-5}$ $(1.7×10^{-6})$	$8.1×10^{-4}$ $(1.2×10^{-4})$	$1.1×10^{-2}$ $(3.9×10^{-4})$	$9.2×10^{-2}$ $(1.5×10^{-3})$	UD (UD)	$5.4×10^{-4}$ $(5.1×10^{-5})$

注：UD 表示未检出；MLS^T 表示 8 种 MLS 抗性基因的丰度之和；S$_{1mean}$、S$_{2mean}$、S$_{3mean}$ 表示各级污泥（UASB、缺氧、好氧）对 3 个处理过程取平均值。

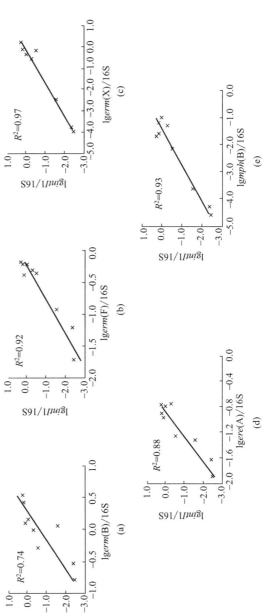

图 5-21　SPM-APW 处理系统污泥中 MLS 抗性基因与 intI1 的相关性

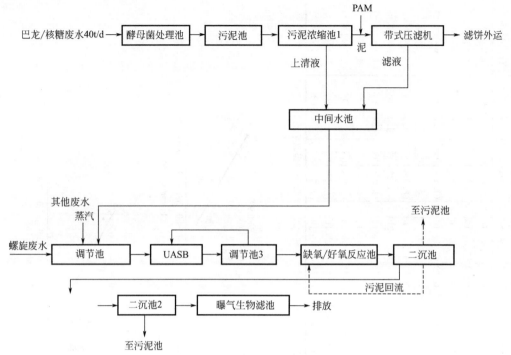

图 5-22 废水处理工艺流程

表 5-24 处理站主要构筑物与设备

构筑物	有效容积	结构形式	数量/个	备注
酵母发酵池	100m³	钢筋混凝土	4	内设曝气软管与球形填料
污泥池	330.6	钢筋混凝土	1	
污泥浓缩池	192m³			中心传动刮泥机 SGZ7,1 台
中间水池	100m³	钢筋混凝土	1	带式污泥压滤机 DY-1000,2 台
调节池	871.2m³	钢筋混凝土	1	潜水搅拌机: QJB4/6-400/3-980/S 4 台,温度仪 1 个
UASB	1234m³	钢材	2	配温度仪 6 个,ORP 仪,2 个
兼氧	538m³	钢筋混凝土	2	
好氧池 1	1232.5m³	钢筋混凝土	2	
二沉淀	553.5m³	钢筋混凝土	1	污泥回流泵: 80WQ/D260-4-Z,2 台
pH 值调节池(Fenton)	108m³	钢筋混凝土	1	内设曝气系统
Fenton 处理池	254m³	钢筋混凝土	1	内设曝气系统
氧化中和池	76m³	钢筋混凝土	1	内设曝气系统
混凝沉淀池	254m³	钢筋混凝土	1	
曝气生物滤池	187.5m³	钢筋混凝土	1	
清水池	240m³	钢筋混凝土	1	
风机房				罗茨风机 3 L-WD 200,45kW 3 台,15kW,1 台
加药房				PAC 加药池 2m³ PAM 加药池 2m³ 硫酸亚铁罐 2m³ 双氧水罐 2m³
碱罐	5m³	钢筋混凝土	1	

工艺主要构筑物简要说明如下。

(1) 酵母发酵池　酵母发酵池主要功能是利用酵母菌实现巴龙与核糖霉素废水油渣水分离。酵母池采用密封池体，能在冬季有效维持生化体系的温度，同时内设曝气系统，给生化系统提供氧气。运行方式为批式运行，曝气 3d 后静置沉降 4h，上清液用泵排入污泥池。

(2) 污泥池　污泥池的主要作用承接酵母处理后的巴龙、核糖霉素废水、生化与物化排放的污泥。

(3) 污泥浓缩池　污泥浓缩池的主要作用是降低污泥池污泥的含水率，以便于压滤机压滤脱水。

(4) 调节池　调节池的主要功能是承接处理后的巴龙、核糖霉素废水及螺旋霉素废水，均化水质，调节水量，内设两水下搅拌器，后端有蒸汽加热系统，提高进水温度，有效维护厌氧温度 30~35℃。

(5) UASB-缺氧-好氧生化池　UASB-缺氧-好氧生化池两套并联系统，UASB 反应罐由钢板卷至而成，每个反应罐进水处与罐体 5m 高处设有温度感应器与 ORP 仪，监测 UASB 反应罐的运行状态，同时配置水封罐 1 座，燃烧量为 $600m^3/h$，功率为 1.5kW 的沼气火炬 1 台（配防火罩）。缺氧池底部设曝气管，通过微曝气方式使泥水充分混合，缺氧池内 ORP 控制在 −100mV 左右。好氧系统控制溶解氧为 2~3mg/L，硝化过程中碱度不足造成 pH 值下降，因此设置加碱系统。

(6) pH 值调节池与 Fenton 氧化池　主要作用是进行 Fenton 氧化反应，曝气搅拌，设置加酸、加碱系统，通过两套在线 pH 计控制反应前后的 pH 值。

(7) 混凝池　主要功能是去除 Fenton 氧化出水的残留有机物。混凝反应池设曝气系统，用于搅拌反应；混凝沉淀池设刮泥机，重力排泥。

(8) 曝气生物滤池　曝气生物滤池的主要作用是去除 Fenton 氧化后残留有机物，内部填料为粒径 3~5mm 陶粒，填料高度 6m，设有反冲洗泵与清水池，用于滤池清洗。

(9) 鼓风间　主要功能是为酵母池、好氧生化池与曝气滤池提供氧气，内设罗茨风机 3 L-WD200，45kW 的共 3 台，15kW 的 1 台。

(10) 加药间　加药间的主要功能是配置酸、双氧水与亚铁、PAC 等污水处理药剂。加药间长 8m，宽 3m。

三、实施效果

(一) 运行处理效果与机制分析

1. 运行处理效果

该处理工程针对巴龙霉素废水、核糖霉素废水与螺旋霉素废水运行效果如下。

(1) 酵母菌的培养和工程系统中的追踪　2012 年下半年工程开始调试运行，11 月 28 日~12 月 1 日将实验室的 $20m^3$ 培养槽曝气培养并筛选的酵母菌，转移至一个 $140m^3$ 的巴龙霉素废水预处理池中并投加 $50m^3$ 球形填料。运行初期，12 月 2~6 日每天进 10t 巴龙霉素废水；12 月 7 日将巴龙霉素废水预处理池中 1/3 的培养液分至另一巴龙霉素废水处理池，每天共进 20t 巴龙霉素废水；12 月 12 日将巴龙霉素废水处理池酵母培养液分至另两个巴龙霉素废水处理池，12 月 14 日每天进巴龙霉素废水 50~60m^3，至 12 月 19 日共处理巴龙霉素废水 $600m^3$，酵母处理巴龙霉素废水，pH=5~5.8，温度 18~32℃，对油类有一定的去除。

同时，采用定量 PCR 方法对稳定运行期的现场酵母菌预处理系统的生物样品进行细菌和真菌的定量分析，发现在不同处理阶段，真菌 18S rRNA 基因与细菌 16S rRNA 基因拷贝数的相对丰度比值分别为 0.29 和 14.87，表明本研究的预处理系统中酵母菌定植成功。发酵废水促进酵母菌增长的同时，废水水质随之被改变（如 pH 值降低等），进而又对细菌的生长产生抑制，为酵母菌提供生存空间。与普通活性污泥体系相比，酵母菌在生态位上占据优势，这有力地保证了系统的稳定和处理效果，使得酵母菌处理发酵类抗生素废水的初衷得以实现。

采用真菌 18S rRNA 基因克隆文库的方法，发现多样性很低，巴龙霉素系统 *Candida tropicalis* 成为唯一优势菌，核糖霉素废水处理阶段仅检出 *Pichiamembranifaciens*。前期研究显示在所研究的酵母菌种中接种的 *Candida tropicalis* 具有最快的生长速率以及有机物质降解速率，同时拥有非常好的乳化性和表面疏水能力。酵母细胞的疏水性是高含油废水处理系统选择优势菌的最重要因素，细胞是否具有乳化作用是菌株能否在处理高含油废水中处于优势地位的一个重要因素。

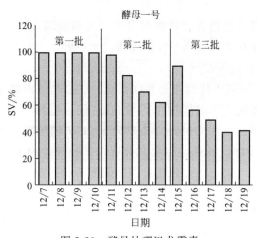

图 5-23　酵母处理巴龙霉素
废水效果（沉降 2h SV）

（2）巴龙霉素废水处理　从图 5-23、图 5-24 可见，巴龙霉素废水经酵母处理一段时间后，菌渣开始沉降分离，说明酵母开始在体系内起到作用。混合液测定 COD_{Cr} 值为 82101mg/L，沉降后上清液 COD_{Cr} 为 44567mg/L。

12 月 20 日 UASB 开始进少量预处理后的巴龙霉素废水，12 月 31 日后 60m³/d 巴龙霉素废水 1 连续进水，运行结果见图 5-25。

图 5-24　巴龙霉素废水的菌渣分离

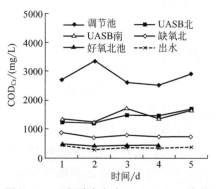

图 5-25　巴龙霉素废水 COD_{Cr} 处理效果

图 5-25 可见两套 UASB 初期处理巴龙霉素废水效果良好，出水 COD_{Cr} 平均浓度分别为北池（1466.6±179.5）mg/L 和南池（1516.1±193.3）mg/L，缺氧北池 COD_{Cr} 平均值为（739.6±33.7）mg/L，好氧北池出水 COD_{Cr} 平均值为（424.4±19.1）mg/L，最终出水 COD_{Cr} 为（353.12±47.6）mg/L。

这一阶段刚开始培养气温低，好氧池温度只有 11℃，缺氧/好氧系统的污泥增长缓慢，硝化效果不佳（图 5-26）。

（3）核糖霉素废水处理　从 12 月下旬至 1 月下旬处理核糖霉素废水，图 5-27 显示核糖霉素废水经酵母处理后，菌渣能很好地沉降下来，24h 沉降后体积比为 30％左右。

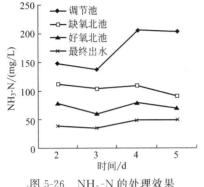

图 5-26　NH$_3$-N 的处理效果

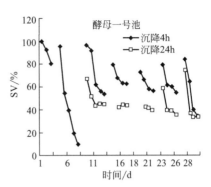

图 5-27　酵母处理核糖霉素废水的效果

核糖霉素废水经 UASB 处理效果良好，图 5-28 显示 UASB 出水 COD$_{Cr}$ 平均值北池为（1123.59±269.7）mg/L，南池为（1055.9±193.2）mg/L。第 44 天后缺氧与好氧的出水持续迅速升高，经过仔细分析发现可能原因是长时间未排泥导致好氧污泥泥龄长、老化严重，活性下降，因此开展生化系统排泥工作，控制好氧池的 SV30 在 20％左右。第 75 天后 AO 系统的 COD$_{Cr}$ 去除率开始提高，至第 108 天出水 COD$_{Cr}$ 降至 300mg/L 以下，之后出水 COD$_{Cr}$ 保持稳定。

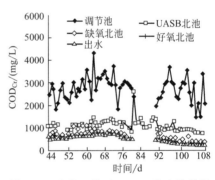

图 5-28　生化工艺对 COD$_{Cr}$ 的去除效果

第 56 天～第 71 天巴龙代替核糖，共产生巴龙霉素废水 500m^3，从实际处理效果看巴龙与核糖相当，说明 UASB 厌氧系统对这两股水有很强的适应能力（见图 5-28），期间 UASB 的出水保持在 1～5mmol/L，说明 VFA 未出现积累，UASB 运行良好。

生化出水深度处理采用 Fenton 氧化，氧化条件：H$_2$O$_2$＝100mg/L，Fe^{2+}/H$_2$O$_2$，摩尔比 5，pH 值为 4，氧化出水 COD$_{Cr}$ 为（206±17）mg/L（图 5-29）。

图 5-30 显示虽然这一阶段进水氨氮达到 600～700mg/L，但整个工艺氨氮去除效果稳定，第 50 天后氨氮处理效果进一步提高，出水氨氮能降至＜10mg/L 以下，第 85～第 91 天因好氧曝气量不足，溶解氧低于 1mg/L，导致这一阶段氨氮出水偏高，后经调整曝气量氨氮处理效果恢复。

（4）螺旋霉素废水处理　这一阶段螺旋霉素废水进水量 127m^3/d，总进水量 500～600m^3/d，进水平均 COD$_{Cr}$ 为（3459±438）mg/L，UASB 的处理效果保持稳定运行，UASB 北池出水平均 COD$_{Cr}$ 为（1429±55）mg/L，UASB 南池出水平均 COD$_{Cr}$ 为（1437±47）mg/L，AO 系统北池出水 COD$_{Cr}$ 平均为 296±55mg/L，AO 南池出水 COD$_{Cr}$ 平均为（299±18）mg/L，出水 COD$_{Cr}$ 达到小于 300mg/L 要求（图 5-31）。

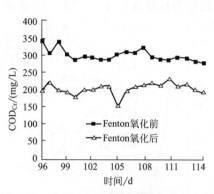

图 5-29　Fetnon 工艺对核糖霉素废水生化
出水 COD$_{Cr}$ 的处理效果

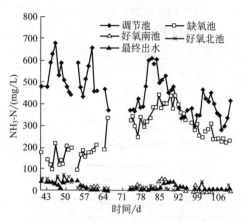

图 5-30　工艺对 NH$_3$-N 的处理效果

螺旋霉素废水处理期间 NH$_3$-N 有很好的处理效果,进水 NH$_3$-N 平均为(204±25)mg/L,北池出水 NH$_3$-N 平均值为(6.5±1.9)mg/L,南池出水 NH$_3$-N 平均值为(7.1±1.7)mg/L,NH$_3$-N 去除率达到 95% 以上(图 5-32)。

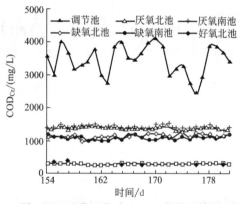

图 5-31　生化工艺对 COD$_{Cr}$ 的处理效果

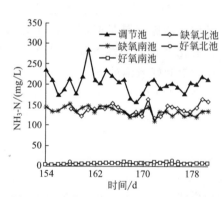

图 5-32　生化工艺对 NH$_3$-N 的处理效果

2. 经济技术分析

主要经济技术指标如表 5-25 所列。

表 5-25　主要经济技术指标

序号	项目名称	单位与数量	备注
1	工程总投资	1428 万元	
2	处理水量	1200m³/d	
3	占地面积	5000m³	
4	人数	18 人	
5	药剂消耗		
	硫酸(98%)	10t/a	价格 600 元/t
	氢氧化钠(30%)	500t/a	价格 1500 元/t
	硫酸亚铁	25t/a	价格 2500 元/t
	双氧水(H$_2$O$_2$)	54.6t/a	价格 2500 元/t
	PAM	1t/a	价格 8000 元/t

序号	项目名称	单位与数量	备注
6	药剂费	96.3 万元/年	
7	人工费	54 万元/年	
8	电费	182.5 万元/年	
9	蒸汽费	15 万元/年	用于 UASB 进水加热
10	维护费	2 万元/年	
11	合计运行费用	349.8 万元/年	

注：在实际工程运行中，每年大约有 5 个月处理核糖与巴龙霉素废水，在这期间运行 Fenton 氧化深度处理工艺。

四、结论

① 利用酵母菌预处理技术成功解决了巴龙霉素废水中的残留豆油影响菌渣与废水分离的问题，同时也不会产生细菌抗性基因。

② 利用厌氧处理技术可以对巴龙霉素、核糖霉素、螺旋霉素等生产废水进行有效的 COD_{Cr} 消减，采用 Fenton 氧化吸附等深度处理生化出水，保障达标排放，同时考虑了对抗生素、抗性基因的末端阻断。

第三节　6-氨基青霉素烷酸（6-APA）生产废水

一、问题的提出

1959 年 Batchelor 获得了青霉素抗生素的基本结构（母核）即 6-氨基青霉素烷酸（6-APA，$C_8H_{12}O_3N_2S$），从此开始了对已有抗生素进行化学结构改造的新时期。6-APA 是生产半合成 β-内酰胺类抗生素的重要医药中间体，由 1 个饱和的噻唑环和 1 个四元 β-内酰胺环组成，几乎无抗菌活性，不能直接用于临床。其 6 位氨基上可接上不同侧链，产生一系列抗菌活性较强、具有新的抗病作用的半合成青霉素（如氨苄西林、阿莫西林、美洛西林等）。由于青霉素的大量使用，细菌对其产生的抗药性非常普遍，其疗效亦大大降低。为了解决抗药性和寻找更好的药物，半合成青霉素得到迅速发展。据测算，世界对 6-APA 的年需求量从 1990 年的 5250t 增长到 2000 年的 7000t。

半合成青霉素在效力与临床价值上优于青霉素 G 或青霉素 V；同时由于青霉素 G（或 V）很容易通过发酵大量生产。6-APA 的制备主要是通过化学裂解法和微生物酶催化（裂解）法以青霉素为原料，通过裂解得到苯甲酸和 6-APA，分离除去苯甲酸，从而制备 6-APA。微生物酶催化法又分为青霉素工业盐工艺法、萃取直通工艺法和脱色直通工艺法。目前国际上生产 6-APA 普遍采用固体青霉素钾盐的酶催化裂解法，该法工艺成熟但收率较低，成本偏高，同时有机溶媒使用量较大。

酶催化生产 6-APA 的过程和流程如图 5-33、图 5-34 所示。首先通过微生物发酵得到含有青霉素的发酵液，然后过滤去除菌丝体，通过有机溶剂提取得到溶媒萃取液 BA，水洗后再通过 K_2CO_3 反萃取得到 RB 液，再经过结晶、干燥等工序制成固体青霉素工业钾盐，最后利用酶裂解青霉素钾盐得到 6-APA。

反青霉素（青霉素 V）是 β-内酰胺类抗生素中的重要品种，也是 β-内酰胺类半合成抗生素的基础原料药。目前的发酵制药生产工艺主要采用种子罐和发酵罐二级发酵，以玉米

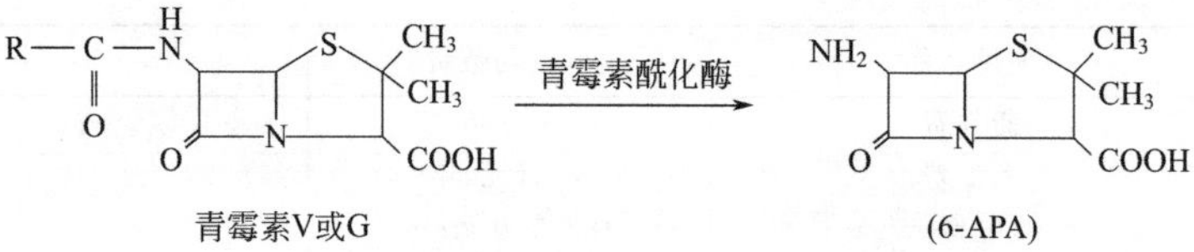

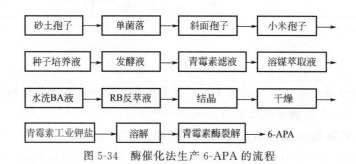

图 5-33   酶催化法生产 6-APA 的过程

```
砂土孢子 → 单菌落 → 斜面孢子 → 小米孢子 →

种子培养液 → 发酵液 → 青霉素滤液 → 溶媒萃取液 →

水洗BA液 → RB反萃液 → 结晶 → 干燥 →

青霉素工业钾盐 → 溶解 → 青霉素酶裂解 → 6-APA
```

图 5-34   酶催化法生产 6-APA 的流程

浆、麸质粉为氮源，葡萄糖为碳源以及无机盐作为发酵培养基。在发酵过程中连续不断地加入糖类、无机盐类及合成青霉素 V 所必需的前体物质苯氧乙酸，并使培养液的 pH 值稳定在一定范围内。在纯种状态下，控制好各个工艺要点，经 180～200h 发酵培养得到青霉素 V 发酵液，过滤除菌丝后，澄清青霉素 V 滤液进入提取和制备工序。

青霉素提取是利用青霉素在不同 pH 值条件下以不同的化学形态——青霉素游离酸和青霉素盐类存在及其在水和有机溶媒中溶解度的差别，经过反复萃取、转移、分离过程，达到浓缩和提纯的目的，最后将青霉素提取到醋酸丁酯中，再经过冷冻、抽提、结晶、分离、干燥，得到青霉素 V 酸结晶。青霉素 V 酸与醋酸钾反应得到青霉素 V 母晶（即青霉素 V 钾悬浮液），经乙醇洗涤、分离、干燥后得到青霉素 V 钾结晶。

该类废水的特点是：COD_{Cr} 含量高，主要成分是发酵残余营养物、有机溶剂等。但是残留抗生素浓度及其效价很低，技术和工艺选择时可以主要考虑 COD_{Cr} 等常规污染物的达标排放。本节介绍的工程案例主体工艺为厌氧消化＋水解酸化＋周期循环活性污泥法（CASS）＋生物接触氧化工艺，其中不同来源生产废水进行预处理，6-APA 结晶母液先进行蒸氨处理，其出水再与苯乙酸母液和含乙醇等釜残液混合后进行四效蒸发预处理，青霉素废酸水加石灰后进行絮凝沉淀预处理；洗滤布水直接进行沉淀预处理。

二、工艺流程和技术说明

(一) 工程概况

1. 基本信息

① 项目名称：年产 5000t 6-APA（6-氨基青霉素烷酸）生产线废水处理工程。

② 建设规模：日处理废水量为 12800m³/d，折污染物总量为 95.5t COD_{Cr}/d。

③ 工程投资：14876 万元。

④ 建设周期：项目始建于 2007 年 5 月，2008 年 2 月环保设施验收。

⑤ 建设厂址：厂址位于巴彦淖尔市临河区。

⑥ 厂区占地：厂区用地面积 28.7hm²。污水处理站设计总容量为 120205m³。占地尺寸为 320m×256m。

2. 水质水量

（1）污染物排放情况   该废水处理工程总处理规模为 12800m³/d，废水来源包括高浓度青霉素生产废水、洗滤布废水、高浓度釜残液以及其他综合生产废水等。废气污染源主要来自发酵车间的发酵尾气、提取精制车间的丁酯废气。发酵尾气主要成分为空气、CO₂ 及水蒸气，为无毒无害废气。由丁酯回收塔、碟片离心机（TA 机）及抽提等工序排放的有机溶媒废气，主要成分为醋酸丁酯。固体废物主要有发酵后的菌丝体、废活性炭以及丁酯回收工序产生的釜残废液。

生产工艺流程及排污节点见图 5-35。各污染物排放情况见表 5-26。

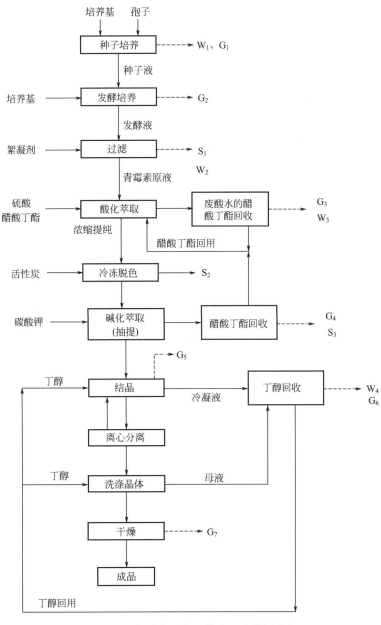

图 5-35   青霉素生产工艺流程及排污节点

表5-26　某1250t/a青霉素生产企业污染物排放情况

编号	污染源	污染物	排放量	产生浓度	排放浓度	处理措施	排放去向
$G_1 \sim G_2$	发酵尾气	CO_2	—	—	—	—	无组织排入大气
G_3	提炼废水醋酸丁酯回收	醋酸丁酯	1700m³/h	310mg/m³	37.4mg/m³	冷凝净化	排入大气
G_4	提炼醋酸丁酯回收	醋酸丁酯	2400m³/h	1195mg/m³	143.4mg/m³	冷凝净化	排入大气
G_5	提炼结晶	丁醇	4300m³/h	1600mg/m³	192.9mg/m³	冷凝净化	排入大气
G_6	提炼丁醇回收	丁醇	2400m³/h	2031mg/m³	243.8mg/m³	冷凝净化	排入大气
G_7	提炼三合一包装	青霉素颗粒	0.04kg/d	—	—	布袋收集	无组织排入大气
G	提炼车间	醋酸丁酯 丁醇	32.7kg/d 35.8kg/d	—	—	—	无组织排入大气
W_1	发酵罐清洗	COD_{Cr} SS 氨氮	55m³/d	12500mg/L 1050mg/L 150mg/L	$COD_{Cr}<300$mg/L SS<200mg/L pH=6~9	厌氧-好氧生化处理	污水处理站
W_2	冲洗滤布	COD_{Cr} SS 氨氮	20m³/d	5500mg/L 2400mg/L 72mg/L			
W_3	丁酯回收提炼废水	pH值 COD_{Cr} SS 氨氮	288m³/d	34 12000~15000mg/L 530mg/L 182mg/L			
W_4	丁醇回收废水	COD_{Cr}	74m³/d	约18000mg/L			
W	车间设备、地面清洗	COD_{Cr} 氨氮	40m³/d	2500mg/L 35mg/L			
S_1	发酵液过滤	废菌丝渣	18.25t/d				高温杀毒后做农肥①
S_2	冷冻脱色	废活性炭	0.328t/d				危废处置中心焚烧
S_3	丁酯回收	釜残	1.4t/d				危废处置中心焚烧
S	水处理污泥	污泥	0.758t/d				外售作农肥

① 经过无害化处理（包括除效价和高温除抗性基因）后，经检测这些特征污染物未检出。通过权威专家评审和省环保厅许可后才用作农肥。

（2）废水水质水量　所处理的废水主要包括以下 4 种。

① 高浓度青霉素生产废水。废水主要来自青霉素提取过程产生的废酸水，这股废水有机物很高，COD_{Cr} 浓度约为 18000mg/L，有机污染物浓度高、污染负荷量大，里面含有大量的硫酸盐，废水的 pH 值约为 5.0。

② 洗滤布废水。废水主要来自青霉素发酵和过滤过程产生的废液，废水 COD_{Cr} 污染物浓度约为 3000mg/L，废水中含有大量抗生素菌丝体。

③ 高浓度有机釜残液。废水主要来自 6-APA 母液、苯乙酸母液和含乙醇釜残液，这股废水有机物很高，其中 6-APA 母液 COD_{Cr} 浓度最高达 23000mg/L；氨氮浓度最高为 7000mg/L，废水的 pH 值约为 5.0。

④ 其他综合生产废水。废水主要来自淀粉糖车间产生的废水以及厂区循环水系统产生的排污。

具体废水种类及其水质、水量见表 5-27。

表 5-27　生产废水水质一览表

序号	废水种类	排放量 /(m³/d)	COD_{Cr} /(mg/L)	BOD_5 /(mg/L)	NH_3-N /(mg/L)	SS /(mg/L)	pH 值
1	青霉素废酸水	3000	18000	4000	300~400	4000	6.0
2	洗布水	3000	4000	4500	<100		6~7
3	真空系统排水	520	7000		100~500	150	4~10
4	6-APA 母液	605	23000		7000		4.0
5	苯乙酸母液	50	23000				1~2
6	含乙醇釜残液	102	100000				
7	含硫酸废水	10	100000				1
8	动力系统排水	4464					
9	制糖车间	745					
10	生活污水	300					
	合计	12796	95.9t		434		5~7

其中：4、5、6、7 进入四效蒸发，冷凝液进水处理，COD_{Cr} 约 3000mg/L

	总计	12796	5622(71.9t)				

3. 执行标准和处理要求

该污水处理工程出水指标达到以下要求：COD_{Cr}<300mg/L，SS<70mg/L，NH_3-N<35mg/L，pH＝6~9。

（二）实验研究

1. 废水生化抑制影响因素小试研究

根据 6-APA 生产废水的水质特征，认为其中青霉素生产废水（包括青霉素废酸水、洗布水、真空系统排水、含乙醇釜残液等）为主要的废水污染源，其污染物浓度高、水量大、组分复杂，废水的可生化降解性差，废水直接采用厌氧+好氧生化处理，受废水多种抑制因素影响，处理效果很差[11,17]。尤其是废水中的破乳剂、SO_4^{2-}、S^{2-}、青霉素生产过程降解残留物以及生产工艺中加入大量的无机盐类对好氧或厌氧生化过程均造成了不同程度的抑制，其中破乳剂和 SO_4^{2-} 是废水中最主要的生化抑制因素。因此，在废水处理工艺建立过程中，首先对废水中的破乳剂、硫酸盐以及生产过程残留的降解残留物及大量的无机盐的影响进行了探讨。

（1）青霉素生产废水中高硫酸盐浓度对厌氧处理效果的影响　厌氧模型中随着废水高含

硫酸盐是青霉素生产废水的主要特征，通常的青霉素提取废母液中硫酸盐高达 5000～8000mg/L，废水中大量硫酸盐的存在对厌氧消化过程会产生较大影响。不同浓度硫酸盐水平下厌氧生化试验结果（图 5-36）表明：厌氧生化实验的初期，硫酸盐浓度水平对厌氧消化 COD_{Cr} 的去除率影响不大。但随着厌氧生化实验装置运行时间的增加，COD_{Cr} 去除效果随着硫酸盐浓度的增加发生变化。实验结果可以看出，随着进水 SO_4^{2-} 浓度的增加，出水 COD_{Cr} 值升高，去除率下降。在对硫酸盐还原产物无调控措施的厌氧条件下，随着 SO_4^{2-} 浓度的提高，反应器中厌氧微生物对废水有机物的生化降解效率逐渐降低。当 SO_4^{2-} 浓度提高到 4500mg/L 时，已看出装置 COD_{Cr} 去除效果下降、出水明显出现上升的趋势。由此可见，在实际青霉素生产废水中 SO_4^{2-} 浓度的水平下，在对硫酸盐还原产物无调控措施的厌氧系统中，废水中 SO_4^{2-} 对有机物的厌氧生化处理效果有较大的影响。

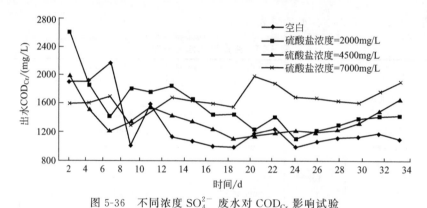

图 5-36　不同浓度 SO_4^{2-} 废水对 COD_{Cr} 影响试验

（2）青霉素生产废水中高氮浓度对厌氧生化处理效果的影响　青霉素在生产过程中首先需要在小罐和中罐阶段进行发酵，目的是为了促使抗生素菌体的增长繁殖。此生产工序用到的培养基成分是促进微生物增长的非常理想的基质。在青霉素生产过程，此阶段未被利用的培养基进入污水后，同样是水处理微生物理想的基质。当小罐、中罐发酵过程结束转入大罐产青霉素发酵阶段，此阶段的主要目的由促进青霉菌的快速增值转为限制青霉菌增长，并强化菌体新陈代谢青霉素药物效价的能力为目的。该阶段配料成分构成与前面小罐、中罐发酵两个阶段的差异为碳源营养成分减少，并增加了过剩的氮源和其他的无机盐类。此发酵阶段产生的废水进入废水生化系统，对水处理微生物为不利代谢环境，特别是在厌氧消化过程中，废水中含有的蛋白质及大量无机氮源，会代谢并以 NH_4^+、NH_3 不同形式存在于消化液中增加了污水脱氮难度。而含硫化合物由于硫酸盐还原菌的存在也将主要以 S^{2-} 形式存在于消化液中增加脱硫难度。这些还原性的无机物一方面会体现为 COD_{Cr} 值增高；另一方面当这些物质达到一定浓度将直接毒害厌氧菌。此外，大罐配料加入大量多种无机盐类并且碳源贫乏的情况下还存在着一定的协同毒性。

（3）青霉素生产废水中破乳剂对厌氧生化处理效果的影响　发酵生产过程发酵液中大量蛋白质以及细胞代谢产物的存在形式使废水产生强烈的乳化现象，青霉素提取工艺过程为控制泡沫生成和控制乳化层的产生，实现青霉素药物萃取液的良好分离，生产过程投加大量的破乳剂是必不可少的手段。从而也给后续的废水生化处理带来抑制影响。

废水中不同破乳剂浓度的厌氧生化试验结果如图 5-37 所示，从中得出：厌氧生化模型试验发现破乳剂浓度在 750mg/L 以上时，消化过程受到明显抑制，在破乳剂的作用下使大量的甲烷气体以泡沫形式黏结在污泥层中，导致污泥上浮，液相与生物相得不到充分接触，传质过程严重受阻，最后使得厌氧生化过程迅速恶化。从厌氧模型试验中还可以看到，厌氧菌在含破乳剂浓度为 500mg/L 的基质中经过一段时间驯化后生化处理效果可以稳定。

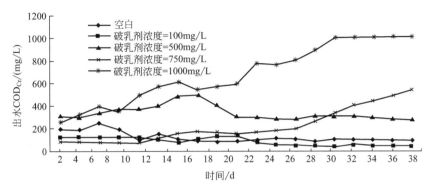

图 5-37　不同浓度破乳剂对厌氧生化过程的影响试验

2. 废水处理动态连续小试研究

根据废水破乳剂的特性和本工程原水含有大量悬浮物胶体物的特点，通过絮凝分离措施，将废水中的破乳剂、悬浮物、胶体物从废水中分离；并进一步通过后续水解酸化使废水中的破乳剂物质得到降解。

针对废水高含硫酸盐、废水碳氮比例失调、氮源过剩问题，通过建立废水厌氧-好氧工艺系统的回流调控措施，控制厌氧消化反应器系统硫化物的浓度，并通过硫酸盐还原产物对氨氧化回流反硝化脱氮过程电子供体的作用机制促进废水脱氮过程，并将废水硫酸盐还原产物的影响得到有效控制。

废水首先进行分质预处理，对于体积小、毒性大的高含盐浓溶液进行蒸发预处理，对于水量最大的高浓度提取母液进行混凝分离-厌氧生化处理，厌氧生化出水与生产系统综合废水混合进行好氧生化处理。处理系统采用废水分质预处理—厌氧—好氧组合工艺流程。试验装置系统运行期间，控制装置系统进水 COD_{Cr} 浓度 4000～6000mg/L，试验经历了装置系统的启动期、提负荷运行期和稳定运行期 3 个阶段。试验装置系统运行时间共计 90d。

（1）启动运行阶段

① 启动阶段的进水量变化。启动阶段污泥抗冲击负荷能力比较低，进水量不宜过大。试验结果如图 5-38 所示，厌氧进水在系统启动期从第 9 天开始进水。经过了 10d 的增量，系统进水量已经可以稳定在 100～200m³/d，处理效果比较理想，后续的 10d 继续增加进水

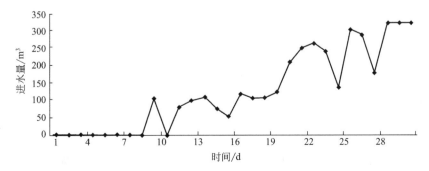

图 5-38　启动阶段的进水量变化

量至 $300m^3/d$，厌氧处理效果稳定时启动期结束。

② 启动阶段厌氧系统 COD_{Cr} 去除效果。在启动阶段，污泥对青霉素废水的适应能力还不够，需要逐步提高进水浓度。系统内的 pH 值保持在 7 左右有利于微生物的新陈代谢。青霉素生产废水尽管经过了废酸水调节池后水质仍然有或多或少的波动。试验结果如图 5-39 所示，在此阶段的 1 个月时间中，反应的进水 COD_{Cr} 浓度逐步提高，生产废水波动较大，范围基本在 $3000\sim4000mg/L$。厌氧系统出水基本稳定在 $1000\sim1500mg/L$，COD_{Cr} 去除率基本保持在 $50\%\sim70\%$。当反应去除率基本稳定表示反应器启动成功。

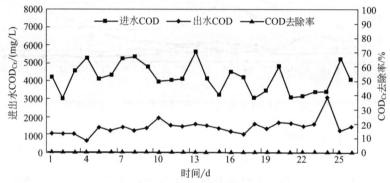

图 5-39　启动阶段厌氧 COD_{Cr} 去除效果

③ 启动阶段好氧系统 COD_{Cr} 去除效果。好氧系统主要采用的是 CASS 工艺，对厌氧系统出水进行处理。试验结果如图 5-40 所示，从出水看来，效果比较理想，出水 COD_{Cr} 值基本可以稳定在 $300mg/L$ 左右。可见利用 CASS 工艺对青霉素生产废水的后处理段效果是比较理想的，而早先单纯利用好氧进行的废水脱除工艺已经基本不符合青霉素生产废水的需要。

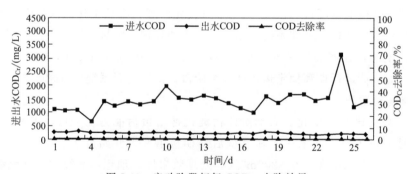

图 5-40　启动阶段好氧 COD_{Cr} 去除效果

④ 启动阶段氨氮脱除效果。启动运行阶段对氨氮进行了 7 次取样，取样频度为 $3\sim4d$。启动阶段进水 NH_4^+-N 浓度保持在 $200mg/L$ 左右，出水由于 CASS 缺氧段的作用已经能够保持在 $10mg/L$ 以下，去除率保持在 95% 以上。

控制废水厌氧 UASB 消化反应器进水 COD_{Cr} 浓度 $3000\sim4000mg/L$，好氧 CASS 氧化装置进水 COD_{Cr} 浓度 $1000\sim1500mg/L$。根据出水 COD_{Cr} 浓度及污泥悬浮物指标情况，逐步增加进水量。经过 1 个月时间的污泥培养驯化，使厌氧反应器的单体日处理水量达到了 $250m^3$ 以上。厌氧系统 COD_{Cr} 去除率可以稳定在 $50\%\sim70\%$，好氧系统 COD_{Cr} 去除率可以稳定在 $70\%\sim85\%$。氨氮的脱除效果始终很好，去除率稳定在 95% 以上。

（2）稳定负荷运行阶段

① 稳定运行阶段的进水量变化。稳定运行阶段的进水量比较稳定，基本能够满足生产废水排放的需要。进水量基本保持在相对稳定的 $500m^3/d$。经过日后长时间的污泥培养和驯化，系统可承受的进水量仍有可继续增加的空间。

② 稳定运行阶段厌氧系统 COD_{Cr} 去除效果。在稳定运行阶段主要是延续提升负荷阶段的稳定性。试验结果如图 5-41 所示，废水进水 COD_{Cr} 稳定在 $4000\sim5000mg/L$，由于废水 COD_{Cr} 的增加，污泥开始不堪重负，出水 COD_{Cr} 尽管有上升趋势但是在可以接受的范围之内，稳定在 $2000mg/L$ 左右。COD_{Cr} 去除率由于进水浓度的增加而有所增加，基本稳定在 $50\%\sim60\%$。

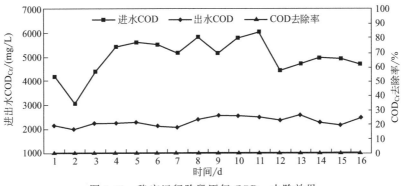

图 5-41　稳定运行阶段厌氧 COD_{Cr} 去除效果

③ 稳定运行阶段好氧系统 COD_{Cr} 去除效果。稳定运行阶段的好氧系统运行效果理想。试验结果如图 5-42 所示。尽管在厌氧出水的 $2000mg/L$ 左右也依然能够应付。这主要是由于前期 2 个月的污泥培养为活性污泥提供了较好的耐冲击负荷能力。稳定运行期间，好氧阶段整个月出水 COD_{Cr} 都保持在 $250mg/L$ 左右，而去除率相对前两个阶段已经有了长足的进步，基本能保持在 88% 以上。

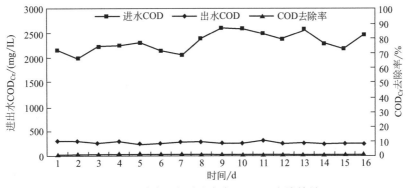

图 5-42　稳定运行阶段好氧 COD_{Cr} 去除效果

④ 稳定运行阶段氨氮脱除效果。进水氨氮在 $200mg/L$ 时出水氨氮非常稳定地保持在 $10mg/L$ 出水以下，去除率稳定在 95% 以上。氨氮脱除效率如此高的原因，可能是由于 CASS 池缺氧段形成了微生物生态位分布，反硝化菌发生反硝化作用的结果。经过 1 个月稳定运行进水 COD_{Cr} 浓度为 $5000\sim6000mg/L$，日处理量基本保持在 $500m^3$ 左右，厌氧

COD_{Cr} 去除率可稳定在 $50\%\sim60\%$，好氧 COD_{Cr} 去除率可以稳定在 88% 以上，考察装置系统 COD_{Cr} 总去除率达 95% 以上。氨氮的脱除效果始终很好，去除率稳定在 95% 以上，究其原因主要是由于好氧段 CASS 池中存在缺氧段，为反硝化提供了强有力的推动作用。

（三）工艺流程

1. 工艺确定

废水生化抑制影响小试实验结果指出：青霉素废水中的高浓度的破乳剂和硫酸盐对生化处理过程均造成了不同程度的抑制。根据前面建立的废水处理工艺流程实验运行结果，通过控制废水中破乳剂、硫酸盐及优化过程脱氮等技术措施，废水中的有机物氨氮等污染物得到了较好的处理效果。据此并结合废水的水质特点，确立了该废水处理工程主体工艺流程为：废水首先采用相应的预处理方式，而后进行生化处理。

2. 工艺流程图

主体工艺流程如图 5-43 所示。

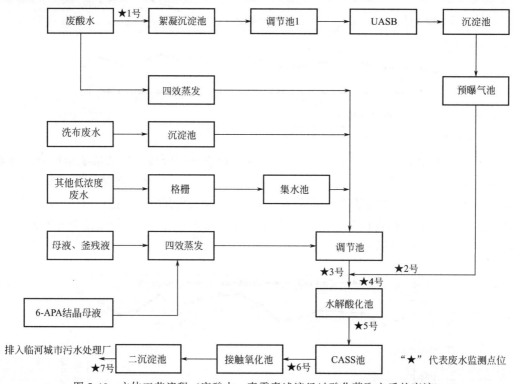

图 5-43　主体工艺流程（废酸水：青霉素滤液经过酸化萃取之后的废液）

6-APA 结晶母液先进行蒸氨处理，其出水再与苯乙酸母液和含乙醇等釜残液混合后进四效蒸发预处理，青霉素废酸水加石灰和进行絮凝沉淀预处理；洗滤布水直接进行沉淀预处理。

经中和沉淀预处理后的青霉素废酸水、沉淀洗滤布水，先进行厌氧消化处理。处理装置采用高效厌氧颗粒污泥复合填料床（UASB＋AF）反应器，这种装置较传统的 UASB 反应器相比，具有气、固、液分离效率高、生物量富集能力强、布水均匀、处理负荷高、运行稳定并且易于操作控制等优点。

厌氧消化处理后的废水与四效蒸发冷凝水、厂区其他生产废水综合污水混合，再进行水解酸化、好氧生化处理。好氧生化处理装置好氧处理装置采用CASS池系统、生物接触氧化工艺，CASS池系统装置集废水污染物的生物降解、沉淀功能为一体，省去二沉池，减少了工程投资，降低运行费用。CASS池中的生物选择器及活性污泥的回流作用，可创造合适的微生物生长条件并选择出絮凝性细菌，有效地抑制丝状菌的大量繁殖，改善沉降性能，防止污泥膨胀；工艺稳定性高，耐冲击负荷。并有较好的除水脱氮、除磷效果。

生物接触氧化这种废水处理装置的特点为：有机污染物去除负荷高、耐废水污染负荷冲击性好、处理效果稳定，不产生活性污泥膨胀问题，运行操作控制方便。

这种废水处理工艺运行可靠、运行操作及管理方便、处理效果好、耐冲击负荷、稳定性高，污泥产生量少，运行费用相对低。自动化程度高，管理方便，减轻工人劳动强度。通过采用液位及自控装置，使工艺全过程实现自动化。

3. 技术与工艺说明

该抗生素废水处理主要设施技术参数见表5-28。

表5-28　处理站主要构筑物与设备

构筑物	有效容积/m³	结构形式	数量/个	备注
沉淀（渣）池	800	钢筋混凝土	2	尺寸：22.0m×8.0m×5.0m(h)
调节池	3500	钢筋混凝土	1	尺寸：38.0m×20.0m×5.0m(h) 厌氧给料泵：WL100-32-22，3台（2用1备），$Q=100m^3/h$，$H=32m$，$N=22kW$； 酸化给料泵：WL300-11-15，3台（2用1备），$Q=300m^3/h$，$H=11m$，$N=15kW$
厌氧沉淀池	1250	碳钢	8	尺寸：$\phi12.0m×13.9m(h)$ 循环泵：100WL120-17-11，10台（8用2备），$Q=120m^3/h$，$H=17m$，$N=11kW$； 换热器：10台，$V=60m^3$
厌氧沉淀池	370	钢筋混凝土	2	平面尺寸：9.0m×6.0m×7.0m(h) 排泥泵：WL10-32-3，2台，$Q=10m^3/h$，$H=32m$，$N=3kW$
水解酸化池	6500	钢筋混凝土	1	平面尺寸：48.0m×30.0m×5.0m(h)
CASS池	24000	钢筋混凝土	2	平面尺寸：95.0m×50.0m×5.5m(h)
接触氧化池	24000	钢筋混凝土	1	平面尺寸：95.0m×50.0m×5.5m(h)
二沉淀	950	钢筋混凝土	2	尺寸：$\phi20.0m×3.5m(h)$
污泥处理系统				
沼气利用系统				
四效蒸发系统				四效蒸发器： 35t/h　4套 15t/h　1套
喷浆造粒系统			2	
异味处理系统			1	
动力及仪表系统				系统总装机容量约3000kW
辅助系统				

（1）沉淀（渣）池　沉淀（渣）池可有效去除废水中的悬浮物质，减少进入后续生化系统的污染负荷，有利于后续生化处理。沉淀（渣）池包括废酸水沉渣池和含菌丝废水沉淀池。

（2）调节池　经预处理后废水进入调节池，以保证进入后续处理工况的废水稳定，包括废酸水调节池、综合废水调节池。

（3）厌氧反应器　废酸水进入厌氧反应器采用厌氧颗粒污泥复合填料床（UASB＋AF）反应器进行厌氧处理，在厌氧情况下降解废水中的有机物。

（4）厌氧沉淀池　厌氧反应器出水进入沉淀池，减少厌氧污泥的流失。

（5）水解酸化池　综合废水进入酸化水解池，利用酸化水解作用有效改善废水的可生化性能。

（6）CASS池　厌氧出水、酸化出水进入CASS系统进行好氧处理，CASS系统可采用目前正在使用的CASS系统。

（7）接触氧化池　CASS出水进入接触氧化系统，进一步降低废水中的有机物，确保达标排放。

（8）二沉池　生化出水经二沉池进行泥水分离，污泥进入污泥处理系统，出水达标排放。

（9）污泥处理系统　所有沉渣（泥）等进入污泥处理系统，系统包括污泥浓缩池、脱水系统等。

（10）沼气利用系统　由于厌氧系统产生大量沼气，为回收能源减少污染，沼气进行回收利用。系统包括气柜、沼气发电（或锅炉）等。

（11）四效蒸发系统　母液及釜残液进入四效蒸发系统，冷凝液进入生化处理。

（12）喷浆造粒系统　四效蒸发釜残液等其他高浓度废水进入喷浆造粒系统。

（13）异味处理系统　含异味废气收集后做除异味治理，采用水洗和生物除臭工艺。

（14）动力及仪表系统　系统总装机容量约3000kW。全过程采用仪表自动控制。

（15）辅助系统　辅助系统包括化验系统、值班控制系统等。

三、实施效果和推广应用

1. 运行处理效果与机制分析

该工艺流程经过了历时一年的建设期，并最终达标排放。

（1）总排废水监测与评价　硫酸盐两天监测日均值分别为1432mg/L和1263mg/L，溶解性总固体两天监测日均值分别为2607mg/L和2374mg/L，超过《污水排入城市下水道水质标准》（CJ 3082—1999）的限值要求。

pH值、色度、水温、SS、BOD_5、COD_{Cr}、氨氮、硫化物、挥发酚、石油类、矿物油类、氟化物、总磷、砷、汞、六价铬、甲苯、阴离子表面活性剂监测值均符合《污水综合排放标准》（GB 8978—1996）和《污水排入城市下水道水质标准》（CJ 3082—1999）的限值要求。吨产品废水排放量为551m^3/t，符合《污水综合排放标准》（GB 8978—1996）的要求。

（2）废水处理效率评价

厌氧反应器（UASB＋AF）：BOD_5为74.3%～74.5%，COD_{Cr}为53.6%～55.5%。

水解酸化池：SS为14.3%～17.3%，BOD_5为18.2%～21.4%，COD_{Cr}为17.6%～19.3%，氨氮为20.3%～21.8%。

CASS池：SS为49.0%～50.2%，BOD_5为82.6%～84.1%，COD_{Cr}为75.0%～79.6%，氨氮为44.6%～46.5%。

生物接触氧化：SS为86.0%～86.5%，BOD_5为13.0%～13.1%，COD_{Cr}为59.5%～67.9%，氨氮为31.2%～33.2%。

具体排放指标见表5-29。

表5-29　年产5000t 6-APA（6-氨基青霉素烷酸）生产线废水处理工程监测结果

单位：mg/L（pH值、水量除外）

监测点位	采样时间	频次	监测项目									
			水温/℃	pH值	色度/度	SS	BOD₅	COD_Cr	氨氮	硫化物	挥发酚	矿物油类
1号调节池中	1日	1	10	6.35	—	558	3274	5660	228	—	—	—
		2	11	6.30	—	570	3256	5705	204	—	—	—
		3	12	6.30	—	719	3002	5310	219	—	—	—
		4	11	6.41	—	612	3183	5578	198	—	—	—
		日均值	11	6.34	—	615	3179	5563	212	—	—	—
	2日	1	12	6.20	—	544	3017	4900	184	—	—	—
		2	11	6.21	—	576	3247	4865	209	—	—	—
		3	10	6.24	—	486	3412	5720	214	—	—	—
		4	10	6.35	—	562	2774	5416	176	—	—	—
		日均值	11	6.25	—	542	3112	5225	196	—	—	—
厌氧反应器出口	1日	1	25	7.65	—	912	729	2280	533	—	—	—
		2	24	7.60	—	890	842	2891	539	—	—	—
		3	25	7.40	—	962	911	2655	554	—	—	—
		4	24	7.68	—	851	785	2486	485	—	—	—
		日均值	24.5	7.58	—	904	817	2578	528	—	—	—
厌氧反应器出口	2日	1	24	7.42	—	920	729	2372	507	—	—	—
		2	25	7.40	—	619	842	2496	487	—	—	—
		3	23	7.41	—	938	791	2145	526	—	—	—
		4	24	7.54	—	879	812	2275	475	—	—	—
		日均值	24	7.44	—	839	793	2322	499	—	—	—
2号调节池出口	1日	1	22	7.35	1600	424	2320	3655	103	13.7	0.135	2.38
		2	21	7.40	2000	458	2320	3600	115	14.1	0.233	1.95
		3	20	6.79	1600	484	2880	4233	93	12.3	0.188	5.79

续表

监测点位	采样时间	频次	水温/℃	pH值	色度/度	SS	BOD₅	COD_Cr	氨氮	硫化物	挥发酚	矿物油类
2号调节池出口	1日	4	20	7.31	1600	442	2774	3847	98	12.9	0.175	3.21
		日均值	21	7.21	1700	452	2573	3834	102	13.2	0.183	3.33
	2日	1	21	6.88	1600	389	2320	4052	96	15.1	0.180	5.60
		2	20	6.78	2000	446	2880	4012	101	11.9	0.212	2.82
		3	19	6.85	1600	347	2880	4463	87	13.2	0.196	3.45
		4	20	6.97	2000	381	2320	4256	91	14.3	0.207	3.18
		日均值	20	6.87	1800	391	2600	4196	94	13.6	0.199	3.76
水解酸化池入口	1日	1	23	7.70	—	1130	1638	3520	56.0	—	—	—
		2	24	7.85	—	1304	1411	3655	58.7	—	—	—
		3	23	8.10	—	1428	1752	2675	61.5	—	—	—
		4	23	8.02	—	1326	1183	3248	60.2	—	—	—
		日均值	23.2	7.92	—	1297	1496	3275	59.1	—	—	—
	2日	1	25	8.15	—	1480	1752	3056	53.4	—	—	—
		2	24	8.20	—	1342	1183	2808	58.4	—	—	—
		3	24	8.24	—	1365	1638	2576	60.9	—	—	—
		4	25	8.33	—	1289	1568	3346	55.3	—	—	—
		日均值	24.5	8.23	—	1369	1535	2946	57.0	—	—	—
水解酸化池出口	1日	1	22	7.61	—	1254	1183	3208	47.7	—	—	—
		2	23	7.61	—	970	1297	2096	47.0	—	—	—
		3	21	7.70	—	1076	1229	2142	44.8	—	—	—
		4	22	7.72	—	1146	1183	2541	45.3	—	—	—
		日均值	22.0	7.66	—	1111	1223	2699	46.2	—	—	—
水解酸化池出口	2日	1	22	7.56	—	1089	1229	2487	46.9	—	—	—
		2	22	7.52	—	1252	1183	2391	43.7	—	—	—

续表

监测点位	采样时间	频次	水温/℃	pH值	色度/度	SS	BOD$_5$	COD$_{Cr}$	氨氮	硫化物	挥发酚	矿物油类
水解酸化出口	2日	3	21	7.58	—	956	1183	2285	46.2	—	—	—
		4	21	7.62	—	1331	1229	2345	44.8	—	—	—
		日均值	21.5	7.57	—	1132	1206	2377	45.4	—	—	—
CASS出口	1日	1	12	7.43	—	438	118	602	27.4	—	—	—
		2	11	7.45	—	570	236	598	24.8	—	—	—
		3	10	7.30	—	661	232	479	23.7	—	—	—
		4	11	7.42	—	543	266	574	26.5	—	—	—
		日均值	11	7.40	—	553	213	563	25.6	—	—	—
CASS出口	2日	1	12	7.47	—	641	164	659	27.5	—	—	—
		2	11	7.30	—	523	198	531	21.8	—	—	—
		3	11	7.42	—	596	232	598	23.2	—	—	—
		4	12	7.45	—	547	176	574	24.7	—	—	—
		日均值	11.5	7.41	—	577	192	590	24.3	—	—	—
二沉池出口	1日	1	7	7.70	64	76.4	227	246	17.6	0.021	[0.001]	[0.008]
		2	8	7.58	40	76.9	168	228	17.2	0.015	0.002	[0.008]
		3	7	7.71	40	78.2	146	207	16.5	0.026	[0.001]	[0.008]
		4	8	7.65	64	77.3	198	209	17.1	0.018	[0.001]	[0.008]
		日均值	7.5	7.66	52	77.2	185	222	17.1	0.020	[0.001]	[0.008]
二沉池出口	2日	1	7	7.60	40	76.4	168	205	17.3	0.018	[0.001]	[0.008]
		2	7	7.65	32	72.4	146	196	17.5	0.021	[0.001]	[0.008]
		3	7	7.58	40	84.0	198	172	16.2	0.019	[0.001]	[0.008]
		4	7	7.64	32	79.2	156	207	15.96	0.017	[0.001]	[0.008]
		日均值	7	7.62	36	78.0	167	195	16.7	0.019	[0.001]	[0.008]
《污水综合排放标准》(GB 8978—1996)表2			—	6~9	—	400	300	400	—	1.0	2.0	20
《污水排入城市下水道水质标准》(CJ 3082—1999)			—	6~9	80	400	300	400	35	1.0	1.0	20.0

2. 技术经济分析

① 土建投资概算为 3569.2 万元，详见表 5-30。

表 5-30　土建投资一览表

序号	名称	规格	结构	估价/万元
1	沉渣池	$880m^3 \times 2$	钢混凝土	52.8
2	生活污水提升系统		钢混凝土	50.0
3	调节池	$3800m^3 \times 2$	钢混凝土	228.0
4	沉淀池	$340m^3 \times 2$	钢混凝土	20.4
5	酸化水解池	$7200m^3$	钢混凝土	216.0
6	CASS 池	$26000m^3 \times 2$	钢混凝土	1300.0
7	接触氧化池	$26000m^3$	钢混凝土	650.0
8	二沉池	$1100m^3$	钢混凝土	33.0
9	事故池	$2300m^3$	钢混凝土	69.0
10	基础、地沟等			200.0
11	道路绿化等			50.0
12	建筑物			700.0
	小计			3569.2

② 设备材料投资概算为 5378.8 万元，详见表 5-31。

表 5-31　设备材料投资一览表

序号	名称	规格型号	数量	单价/万元	估价/万元
1	水泵		50		60.0
2	厌氧反应器	$\phi 12000mm \times 13900mm$	8	120.0	960.0
3	换热器	$60m^3$	8	2.4	19.2
4	水封罐	$\phi 500mm \times 1500mm$	8	1.2	9.6
5	滗水器		8	20.0	160.0
6	鼓风机		10	28.0	280.0
7	曝气系统				370.0
8	填料系统				360.0
9	污泥处理系统				180.0
10	沼气利用系统				200.0
11	四效蒸发系统		5	400	2000.0
12	其他设备				100.0
13	配电仪表		配套		250.0
14	管道平台		全套		210.0
15	保温防腐				220.0
	小计				5378.8

③ 本工程总投资为 9068.0 万元，详见表 5-32。

表 5-32　工程总投资

序号	工程分项	分项投资估算/万元
1	土建工程部分	3569.2
2	设备部分	5378.8
3	设计费	30.0
4	调试技术服务费	90.0
5	总计	9068.0

四、总结

① 不同来源废水经过预处理后，采用厌氧消化＋水解酸化＋CASS＋生物接触氧化工艺，实现了 6-APA 生产废水的达标排放。

② 由于 6-APA 生产废水残留抗生素浓度和水中残留效价低，对生化处理影响不大。

第四节　土霉素生产废水

一、问题的提出

土霉素为四环素类抗生素的一个主要品种，生产工艺过程以龟裂链丝菌为菌种，以豆饼粉、玉米浆、麸质粉、硫酸铵和氨水为主要氮源，以淀粉、糊精为碳源，进行生物发酵。发酵液用草酸酸化，加入黄血盐和硫酸锌除去铁离子、蛋白粉。滤液经脱色、结晶、分离、干燥得到成品。生产过程简述如下。

（1）种子制备　用砂土管低温保存的菌种在无菌条件下接入斜面培养基，经培养做成孢子悬浮液，接入母液，经检验合格后接入种子罐，逐渐扩大培养，制得生产用种子培养液。

（2）发酵培养　以淀粉、豆饼粉、玉米浆及各种无机盐等营养元素制成的混合液为培养基，经灭菌后接入种子培养液进行发酵培养，培养温度为 30～32℃，通入无菌压缩空气在机械搅拌下发酵 156h，得到土霉素发酵液。

在种子制备及发酵培养工序产生的洗罐水用于提取车间酸化稀释用水，不外排。

（3）提取　发酵液加酸酸化至 pH＝1.75～1.85，使菌丝内土霉素生成溶于水的盐，经板框压滤机过滤，除去菌丝体、培养基残渣等固体杂质，得到土霉素原液。该工序需定期对设备、滤布进行冲洗，产生冲洗废水。冲洗废水排入污水处理站。

（4）精制　滤液用 D-122 型弱酸性阳离子树脂对土霉素原液脱色精制，该工序产生树脂再生废水。

（5）结晶干燥　精制后土霉素浓缩液以氨水调 pH 值至等电点，经三级连续结晶、分离干燥得到成品。该工序产生的结晶母液是生产中主要工艺废水，其废水量占工艺废水的 80% 以上，COD_{Cr} 负荷占 92% 以上。其中部分结晶母液经盐酸酸化后，回用于酸化稀释工序。产生的母液经树脂再吸附回收部分土霉素，降低结晶母液的污染物浓度。处理后的母液送至污水处理站进行处理，母液水质如表 5-33 所列。

表 5-33　土霉素结晶母液水质分析

厂家	COD_{Cr}/(mg/L)	pH 值
靖江某制药厂	35000	4.0～4.6
北京某制药厂	13000～22000	4.1～4.5
广西某制药厂	3200～15000	4.0～5.0
浙江某制药厂	15000	4.0～5.0
河北某制药厂	12000～16000	4.5
武汉某抗菌素厂	5500～22400	
内蒙古某土霉素厂	13300	
西安某制药厂	3212～8990	5.0～6.0

如表 5-33 所列，废母液中含有较高浓度的 COD_{Cr}，一般来说，还含有 1000mg/L 左右

的土霉素，因此对后续处理可能存在 2 个问题：a. 残留土霉素可能影响后续生物处理功能；b. 残留土霉素压力会造成后续生物处理系统抗药菌和抗性基因的产生和排放。

因此，在废水处理工艺选择中除了 COD_{Cr} 等常规指标达标排放外，还要考虑抗生素去除和抗性基因生成的阻断。针对上述问题，本节介绍的土霉素废水实际工程中采用絮凝＋水解酸化＋CASS 工艺实现工程的达标排放，同时，在实验研究中提出多级屏障技术体系，系统阐述了去除土霉素和阻断抗性基因产生的强化水解和臭氧预处理等技术的小试和中试实验结果和总结，为保障土霉素废水高效处理和阻断抗性基因的产生提供策略和技术基础。

二、工艺流程和技术说明

（一）工程概况

1. 基本信息

项目名称：土霉素制药废水治理工程。

建设规模：日处理废水量为 $4500\text{m}^3/\text{d}$，折污染物总量为 $28\text{tCOD}_{Cr}/\text{d}$。

工程投资：3959.97 万元。

建设周期：项目始建于 2014 年 8 月，2015 年 11 月环保设施验收。

建设厂址：厂址位于内蒙古自治区通辽市。

厂区占地：厂区用地面积 2.3hm^2。占地尺寸为 $115\text{m} \times 200\text{m}$。

2. 水质水量

工艺废水主要包括：a. 结晶母液；b. 酸碱废水；c. 板框及滤布冲洗水、树脂再生排水及过滤分离洗粉水。废水水质见表 5-34。

表 5-34　土霉素废水水质全分析

水质指标	COD_{Cr}	BOD_5	氨氮	总氮	草酸	硫酸盐	土霉素	SS	pH 值
浓度/(mg/L)	12000~20000	1400~3900	630	2209	3000~7000	2000~4000	<1000	900	4~6

（1）结晶母液　结晶母液是在提取土霉素有效成分后废弃的发酵残液。该部分残液主要成分包括未被利用的发酵液组分、残留的部分药物以及降解产物。该部分废水 COD_{Cr} 浓度高达 8000~14000mg/L、BOD_5 为 1400~3800mg/L、悬浮物浓度 800~1600mg/L、硫酸盐浓度 2000~4000mg/L。当发酵过程不正常，发酵罐提前出现染菌现象时，发酵液与染菌丝体同时排入废水中，导致污染物浓度会更高。其中构成 COD_{Cr} 的主要物质有糖类、草酸及蛋白质类，其次有土霉素、淀粉、残粉，在废水中主要以溶解态小分子物质和胶态带色大分子物质两种形式存在。

（2）酸碱废水　酸碱废水主要产生于树脂活化过程以及离子换柱的顶洗过程。该部分废水 COD_{Cr} 含量低，主要污染物为酸、碱及无机盐类。

（3）冲洗废水　冲洗废水主要是各个生产工序冲洗操作过程的排水、循环水系统的排污，此外还有厂区实验室和生活设施的排水。废水水量较大，有机污染物含量较低。

废气污染源主要来自发酵尾气和气流干燥尾气。发酵尾气由菌种培养罐与发酵罐排出，主要成分为空气、二氧化碳、水蒸气，由车间顶部排入大气，为无毒、无害气体。气流干燥尾气由干燥机排出，由于烘干的物料为产品土霉素，一般采用收尘器收集后回收。

土霉素生产固体废物主要为菌丝渣，含有较高的抗菌素、氨氮及总锌残留。

　　生产中噪声源主要为车间内各种泵机、空压机站、离心泵等设备噪声以及蒸汽消毒产生的气流噪声。

　　土霉素生产工艺及排污节点见图5-44。各污染源参数见表5-35。

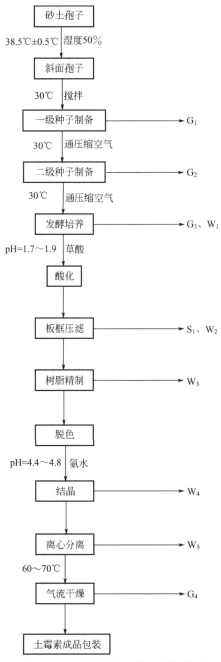

图 5-44　土霉素生产工艺及排污节点

表 5-35　某 1300t/a 土霉素生产企业污染源

编号	污染源	污染物	排放量	产生浓度	排放浓度	处理措施	排放去向
$G_1 \sim G_3$	发酵尾气	CO_2	—	—	—	—	无组织排空

续表

编号	污染源	污染物	排放量	产生浓度	排放浓度	处理措施	排放去向
G_4	干燥尾气	粉尘	14800m³/d	≤2000mg/m³	<50mg/m³	布袋除尘器	排空
W_1	冲洗发酵罐水	COD_{Cr}	—	—	—	—	去提取车间提取有效成分
W_2	板框及滤布冲洗	pH值 COD_{Cr} SS NH_3-N	16m³/d	45 4000mg/L 250mg/L 120mg/L	6.5~8.5 285mg/L <30mg/L 31.5mg/L	厌氧-CASS生化处理	污水处理站
W_3	树脂再生	pH值 COD_{Cr} SS NH_3-N	21m³/d	4~9 1000mg/L 10mg/L 30mg/L			
W_4	结晶母液	pH值 COD_{Cr} SS NH_3-N	220m³/d	3~4 8000mg/L 280mg/L 685mg/L	6.5~8.5 285mg/L <30mg/L 31.5mg/L		
W_5	分离洗粉水	COD_{Cr} SS NH_3-N	19m³/d	3000mg/L 230mg/L 100mg/L	285mg/L <30mg/L 315mg/L		
W	地面冲洗	COD_{Cr} SS	7m³/d	300mg/L 150mg/L	285mg/L <30mg/L 315mg/L		
S_1	板框压滤	废菌丝渣	10100t/a				高温杀毒后做农肥[①]
S	水处理污泥	污泥	10t/a				外售作农肥

① 这种处置方式已不符合当前的管理要求，应按照危险废物处置。

3. 执行标准和处理要求

该污水处理工程出水指标达到以下要求：

COD_{Cr}<400mg/L，SS<150mg/L，NH_3-N<25mg/L，pH值为6~9。

符合《污水综合排放标准》(GB 8978—1996) 和《污水排入城市下水道水质标准》(CJ 3082—1999) 的限值要求。

(二) 实验研究

本研究针对抗生素生产废水中残留抗生素及抗性基因问题，以抗生素效价控制为目标，以关键污染物残留抗生素效价和抗性基因的消除为切入点开展高效预处理技术（臭氧和热水解技术）研究，构建基于物化-生化组合技术的抗生素生产废水集成技术，为控制抗生素生产废水处理中抗性基因传播、完善针对抗生素生产过程的环境管理提供科学技术基础。

1. 抗生素废水臭氧源头控制技术小试研究

为了从源头上消减制药废水中的抗性基因，首先开展了氧化技术对制药废水中抗生素和抗性基因控制研究。主要进行了以下2个方面研究。

(1) 臭氧氧化过程中的土霉素浓度变化与抗药性的控制效果　在实际处理中，OTC废母液（OTC-ML）经过厂区其他废水的稀释，采用生物法进行处理。实现采用2L的玻璃柱，选择了3个不同处理节点的实际废水进行臭氧氧化，分别是OTC-ML、与其他废水混合后的总进水、处理后的最终出水。如图5-45所示，进水和出水的臭氧氧化过程中，总溶解性有机碳（DOC）保持不变。比较了不同实际废水的臭氧氧化效率，发现对于OTC-ML 和混合进水而言，实现 50％的 OTC 去除所消耗的臭氧量分别为 0.63mg O_3/mg OTC_0 和 16.5mg O_3/mg OTC_0。对于最终出水，当臭氧消耗量为 19.6mg O_3/mg OTC_0 时，OTC 的去除率仍然只达到 40％。因此，由于 OTC-ML 中 OTC 浓度极高（约1000mg/L），与进水和出水相比，其他基质影响较小，对 OTC-ML 进行臭氧氧化能得到最高的 OTC 氧化效率，表明以臭氧氧化作为 OTC-ML 的预处理要比用作生物处理出水的深度处理更经济。

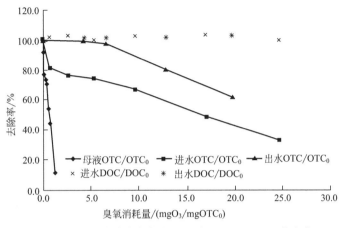

图 5-45　实际废水臭氧氧化过程中 OTC 和 DOC 的变化

　　根据中国药典，使用浊度法测定了配水对金黄葡萄球菌（$S.aureus$）的抑菌效能。如图 5-46 所示，在 OTC 溶液的臭氧氧化过程中，溶液对 $S.aureus$ 的抑菌效能降低，表明主要臭氧氧化产物的抑菌效能低于 OTC 母体。

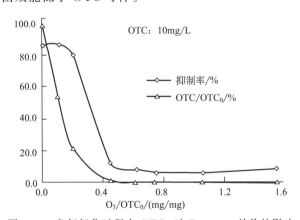

图 5-46　臭氧氧化过程中 OTC_0 对 $S.aureus$ 效价的影响

　　对 OTC 暴露 18d 的活性污泥 DNA 进行 6 种基因 [tet(A)、tet(C)、tet(M)、tet(Q)、tet(W)、tet(X)] 和 3 种转移因子（$intI$1、$intI$2、Tn916/1545）的检测，结果共有 3 种基因被检出 [tet(A)、tet(X) 和 $intI$1]，并进一步对接种污泥和 3 个反应器运行 18d 后的活性污泥中的这 3 种基因进行定量（图 5-47）。

　　在接种污泥（Control t0）中，tet(A)、tet(X) 和 $intI$1 的相对丰度分别为 3.8×10^{-4}、5.2×10^{-3} 和 4.5×10^{-3}。在未暴露任何抗生素的污泥（Control t2）中，tet(A)、tet(X)

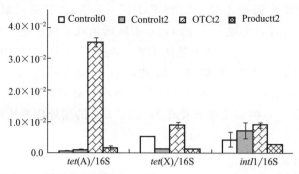

图 5-47　不同暴露情况下 $tet(A)$、$tet(X)$、$intI1$ 的相对丰度

和 $intI1$ 的相对丰度分别为 9.2×10^{-4}、1.4×10^{-3} 和 7.3×10^{-3}，经过配对 t-检验发现其与接种污泥中的丰度无显著差异（$P = 0.93$）。在暴露于 10mg/L OTC 的活性污泥中，$tet(A)$、$tet(X)$、$intI1$ 的相对丰度分别为 3.6×10^{-2}、9.1×10^{-3} 和 9.1×10^{-3}，显著高于接种污泥和未暴露任何抗生素的污泥（$P = 0.02$），表明 OTC 对污泥中的细菌产生了选择压力。然而，在暴露于 OTC 臭氧氧化产物的活性污泥（Product t2）中，$tet(A)$、$tet(X)$、$intI1$ 的相对丰度分别为 1.7×10^{-3}、1.4×10^{-3}、2.8×10^{-3}，与接种污泥和未暴露任何抗生素的污泥无显著差别（$P = 0.12, 0.18$），表明 OTC 臭氧氧化产物的抗药性选择能力低于OTC 母体。因此，OTC 臭氧氧化产物的效价低于 OTC 母体，该产物进入生物处理系统后，对活性污泥中的细菌抗药性选择能力低于 OTC 母体，表明臭氧氧化能够降低抗药菌和抗性基因的污染风险，可作为抗性基因源头控制的有效方法。但由于本试验暴露时间较短（仅 18d），结果不能全面真实地反映实际情况，长期暴露下抗药性的变化还需要进一步研究。

（2）热水解技术对高浓度抗生素废水强化水源源头控制的效果　抗生素废水中常含有高浓度抗生素残留，其对微生物活性存在强烈抑制作用。虽然臭氧氧化可有效去除抗生素，降低后续生化工艺处理难度并减少了抗生素抗性基因的产生，但是臭氧氧化技术成本高，运行操作复杂，我们进一步开发了更加经济的抗生素生产废水强化水解预处理技术。该方法针对抗生素在偏酸或者偏碱的水溶液中不稳定的特性，采用高温催化水解方式针对性地降解抗生素废水中的抗生素，从而有效降低制药工业废水中抗生素对后续生化处理的抑制作用，提高废水可生化性，大幅降低生化处理工艺中抗性基因与抗药菌的产生。

以土霉素生产废水为对象，在 1L 棕色玻璃瓶中加入土霉素母液，棕色瓶放置于恒温水浴中，考察不同水解温度和溶液 pH 值条件对土霉素水解效率的影响[20]。

① 水解温度和 pH 值条件对土霉素水解效果的影响。由表 5-36 可知，土霉素水解速率随着温度上升而增加。pH 值为 7 条件下，25℃时土霉素的水解半衰期长达 173.17h，温度每提高 10℃，水解速率能提高 1.21～5.58 倍。pH 值越低或者越高并不会加快水解，最优的水解 pH 值条件为 7。

表 5-36　水解温度和 pH 值条件对土霉素水解的影响

参数		pH 值			
		5	7	9	11
25℃	k/h^{-1}	0.0028 ± 0.0003	0.004 ± 0.0003	0.0056 ± 0.0001	0.0066 ± 0.0003
	$t_{1/2}/\mathrm{h}$	250.7	173.17	123.85	105.39

续表

参数		pH 值			
		5	7	9	11
45℃	k/h^{-1}	0.1083±0.0054	0.0949±0.0061	0.0756±0.0075	0.055±0.0044
	$t_{1/2}/h$	7.5	7.26	9.07	12.51
65℃	k/h^{-1}	0.8837±0.0473	1.0822±0.0152	0.8708±0.0997	0.3425±0.0255
	$t_{1/2}/h$	0.78	0.64	0.8	2.02
85℃	k/h^{-1}	2.684±0.0854	3.624±0.1898	1.2717±0.057	0.7182±0.0456
	$t_{1/2}/h$	0.26	0.19	0.55	0.97

② 热水解预处理对土霉素废水厌氧可生化性的影响。在最优热水解处理条件下处理土霉素废水，通过生物化学甲烷生成势（SMA）实验测定经过热水解预处理后污水的厌氧可生化性效果。图 5-48 所示溶液中土霉素浓度达到 200mg/L 之后厌氧产甲烷效果明显降低，而浓度达到 400mg/L 之后可完全抑制厌氧污泥的产甲烷活性。而经过强化水解预处理后，后续厌氧工艺在不同土霉素浓度下均可保持高效稳定运行，证明了厌氧热水解能够有效削减土霉素对微生物的抑制，确保后续生物处理工艺的稳定运行。

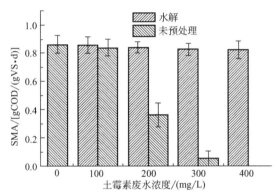

图 5-48　强化水解处理前后含土霉素废水的厌氧产甲烷活性

③ 热水解预处理对土霉素废水效价的影响。本小试过程中对 85℃ 条件下，不同 pH 值（5，7，9，11）条件下土霉素溶液水解过程中的效价进行了评价，强化水解处理前后含土霉素废水的厌氧产甲烷活性如图 5-49 所示。抗生素效价在所有 pH 值条件下都能够很快的下降，且与土霉素水解浓度下降趋势类似，pH 值为 7 时效价下降幅度也最大。在水解 6h 后，所有 pH 值条件下抗生素效价下降幅度均超过 99.98%。表明土霉素水解过程中溶液中的效价主要由土霉素提供，土霉素水解浓度降低也意味着溶液效价的降低。

2. 基于强化热水解预处理为核心，结合 UASB 厌氧的抗生素废水处理组合工艺中试研究

基于上述研究结果，将热水解预处理技术（促进抗生素水解，消减后续生物处理单元抗生素压力；同时提升污水温度，促进后续厌氧工艺运行效率）与厌氧处理技术（UASB 工艺，进行有机质降解，去除 COD_{Cr}，保证污水达标排放，同时回收甲烷气）组合针对土霉素生产废水进行抗生素和抗性基因协同控制研究。

2014 年制作成套工艺设备并开展现场实验，现场采用了土霉素废水预处理-厌氧处理组合工艺，抗生素生产废水处理工艺流程和中试现场实验装置见图 5-50 和图 5-51。

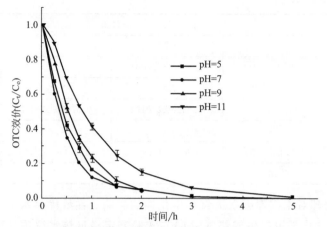

图 5-49　强化水解处理前后含土霉素废水的厌氧产甲烷活性

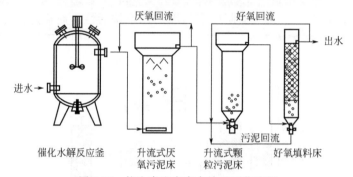

图 5-50　抗生素生产废水处理工艺流程

图 5-51　中试现场实验装置（1m³/d）

1—反应釜；2—加热控制装置及沉淀池；3—厌氧池（UASB）；4—进水调节池

组合工艺运行效果如下。

（1）COD$_{Cr}$ 去除效果　在土霉素生产废水进入 UASB 系统之前首先进行水解预处理。本中试根据前文所述小试的结果，为了尽可能去除母液中的土霉素，使用最优的土霉素水解条件。经过预处理之后，中试 UASB 反应器的 COD$_{Cr}$ 运行情况如图 5-52、图 5-53 所示。在整个

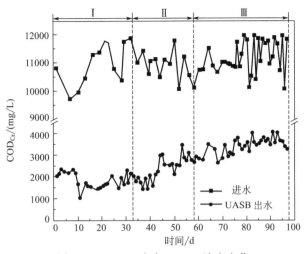

图 5-52　UASB 出水 COD_{Cr} 浓度变化

中试期间 100d 的运行周期内，土霉素废水进水 COD_{Cr} 平均浓度为（11064±591）mg/L。组合工艺运行条件可分为 3 个阶段（Ⅰ、Ⅱ、Ⅲ），对应的进水 COD_{Cr} 负荷分别为 3.5kg/（m³·d）、5kg/（m³·d）和 6.5kg/（m³·d）。三段进水的 COD_{Cr} 浓度均维持在 11000～12000mg/L，随着进水负荷的增加出水 COD_{Cr} 逐渐由 2000mg/L（Ⅰ阶段）升至 3600mg/L（Ⅲ阶段），对应的 COD_{Cr} 去除率由最初的 87%（Ⅰ阶段）降为 70%（Ⅲ阶段），组合工艺在Ⅲ阶段仍保持较好的 COD_{Cr} 去除效率。

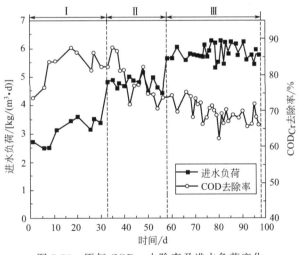

图 5-53　厌氧 COD_{Cr} 去除率及进水负荷变化

（2）抗生素消减效果　如前所述，热水解工艺可消减污水中的土霉素浓度。在组合工艺的 3 个运行阶段中，进水土霉素浓度有所波动，为 800～975mg/L；而出水土霉素浓度维持在 0.5mg/L 以下（图 5-54），证明了组合工艺对抗生素的良好消减效果。抗生素水解产物可能同样具有抑菌效果，因此我们进一步分析了不同时间组合工艺进出水的抗生素总效价，如图 5-55 所示：组合工艺同样具有良好的抗生素效价消减效果。通过本中试研究，我们进一步证实了水解预处理工艺在实际工程中应用的优越性，即能够有效降低抗生素生产母液中高浓度残留抗生素对厌氧生物处理的影响。

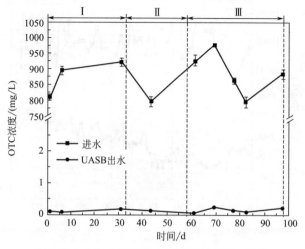

图 5-54　组合工艺进出水土霉素（OTC）浓度

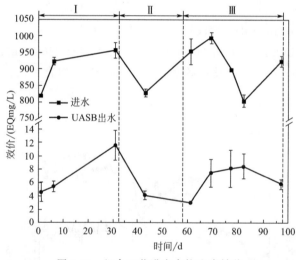

图 5-55　组合工艺进出水抗生素效价

（3）抗性基因控制效果　尽管经过水解预处理后，厌氧反应器能够承受高负荷的土霉素生产废水，并具有良好的 COD_{Cr} 去除效果，但是水解预处理工艺能够减少实际土霉素生产废水处理过程中 ARGs 的生成还有待证实。本中试中，采用定量 PCR 方法分析了 UASB 反应器中厌氧污泥的抗性基因水平，同时以未采用水解预处理直接处理抗生素废水的厌氧污泥作为对照，抗性基因的变化见图 5-56。因为厌氧系统的接种污泥取自实际抗生素生产废水处理系统的厌氧工艺段污泥，其本身具有高抗性基因本底值，但是随着中试运行时间的增加，残留在厌氧污泥中的 *tet* 基因总量随时间增加而下降，在运行 96d 后其中抗性基因总浓度已降低 50％。而对照系统的抗性基因（相对）水平始终维持在 0.18 以上。上述结果表明，通过热水解预处理降低生物处理单元的进水抗生素水平确定可控制生物处理单元的抗性基因的产生。组合工艺的研究为未来抗生素实际废水的处理提供了新的技术选择。

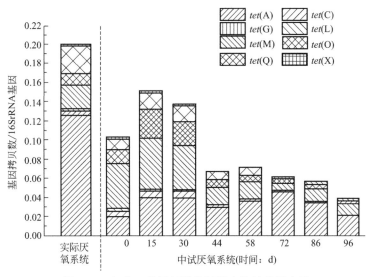

图 5-56　组合工艺厌氧消化污泥中抗性基因水平

3. 中试与药厂原处理工艺比较

将本课题中试处理效果对比该药厂原处理工艺效果，发现在不稀释的情况下通过水解预处理，可实现稳定的厌氧处理效果，出水效价几乎得到完全消除，说明研发的强化水解预处理技术能有效消除抗生素对生物的抑制作用，控制后续生物抗药性的产生（表 5-37）。

表 5-37　中试与药厂原处理工艺处理效果对比[20]

预处理方式	原处理工艺:稀释	中试:水解预处理
进水稀释比例	3～4 倍	不稀释
进水 COD_{Cr} 浓度/(mg/L)	3000～4000	10000～12000
进水效价/(mg/L)	100～200	800～1100
运行负荷/[(kg/(m³·d)]	1.5～2	3～6.5
出水 COD_{Cr} 浓度/(mg/L)	1500～2000	2000～3500
COD_{Cr} 去除率/%	50	70
出水效价/(mg/L)	>100	<0.1

注：原水 COD_{Cr} 浓度 10000～12000mg/L；原水土霉素浓度 800～1100mg/L。

综上所述，上述工作虽然还没有进行工程实施，然而为该类废水同时考虑达标排放和抗生物、抗性基因的污染控制提供了技术基础，具有很好的应用前景。

(三) 工艺流程

1. 工艺确定

工艺方案确定时结合废水的水质特点，首先对废水采用相应的预处理方式，而后进行生化处理。

(1) 水解酸化＋沉淀提高 B/C 值　土霉素结晶母液 B/C 值为 0.2～0.3，可生化性较差。另外该类废水中残存部分废菌丝，悬浮物较高。最终在预处理工艺中选择了水解酸化＋沉淀组合工艺作为该工程的预处理工艺。

在预处理阶段，通过控制水解酸化（非甲烷化）的厌氧生化过程，结构复杂的长链有机物在细菌胞外酶的水解作用下变为结构简单的短链有机物，或进一步产酸发酵生成有机酸、

醇及 H_2/CO_2 等产物的过程。使废水中一些难生化降解的物质转化为易降解物质,在此过程中废水总体 COD_{Cr} 水平有所降低,但 BOD_5/COD_{Cr} 的比值大幅提高为后续生化反应提供必要的基础条件。

(2) CASS工艺　经过水解酸化后的污水 B/C 值大幅提高,进行好氧生化反应。最终在好氧工艺中选择了CASS工艺作为该工程的好氧生物反应器。

CASS系统不仅具有SBR工艺的优点,在处理难降解有机废水情况时,比SBR系统具有更强的污染物降解功能。CASS池中的生物选择器及活性污泥的回流作用,可创造合适的微生物生长条件并选择出絮凝性细菌,有效地抑制丝状菌的大量繁殖,改善沉降性能,防止污泥膨胀;工艺稳定性高,耐冲击负荷性强。

CASS系统的续批式非稳态运行方式,反应器内好氧及兼性微生物交互作用,丰富了反应器中微生物的种类,强化了工艺的处理效能,可去除一些理论上难以生物降解的有机物质。采用该法处理 COD_{Cr} 浓度可达几百到几千毫克/升,其去除率均比传统的方法高,并有较好的除水脱氮、除磷效果。

2. 工艺流程图

该工程主体工艺流程如图5-57所示。

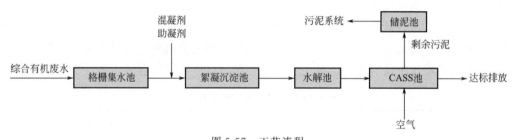

图 5-57　工艺流程

3. 技术与工艺说明

主要单元与设备、技术参数如表5-38所列。

表 5-38　处理站主要构筑物和设备

构筑物	有效容积/m³	结构形式	数量	备注
综合废水调节池	5400	钢筋混凝土	1	平面尺寸:30.0m×30.0m×6.0m 提升泵:ISWD100-250(Ⅰ),3台(2用1备),$Q=100m^3/h$,$H=20m$,$N=11kW$ 压缩风搅拌系统,1套 软性曝气器:HA65,1560m 排泥泵:ISWD100-250,2台(1用1备),$Q=30m^3/h$,$H=21m$,$N=5.5kW$
事故池	3600	钢筋混凝土	1	平面尺寸:30.0m×24.0m×6.0m
水解酸化池	9570	钢筋混凝土	1	平面尺寸:64.0m×30.0m×6.0m 改性填料:ATL-250,6100m³ 软性曝气器:HA65,4060m 回流泵:WQ100-10-5.5,2台,$Q=100m^3/h$,$H=10m$,$N=5.5kW$
水解沉淀池	2835	钢筋混凝土	1	平面尺寸:21.0m×27.0m×6.0m 刮吸泥机:HGN6,1套,B=6000 排泥泵:ISWD100-250,4台(2用2备),$Q=30m^3/h$,$H=21m$,$N=5.5kW$

构筑物	有效容积/m³	结构形式	数量	备注
CASS池	31000	钢筋混凝土	1	平面尺寸:60.0m×100.0m×6.0m 滗水器:BX-1000,4套 软性曝气器:HA65,12480m 回泥泵:WQ100-10-5.5,4台,$Q=100m^3/h$,$H=10m$,$N=5.5kW$
絮凝沉淀池	1000	钢筋混凝土	2	平面尺寸:$\phi20.0m×4.5m$ 刮吸泥机:BL-20,2套,$D=20m$,$N=5.5kW$ 排泥泵:ISWD100-250,3台(2用1备),$Q=30m^3/h$,$H=21m$,$N=5.5kW$
加药投配池	75	钢筋混凝土	1	平面尺寸:5.0m×3.0m×6.0m
投药间			1	平面尺寸:5.0m×3.0m×4.5m 配套系统:加药系统1套,混合系统1套
污泥浓缩池	640		1	平面尺寸:18.0m×6.0m×7.5m(分3格)
除臭系统			1	设计处理能力:$10000m^3/h$ 占地面积:$400m^2$ 生物过滤器除臭设备:1套,玻璃钢防腐风机1台,补充泵1台,循环泵2台,总功率30kW。 吸收塔:1套,补充泵1台,循环泵2台,总功率30kW。 除湿塔:1套 氧化系统:1套,氧化塔1套 臭氧发生器:2套(1用1备),GF-G-1000,$Q=1000g/h$,$N=30kW/$套 排气筒:1座,直径$D=1200mm$,高度$H=45m$ 引风收集系统:1套

① 综合废水调节池。因生产中有机废水排放不均匀,故设置调节池,进行水量、水质调节。

② 事故池。

③ 水解酸化池。综合废水均质后进入水解酸化池,在池内经过一定程度的水解酸化,益于后续的生物处理。池内设有酸化专用填料和曝气装置。

④ 水解沉淀池。与水解池合建,设独立排泥,二沉池剩余污泥部分与进水混合进入水解沉淀池。

⑤ CASS池。水解沉淀池出水进入CASS池系统进行好氧处理。

⑥ 絮凝沉淀池。CASS池出水经沉淀池进行泥水分离,污泥进入污泥处理系统,出水达标排放。

⑦ 加药投配池。

⑧ 投药间。

⑨ 污泥浓缩池。污泥经浓缩池浓缩后进入脱水系统。

⑩ 除臭系统。除臭系统主要收集处理水解酸化池、格栅间、污泥浓缩池、CASS池生物选择区、调节池等废气。本着节省投资、保证处理效果和整体布局的原则,采用吸收、生物过滤除臭设备进行处理。生物过滤除臭具有以下优点:生物过滤除臭技术作为新型的发展迅速的恶臭气体处理技术,具有恶臭去除能力强(通常臭味去除率可达90%以上),装置简单,能耗低(在常温下运行,系统压降只有30~50mmH$_2$O),建设成本较其他除臭技术低,不产生二次污染(生化反应生成物为无害的二氧化碳和水),维护少,运行成本低,操作简

单等优点。处理后废气达到《恶臭污染物排放标准》（GB 14554—1993）。

三、实施效果和推广应用

1. 运行处理效果与机制分析

该工艺流程经过了历时近 1.5 年的建设期最终达标排放。

（1）总排废水监测与评价 pH 值、色度、水温、SS、BOD_5、COD_{Cr}、氨氮、硫化物、挥发酚、石油类、矿物油类、氟化物、总磷、砷、汞、六价铬、甲苯、阴离子表面活性剂监测值均符合《污水综合排放标准》（GB 8978—1996）表 2 和《污水排入城市下水道水质标准》（CJ 3082—1999）的限值要求。

（2）废水处理效果评价 整体工艺经过达标排放后连续 10d 的 COD_{Cr} 监测数据见图 5-58。

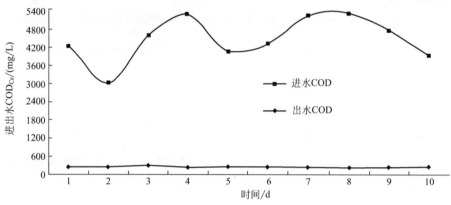

图 5-58 稳定运行后连续 10d 进出水 COD_{Cr} 指标

2. 经济技术分析

（1）土建投资概算 土建投资概算为 2027.0 万元，详细投资概算见表 5-39。

表 5-39 土建工程投资概算

序号	名称	规格	结构	数量	估算/万元	备注
1	格栅间泵房	24000×7000×6000m	砖混	1	12.0	
2	鼓风机及配电间、综合间	72000×9000×4500(9000)	砖混	1	105.0	
3	二沉絮凝剂加药间	5000×3000×4500	彩钢板	1	3.0	
4	污泥脱水机房	18000×9000×9000	砖混	1	30.0	二层
5	污泥回流泵房	9000×6000×6000	砖混	1	8.0	
6	格栅池、集水池	24000×17000×6000	钢筋混凝土	1	83.0	
7	事故池	30000×24000×6000	钢筋混凝土	1	96.0	
8	综合调节池	30000×30000×6000	钢筋混凝土	1	128.0	
9	水解酸化池	60000×30000×6000	钢筋混凝土	1	334.0	
10	CASS 池	60000×100000×6000	钢筋混凝土	1	1108.0	
11	絮凝沉淀池	ϕ20000×4500	钢筋混凝土	2	84.0	
12	絮凝池及加药间	5000×3000×6000	钢筋混凝土	1	5.0	
13	污泥浓缩池	18000×6000×7500	钢筋混凝土	1	28.0	
14	出水槽	6000×1500×4500	钢筋混凝土	1	3.0	
	合计				2027.0	

（2）设备材料投资概算 设备材料投资概算为 1423.0 万元，详细投资概算见表 5-40。

表 5-40　设备材料投资概算

序号	设备名称	规格及技术参数	数量	单价/万元	估价/万元
1	细格栅	HG1000 B＝1000,网 20 目	2 套	4.0	8.0
2	加药系统、混合系统		2 套	20.0	40.0
3	启闭机		2 套	3.0	6.0
4	方形闸门		4 套	2.5	10.0
5	综合调节池搅拌系统		1 套		25.0
6	事故提升泵	ISWD100-250（Ⅰ）	1 台	0.8	0.8
7	综合提升泵	ISWD100-250（Ⅰ）	3 台		2.4
8	电动葫芦	CD1-10	1 套		6.0
9	电动葫芦	LD-A,15t	1 套		16.0
10	刮吸泥机 （二沉池、全桥长、中心排泥）	BL-20	2 套	35.0	70.0
11	刮吸泥机 （平流沉淀池、全桥长、双轨道）	BL-6	1 套		30.0
12	改性酸化填料	ATL-250	6100m³	0.01	61.0
13	滗水器	BX-1000 $Q＝1000m^3/h$	4 套	25.0	100.0
14	排泥泵（沉淀池）	ISWD100-250	8 台	0.8	6.4
15	回流泵	WQ100-10-5.5	6 台	1.5	9.0
16	打泥泵	ISW125-160B	4 台	0.6	2.4
17	一体化带式压滤机	带宽 $B＝2$	3 套	28.0	84.0
18	加药系统		2 套	16.0	32.0
19	混凝剂投加系统	（包括溶药、计量泵、 混合系统等）	2 套	25.0	50.0
20	污泥输送装置	WLS480	1 套		8.0
21	离心鼓风机	D150-61-68 $Q＝150m^3/min$ $H＝68kPa$ $N＝220kW$	3 台	25.0	75.0
22	软性曝气器	HA65	18100m	0.01	181.0
23	除臭系统	（包括吸收、引风、 生物塔、烟筒等） 10000m³/h	1 套		
24	工艺配管系统		1 套		300.0
25	配电系统	配电间	1 套		80.0
26	自控系统		1 套		120.0
27	公用工程	生产生活用水、排水、消防 水、绿地用水、通风等	1 套		20.0
28	保温防腐		1 套		80.0
	合计				1423.0

（3）总投资概算　本项目工程总投资为 3959.97 万元，见表 5-41。

表 5-41　工程总投资

序号	工程分项	分项投资估算/万元
1	土建工程部分	2027.0
2	设备部分	1423.0
3	安装费 3%	42.69
4	工艺设计费	120.0
5	技术调试费	120.0
6	税金 3.41%	127.28
7	不可预见费	100.0
	总计	3959.97

四、总结

① 高浓度抗生素废水进入生物处理系统会造成抗性基因的产生和排放，采用强化水解等消减土霉素效价的源头控制技术可以保障生物处理对常规指标 COD_{Cr} 处理的效果稳定性，同时有效地阻断生物处理抗性基因的产生，对于制药行业的可持续发展具有重要的意义。

② 实际工程中采用水解酸化＋沉淀＋CASS 生物处理，对 COD_{Cr} 的去除有一定的效果。但抗生素的存在会影响废水生化处理的稳定性，并可能导致废水处理过程中抗性基因的产生。

参 考 文 献

[1] 杨军，陆正禹，胡纪萃，等.抗生素工业废水生物处理技术的现状与展望 [J]，环境科学，18 (3)：83-85，1997.

[2] Ma W L，Qi R，Zhang Y，et al. Performance of a successive hydrolysis, denitrification and nitrification system for simultaneous removal of COD_{Cr} and nitrogen from terramycin production wastewater [J]. Biochemical Engineering Journal，45 (1)：30-34，2009.

[3] Halling-Sorensen，B，Sengelov，G，Ingerslev，F，et al. Reduced antimi$_{Cr}$obial potencies of oxytetracycline, tylosin, sulfadiazin, streptomycin, ciprofloxacin, and olaquindox due to environmental processes [J]. Archives of Environmental Contamination and Toxicology，44 (1)：7-16，2003.

[4] Mitchell，S M，Ullman，J L，Teel，A L，et al. Hydrolysis of amphenicol and ma$_{Cr}$olide antibiotics：Chloramphenicol, florfenicol, spiramycin, and tylosin [J]. Chemosphere，134：504-511，2015.

[5] Zhou，L-J，Ying，G-G，Zhang，R-Q，etc. Use patterns, ex$_{Cr}$etion masses and contamination profiles of antibiotics in a typical swine farm，south China [J]. Environmental Science：Processes & Impacts，15 (4)：802-813，2013.

[6] Wammer，K H，Lapara，T M，McNeill，K，et al. Changes in antibacterial activity of triclosan and sulfa drugs due to photochemical transformations [J]. Environmental toxicology and chemistry，25 (6)：1480-1486，2006.

[7] Wammer，K H，Slattery，M T，Stemig，A M，et al. Tetracycline photolysis in natural waters：Loss of antibacterial activity [J]. Chemosphere，85 (9)：1505-1510，2011.

[8] Hu，L，Stemig，A M，Wammer，K H，et al. Oxidation of Antibiotics during Water Treatment with Potassium Permanganate：Reaction Pathways and Deactivation [J]. Environmental Science & Technology，45 (8)：3635-3642，2011.

[9] Dodd，M C，Kohler，H-P E，Von Gunten，U. Oxidation of Antibacterial Compounds by Ozone and Hydroxyl Radical：Elimination of Biological Activity during Aqueous Ozonation Processes [J]. Environmental Science & Technology，43 (7)：2498-2504，2009.

[10] Paul，T，Dodd，M C，Strathmann，T J. Photolytic and photocatalytic decomposition of aqueous ciprofloxacin：Transformation products and residual antibacterial activity [J]. Water research，44 (10)：3121-3132，2010.

[11] Dodd，M C，Rentsch，D，Singer，H P，et al. Transformation of beta-Lactam Antibacterial Agents during Aqueous Ozonation：Reaction Pathways and Quantitative Bioassay of Biologically-Active Oxidation Products [J]. Environmental Science & Technology，44 (15)：5940-5948，2010.

[12] Wang，J，Leung，D. Determination of spiramycin and neospiramycin antibiotic residues in rawmilk using LC/ESI-MS/MS and solid-phase extraction [J]. Journal of Separation Science，32 (4)：681-688，2009.

[13] Bai，H，Ben，W，Zhou，W，et al. Simultaneous Determination of Spiramycin and Neospiramycin in Antibiotic Production Wastewater by Ultra Performance Liquid Chromatography-Tandem Mass Spectrometry [J]. Journal of Instrumental Analysis，31 (1)：90-95，2012.

[14] Christensen，L K，Skovsted，L. Inhibition of drug metabolism by chloramphenicol [J]. The Lancet，294 (7635)：1397-1399，1969.

[15] Vakulenko，S B，Mobashery，S. Versatility of aminoglycosides and prospects for their future [J]. Clinical mi$_{Cr}$obiology reviews，16 (3)：430-450，2003.

［16］ 张红，张昱，任立人，等.基于红霉素效价当量的不同抗生素生产废水残留效价的测定［J］.环境工程学报，10
（9）：4649-4656，2016.

［17］ Zhang H，Zhang Y，Yan GM，et al. Evaluation of residual antibacterial potency in antibiotic production wastewater using a
real-time quantitative method［J］. Environmental Science Processes & Impact，17（11）：1923-1929，2015.

［18］ Liu M，Ding R，Zhang Y，et al. Abundance and distribution of Ma$_{Cr}$olide-Lincosamide-Streptogramin resistance genes in an
anaerobic-aerobic system treating spiramycin production wastewater［J］. Water Research，63：33-41，2014.

［19］ Sutcliffe J A，Leclercq R. Mechanisms of resistance to ma$_{Cr}$olides，lincosamides，and ketolides［J］. MaCrolide An-
tibiotics，281-317，2002.

［20］ Yi Q，Zhang Y，Gao Y，et al. Anaerobic treatment of antibiotic production wastewater pretreated with enhanced hy-
drolysis：Simultaneous reduction of COD$_{Cr}$ and ARGs［J］. Water Research，110：211-217，2016.

第六章 工业园区废水处理工艺及工程应用

Chapter 06

工业园区是指政府为了突出产业特色、形成规模效应而划定的工业生产区。按行业类型的不同，我国的工业园区有医药制造园区、食品加工园区、机械加工园区、煤化工园区、石油化工园区等[1]。据不完全统计，我国建成和在建的各类工业园区数量达到了 9000 多个，污水排放量占全国工业污水排放总量的 45% 左右。随着各地工业园区规模不断扩大，如何控制工业园区对环境所造成的影响成为当前工业园区建设和发展的一个关键问题，其中工业园区的污水治理尤为重要。

相比城镇污水处理厂，工业园区污水具有水质水量变化大、污染物浓度高、污染物种类多的特点，且一些废水呈现较强的生物难降解性。但是，现行的污水处理设计规范往往缺乏针对性[2]。总体来说，生物处理法仍然是工业园区污水处理的主要方法[3]，但仅仅依靠生物处理法越来越难以满足日益严格的废水排放标准。为解决废水达标排放问题，一些企业往往采取延长处理工艺的方法，导致处理成本的攀升[3]。从根本上说，识别废水中的特征污染物，根据污染物特征进行废水处理工艺的开发是解决工业园区污水处理难题的最佳选择。

第一节 化学制药工业园区废水处理与资源化

一、问题的提出

山东省某市于 2008 年 9 月建设规模为 20000m^3/d 的化学制药工业园区污水处理厂，该污水处理厂执行《城镇污水处理厂污染物排放标准》（GB 18918—2002）一级 B 标准。2009 年 11 月一期工程建成，采用缺氧-厌氧-好氧（倒置 A^{2}O）的生物处理工艺，后端组合混凝处理工艺。处理后出水 COD$_{Cr}$ 为 <60mg/L，NH$_3$-N<8mg/L，达到《城镇污水处理厂污染物排放标准》（GB 18918—2002）一级 B 标准。

2013 年政府要求该园区处理设施执行《城镇污水处理厂污染物排放标准》（GB 18918—2002）一级 A 标准，同时伴随园区污水量的增加（40000m^3/d），计划扩建二期处理工程，因此企业为寻求适合稳定的深度处理工艺，开展了废水水质分析研究，发现出水中存在的酰胺类物质可能是 COD$_{Cr}$ 不能达标的主要原因物质。可处理性研究发现，生物处理、活性炭吸附、芬顿氧化等手段均无法有效去除该类污染物，但加入卤素类氧化剂可有效降低污染物的水溶性，从而通过进一步的混凝、沉淀得以去除，实现废水达标排放。该深度处理技术成功应用到一期倒置 A^{2}O 后的提标改造（2013 年），以及 2015 年建成的二期工程氧化沟出水处理。

二、工艺流程和技术说明

(一) 工程概况

1. 基本信息

该项目属于山东寿光市的一个工业园区污水处理厂，废水水量的 80% 来自化学制药、屠宰、食品生产加工等数十家企业的废水，另有 20% 来自生活污水。

污水处理厂总处理规模为 40000m³/d，分两期建设。2009 年一期工程采用倒置 A²O 结合混凝过滤的处理工艺 (图 6-1)，2015 年扩建的二期工程生化工艺采用两级串联氧化沟，预处理及生化处理工艺流程如图 6-2 所示。两期运行效果如表 6-1 所列。

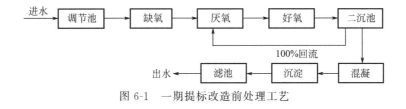

图 6-1　一期提标改造前处理工艺

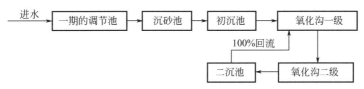

图 6-2　二期预处理及生化处理工艺

表 6-1　进出水水质

指标	COD$_{Cr}$/(mg/L)	BOD$_5$/(mg/L)	NH$_3$-N/(mg/L)	TP/(mg/L)	pH 值	SS/(mg/L)
原水	150~200	15	18~20		6~9	220
一期、二期生化出水	70~90		5	0.5	6~9	20
一期最终出水	50~60		5	0.2	6~9	7

2. 执行标准和处理要求

2013 年后执行标准由《城镇污水处理厂污染物排放标准》(GB 18918—2002) 一级 B 标准提升至严于一级 A 标准：出水 COD$_{Cr}$≤45mg/L，NH$_3$-N≤4.5mg/L，TP≤0.5mg/L，SS≤10mg/L，pH=6~9，为此开展园区污水处理厂提标改造处理技术研究。

(二) 实验研究

通过对工业园区污水处理厂上游各企业排放污水的水质与水量的分析，发现园区某制药企业排放的含酰胺类有机物废水对东城污水厂处理效果影响大，这类物质常规的混凝、Fenton 氧化无法去除。因此开展含酰胺类有机物废水的化学特性小试研究[4]，发现加入次氯酸钠氧化后产生白色的不溶物，实现 COD$_{Cr}$ 的良好去除。图 6-3 氧化实验显示投加量 200mg/L 有效氯，出水 COD$_{Cr}$ 降至 42.55mg/L，继续提高药剂量处理效果无显著提升，综合考虑费用与效益，本工程选取次氯酸钠投加量 200mg/L (有效氯计)。同时实验中发现氧化后产生的白色不溶物沉降速度慢 (图 6-4)，为提高沉降速度，将氧化与混凝相结合，产生大而密实的絮体快速沉降，出水 COD$_{Cr}$ 降至 16mg/L，说明氧化与混凝耦合工艺是一种形之有效的深度处理方法，能有效保证出水水质达标排放。

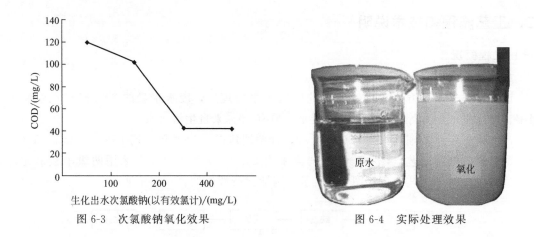

图 6-3　次氯酸钠氧化效果　　　　　图 6-4　实际处理效果

（三）工艺流程

1. 工艺确定

依据小试实验结果，该工业园区污水采用生化与氧化混凝的组合工艺，生化段可以采用厌氧-缺氧-好氧（A₂O）、倒置 A₂O、氧化沟等去除来水中生物易降解的有机物，深度处理采用混凝-次氯酸钠氧化-沉淀的工艺路线去除生化难降解有机物。

2. 工艺流程

2013 年一期原有处理设施提标改造后处理工艺如图 6-5 所示，污水经生化工艺处理后，提升至混凝池，产生絮体的混凝液进入新建的氧化池进行氧化，氧化池后端投加高分子絮凝剂，经沉淀过滤后达到一级 A 标准。

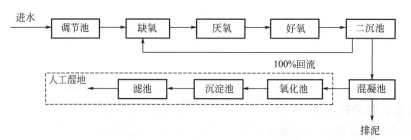

图 6-5　原有处理设施提标改造后处理工艺（虚框部分是增设的工艺）

2015 年扩建二期工程生化工艺采用二级串联氧化沟，深度处理工艺将氧化池分为混合池和反应池，混合池用于药剂快速混合，反应池用于难降解有机物的氧化降解；二期深度处理出水与一期出水混合排入污水处理厂附近的人工湿地，有效地补充了人工湿地的用水（图 6-6）。

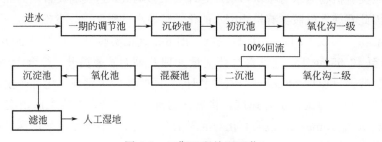

图 6-6　二期工程处理工艺

3. 技术与工艺说明

一期、二期工程主要构筑物与设备参数见表6-2～表6-4。

表6-2　一期工程主要构筑物一览表

序号	名　称	尺寸参数	结构形式	数量
1	调节池	有效容积：800m³	钢筋混凝土	2座
2	缺氧池	有效容积：2000m³	钢筋混凝土	2座
3	厌氧池	有效容积：2000m³	钢筋混凝土	2座
4	好氧池	有效容积：8000m³	钢筋混凝土	2座
5	二沉池	有效容积：1200m³	钢筋混凝土	2座
6	混凝池	有效容积：800m³	钢筋混凝土	2座
7	氧化反应池	有效容积：6000m³	钢筋混凝土	1座
8	沉淀池	$\phi24.0m\times4.40m$	钢筋混凝土	2座
9	滤池	有效容积：800m³	钢筋混凝土	1座
10	清水池	有效容积：1000m³	钢筋混凝土	1座
11	污泥浓缩池	有效容积：1000m³	钢筋混凝土	1座
12	辅助建筑	建筑面积：700m²	混合结构	1座

表6-3　二期工程主要构筑物一览表

序号	名　称	尺寸参数	结构形式	数量
1	沉砂池	$14.0\times2.0\times6.0m$	钢筋混凝土	1座
2	初沉池	$\phi24.0m\times4.0m$	钢筋混凝土	1座
3	氧化沟	有效容积：20000m³	钢筋混凝土	1座
4	二沉池	$\phi36.0m\times5.5m$	钢筋混凝土	1座
5	混凝渠	有效容积：140m³	钢筋混凝土	1座
6	混合池	有效容积：800m³	钢筋混凝土	1座
7	反应池	有效容积：6000m³	钢筋混凝土	1座
8	混凝沉淀池	$\phi24.0m\times4.40m$	钢筋混凝土	1座
9	生物滤池	有效容积：800m³	钢筋混凝土	1座
10	清水池	有效容积：1000m³	钢筋混凝土	1座
11	污泥浓缩池	有效容积：1000m³	钢筋混凝土	1座
12	辅助建筑	建筑面积：700m²	混合结构	1座

表6-4　新建二期工程设备

设备名称		性能参数	单位	数量	备注
粗格栅及进水泵房	集水池提升泵	$Q=850m^3/h$ $H=25m$　$N=55kW$	台	3	
	机械格栅除污机	$B=1500mm$　$b=25mm$	台	1	
	电动葫芦	$G=1t$	台	2	
初沉池	周边刮泥机	$D=30m$　$N=3kW$	台	1	
	污泥泵	$Q=30m^3/h$ $H=25m,N=3kW$	台	2	1用1备
氧化沟	搅拌机	QJB-5.5,$N=7.5kW$	台	24	
	鼓风机	$Q=82.1m^3/min,N=110kW$	台	10	
	曝气软管	L65-2	套	4	
二沉池	周边刮泥机	$D=30m$　$N=3kW$	台	1	
	回流污泥泵	$Q=800m^3/h$ $H=12m,N=37kW$	台	4	2用2备
混合池	曝气软管	L65-2	套	1	
反应池	曝气软管	L65-2	套	1	

设备名称		性能参数	单位	数量	备注
混凝沉淀池	污泥泵	$Q=30\text{m}^3/\text{h}$ $H=30\text{m},N=4\text{kW}$		4	2用2备
	周边刮泥机	$D=20\text{m},N=2.5\text{kW}$	台	1	
滤池	滤池鼓风机	$Q=32.1\text{m}^3/\text{min},N=37\text{kW}$	台	2	
清水池	反洗水泵	$Q=900\text{m}^3/\text{h}$ $H=20\text{m},N=55\text{kW}$	台	2	1用1备
加药系统	药剂制备系统		套	3	
	加药泵	$Q=0.5\text{m}^3/\text{h}$	台	16	
	电动葫芦	$G_n=1\text{t}$	套	1	
污泥泵房	污泥泵	G35-1	台	5	
	污泥脱水机	$B=2000$	台	2	
	污泥调理罐	$D=2.5\text{m}$	只	2	
污泥浓缩池	周边刮泥机	$D=10\text{m},N=1.5\text{kW}$	台	1	

工艺主要构筑物简要说明如下。

(1) 集水井　主要功能是收集园区废水,均化水质,调节水量。前端设机械格栅除污机,水泵的开、停根据集水井内水位计自动控制。

(2) 一期生化系统　生化系统由缺氧、厌氧和好氧池组成,共两套系统,主要功能是去除有机物与氨氮。缺氧池设有液下搅拌器,污泥回流比200%。

(3) 二期沉砂池　沉砂池主要用于去除污水中较重的砂粒,以保护管道、阀门等设施免受磨损和阻塞。

(4) 二期初沉池　初沉池主要功能是除去废水中的可沉物和漂浮物,采用辐流式沉淀池,中心进水,周边出水。水池为钢筋混凝土结构,共两组。内设初沉池污泥泵2台(1用1备),将初沉池污泥输送至污泥浓缩池。

(5) 二期生化系统　二期生化系统的氧化沟为钢筋混凝土结构,设两池串联运行,池内安装曝气管与潜水搅拌机,推动水流前进与混合,同时方便调控各段的运行方式,形成缺氧或好氧状态。

(6) 二沉池　两期二沉池均采用辐流式沉淀池,中心进水,周边出水。水池为钢筋混凝土结构,一期2组,二期1组,共3组。每组内设污泥回流泵4台,2用2备。

(7) 混凝池　一期原有混凝池采用推流式,共两组,每组池分4个廊道,每个廊道宽2m,长20m,深3m。二期为了节省占地面积,延辐流式二沉池周边建成混凝沟渠,水力停留时间10min。两期均采用曝气搅拌,设有混凝剂加药系统。

(8) 氧化池　氧化池主要功能是利用次氯酸钠去除生化出水残留有机物,设曝气搅拌系统、氧化剂与高分子絮凝剂加药系统。一期工程次氯酸钠药剂混合与反应统一在氧化反应池中完成,二期设独立混合池与反应池,混合池主要用于次氯酸钠药剂与污水快速混合,反应池用于次氯酸钠氧化反应。

(9) 沉淀池　沉淀池主要功能是沉淀去除混凝氧化后的产物,两期沉淀池均采用辐流式沉淀池,中心进水,周边出水,一期2组,二期1组,每组配污泥泵4台(2用2备),将沉淀池污泥输送至污泥浓缩池。

(10) 滤池　滤池的主要作用是拦截沉淀池出水中的细小颗粒物。设反冲洗池与2台滤池反洗泵(IS300,$Q=900\text{m}^3/\text{h}$,$H=20\text{m}$,$N=55\text{kW}$,1用1备)。

三、实施效果

1. 运行处理效果与机制分析

改造后的一期与二期工程运行情况如表 6-5 所列。

表 6-5　改造后一期与二期工程运行情况

指标	COD_{Cr}/(mg/L)	NH_3-N/(mg/L)	备注
进水	150~200	18~20	污泥负荷: 一期 0.03kgCOD_{Cr}/(kgMLVSS·d) 二期 0.06~0.11kgCOD_{Cr}/(kgMLVSS·d)
一期、二期生化出水	70~90	0.5~1	
一期、二期混凝出水	50		
一期、二期最终出水	36		

从表 6-5 及图 6-7、图 6-8 现场运行情况可见:

① 生化工艺运行稳定,有机物得到了充分降解,同时氨氮也得到很好的去除;

② 虽然生化系统负荷很低,但生化出水 COD_{Cr} 要高于以生活污水为主的城市污水生化出水,原因是生化出水中残留有机物为难降解有机物,研究发现这些有机物利用常规混凝、芬顿氧化工艺难以有效去除,工程采用次氯酸钠氧化结合混凝的深度处理工艺,混凝剂投加量 400mg/L,次氯酸钠投加量 100~200mg/L(以有效氯计),图 6-6 运行结果显示该深度处理工艺处理出水 COD_{Cr}≤45mg/L,满足城镇污水处理厂污染物排放标准(GB 18918—2002)一级 A 的 COD_{Cr} 排放标准。

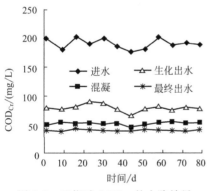

图 6-7　工艺对 COD_{Cr} 的去除效果

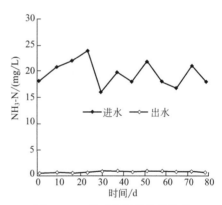

图 6-8　工艺对氨氮的处理效果

二期工程生化系统如图 6-9 所示,工程氧化加药系统如图 6-10 所示。

图 6-9　二期工程生化系统

图 6-10　工程氧化加药系统

2. 经济技术分析

主要经济技术指标如表 6-6 所列。

表 6-6　主要经济技术指标

序号	项目名称	单位与数量	备注
1	工程总投资	4993.64 万元	
2	处理水量	40000m³/d	
3	占地面积	24000m²	
4	人数	22 人	
5	药剂消耗		
	混凝剂	5840t/a	价格 1800 元/t
	次氯酸钠(有效氯 11%)	26545t/a	价格 700 元/t
6	药剂费	2909.4 万元/年	
7	人工费	79.2 万元/年	
8	电费	1562.2 万元/年	
9	维护费	30 万元/年	
10	合计运行费用	3761.9 万元/年	

四、总结

针对生化出水常规物化处理无法达标问题，通过对关键特征污染物的分析与可处理性研究，研发出特异性的氧化技术，通过投加次氯酸钠有效破坏残留的酰胺类有机物，造成水溶性下降，结合混凝沉淀技术从而达到高效去除。

第二节　制药综合园区废水深度处理与资源化

一、问题的提出

自 2008 年 8 月 1 日起，我国开始全面实施《制药工业水污染物排放标准》。发酵类、化学合成类原料药生产企业主要是通过自身的处理设施和城市（或园区）污水处理厂组成的两级污水处理系统进行废水处理。然而，目前一些制药企业和园区的废水排放难以达标，企业的经营发展受到严重的制约。

针对某制药园区污水处理厂达标困难的问题，本研究提出了以水解酸化/好氧工艺为预处理手段，臭氧/曝气生物滤池工艺为深度处理手段的制药工业园区废水处理的组合工艺，通过试验研究对处理流程以及各个处理单元的运行参数进行了优化。系统稳定运行期间，处理出水 COD_{Cr}<50mg/L，色度<4 倍，出水水质达到《城镇污水处理厂污染物排放标准》（GB 18918—2002）中一级 A 标准。发光菌毒性的测试表明，该工艺流程可有效消减废水中的生物毒性。

二、工艺流程和技术说明

（一）工程概况

1. 基本信息

项目名称：某制药园区废水治理工程。

建设规模：日处理废水量为 40000m³/d，折污染物总量为 16t COD_{Cr}/d。

工程投资：14803 万元。

建设厂址：厂址位于内蒙古自治区巴彦淖尔市。

厂区占地：厂区用地面积 214.64 亩（1 亩＝666.67m²）。

建设周期：项目始建于 2011 年 10 月，2014 年 6 月环保设施验收。

2. 水质水量

（1）废水水量　该工程总处理规模为 40000m³/d。废水水质成分复杂，其中主要包括制药废水、淀粉废水、热电废水、食品废水、屠宰废水和生活污水。制药废水占总水量的 80%。其他废水化工、食品、电厂、金属冶炼等企业的外排水，占总水量的 20%。

① 制药废水：制药废水为该园区制药厂发酵类抗生素原料药生产废水经过水解酸化-CASS-好氧工艺处理的企业外排水，外排水 COD_{Cr} 能够保持在 300mg/L 左右，但可生化性较低。

② 淀粉废水：该部分废水水质特点为 B/C 值较高，具有较强的可生化性。该部分废水排水总量为 1700t/d，处理后外排水 COD_{Cr} 保持在 300mg/L 左右，但是 BOD_5 仍达 150～160mg/L。

③ 热电废水：该部分废水为热电厂循环水系统产生的废水，排水总量 1000t/d，外排水 COD_{Cr} 维持在 50mg/L 以下。

④ 食品废水：该部分废水为几家食品企业排水，排水总量为 1700t/d，外排水 COD_{Cr} 维持在 400mg/L 以下。

⑤ 屠宰废水：该部分废水为屠宰企业产生，排水总量为 600t/d，排水 COD_{Cr} 为 1700mg/L 并且可生化性较好。

（2）废水水质组成　相关水质指标见表 6-7。经过加权平均确定进水水质指标如表 6-8 所列。

表 6-7　制药工业园区综合废水的水质

项目	pH 值	COD_{Cr}/(mg/L)	色度/倍
制药废水	8.0～8.2	340～360	70～90
园区其他废水	8.0～8.2	1800～1900	70～90
制药工业园区综合废水	8.0～8.2	632～668	70～90
试验用水平均值	8.1	650	80

表 6-8　进水水质一览表

污染物	pH 值	COD_{Cr}/(mg/L)	BOD_5/(mg/L)	SS/(mg/L)	NH_3-N/(mg/L)	TN/(mg/L)	TP/(mg/L)
浓度值	6～9	400	130	250	20	30	5

3. 执行标准和处理要求

达到《城镇污水处理厂污染物排放标准》（GB 18918—2002）中一级 A 标准。

（二）实验研究[5]

试验装置如图 6-11 所示。试验装置主要包括水解酸化/好氧池、臭氧氧化反应系统、BAF 反应柱 3 个处理单元。其中水解酸化/好氧反应池是由有机玻璃制作的折流板式反应器，前 4 个格室构成水解酸化段，每个格室的有效容积为 6L，水解酸化/好氧池和 BAF 反应柱接种污泥均为该工业园区所在城市污水处理厂的活性污泥，按不同反应器的要求进行驯化。后 2 个格室构成好氧段，每个格室有效容积为 12L，每个格室都设置组合填料。臭氧制备采用 SK-CGF-10P 型氧气源臭氧发生器，臭氧反应柱由有机玻璃制成，内径 55mm，高为 1000mm，有效容积为 2L。水解酸化/好氧反应的出水由计量泵送入反应柱与臭氧接触反应，臭氧氧化后的出水在臭氧缓冲瓶内停留 2h 左右，向缓冲瓶鼓入空气去除水中的残留臭氧后，再由计量泵送入 BAF 反应柱，尾气经装有氢氧化钠和硫代硫酸钠溶液的吸收瓶后排向室外。BAF 反应柱内径为 55mm，高 2200m，承托层高为 200mm，填料层高为 1500mm，内装 2～4mm 粒径的陶粒填料，清水区高为 500mm。

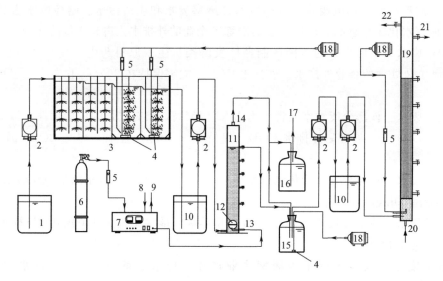

图 6-11　H/O-O$_3$-BAF 试验系统工艺流程

1—进水桶；2—计量泵；3—水解酸化/好氧反应池；4—气石；5—玻璃转子流量计；6—氧气瓶；7—臭氧发生器；
8—冷却水进水口；9—冷却水出水口；10—调节水箱；11—臭氧化反应柱；12—臭氧专用曝气头；13—臭氧进气口；
14—臭氧尾气出气口；15—臭氧化缓冲瓶；16—臭氧氧化尾气吸收瓶；17—室外排放口；18—空气泵；
19—BAF 反应柱；20—BAF 反应柱出水口；21—反冲洗进水口；22—反冲洗出水口

（1）水解酸化/好氧工艺对工业园区废水的预处理效果　在室温条件（22～25℃）下，试验研究确定了水解酸化-好氧池的最优运行条件：水解酸化段停留时间为 20h；好氧段停留时间为 20h，溶解氧为 2.5mg/L。在此条件下，水解酸化/好氧单元对制药工业园区废水的 COD$_{Cr}$ 去除率平均为 59.5%，出水的 COD$_{Cr}$ 可降至 260～290mg/L，但是仍难以达到一级 A 排放标准的要求。此外，水解酸化/好氧工艺对色度没有去除效果，因此在后续采用了臭氧-生物滤池深度处理技术。

（2）臭氧/曝气生物滤池对制药工业园区废水深度处理的效果　臭氧浓度是影响运行成本的重要因素之一，因此需要通过臭氧静态试验进行确定。

当臭氧浓度为 27.5mg/L 时，通过改变臭氧接触时间来确定臭氧投加量。当臭氧接触时间为 40min、50min、60min、70min 时，对应臭氧投加量分别为 383mg/L、478mg/L、574mg/L、669mg/L，控制曝气生物滤池气水比为 2.5∶1，水力负荷为 0.38m^3/(m^2·h)，不同臭氧接触时间对 COD$_{Cr}$ 的去除效果如图 6-12 所示。

由图 6-12 可知，当臭氧接触时间为 50min 时，臭氧氧化出水的 COD$_{Cr}$ 浓度平均为 134mg/L，BAF 出水的 COD$_{Cr}$ 浓度降至 59.2mg/L，COD$_{Cr}$ 去除率为 55.7%。当臭氧接触时间继续增加到 60min，臭氧氧化出水的 COD$_{Cr}$ 平均浓度降至 126mg/L，BAF 出水 COD$_{Cr}$

平均浓度降至 45.1mg/L，COD_{Cr} 去除率提高至 64.0%。可见，随着臭氧接触时间的增加，一方面降低了臭氧出水的 COD_{Cr} 浓度，另一方面也提高了臭氧出水的可生化性，使得 BAF 的 COD_{Cr} 去除率不断提高。

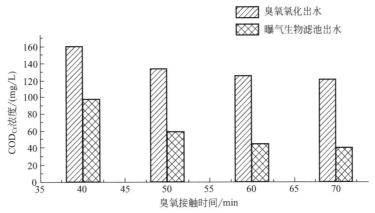

图 6-12　臭氧接触时间对 COD_{Cr} 去除效果的影响

综合技术和经济方面的考虑，最适宜的臭氧浓度为 27.5mg/L，臭氧接触时间在 50～60min 较为适宜。

（3）全流程处理制药工业园区废水的效果分析　控制水解酸化段水力停留时间为 20h；好氧段水力停留时间为 20h，溶解氧为 2.5mg/L；臭氧浓度为 27.5mg/L，接触时间为 55min；BAF 反应柱水力负荷 $0.38m^3/(m^2 \cdot h)$，气水比 2.5∶1。稳定运行期间处理工艺各单元对 COD_{Cr}、色度的去除效果见图 6-13。

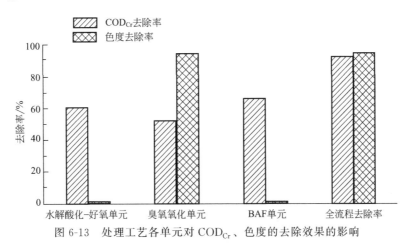

图 6-13　处理工艺各单元对 COD_{Cr}、色度的去除效果的影响

由图 6-13 可知，水解酸化-好氧单元、臭氧氧化单元、BAF 单元对其进水 COD_{Cr} 的平均去除率分别为 60.3%、52.3%、66.3%，组合工艺对 COD_{Cr} 的去除率平均为 93.6%，最终出水的 COD_{Cr} 平均降至 40.9mg/L，达到一级 A 标准要求。色度主要在臭氧氧化单元被去除，当进水的色度平均在 80 倍左右时臭氧氧化 10min 即可使废水的色度降至 4 倍以下，平均去除率高达 95% 以上。

由于制药废水污染物可能存在水生态毒性风险，新的《制药工业水污染物排放标准》将发光菌毒性列入控制标准，然而针对制药园区废水排放仍然没有相关毒性标准。本研究针对水解酸化/好氧-臭氧-曝气生物滤池组合工艺各主要单元进出水进行了发光菌毒性测试，水样的发光菌毒性测试在中国科学院生态环境研究中心进行，发光细菌毒性测试方法参照标准方法[6]。每个样品测定 3 次。结果以 $HgCl_2$ 当量表示。测试结果如图 6-14 所示。

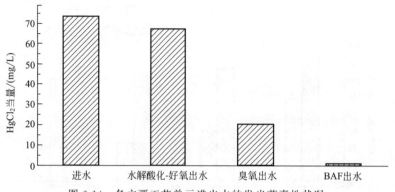

图 6-14　各主要工艺单元进出水的发光菌毒性状况

由图 6-14 可知，该组合工艺可以有效消减废水中的发光菌急性毒性（以 $HgCl_2$ 计），最终出水的毒性当量降至 $0.9\mu g/L$。其中，臭氧的作用尤为突出，可使废水中的发光菌急性毒性由 $67.3\mu g/L$ 降至 $20.8\mu g/L$，消减率达到 69.1%，这说明臭氧是一种针对制药园区废水中有毒有害物质有效的消减手段，它也促进了后续生化工艺对废水生物毒性的消减作用。

（4）运行成本分析　利用水解酸化-缺氧-好氧-臭氧氧化-曝气生物滤池组合工艺对制药工业园区综合废水进行处理，运行成本涉及的主要工艺参数：好氧池曝气量为 $2.5mg/L$，臭氧投加量为 $526mg/L$，BAF 气水比为 2.5∶1。耗电量按 $9kW\cdot h/kg\ O_3$ 计算，吨水处理耗电 $4.7kW\cdot h$，电费按 0.6 元$/(kW\cdot h)$ 计，臭氧氧化单元耗电费 2.82 元/h，鼓风曝气耗电费 0.3 元/t 水，共计处理费用 3.12 元/t 水。

综上所述，通过小试实验确定了 $H/O-O_3-BAF$ 组合工艺及其最佳工艺参数，为实际工程的实施奠定了基础。

（三）工艺流程

1.工艺确定

小试试验结果经过工艺比选后，主工艺选择了水解酸化-缺氧-好氧-臭氧氧化-曝气生物滤池-消毒的组合工艺。

2.工艺流程

工程的工艺流程如图 6-15 所示。

水解酸化池：停留时间 17.04h，污泥产率预计为 $0.6kgVSS/kgBOD_5$。

缺氧池（A）：停留时间 5.16h。

好氧池（O）：停留时间 16.1h，内回流比 200%，污泥浓度 4g/L，污泥产率预计为 $0.40kgVSS/kgBOD_5$。

臭氧反应器：臭氧接触反应时间 32min，臭氧投加量 10mg/L。

生化系统总污泥龄为 25d，剩余污泥含水率为 99.2%，剩余污泥体积为 $65m^3/d$。

3.技术与工艺说明

处理站主要构筑物和设备如表 6-9 所列。

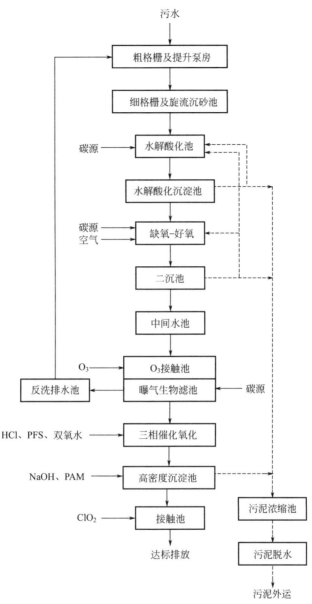

图 6-15　工艺流程

表 6-9　处理站主要构筑物和设备表

构筑物	有效容积/m³	结构形式	数量	备注
粗格栅			1座(2格)	平面尺寸:21.4m×15.0m×6m 回转式格栅除污机2台(LHG-2200型) 无轴螺旋式栅渣压榨机 1台(WLYZ-300型)
提升泵			4台	3用1备,300 WQ700-16-45型
细格栅			1座(4格)	设计流量:$Q=4366.66\mathrm{m^3/h}$ 栅槽宽度:1.5m
旋流沉砂池	池体直径:ϕ3650mm	钢筋混凝土	2	单池设计流量:$Q=1183.33\mathrm{m^3/h}$ 停留时间:>30s

续表

构筑物	有效容积/m³	结构形式	数量	备注
水解酸化池	13475	钢筋混凝土	2	单座尺寸:50.0m×49.0m×6.0m
水解酸化沉淀池	2280	钢筋混凝土	2	单座尺寸:50.0m×12.0m×3.8m 沉淀池表面负荷:1.39m³/(m²·h)
A/O池	缺氧池:4088 好氧池:12736	钢筋混凝土	2	单池尺寸:61.75m×37.5m×6.3m
污泥池	456	钢筋混凝土	1	尺寸:10.0m×8.0m×5.7m
中间水池	365	钢筋混凝土	1	尺寸:8.0m×8.0m×5.7m
二沉池		钢筋混凝土	2	单池尺寸:ϕ40m×4.0m
臭氧接触池	542	钢筋混凝土	2	单池尺寸:13.9m×5.0m×7.8m 尾气破坏器2台(1用1备),处理能力20kg/(h·台)
曝气生物滤池	666	钢筋混凝土	2座,每座4格	单格平面尺寸:12.0m×7.5m×7.4m
反洗排水池		钢筋混凝土	1	尺寸:11.5m×11.5m×3.7m 设计处理能力:$4×10^4$t/d
高密度沉淀池	快混池:112 絮凝池:204 预沉浓缩池 直径:12.7m	钢筋混凝土	2	快混池停留时间:8.5min。 絮凝池停留时间:15.5min
接触消毒池	2160	钢筋混凝土	1	30.0m×18.0m×4.0m 接触时间:>30min
污泥浓缩池	直径:15m	钢筋混凝土	1	有效水深:3.5m 污泥浓缩机1台(NG-15型),桥长15m,N=2.2kW
污泥脱水间		钢筋混凝土	1座(2层)	污泥脱水机2套(LW-530×2270型),Q=20~40m³/h,功率63.5kW

（1）粗格栅及提升泵站　粗格栅的功能是去除污水中较大漂浮物，并拦截直径大于20mm的杂物，以保证提升系统正常运行。

粗格栅选用回转式格栅除污机（设计流量Q=4366.66m³/h；栅条间隙b=15mm；过栅流速v=1m/s；栅前水深h=0.8m；安装倾角α=75°；设备宽度2.11m；格栅材质为不锈钢；N=2.2kW），此类型格栅广泛应用于污水处理工程中清除污水中的粗大漂浮物。粗格栅按两格设计，共安装两台机械格栅，互为备用。

螺旋式栅渣压榨机（处理量3m³/h；螺旋直径300mm，输送长度8m，与2台粗格栅配套使用；N=4kW）用来对格栅分离出的栅渣进行螺旋压榨脱水，减小栅渣的容积，以利于运输。根据设定的时间，实现机械格栅、螺旋式栅渣压榨机的联动运行，格栅前后均设置渠道闸门，以备检修之用。

提升泵房将污水提升，以满足整个污水处理厂竖向水力流程要求。集水池和粗格栅渠、进水井合建，污水提升泵（Q=700m³/h，H=16m，N=45kW）安装在集水池内。为维修水泵方便在集水池顶板留设备吊装洞，并在其上方设电动葫芦1台（CD13-12D型；起重量3t，总功率4.9kW）。

（2）细格栅　细格栅井内安装有细格栅和闸门等设备，格栅按两格设计，安装2台机械格栅，格栅安装角度为60°，格栅的运行根据时间间隔自动启停机械机耙，并实现机械格栅、螺旋压榨机的联动运行。渠道闸门用于检修之用。设置旋转式固液分离机2台（XQ-1500型），栅条间隙b=5mm，过栅流速v=1m/s，栅前水深h=0.8m，安装倾角α=60°，设备宽度1.42m，N=1.5kW。无轴螺旋式栅渣压榨机1台（WLYZ-300型），处理量:

$3m^3/h$，螺旋直径：300mm，输送长度：7m，与 2 台细格栅配套使用，$N=4.0kW$。

（3）旋流沉砂池 本工程采用旋流沉砂池，分为两格，排砂方式采用泵排砂。旋流式沉砂池和配水井合建。旋流式沉砂池占地面积小，沉砂效果受水量变化影响很小，砂水分离效果好，分离出的砂含水率低，有机物含量少，便于运输。

在旋流沉砂池后设置 pH 计、浊度（SS）分析仪、BOD_5 分析仪、氨氮分析仪、COD_{Cr} 分析仪、总磷测定仪、总氮测定仪、电磁流量计，检测进厂水的水质、温度、流量等参数，对进厂流量进行连续监测，把测量信号传至中控室。设置旋流除砂器 2 套（XLC-1980 型），性能参数：$N=1.5kW$。提砂泵 2 台，1 用 1 备（50ZQ-21B 型），$Q=40m^3/h$，$H=12m$，$N=5.5kW$。砂水分离器 1 台（SF-320 型），处理量 $43\sim72m^3/h$，$N=0.37kW$。

（4）水解酸化池 为了提升原水的可生化性，旋流沉砂池之后设水解酸化池。为了达到良好的混合效果，将水解酸化池设计成氧化沟形式，氧化沟形式能起到缓冲原水水质、水量冲击的作用，池内设置低速潜水推进器对回流污泥与污水进行搅拌混合，防止池内沉淀。

由于污水中易于被反硝化菌利用的 BOD_5 浓度较低，水解酸化后虽然 BOD_5 有所增加，但考虑前期污泥培养过程中需要大量易生化降解有机物，因此水解酸化池设置外加碳源。拟定碳源以葡萄糖计（实际运行时可根据当地情况及效果选择碳源种类），投加量为 25mg/L，计 1.0t/d。正常运行后酌情停止投加。水解酸化池设有封闭措施，产生的恶臭气体通过引风机将废气引至除臭系统处理。内设低速推流器 7 台（YQD-7.4-2500 型），桨叶直径 21500mm，$N=7.5kW/台$。

（5）水解酸化沉淀池 水解酸化池出水进入水解酸化沉淀池，在此进行泥水分离，大部分兼氧活性污泥通过污泥回流泵回流至水解酸化池，少部分剩余污泥排放至污泥浓缩池中。水解酸化沉淀池采用平流式沉淀池，停留时间 2.5h。设置桁车式刮泥机 1 台（HJG-12.3 型），池宽宽度 12m，$N=1.9kW/台$。水解酸化池污泥回流泵 3 台（2 用 1 备，250WQ400-3.2-7.5 型），$Q=400m^3/h$，$H=3.2m$，$N=7.5kW$，水解酸化池排泥泵 2 台（1 用 1 备，100WQ80-10-4 型），$Q=80m^3/h$，$H=10m$，$N=4.0kW/台$。

（6）A/O 池 利用微生物菌群降解和去除水中的污染物质，有硝化和反硝化过程，具有脱氮除磷功能。由于污水中易于被反硝化菌利用的 BOD_5 浓度较低，因此缺氧池脱氮需要外加碳源。拟定补充碳源以葡萄糖计，投加量为 25mg/L，计 1.0t/d。根据调试及运行情况，选择碳源种类及是否投加。池内设潜水搅拌机 5 台（YQG-4.3-400 型），桨叶直径 400mm，$N=4.3kW/台$。潜水回流泵 3 台（2 用 1 备，WH1416-4-3.0 型），$Q=800m^3/h$，$H=0.65m$，$N=3kW/台$。微孔曝气器 6082 套（SHZ-260 型），$Q=2.5m^3/h$，直径 260mm。

（7）污泥池 将一定数量的活性污泥回流到生化处理系统（水解酸化池、A/O 池好氧段），以维持生化系统活性污泥的浓度，保证其生化功能，同时将生化系统产生的剩余污泥提升至污泥池中。设置污泥回流泵 4 台（3 用 1 备，其中 A/O 池 2 台，回流比 100%，水解酸化池 1 台，回流比 50%，300WQ700-11-30 型），$Q=800m^3/h$，$H=10m$，$N=30kW/台$。剩余污泥泵 2 台（1 用 1 备，100WQ80-10-4 型），$Q=80m^3/h$，$H=10m$，$N=4kW/台$。电动单梁起重机 1 台（LD-A 型），起重量 1t，配套 CD11-6D 电动葫芦。

（8）中间水池 二沉池出水水位较低，本工艺增加中间水池将污水提升至臭氧接触池。尺寸：8.0m×8.0m×5.7m。设置潜污泵 4 台（3 用 1 备，300WQ700-14-37 型），$Q=800m^3/h$，$H=12m$，$N=37kW/台$。

（9）二沉池 二沉池作用是将曝气后混合液进行固液分离。采用辐流式沉淀池，表面负

荷为 $0.66m^3/(m^2 \cdot h)$。设置刮泥机 1 台（ZBG-40 型），桥长 $D=40m$，$N=3.0kW$。

（10）臭氧接触池　臭氧接触池的主要作用：使臭氧和污水充分混合反应，利用臭氧的强氧化作用，提高废水的可生化性；如完全利用臭氧的强氧化作用，将废水中难生化降解的有机物分解为小分子的有机物。由于臭氧系统具有相当高的能耗，只依靠臭氧的氧化来达到出水水质其费用非常昂贵，因此，利用臭氧的不完全氧化能力，后期曝气生物滤池的组合工艺可以较好地解决低浓度难降解的有机废水的处理问题，提高废水的可生化性，降低运行成本。接触池形式为微气泡接触池。臭氧接触池为加盖封闭式设计，由臭氧发生器厂家配套臭氧尾气吸收装置。

（11）曝气生物滤池　采用曝气生物滤池进一步脱除 COD_{Cr}，曝气生物滤池工艺布置十分紧凑、占地面积比常规的处理工艺减少许多。其优点还突出体现在：可使反应池维持在高浓度活性污泥状态下运行、污泥龄长、污泥产生量小、缩小了反应池体积、运行管理简单等。曝气生物滤池设置活性炭滤料，滤料表面附着生长着生物膜，滤池内部曝气，污水流经时，利用滤料上高浓度生物膜的强氧化降解能力对污水进行快速净化，完成生物氧化降解过程；运行一定时间后，因水头损失的增加，需对滤池进行反冲洗，以释放截留的悬浮物并更新生物膜，开始进行反冲洗过程。滤池管廊间设置曝气鼓风机及反冲洗鼓风机（冲洗水泵设置在接触池），设置 PLC 和就地操作。曝气池的水力负荷 2.20m/h，空床停留时间 1.36h，反冲洗水强度 $5L/(m^2 \cdot s)$，反冲洗气强度 $12L/(m^2 \cdot s)$。曝气生物滤池内设置供氧鼓风机 8 台（BK6008 型），$Q=14.8m^3/min$，$P=68.8kPa$，$N=30kW/台$。长柄滤头 30240 套（$\phi 21mm \times 392mm$），单孔膜曝气器 31872 套（$\phi 60mm \times 45mm$），活性炭滤料 $720m^3$（装填高度 1m），陶粒滤料 $1440m^3$（装填高度 2m）。

（12）反洗排水池　使曝气生物滤池反冲洗水排水得到缓冲并沉淀，沉淀污泥用泵打入污泥浓缩池，剩余污水进入粗格栅。主要设备为潜污泵 2 台（1 用 1 备，80WQ50-15-4 型），$Q=50m^3/h$，$H=10m$，$P=4kW/台$。

（13）高密度沉淀池　曝气生物滤池出水进入高密度沉淀池，确保出水 SS 达标排放。

高密度沉淀池投加 PFS、PAM 及双氧水。PFS 投加量 75mg/L，PAM 投加量 5mg/L，双氧水投加量 75mg/L。快混池停留时间 8.5min，絮凝池停留时间 15.5min。沉淀区表面负荷 $6.3m^3/m^2h$。主要设备包括快速混合池搅拌器 1 台（TJ-1500 型），$D=1500mm$，$N=11kW/台$。絮凝反应池搅拌器 2 台，$N=18.5kW$。高效浓缩刮泥机 2 套，直径 12.7m，$N=1.5kW/台$。污泥泵 6 套，$Q=60m^3/h$，$H=20m$，$N=5.5kW/台$。反应室、斜管填料、出水槽等 2 套。

（14）接触消毒池　对出水进行加氯后，使水和氯在池内充分混合，以杀灭水中的细菌，达到出水消毒的目的，在此单元提高加氯量，可有效保证出水稳定达标。二氧化氯投加量拟定 8mg/L。主要设备包括：反洗水泵 3 台（2 用 1 备，300WQ700-14-37 型），$Q=800m^3/h$，$H=12.5m$，$N=37kW/台$。回用水泵 2 台（1 用 1 备，80WQ50-15-4 型），$Q=50m^3/h$，$H=15m$，$P=4kW$。电动葫芦 1 台（CD$_2$-9D 型），起重量 2t，总功率 3.4kW。

（15）加药间　1 座，平面尺寸 $19.2m \times 8.4m$。主要设备包括：PAM 加药装置 1 台（GTF-2000 型），制备能力 2500L/h，$N=5kW$；PAM 投加泵（变频调速）2 台（1 用 1 备，G30-1MB15-Y1.5-4P 型），$Q=0.8 \sim 3.5m^3/h$，压力为 0.6mPa，$N=1.5kW$；PFS 加药装置 2 台（交替使用，YJB-4 型），$N=3kW$；PFS 投加泵 2 台（1 用 1 备，JDM-750/0.3 型），$Q=0 \sim 750L/h$，$P=0.3mPa$，$N=1.1kW$；葡萄糖储罐 1 台，$D=2000mm$，$V=10m^3$；葡萄糖投

加泵 2 台（1 用 1 备，JWM-80/0.3 型），$Q=80L/h$，$P=0.3MPa$，$N=0.18kW$。

（16）臭氧及加氯间　1 座，平面尺寸 $38.4m×12.0m$。主要设备包括：二氧化氯发生器 3 台（2 用 1 备，CPF-3000D 型），有效氯产量$>9000g/h$，$N=2.0kW$，并配套氯酸钠储罐、盐酸储罐、酸雾吸收器、卸酸泵、化料器；臭氧发生器 3 套（2 用 1 备，GF-G-10000型），$Q=10000g/h$，$N=219kW/$套，并配套气源制备系统（包括空压机、冷干机、吸干机、过滤器等）、臭氧泄漏探测、电气自控系统、报警设备等。

（17）1 号风机房及配电室　设计处理能力 $4×10^4t/d$，数量为 1 座，配电室平面尺寸 $26.4m×12.0m$。1 号风机房平面尺寸 $30.0m×12.0m$。主要设备有：离心风机 3 台（2 用 1 备，D250-1.75 型），$Q=250m^3/min$，$P=73.5kPa$，$N=400kW/$台，其中 1 台变频控制。电动单梁起重机，1 台（LD-A 型），起重量 5t，跨度 8.7m，配套 $CD_1$5-6D 电动葫芦，$N=9.9kW$。

（18）2 号风机房　设计处理能力 $4×10^4t/d$，数量 1 座，平面尺寸 $9.0m×6.0m$。主要设备有：曝气生物滤池反冲洗鼓风机 3 台（2 用 1 备，BK8016 型），$Q=29.51m^3/min$，$P=68.8kPa$，$N=55kW/$台。

（19）污泥浓缩池　水解酸化池、二沉池及高密度沉淀池排泥进入污泥浓缩池进行预浓缩，降低污泥含水率。

（20）污泥脱水间　污泥在此浓缩脱水，降低污泥含水率，以减少污泥体积，便于污泥储存、外运及污泥的再利用。建筑物分为两层：一层为泵室、加药间、设备维修间、污泥储间；二层为污泥脱水间。计处理能力 $4×10^4t/d$，平面尺寸 $22.0m×12.0m$。生化系统排泥量 4580kg/d，生化系统污泥含水率 99.2%，生化系统生污泥体积 $573m^3/d$；深度处理系统排泥量 1675kg/d，深度处理系统污泥含水率 98%，深度处理系统污泥体积 $85m^3/d$；进水悬浮物转化为污泥的含水率 99.2%，进水悬浮物转化为污泥体积 $684m^3/d$；污泥浓缩池出泥含水率 98%，污泥浓缩池出泥体积 $652m^3/d$；絮凝剂投加量 3kg/TDS。运行时间 12h。主要设备：脱水间污泥螺杆泵 2 台（C16KC11RMB 型），$Q=9～36m^3/h$，$H=20m$，$N=7.5kW/$台。絮凝加药机 1 套（GTF-3000 型），投药能力约 10kg/h，$N=5.0kW$，并配套脱水间加药螺杆泵 2 台（1 用 1 备），$Q=0～1500L/h$，$P=0.6MPa$，$N=1.5kW$。污泥输送装置 2 套（WLS480 型），生产能力 $30m^3/h$，$N=4.0kW$。

（21）双氧水加药间　设计处理能力 $4×10^4t/d$，数量 1 座，平面尺寸：$15.9m×10.0m$。主要设备有：双氧水储罐 1 座，$40m^3$，直径 3200mm，$L=5600mm$。双氧水卸料泵 2 台（1 用 1 备，BCQ40-25-105 型），$Q=6.3t/h$，$H=12.5m$，$N=1.1kW$。双氧水投加泵 2 台（1 用 1 备，JZM-A656/0.35-B-V 型），$Q=0～656L/h$，$P=0.35MPa$，$N=0.55kW$。

（22）除臭系统设计　除臭系统主要收集处理水解酸化池，粗、细格栅间废气。本着节省投资、保证处理效果和整体布局的原则，采用封闭式生物过滤舱除臭设备进行处理。生物过滤除臭具有以下优点：生物过滤除臭技术作为新型的发展迅速的恶臭气体处理技术，具有恶臭去除能力强（通常臭味去除率可达 90% 以上），装置简单，能耗低（在常温下运行，系统压降只有 $30～50mmH_2O$），建设成本较其他除臭技术低，不产生二次污染（生化反应生成物为无害的二氧化碳和水），维护少，运行成本低，操作简单等优点。处理后废气达到《恶臭污染物排放标准》（GB 14554—1993）。设计处理能力 $15000m^3/h$，平面尺寸 $24.0m×11.0m$。主要设备有：封闭式生物过滤舱除臭设备 1 套，配套玻璃钢防腐风机 1 台，补充泵 1 台，循环泵 2 台，总功率 28.5kW。排气筒 1 座，直径 $D=700mm$，高度 $H=25m$。

三、实施效果和推广应用

1. 运行处理效果与机制分析

该工艺流程经过了历时近 1.5 年的建设期最终达标排放。

（1）总排废水监测与评价　pH 值、色度、水温、SS、BOD$_5$、COD$_{Cr}$、氨氮、硫化物、挥发酚、石油类、矿物油类、氟化物、总磷、砷、汞、六价铬、甲苯、阴离子表面活性剂监测值均符合《污水综合排放标准》（GB 8978—1996）表 2 和《污水排入城市下水道水质标准》（CJ 3082—1999）的限值要求。

（2）废水处理效果评价　整体工艺经过达标排放后连续 17d 的 COD$_{Cr}$ 监测数据见图 6-16。

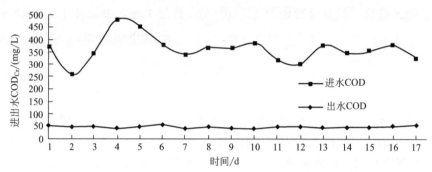

图 6-16　稳定运行后连续 17d 进出水 COD$_{Cr}$ 指标

2. 运行处理效果与机制分析

按费用和投资性质划分的投资估算如表 6-10 所列。

表 6-10　投资估算表

序号	项目	金额/万元	比例/%
1	建筑工程费	6877.18	46.63
2	设备购置费	3224.75	21.87
3	设备安装费	1522.50	10.32
4	工程建设其他费用	1905.01	12.92
5	基本预备费	1217.56	8.26
	建设总投资	14747.00	100.00

四、总结

① 制药工业园区废水经 H/O-O$_3$-BAF 工艺处理后，出水 COD$_{Cr}$ 低于 50mg/L，色度降至 4 倍以下，可达到《城镇污水处理厂污染物排放标准》（GB 18918—2002）中一级 A 标准要求。

② 臭氧氧化工艺可以大幅度消减制药工业园区废水的生物毒性，利用臭氧技术和生物法相结合的工艺深度处理制药工业园区废水可以将 HgCl$_2$ 当量降至 0.9μg/L。

参 考 文 献

[1]　蔡宁，杨闩柱.基于企业集群的工业园区发展研究 [J].中国农村经济，(01)：53-59，2003.

［2］ 朱雁伯，陈德强，李超，等.工业园区污水水质对污水厂运行的影响及评价［J］.中国给水排水，28（3）：98-101，2012.

［3］ 邹新，史晓燕，李秀峰，等.工业园区污水处理模式探讨和建议［J］.江西科学，28（3）：341-343，2010.

［4］ 罗九鹏，韩菲，姜琦，等.Fenton-絮凝法预处理化工综合废水的研究［J］.工业用水与废水，42（5）：15-19，2011.

［5］ 宋鑫，任立人，田哲，等.生化-臭氧-曝气生物滤池组合工艺处理制药园区综合废水［J］.环境工程学报，7（11）：4201-4206，2013.

［6］ 中华人民共和国国家标准.水质急性毒性的测定-发光细菌法（GB/T 15441—1995）.

第七章 其他典型行业废水处理工艺与工程案例

Chapter 07

第一节　光伏线切废水处理与资源化

一、问题的提出

我国的光伏制造产业于 2004 年开始崛起。光伏制作过程中会产生大量的光伏线切割废水，主要包括硅棒在切断、磨削、切片以及硅片在研磨、腐蚀、抛光等过程中产生的助剂废液和清洗废水。

(1) 研磨废水　开方硅锭截断无效部分，对断面磨光打平，产生研磨废水，废水主要成分为硅粉。

(2) 预清洗废水　硅锭切片后，用水枪冲洗硅片，去除表面残留的切削砂浆（由切削液和金刚砂配制，主要成分为聚乙二醇和碳化硅）和硅粉等杂质过程中产生的废水。该股废水水量大、有机物浓度高，是硅片生产废水过程中产生的最主要的一股废水。

(3) 硅片清洗废水　对硅片用柠檬酸溶液浸泡进一步去除表面上的金属离子等杂质的过程中产生的废水，该股废水有机物浓度高，但水量较小。

(4) 超声波清洗废水　在超声环境下大量超纯水清洗酸洗后的硅片所产生的废水，该股废水水量大，污染物含量较低。

硅片生产过程中产生的线切废水主要有机污染物为聚乙二醇，是一种平均分子量为 200～20000Da 的亲水性聚合物[1]，目前对于该股废水的处理通常采用好氧生物处理的方法。由于有机物浓度高，废水处理投资建设与运行成本过高。为此开展了聚乙二醇的厌氧降解实验，发现厌氧对聚乙二醇有很好的降解效果。据此开发了上流式复合厌氧滤池-接触氧化处理工艺，该工艺即使在冬季不加热的条件下也可取得稳定的运行效果，大幅降低了建设和运行成本，为该类废水的处理提供了一种行之有效的方法。

二、工艺流程和技术说明

（一）工程概况

1. 基本信息

河北某科贸公司位于河北三河市，主要生产单晶硅材料、晶体硅太阳能电池和石墨器件，是国内最大的硅片加工基地之一。本工程设计线切废水处理规模为 2400m³/d。

2. 执行标准和处理要求

处理后的污水要求达到《污水综合排放标准》（GB 8978—1996）中的二级排放标准。

设计进水和出水水质见表7-1。

表7-1 设计进水和出水水质

水质指标	COD_{Cr}/(mg/L)	SS/(mg/L)	BOD_5/(mg/L)	pH 值
进水	≤3000	≤1500	≤500	6.5~7.3
出水	≤150	≤200	≤60	6.0~9.0

(二) 小试研究

厌氧可生化性评价实验方法：实验在250mL具塞三角瓶内进行，加入130mL线切废水和35mL厌氧污泥，氮气脱氧后密封，在摇床上140r/min震荡，定期取样，测定上清液的COD_{Cr}浓度。

好氧可生化性评价实验方法：实验在1L的烧杯中进行，加入600mL线切废水和150mL活性污泥，污泥浓度控制在1500~2000mg/L，曝气溶解氧控制在2~4mg/L，定期取样，测定上清液的COD_{Cr}浓度。

图7-1、图7-2显示线切废水的可生化性，从结果可以看出线切废水经过2d的厌氧处理后，其COD_{Cr}浓度从（2875±74）mg/L降至（94±16）mg/L，经过2d好氧处理COD_{Cr}从（2875±74）mg/L降至（83±6）mg/L。综合图7-1与图7-2厌氧和好氧生化评价效果可见，线切废水中聚乙二醇具有很好的厌氧和好氧可生化性。

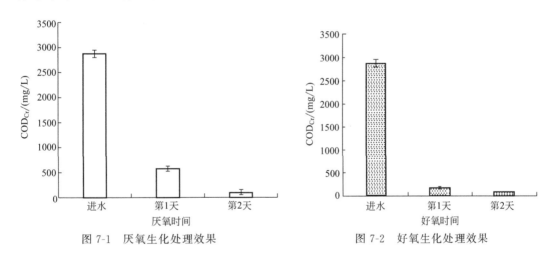

图7-1 厌氧生化处理效果　　　　　图7-2 好氧生化处理效果

(三) 工艺流程

1. 工艺确定

根据小试实验结果，工程中采用常温厌氧-好氧处理工艺，其中厌氧段采用上流式污泥-滤池复合床，通过污泥床与滤料结合的方式，防止污泥流失，有效维护厌氧池中的污泥浓度；厌氧出水再经接触氧化的进一步好氧处理以去除残留有机物。

2. 工艺流程

工艺流程如图7-3所示，在混凝砂滤一体化原有污水处理装置处理之后增设厌氧滤池-接触氧化处理工艺。

3. 技术与工艺说明

车间生产废水经原有的混凝砂滤一体化装置（投加聚合氯化铝和聚丙烯酰胺）后进入中

和池，投加盐酸调节废水的 pH 至中性，同时补充氮源、磷源以及微量元素，再经布水器进入厌氧滤池，聚乙二醇等主要有机污染物被转化为甲烷，实现有机物的高效去除和回收利用；厌氧出水通过重力流进入接触氧化池，进一步去除污水中残留的有机物，处理后的好氧出水水质达到企业工艺用水标准，回用至车间，实现废水的资源化，节约了大量新鲜补充水。

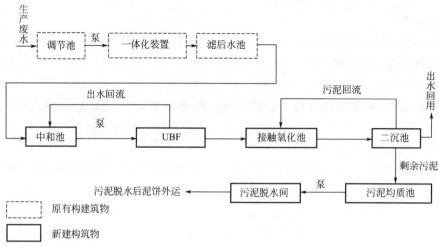

图 7-3　工艺流程

　　排放的剩余污泥自流进入污泥均质池，经过叠螺机脱水后外运，滤液回流至中和池，进行循环处理。

　　工艺主要建筑物与主要设备见表 7-2、表 7-3。

表 7-2　处理站主要构筑物

构筑物	有效容积/m³	结构形式	数量	备注
调节池	尺寸 7m×4m×3m	钢筋混凝土	1	设计的流量为 50m³/h
中和池	尺寸 9.26m×7.88m×3.5m 有效容积182m³	钢板	1	设计流量为 300m³/h，厌氧滤池回流 200%
复合厌氧滤池	尺寸 21m×19m×14m	钢筋混凝土	1	设计的流量为 100m³/h， 分两格，内循环比≤200%
接触氧化池	尺寸 32m×21m×7.5m	钢筋混凝土	1	分两格
二沉池	尺寸 21.5m×3.17m×5.4m	钢筋混凝土	1	分两格，设计的最大流量是 150m³/h， 最大表面负荷 2.75m³/(m²·h)
污泥均质池	尺寸为 4.86m×4m×2.6m	钢筋混凝土	1	
设备间	尺寸 12.4m×10.5m×4.2m			

表 7-3　工程设备列表

设备名称		性能参数	单位	数量	备注
调节池	提升泵	流量 $Q=75\text{m}^3/\text{h}$，扬程 $H=12\text{m}$，功率为 4kW	台	4	
	电磁流量计		台	1	
中和池	潜水搅拌机	不锈钢材质，桨叶直径 700mm，转速 81r/min， 电机功率 3kW	台	1	

设备名称		性能参数	单位	数量	备注
中和池	潜水搅拌机	不锈钢材质,桨叶直径 260mm,转速 740r/min,功率 0.85kW	台	1	3 用 1 备
	潜污水泵	流量 $Q=100m^3/h$,扬程 $H=20m$,功率为 11kW	台	4	
	管式电加热器	不锈钢材质,加热温度 $10\sim20℃$,功率为 150kW	台	1	
	在线 pH 计		套	1	
复合厌氧滤池	水封罐		座	1	
	沼气火炬	燃烧量 $600m^3/h$,功率为 1.5kW,配防火罩	台	1	
接触氧化池	曝气软管		套	2	
	罗茨鼓风机	L65-2 流量 $Q=10.19m^3/min$,$P=78.4kPa$,$N=30kW$	台	3	2 用 1 备
二沉池	回流污泥泵	流量 $Q=65m^3/h$,扬程 $H=10m$,功率为 4kW	台	1	
污泥均质池	潜水搅拌机	内置桨叶直径为 260mm,转速 740r/min,功率 0.85kW	台	1	
设备间	叠螺污泥脱水机	处理量 $Q=8\sim10m^3/h$	台	2	
	污泥投配泵	流量 $Q=10m^3/h$,$P=0.6MPa$,$N=3kW$	台	2	1 用 1 备
	冲洗水泵	流量 $Q=12.5m^3/h$,$P=30m$,$N=3kW$	台	2	1 用 1 备
	移动式潜污水泵	流量 $Q=10m^3/h$,$P=10MPa$,$N=0.75kW$	台	1	
加药系统	盐酸储罐	$L\times W=1.8m\times0.8m$,$H=2.5m$	台	1	HDPE 材质
	盐酸投加泵	$Q=0\sim45L/h$,$H=50m$,$N=0.37kW$	台	2	1 用 1 备
	碱液储罐	$L\times W=2m\times1.3m$,$H=2.5m$	台	1	HDPE 材质
	碱液投加泵	$Q=0\sim45L/h$,$H=50m$,$N=0.37kW$	台	2	1 用 1 备
	氮源储罐	$\phi=1.2m$,$H=1.5m$,$N=0.75kW$	台	1	HDPE 材质
	氮源投加泵	$Q=0\sim105L/h$,$H=50m$,$N=0.37kW$	台	2	1 用 1 备
	磷源储罐	$\phi=1.2m$,$H=1.5m$,$N=0.75kW$	台	1	HDPE 材质
	磷源投加泵	$Q=0\sim55L/h$,$H=50m$,$N=0.37kW$	台	2	1 用 1 备
	耐腐卸酸泵	$Q=12.5m^3/h$,$H=36m$,$N=3kW$	台	2	
	PAM 加药泵	$Q=1m^3/h$,$H=30m$,$N=0.75kW$	台	2	1 用 1 备
	絮凝剂储罐	$\phi=1.2m$,$H=1.5m$,$N=0.75kW$	台	2	HDPE 材质
	絮凝剂投加泵	$Q=0\sim190L/h$,$H=50m$,$N=0.37kW$	台	2	1 用 1 备

工艺主要构筑物简要说明如下。

(1) 调节池 调节池的主要功能是均化水质,调节水量。设计的流量为 $50m^3/h$(单座)。调节池尺寸 $7m\times4m\times3m$。同时新增潜污水泵 4 台(流量为 $75m^3/h$、扬程 12m、功率为 4kW),在水泵出水管上顺序增设 1 台电磁流量计。运行方式:水泵的开、停根据集水井内水位计自动控制或人工控制。

(2) 中和池 中和池的主要功能是用盐酸将滤后废水 pH 由碱性(10~10.5)调节至中性,中和池设计流量为 $300m^3/h$(厌氧滤池回流 200%),尺寸 $9.26m\times7.88m\times3.5m$,有效容积 $182m^3$。中和池的运行方式:通过在线 pH 仪控制盐酸投加;水泵的开、停根据集水井内水位计自动控制或人工控制。

(3) 厌氧滤池(图 7-4) 厌氧滤池的主要功能是利用厌氧微生物降解废水中的主要污染物聚乙二醇。厌氧滤池设计的流量为 $100m^3/h$,水力停留时间(HRT)为 2d,内循环比≤200%,尺寸 $21m\times19m\times14m$,分两格并联运行,内置布水系统与三相分离器。配套水封罐 1 座,燃烧量 $600m^3/h$、功率为 1.5kW 的沼气火炬 1 台(配防火罩)。厌氧池的运行方式：根据进出水水质适时调整出水回流量和进水温度，确保厌氧滤池处理效果可靠稳定。

图 7-4　上流式复合厌氧滤池

（4）接触氧化池　接触氧化池的主要功能是进一步去除污水中残留的有机物，确保污水稳定达标。接触氧化池尺寸 32m×21m×7.5m，分为两格并联运行，设计 HRT 为 2d。

（5）二沉池　二沉池的主要功能是将生化池出水进行泥水分离。设计的最大流量是 150m³/h，最大表面负荷 2.75m³/(m²·h)，尺寸 21.5m×3.17m×5.4m，有效水深 3m，分两格并联运行。二沉池内置用于污泥回流的潜污泵 1 台（流量为 65m³/h、扬程 10m、功率为 4kW）。排泥方式根据沉淀池内泥位水平人工控制。

（6）设备间　设备间的主要功能是集控制室、脱水间、鼓风间于一体。设备间的尺寸为 12.4m×10.5m×4.2m。

（7）污泥均质池　污泥均质池的主要功能是回流污泥至接触氧化池，均化污泥浓度，使污泥进入脱水间脱水。该污泥均质池的尺寸为 4.86m×4m×2.6m，内置桨叶直径为 260mm，转速 740r/min，功率为 0.85kW 的不锈钢材质的潜水搅拌机一台。运行方式采用编程控制或人工控制。

（8）加药间　加药间的主要功能是配置和投加污水处理药剂。加药间长 10.7m，宽 9.1m。

三、实施效果和推广应用

1. 运行处理效果与机制分析[2]

废水处理系统于 2014 年 10 月建成开始调试，通过逐步提高进水量驯化污泥，约 20d 之后运行稳定。从图 7-5 可以看出原水水质 COD_{Cr} 基本稳定在 600~800mg/L，由于开始阶段进水量约为稳定运行阶段的 1/3，容积负荷低，污泥尚未适应，因此上流复合式厌氧滤池（图 7-5）COD_{Cr} 的去除率很低（图 7-6）。第 10~第 14 天期间停止进水，厌氧出水的循环；随之厌氧污泥逐渐适应废水，厌氧滤池出水 COD_{Cr} 整体呈现出下降趋势，处理效果逐步提高。运行 20d 后（10 月 22 日）北方进入冬季，厌氧内部水温下降至 20℃以下，厌氧滤池满负荷连续进水很快达到稳定运行阶段，图 7-6 显示稳定运行阶段厌氧滤池的平均容积负荷 0.36kgCOD$_{Cr}$/(m³·d) 时，厌氧滤池的 COD_{Cr} 去除率仍然达到 80% 以上，出水 COD_{Cr} 达到 100mg/L 左右。说明由于厌氧系统通过污泥床与填料的有效组合维护了污泥量，保证了在较低温下的生化系统能达到良好的处理效果。另外，此期间厌氧滤池出水 VFA 浓度在 2.8～3.5mmol/L，并且伴有稳定甲烷气体的产生。厌氧出水经好氧处理后 COD_{Cr} 浓度降至 50mg/L 以下，达到了企业工艺生产用水标准，因此被重复利用，大幅节省了企业生产运行费用。

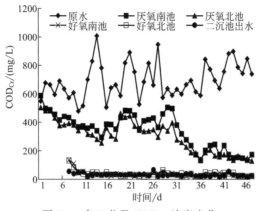

图 7-5　各工艺段 COD_{Cr} 浓度变化

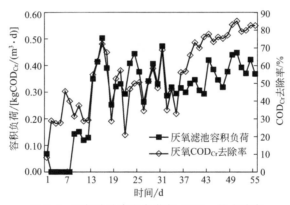

图 7-6　厌氧滤池容积负荷与 COD_{Cr} 的去除率

2. 经济技术分析

主要经济技术指标见表 7-4。

表 7-4　主要经济技术指标

序号	项目名称	单位与数量	备注
1	工程总投资	2000 万元	
2	处理水量	2400m³/d	
3	占地面积	500m³	
4	人数	8 人	
5	药剂消耗		
	PAC	36.5t/a	价格 2000 元/t
	氯化铵	36.5t/a	价格 880 元/t
	磷酸二氢钾	18.25t/a	价格 3650 元/t
	氢氧化钠	54.75t/a	价格 2500 元/t
	碳酸钠	350.4t/a	价格 1780 元/t

序号	项目名称	单位与数量	备注
6	药剂费	93.2万元/年	
7	人工费	28万元/年	
8	电费	46.1万元/年	
9	维护费	3.5万元/年	
	合计运行费用	170.8万元/年	

四、总结

① 上流式复合厌氧滤池能有效维持厌氧污泥浓度，保证了冬季常温下对光伏线切废水的良好处理效果。

② 工程运行表明上流式复合厌氧生物滤池-接触好氧组合工艺具有工艺流程简单、能耗低和运行费用低的优点，光伏线切废水经过处理后全量回用到生产工艺，基本上实现了废水的零排放。

③ 存在的问题及相关建议：由于现在进水量远低于设计的进水量，造成好氧生化系统污泥负荷偏低，溶氧偏高，导致污泥老化，应关闭几个接触好氧的廊道池，提高污泥负荷。

第二节　电子工业含氟废水处理与资源化

一、废水来源与组成

含氟废水主要产生于电子行业，在利用氟酸或以氟化铵为主的缓冲氟酸溶液对多晶硅进行蚀刻时会产生高浓度氟酸废液，而在晶片的清洗过程中也会产生大量含低浓度的含氟废水。此外，在钢铁、金属材料、光学材料等行业也有一定量的含氟废水产生。

电子行业产生的含氟废液或废水水质相对比较简单，主要污染物成分为 F^-，但由于在蚀刻过程中晶片中的部分二氧化硅会与氟酸发生反应，产生氟硅酸，主要反应如式(7-1)、式(7-2)[3] 所列：

$$SiO_2 + 2HF_2^- + 2H_3O^+ \longrightarrow SiF_4 + 4H_2O \tag{7-1}$$

$$SiF_4 + 2HF \longrightarrow H_2SiF_6 \tag{7-2}$$

同时，含氟废水中也可能会含有一定的 NH_4^+、PO_4^{3-} 等。F^- 对人体有危害，当人长期饮用含氟水时，牙齿会产生黄色斑纹（即氟斑牙），因此，我国饮用水标准限定饮用水 F^- 浓度不得高于 1mg/L；同时，对于工业排放，我国的一级排放标准是 10mg/L，日本的工业废水排放标准是 8mg/L。

二、传统处理技术与挑战

众所周知，F^- 可以与 Ca^{2+} 在水厂形成 CaF_2 沉淀，CaF_2 常温下的溶度积（K_{sp}）为 3.45×10^{-11}。按此值计算，饱和 CaF_2 溶液中含有大约 8mg/L 的 F^-，这可能是日本的排放标准为 8mg/L 的一个理由。因此，含氟废水传统上主要采用加钙沉淀的方法。相对于氯化钙，氢氧化钙在工业上使用得更多，这主要基于两个理由：氢氧化钙价格低廉；可以通过控制 pH 值来控制钙离子投加量。含氟废水一般为酸性（pH 值为 2～3），因此，当把反应池出水 pH 值控制为 10.5～11 时可以保证足够的 Ca^{2+} 投加量。

图 7-7 为含氟废水常规处理工艺流程。CaF_2 沉淀物的粒径非常小，直接沉淀无法去除，因此，在 CaF_2 沉淀池后面，通常需要增加一个混凝反应池。通过投加硫酸铝混凝剂使 CaF_2 沉淀被包裹在氢氧化铝絮体中，最终在沉淀池中得以去除。使用硫酸铝的另外一个好处是，利用 CaF_2 沉淀一般很难将 F^- 含量降到目标值以下，因此需要通过氢氧化铝的吸附作用进一步去除才能实现废水的达标。

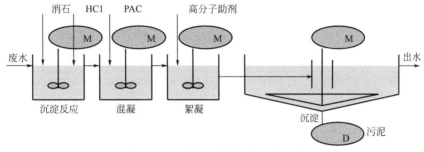

图 7-7　含氟废水常规处理工艺流程

尽管 F^- 去除的原理是如此简单，但在实际工程中却不是那么容易。在日本，仅废水除氟相关的专利就高达数百项。其主要原因在于人们对于含氟废水的水质特点没有给予足够的关注。研究表明，废水中 F^- 浓度、氟硅酸以及磷酸的存在可能是含氟废水处理工程上出现问题的关键[4]。

1. 原水 F^- 含量对除氟效果的影响

成 CaF_2 沉淀的前提是水中有足够的 F^- 和 Ca^{2+}。而且，如式(7-3) 所列，一个 Ca^{2+} 要同时与 2 个 F^- 发生碰撞才能发生沉淀，F^- 浓度对沉淀的影响更大。

$$2F^- + Ca^{2+} \longrightarrow CaF_2 \qquad (7-3)$$

图 7-8 是利用纯水模拟不同原水 F^- 浓度条件下利用氯化钙除氟的效果[4]。可以看出，在反应时间为 2h 的条件下，原水 F^- 浓度不同，除氟效果差别非常大。当原水 F^- 浓度为 20mg/L 时，即使水中 Ca^{2+} 浓度高于 1000mg/L，也没有产生任何 CaF_2 沉淀。究其原因，可能主要是在低浓度条件下，CaF_2 晶种不容易产生，从而导致沉淀反应不容易进行[5]。当原水 F^- 浓度为 50mg/L 时，即使水中 Ca^{2+} 浓度高于 150mg/L，也没有产生任

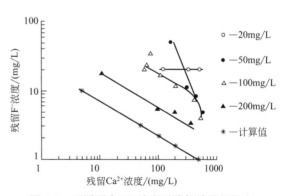

图 7-8　不同原水 F^- 浓度对除氟效果的影响

何 CaF_2 沉淀，但当水中 Ca^{2+} 浓度高于 300mg/L 时，开始出现除氟效果。当原水 F^- 浓度为 100mg/L 时，残留 F^- 浓度随水中 Ca^{2+} 浓度增加而下降，而且随着原水 F^- 浓度的进一步增加，在相同 Ca^{2+} 浓度水平下残留 F^- 浓度要明显下降。上述实验结果表明，原水 F^- 浓度对废水的处理效果影响很大。值得指出的是，即使原水 F^- 浓度达到 200mg/L，水中残留

F^- 浓度也不能降到根据溶度积计算的水平。

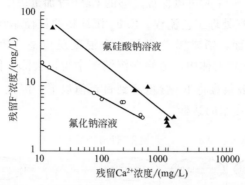

图 7-9　氟硅酸钠溶液与氟化钠溶液除氟效果比较

（氟化钠溶液 F^- 浓度 200mg/L，氟硅酸钠溶液氟含量 400～600mg/L；反应 pH 为中性；反应时间 2h）

2. 原水 F^- 含量对除氟效果的影响

如前所述，电子产业产生的含氟废水往往含有较高含量的氟硅酸。要想把氟硅酸中的氟去除，必须要通过式(7-1)、式(7-2) 的逆反应把硅氟酸离子解离为 F^-。由此推测，氟硅酸的去除要难于常规 F^- 的去除。图 7-9 比较了用 CaF_2 沉淀法处理氟硅酸钠溶液和氟化钠溶液时的除氟效果[4]。可以看出，氟硅酸钠溶液的除氟效果远低于氟化钠，达到与氟化钠溶液同样的除氟效果，Ca^{2+} 浓度需要增加 1 倍左右。

研究还发现，反应 pH 值对氟硅酸离子中氟的去除也有很大影响。如图 7-10(a) 所示，只有当 pH 值不高于 8 时才能取得良好的除氟效果，说明碱性条件不利于氟硅酸溶液的除氟。图 7-10(a) 中，氟硅酸钠溶液氟含量 400～600mg/L，Ca^{2+} 投加量 1200～1400mg/L；反应时间 2h；熟化时间 24h。图 7-10(b) 比较了 pH 值对两种不同实际含氟废水的除氟效果。样品 1 中，F^- 35mg/L，SiO_2 19.5mg/L，Ca^{2+} 635mg/L；样品 2 中，F^- 68mg/L，SiO_2 5.8mg/L，Ca^{2+} 470mg/L。与样品 2 相比，样品 1 中二氧化硅与氟离子的含量比例非常高，几乎可以把所有的氟离子结合成氟硅酸离子。可以看出，pH 值对样品 2 的除氟效果影响非常小，但对样品 1 的除氟效果影响非常显著，由此说明，很多实际工程中除氟效果不佳的一个重要原因可能是高含量氟硅酸离子的存在导致的。很多实际除氟设施都利用 pH 计对 Ca^{2+} 投加量进行控制，这时溶液的 pH 值一般都控制在 10.5 甚至 11 以上。这时如果废水中氟硅酸比例较高，就很难取得良好的除氟效果。此外，图 7-10(a) 还表明，熟化对于氟硅酸钠溶液的除氟有明显的效果，这也进一步说明氟硅酸离子的解离是一个慢过程（水中 H_2SiF_6 的电离常数：$K_1 = 1.349$，$K_2 = 0.012 \pm 0.002$）[6]。

3. 磷酸对除氟效果的影响

磷酸对于除氟效果的影响过去涉及较少。与 F^- 一样，PO_4^{3-} 也可以与 Ca^{2+} 形成磷酸钙 $[Ca_3(PO_4)_2]$ 沉淀物。因此，可以想象，当水中 F^- 与 PO_4^{3-} 共存时，两者会存在对 Ca^{2+} 的竞争。但是，如图 7-11(a) 所示，PO_4^{3-} 不仅可以与 F^- 竞争 Ca^{2+}，还会显著抑制 F^- 的去除[4]，图中，原水 F^- 浓度 200mg/L，pH 值为 9～10，反应时间为 2h。有可能快速形成的 $Ca_3(PO_4)_2$ 沉淀覆盖在部分 CaF_2 沉淀物的表面，阻止了在 CaF_2 沉淀物表面发生新的 CaF_2 沉淀。

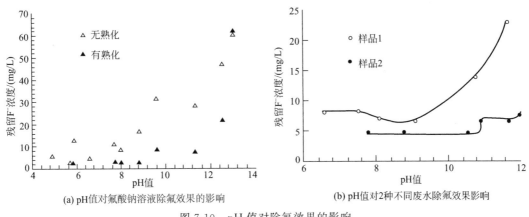

图 7-10 pH 值对除氟效果的影响

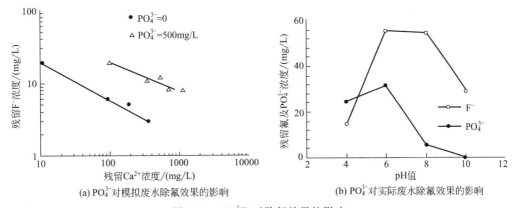

图 7-11 PO_4^{3-} 对除氟效果的影响

那么，如何消除 $Ca_3(PO_4)_2$ 沉淀对 CaF_2 沉淀的抑制作用呢？我们知道 $Ca_3(PO_4)_2$ 的溶解度受 pH 值影响较大，而 CaF_2 的溶解度则在 pH=3 以上时几乎不受 pH 值影响。因此，推测在酸性 pH 值条件下进行废水处理可以消除 PO_4^{3-} 的影响。图 7-11(b) 显示的是不同 pH 值条件下用氯化钙处理实际含氟废水的效果，其中，原水 F^- 浓度为 78.6mg/L，PO_4^{3-} 浓度为 35.8mg/L，Ca^{2+} 投加量为 800mg/L，反应时间为 0.5h[4]。可以看出，在 pH 值为 4 时，废水的除氟效果最好，此时，废水中还残留有大量的 PO_4^{3-}。此外，pH 值为 10 的条件下的除氟效果也优于 pH 为中性条件，但没有 pH 值为 4 的条件好。此时可能产生了更难溶于水的氟磷灰石 $[Ca_5(PO_4)_3F]$[7]，或形成了羟基磷灰石 $[Ca_5(PO_4)_3OH]$，其对 F^- 有一定的吸附作用[8,9]。

三、新技术的发展及应用

如上所述，传统的 CaF_2 沉淀法原理虽然简单，在实际应用中却存在很多问题。围绕这些问题，国际上开展了大量研究，也产生了一系列的成果。本部分将介绍 3 项在日本得到实际应用的技术。

1. 原水分注法

前面已经谈到，晶种的形成对于 CaF_2 沉淀法除氟至关重要。为此，有人提出了向废水中投加 CaF$_2$ 晶种以促进 CaF$_2$ 沉淀过程的方法[5]。但这种向废水中投加 CaF$_2$ 晶种的方法不仅会大幅增加废水处理成本，而且还会产生更多的污泥。为此，笔者提出了一种不依赖于外源晶种的方法——原水分注法[4]。该方法的核心是，把沉淀反应系统分为两个部分，即晶种生成池和晶体生长池，把少量废水（总量的 10%～30%）和全部的钙源投到晶种生成池，在高浓度 Ca^{2+} 的作用下，晶种生成池内很快形成晶种，含有晶种和大量 Ca^{2+} 的混合液进入晶体生成池内与剩余废水混合，巧妙地利用废水内生的晶种进行含氟废水的有效处理。

表 7-5 是对原水浓度为 50mg/L 左右的模拟废水处理的结果。可以看出，对于这样的废水，150mg/L 的 Ca^{2+} 剂量基本上无法产生 CaF$_2$ 沉淀，只有当 Ca^{2+} 剂量增加到 350mg/L 以上时，才能取得较为稳定的除氟效果。而当采用原水分注法后，在 Ca^{2+} 剂量仅为 100mg/L 时就取得了一定的除氟效果，当在 Ca^{2+} 剂量仅为 200mg/L 时，除氟效果已经与不采用原水分注法 350mg/L Ca^{2+} 剂量相当，但是 10%、20% 两个接种比对处理效果影响不大。上述结果充分说明原水分注法具有很好的促进 CaF$_2$ 沉淀的效果，可有效节省 Ca^{2+} 使用量。图 7-12 验证了原水分注法对实际含氟废水的处理效果，图中原水氟离子浓度为 91.0mg/L，磷酸根浓度为 270mg/L；反应 pH 值为 3.6～4.3；接种比为 0；晶种生成时间为 18h；晶体生长时间为 1h。由于废水中含有高达 270mg/L 的 PO$_4^{3-}$，所以，选择 pH＝4 为反应条件。可以看出，即使对于高含磷实际废水，原水分注法也有很好的效果。但是，由于磷酸盐的抑制作用，晶种形成时间要长一些，实验中采用了过夜，但实际上不需要那么长的时间。

总而言之，原水分注法对于稳定除氟效果、节省 Ca^{2+} 投加量具有很好的效果，从 20 世纪 90 年代开始，在由日本奥加诺公司设计的多项半导体晶片生产厂废水处理工程中得到应用，取得良好效果。

表 7-5　原水分注法对模拟废水的除氟效果

接种比/%	Ca^{2+} 剂量/(mg/L)	pH 值	残留 F$^-$/(mg/L)
0	150	7.2	54.0
0	350	7.2	11.0
10	100	7.4	18.7
20	100	7.4	19.4
10	200	7.0	10.4
20	200	6.9	10.4

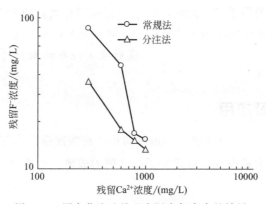

图 7-12　原水分注法处理实际含氟废水的效果

2. 基于结晶法的 CaF₂ 资源回收

工业上的氢酸都是通过利用天然高纯萤石矿制备而成的。电子行业含氟废水成分比较单一，处理过程中会产生大量以 CaF_2 为主的沉淀物，但由于使用了硫酸铝混凝剂，这些沉淀物无法作为氢酸制备的原料。因此，日本奥加诺公司开发出一种基于 CaF_2 结晶法的氟回收技术。该技术主要是在流化床中投加 $100 \sim 300m$ 大小的 CaF_2 晶种，使 CaF_2 结晶反应在晶种表面反应，当晶体长到 1mm 大小时从塔的底部排出。该技术的关键是防止在晶体表面以外的区域发生 CaF_2 沉淀反应产生细小颗粒。在前面已经谈到，在 F^- 浓度较低时不容易产生 CaF_2 沉淀。因此，要想避免在流化床中产生 CaF_2 细微颗粒，必须降低进水 F^- 含量，这可以通过出水回流的方式达到目的。

值得指出的是，含氟废水含有的 PO_4^{3-} 也会与 Ca^{2+} 反应生成磷酸钙沉淀，从而影响 CaF_2 晶体的纯度。为了控制 CaF_2 晶体的纯度，必须将反应 pH 值进行合理的控制，以避免生成磷酸钙沉淀。

图 7-13 和图 7-14 是 CaF_2 结晶装置的示意。晶种接入塔内后，一边通水一边加入 Ca^{2+} 就可以进行 F^- 的去除。随着反应的进行，晶体不断增大，反应器内的晶体界面也不断抬升，因此需要适时从反应器内排出部分长大的晶体。排出的晶体直接排到集装箱袋中储存，一同排出的水会自然沥出，最终晶体的含水量只有 $5\% \sim 10\%$（图 7-15）。作为一种结晶流化床反应器，关键是要在反应器内形成良好的搅拌混合，防止在塔内形成滞留区，从而导致晶体颗粒之间的结合甚至在塔内发生结垢。良好的混合需要对底部进水口、钙源投加口以及循环水入口等进行精心设计，使得底部水流均匀分散。

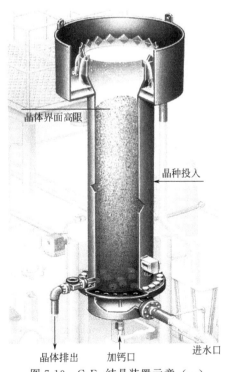

图 7-13　CaF_2 结晶装置示意（一）

表 7-6 是日本奥加诺公司做的一些含氟废水处理工程，单台装置处理容量为 $40 \sim 640m^3/d$，直径最大可以做到 1.4m。图 7-14 是奥加诺公司在日本实际做的一个水处理工程，该装置直径为

1m，塔高为 3.3m。废水中同时含有 F^-（1000mg/L）、PO_4^{3-}（400mg/L）和 SO_4^{2-}（2500mg/L），通过控制反应 pH 值，可以使得出水中 F^- 含量始终低于 20mg/L。获得的晶体 CaF_2 含量高达 90%，主要杂质包括磷酸钙（2.95%）、硫酸钙（4.63%）、碳酸钙（1.37%）和二氧化硅（0.63%）。可见，即使废水中存在高浓度 PO_4^{2-} 和 SO_4^{2-}，也可以通过反应条件控制得到纯度为 90% 的 CaF_2 晶体。通常高纯度萤石 CaF_2 含量大于 97%，但对于用于高纯氟酸生产的原料，需要 CaF_2 含量高于 85%（表 7-5）。因此，结晶法可以实现对氟离子的稳定去除，同时，获得的 CaF_2 晶体可以用于高纯氟酸的生产。

(a)　　　　　　　　　(b)

图 7-14　CaF_2 结晶装置示意（二）

（规模 48m³/d；F^- 1000mg/L，PO_4^{3-} 400mg/L，SO_4^{2-} 2500mg/L）

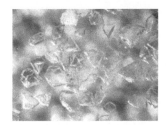  

(a) 晶种照片(100～200μm)　　(b) 成长后的晶体照片　　(c) 自然干燥的晶体
　　　　　　　　　　　　　　　(500～1000μm)

图 7-15　不同条件下的晶体

表 7-6　日本奥加诺公司的含氟废水处理工程

最终用户	交付时间	处理容量™
消费者	2001 年	44m³/d,ϕ1000
消费者	2001 年	40m³/d,ϕ600
消费者	2003 年	640m³/d,ϕ1200
消费者	2004 年	120m³/d,ϕ1400

四、总结

① 磷酸、氟硅酸等离子的存在会显著影响投加 Ca^{2+} 去除 F^- 的效率，降低反应 pH 值可以改善氟的去除效率。

② 将原水分成两股的分注法可以在不增加 Ca^{2+} 投加量的情况下改善低浓度含氟废水。

③ 结晶法除氟不仅可以达到稳定除氟的效果，还可以获得纯度较高的萤石，实现 F^- 的资源化。但该方法容易产生氟化钙的结垢堵塞，对于系统的设计和运行操作有较高要求。

第三节　合成氨冷凝液资源化处理工程

一、问题的提出

宁夏某化肥生产企业在合成氨生产过程中产生了约 40t/h 的变换冷凝液，扩能以后增加到 80t/h。该冷凝液含氨 500～1000mg/L，COD_{Cr} 值为 2000～3000mg/L（其组分多为甲醇），经过一个高度为 20m 的汽提塔，通过压力为 0.4MPa、温度约为 2500℃水蒸气的汽提作用（塔顶出汽温度约为 1300℃），大部分氨氮和有机物得以回收，然后通过热交换器回收热量。汽提后的出水电导率非常低（10～30μS/cm），但含有一定量的甲醇等有机物，过去都是直接排入污水管，不仅浪费了宝贵的优质水资源，而且增加了工厂废水处理的成本。

根据冷凝液汽提出水的水质特点，在去除甲醇等有机物后，可以作为工艺纯水的原水进行回收利用，从而大幅降低纯水制备成本。甲醇可生化性好，因此生物处理是首选。对于有机物单一、浓度较低的工艺冷凝液，如果采用常规的悬浮生长式生物处理技术，系统的生物量很难维持。因此本项目决定采用生物接触氧化方式，并通过前期实验研究确定采用陶粒作为生物填料。结果表明，生化出水采用微絮凝-过滤技术进一步处理后，出水水质满足离子交换脱盐工艺的要求。工程实施效果表明，利用"生物膜-微絮凝-过滤"组合工艺处理回收冷凝液，不仅节约了大量新鲜补充水，还大幅降低了工艺纯水的生产成本，取得了良好的经济效益和社会效益。

二、工艺流程和技术说明

（一）工程概况

1. 基本信息

某化肥企业坐落在宁夏回族自治区首府银川市西夏工业区，始建于 1985 年，目前该企业拥有两套大型化肥生产装置和一套复合肥生产装置，可年产尿素 1.3×10^6t，复合肥 4.0×10^5t。

2. 水质水量

该化肥生产企业合成冷凝液约 80m³/h，经过汽提后出水的 COD_{Cr} 含量在 20～70mg/L，电导率在 30μS/cm 以下。该股水中除了少量甲醇几乎没有其他杂质，主要问题可能是因为原水过于干净，缺乏生物生长的营养盐及微量元素。该股水水质及处理目标如表 7-7 所列。

表 7-7　汽提后水质及处理目标

指标	pH 值	电导率/(μS/cm)	NH₃-N/(mg/L)	甲醇/(mg/L)
原水水质	8.8～9.9	12～25	0.5～3.0	20～70
处理目标	6～9	—	<0.5	<1

（二）实验研究[10,11]

1. 小试研究

根据来水中污染物甲醇具有可生化性且含量低的特点，选用生物膜法处理该股废水。首先从经久耐用的角度挑选了陶粒和无纺布两种填料进行性能对比，以最终确定一种合适的生物填料用来处理这种含甲醇的工艺冷凝液。

（1）陶粒和无纺布的性能比较　将经过甲醇驯化后的菌种分别接种于生物陶粒柱和无纺布

柱进行连续处理试验。其中生物处理柱内径为 5cm，总高度为 1.32m；陶粒柱的填料高度为 80cm，陶粒（来源于山东淄博某陶粒生产厂）粒径范围为 2～4mm，平均密度约为 1.2g/cm³，装填密度为 0.7～0.9g/cm³；无纺布（来源于北京某无纺布厂）的填料高度为 95cm，厚度为 0.5cm，宽度为 1.5cm，共 4 片，以垂直的方式固定于柱内。生物陶粒柱在试验过程中水力停留时间变化为：5.4h（第 1 天～第 2 天）；4.7h（第 3 天～第 6 天）；1.5h（第 7 天～第 20 天）；2.4h（第 21 天～第 25 天）；生物无纺布柱试验过程中水力停留时间变化为：5.3h（第 1 天～第 5 天）；4h（第 6 天）；2h（第 7 天～第 8 天）；1.5h（第 9 天～第 18 天）；3.3h（第 19 天～第 25 天）。试验过程中每天自两柱内取泥水混合样，经 0.45μm 的膜过滤后，分析两柱出水中甲醇浓度。实验过程中用水采用自来水配制，试验开始时进水甲醇含量为 37.7mg/L，第 14d 以后进水甲醇浓度升高到 58～62mg/L。实验结果如图 7-16 和图 7-17 所示。

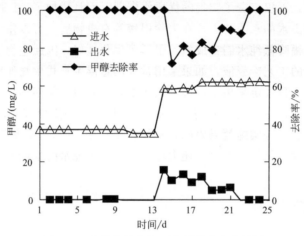

图 7-16　生物陶粒柱处理含甲醇废水的效果

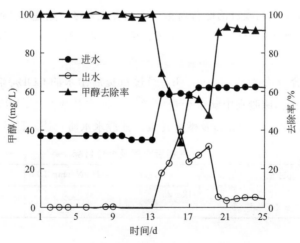

图 7-17　生物无纺布处理含甲醇废水的效果

从图 7-16 可见，生物陶粒柱对配水中的甲醇含量有较好的去除效果，运行至第 13 天，在改变负荷前其出水中甲醇含量均为未检出；当增加进水甲醇浓度后，该柱对甲醇的去除率降为 70%，而延长水力停留时间至 2.4h 后，去除率又回升至 100%。从图 7-17 可见，在进水浓度相对较低的条件下，生物无纺布柱对水中的甲醇含量有较好的去除效果，其去除率达到 100%。但是当运行至第 13d，负荷升高后，其出水甲醇浓度明显上升，虽然适当延长水力停留时间，其去除率有所上升，但经过一定时间的稳定后也难达到理想的去除效果。以上结果表明生物无纺布柱对甲醇含量相对较低的水有较好的去除率，其耐冲击负荷的能力相对陶粒柱来说较弱。由此后续中试实验中选择陶粒作为生物接触氧化单元的填料。

（2）最佳无机营养盐配比的确定　该工艺冷凝液经过处理后作为纯水回用，为了减少后续去离子处理系统的处理负荷，要求在水处理过程中尽量少地增加电导率。因此，如何在保持生物处理系统内生物活性的前提下减少营养盐投加量也是本研究的一项重要内容。表 7-8 列出了所投加的无机营养盐种类及浓度，将其记作 N_0，然后在蒸馏水配进水甲醇浓度为 32mg/L，水力停留时间为 1.12h 条件下，分别投加不同剂量的无机营养盐（N_0、$2/3\ N_0$、$1/2\ N_0$、$1/3\ N_0$、$1/4\ N_0$），以考察生物陶粒柱处理效果，每种剂量陶粒柱稳定运行 5～7d，并对不同剂量条件下微生物活性通过测定脱氢酶 DHA 来加以表征。

表 7-8　所投加无机营养盐种类及浓度（处理 1mg/L TOC 的有机物所需无机盐浓度）

营养盐	浓度/(mg/L)	营养盐	浓度/(mg/L)
NH_4Cl	0.767	$CaCl_2 \cdot 2H_2O$	0.001
KH_2PO_4	0.305	$NaCl$	0.001
$MgSO_4 \cdot 7H_2O$	0.07	$MnSO_4 \cdot 4H_2O$	0.001
$FeSO_4 \cdot 7H_2O$	0.001	$ZnSO_4 \cdot 7H_2O$	0.001
$CuSO_4 \cdot 5H_2O$	0.001	$Al_2(SO_4)_3 \cdot 14H_2O$	0.001

图 7-18 显示当无机营养盐投加量由 N_0 降至 $1/3\ N_0$ 时，生物陶粒柱出水甲醇浓度一直在检出限以下，但是当投加量由 $1/3\ N_0$ 降至 $1/4\ N_0$ 时，在出水中就开始检测到了剩余甲醇。如果运行 5d 后，无机营养盐投加量再由 $1/4\ N_0$ 增加到 $1/3\ N_0$ 时，出水中剩余甲醇又很快消失。DHA/SS 在某种程度上反映了系统中微生物的活性，图 7-19 结果反映出当无机营养盐投加量由 N_0 降至 $1/3\ N_0$ 时 DHA/SS 值降低得很少，说明在此条件下，微生物的活性没有受到太大的影响；但是当其投加量由 $1/3\ N_0$ 降至 $1/4\ N_0$ 时，DHA/SS 显著降低，说明微生物菌种的活性受到了显著影响。由此确定生物陶粒柱中的微生物降解甲醇所需要的最低无机营养盐的量为 $1/3\ N_0$。

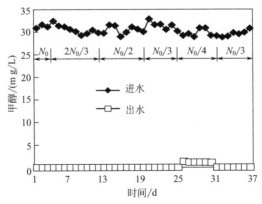

图 7-18　不同无机营养盐投加量条件下生物陶粒柱的运行效果

（3）生物陶粒柱处理实际冷凝液的运行效果　为了考察生物陶粒柱处理实际冷凝液的效果，将冷凝液稀释 3 倍后泵入生物陶粒柱进行处理，并按上述比例投加无机营养盐。进出水中甲醇浓度见图 7-20。可以看出，生物陶粒可以将冷凝液中的甲醇完全取出。

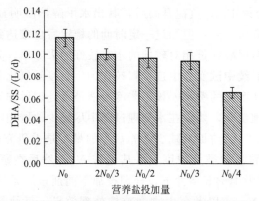

图 7-19   不同无机营养盐投加量条件下微生物活性的变化

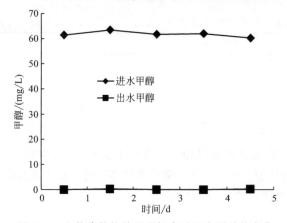

图 7-20   生物陶粒柱处理现场水过程中甲醇的变化

上述小试的实验结果表明，在投加一定的营养盐的条件下生物陶粒能有效去除冷凝液中的甲醇。因此，我们进一步在现场开展了中试水回收实验。

2. 含甲醇工业冷凝液回用处理现场中试研究

根据小试实验结果，现场中试考察了"生物接触氧化-微絮凝过滤"工艺的可行性，并确定了各处理单元的操作参数。

(1) 中试工艺与装置   具体工艺流程及装置如图 7-21、图 7-22 所示。

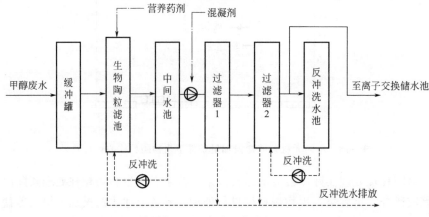

图 7-21   中试工艺流程

图 7-22　中试装置

该中试装置主要分为两个部分:一部分为生物接触氧化处理单元,主要采用生物陶粒滤池;另一部分为微絮凝过滤一体化处理单元。各处理单元的尺寸及有关运行参数如表 7-9、表 7-10 所列。

表 7-9　生物陶粒滤池设计参数

直径/mm	总高度/m	垫层高/m	填料高度/m	保护高度/m	设计处理量/(m³/h)
800	3.6	0.3	1.5	0.35	0.4

表 7-10　微絮凝过滤一体化处理装置设计参数

直径/mm	絮凝反应池高度/m	过滤罐高度/m	滤料装填高度/m	设计处理量/(m³/h)
800	1.2	1.4	0.65	15

合成车间产生的工艺冷凝液通过玻璃转子流量计计量后进入生物陶粒滤池,通过微生物的作用除去甲醇,然后投加微量混凝剂,并通过管道混合器的作用,与生物处理后出水充分混合后进入絮凝反应罐,其上清液进入过滤罐,经过滤后外排。

(2) 含甲醇工艺冷凝液的水质表征　某化工厂合成氨生产过程中约产生 40t/h 的工艺冷凝液,中试期间经汽提处理后的水质状况如表 7-11 所列。

表 7-11　冷凝液水质状况

指标	pH 值	氨氮/(mg/L)	浊度	甲醇/(mg/L)	电导率/(μS/cm)	水温/℃
数值	8.8~9.9	0.5~16.9	微量	3.0~283.9	13.8~131	35

注:表中,90% 概率的 pH 值在 9.5 以上;95% 概率的氨氮浓度在 1.0mg/L 左右;10% 概率的甲醇浓度在 100mg/L 以上,70% 概率的甲醇浓度在 50mg/L 左右,20% 概率的甲醇浓度在 20mg/L 以下;90% 概率的电导率在 20μS/cm 以下,经生物陶粒罐处理后水温为 30℃。

(3) 生物接触氧化处理连续试验　取该厂生化装置的活性污泥约 200L 接种到生物陶粒滤池,并加入一定量的甲醇和无机营养盐,预先空曝气 2d。然后连续通入含甲醇的工艺冷凝液,并逐渐增大流量,相应的停留时间分别由 4.5h、3.0h、2.15h 降低到 1.15h,曝气量为 12m³/h。通过检测进出口的甲醇浓度、电导率、pH 值、氨氮和浊度等指标的变化,评价陶粒滤池的运行效果。结果见图 7-23、图 7-24。

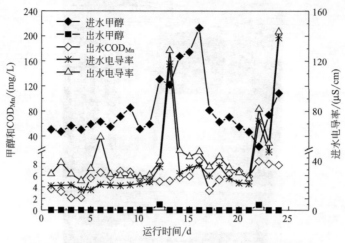

图 7-23　生物陶粒滤池内甲醇、电导率和 COD_{Mn} 的变化

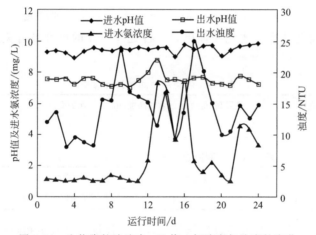

图 7-24　生物陶粒滤池内 pH 值、氨浓度与浊度的变化

　　从图 7-23、图 7-24 结果可以看出：原水 pH 值较高，约在 9.5 以上，但经过生物陶粒滤池后出水 pH 值约为 7.5。原水甲醇浓度变化较大（23.5～213mg/L），大部分时间原水甲醇浓度约为 50mg/L，但出水甲醇浓度基本上未检出，说明该系统对甲醇有稳定的去除效果。出水 COD_{Mn} 值在 5.8mg/L 以下，主要由微生物的代谢物所贡献；原水电导率一般在 20μS/cm 以下，出水电导率略有升高，约为 30μS/cm；出水浊度在 15NTU 左右。

　　总之，从生物陶粒滤池的稳定运行效果可以得出，该工艺对含甲醇而又缺乏无机营养盐的工艺冷凝液有较好的去除效果，所选工艺完全可行，可以将该冷凝液处理后达到回用的目的。

　　（4）生物陶粒罐反冲洗周期确定　采用 NaCl 示踪法确定生物陶粒罐的反冲洗周期，实验结果发现，反冲洗结束时，陶粒柱有效停留时间为 58min，随着运行时间的延长，停留时间逐渐降低，到第 13 天时，其有效停留时间突然从第 12 天的 35min 降低至 22min，这时，生物陶粒罐出水开始检测出甲醇，说明来水在该罐的停留时间不足以使所有甲醇降解完。所以，生物陶粒罐的反冲洗周期为 13d。

通过试验确定反冲洗方式为：首先切断来水，通过排污阀排放一部分罐内水，加大曝气量至 32m³/h，曝气 5min；然后关掉气源，打开反冲洗进水阀，使进水流量达到 36m³/h，进行水洗，时间为 7min。

（5）微絮凝-过滤连续实验　为了对生物陶粒滤池出水进行固液分离，进一步除去出水中的有机物，采取了微絮凝过滤工艺进行了试验，试验过程中主要对絮凝剂的投加量、过滤罐的反冲洗周期等进行了研究。

① 微絮凝-过滤处理效果及最佳絮凝剂投药浓度的确定。分别选择了投加浓度为 1.5mg/L、2.5mg/L、5.0mg/L、6.25mg/L、7.5mg/L、10mg/L 的絮凝剂进行了连续运行试验，每个浓度连续运行 2d，通过对 2d 数据取平均值分析 COD_{Mn} 的去除率、出水浊度的变化，以及电导率增加量来考察微絮凝过滤的效果及确定最佳混凝剂的投加量，试验结果见图 7-25。图 7-25 显示随着混凝剂浓度的增加，出水 COD_{Mn} 去除率逐渐增加，浊度缓慢降低，电导率逐渐增加。当混凝剂浓度增加到 5mg/L 后，COD_{Mn} 去除率稳定在 11.3% 左右，出水浊度降至 1.8NTU，出水电导率约增加了 14μS/cm。从以上结果分析可以得出，微絮凝过滤工艺中混凝剂的最佳投加量为 5mg/L。

② 过滤罐反冲洗周期的确定。为了确定过滤罐的反冲洗周期，针对不同浓度的混凝剂的投药量考察过滤罐的冒罐时间，结果见图 7-26。从图 7-26 结果可以看出，随着混凝剂加药量的增加，过滤罐冒罐时间逐渐缩短，也就说明反冲洗周期逐渐缩短。从上面确定的最佳混凝剂的投加量，确定过滤罐的反冲洗周期为 8h。此外，试验确定了过滤罐的反冲洗水量和时间分别为 30m³/h 和 7min。

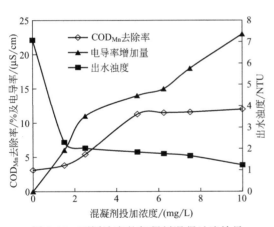

图 7-25　不同浓度的絮凝剂混凝过滤效果

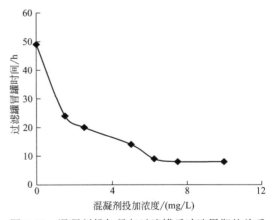

图 7-26　混凝剂投加量与过滤罐反冲洗周期的关系

（6）中试结论

① 中试验证了"生物陶粒-微絮凝-过滤"工艺处理回用含甲醇冷凝液的可行性。结果表明生物陶粒罐对冷凝液中的甲醇有很好的去除效果；微絮凝-过滤保障了出水水质满足离子交换脱盐工艺进水要求。

② 中试确定了工艺的最优运行参数：生物陶粒罐的水力停留时间为 1.15h；微絮凝-过滤处理工艺中，最佳混凝剂投药量为 5mg/L，过滤罐的反冲洗周期为 8h，过滤罐的反冲洗方式为：反冲洗水量为 30m³/h，反冲洗时间为 7min。生物陶粒罐的水力停留时间为 1.15h，当来水甲醇浓度小于 20mg/L 时其停留时间可降低至 0.5h。

（三）工艺流程

1. 工艺确定

依据含甲醇冷凝液中试实验结果，工程采用"生物陶粒-微絮凝-过滤"处理工艺。针对来水水质变化大的问题，通过设置缓冲罐调节均化水质，污水中主要污染物甲醇采用生物陶粒滤池工艺去除，营养盐通过管道投加与进水充分混合，滤池的供氧由工厂风机提供；滤池出水接中间水池，为生物陶粒提供反冲洗的用水，气洗由罗茨风机供气；为进一步净化生化出水，满足离子交换树脂进水要求，采用微絮凝-过滤深度处理工艺，通过 PAC 混凝、砂滤与活性炭过滤器过滤，去除生化出水颗粒物及残留有机物。

2. 工艺流程

工艺流程如图 7-27 所示。车间甲醇废水经改造后的缓冲罐与营养药剂管道混合自流进入生物陶粒滤池，通过微生物作用降解废水中有机物，生物陶粒滤池出水自流至中间水池，并通过提升泵提升与絮凝剂管道混合后至石英砂过滤器和活性炭过滤器过滤，过滤出水自流至离子交换系统储水池，用于纯水生产；过滤出水一部分进入反冲洗水槽，用于石英砂过滤器和活性炭过滤器反冲洗。

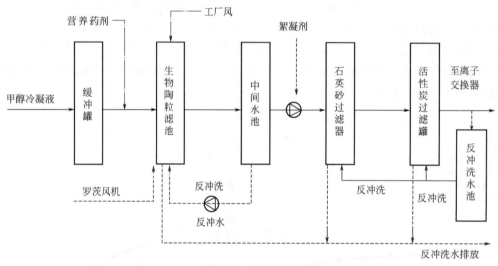

图 7-27　工艺流程

3. 技术与工艺说明

工程主要构筑物与设备见表 7-12 与表 7-13。

表 7-12　工程主要构（建）筑物一览表

序号	名　称	尺寸参数	结构形式	数量	备注
1	生物陶粒滤池	3m×3m×5m	钢筋混凝土	16 座	填料的有效高度:1.5m,填料粒径 3~5mm;气水比 20:1
2	中间水池	6m×10m×5m	钢筋混凝土	2 座	反洗时间按 7min 设计,反洗周期为 2 周左右
3	过滤池	JY3-10 2.91m×0.86m×1.36m	钢筋混凝土	10 座	工作压力 0.35~0.4MPa 过滤精度 50μm 过滤单元 10 个
4	反冲洗滤池	4.0m×4.0m×3.5m	钢筋混凝土	1 座	反洗时间按 7min 设计

表 7-13　主要设备一览表

名　　称		规格、型号	单位	数量	备注
进水缓冲系统	缓冲罐	原有（利旧）	套	1	
	空气稳压罐	$\phi 400 \times 1000$			
	电导仪	美国 Sigenet			
	远传压力仪表				
	远传温度计	美国 Sigenet			
	液位计	美国 Flowline			
	pH 计	美国 Sigenet			
营养剂加药系统	计量泵	意大利计量泵	套	1	
	药剂桶	PE，$\phi 600 \times 800$			
陶粒生物系统（内核）		处理能力 10.0t/h	套	8	
	罗茨风机	3L41WD			
		流量 $Q = 15.85 m^3/min$	台	1	
		升压 6000mmH$_2$O			
		功率 18.5kW			
	计量仪表	气体流量计、水流量计（美国 Sigenet）			
陶粒反冲洗泵系统		反冲能力 600t/h	套	1	
	反冲洗泵	"格兰福"水泵，型号：NK200-400			
		流量：600m^3/h	台	1	
		扬程：20m			
		功率：55kW			
	反洗鼓风机	南通恒荣	台	1	
全自动盘式过滤器系统		处理能力 80t/h	套	3	
	全自动盘式过滤器	JY3-10，N=30kW			
		"格兰福"水泵 型号：NK40-400			2 用 1 备
	加压过滤泵	流量：50m^3/h	台	3	
		扬程：50m			
		功率：15kW			
	液位计	美国 Flowline			
	电导仪	美国 Sigenet			
	活性炭过滤罐	原有利旧			
	自控电气系统	采用"西门子"元器件 "NMS"系统电器柜			

技术说明如下。

（1）生物陶粒滤池　生物陶粒滤池主要通过微生物新陈代谢作用降解废水中的有机物，采用穿孔曝气管曝气，水池结构为钢筋混凝土地上结构，分 8 组运行，每组 2 格池。

（2）中间水池　中间水池主要收集生物陶粒滤池出水，兼作生物陶粒滤池反冲洗储水池。水池结构为钢筋混凝土地上结构，反洗时间按 7min 设计，反洗周期为 2 周左右。为防止反应器中陶粒的板结，增设鼓风机对陶粒进行鼓气冲洗。

（3）过滤系统　过滤系统由砂滤罐与活性炭罐组成，主要作用是过滤去除微絮凝产生的絮体，其中石英砂过滤器 3 台，尺寸 $\phi 1600 \times 2900$，滤层高度 1.5m，过滤精度在 0.005～0.01m，2 用 1 备；活性炭过滤为该企业原有设备，重新利用，共 2 台，尺寸 $\phi 2500 \times 3600$，1 用 1 备。

（4）过滤器反冲洗水池　主要功能是收集最终出水用于砂滤罐与活性炭罐反冲洗，池结构为钢筋混凝土地上结构，反冲洗周期 12h，配反冲洗水泵 2 台，1 用 1 备。

（5）操作泵房　新建操作泵房建筑面积为 90m²，主要存放泵、加药系统、风机与自控设备。

三、实施效果和推广应用

1. 运行处理效果与机制分析

某化工厂含甲醇工艺冷凝液回用处理工程于 2003 年 5 月设计完毕，6 月正式动工，9 月主体建筑完工，10～11 月调试成功并投入试运行。调试阶段分为以下几个。

（1）污泥投加阶段（9 月 23～24 日）　9 月 23 日取废水生物处理工艺池活性污泥共 1.2t，分别投加至 1 号、2 号、5 号、6 号 4 个生物陶粒滤池，每池污泥投加量大约为 300L（活性污泥浓度 3000mg/L），闷曝 2d。

（2）提升生物陶粒滤池负荷阶段（9 月 25 日～10 月 5 日）　9 月 25 日起，缓慢提升生物滤池负荷。在 10d 的提升期，最终将 1 号生物滤池的进水流量提升至 8t/h，2 号生物滤池为 8t/h，5 号生物滤池为 8t/h，6 号生物滤池为 10t/h。

（3）观察及反冲洗阶段（10 月 6～9 日）　在上一阶段的培养中，各生物滤池均无甲醇检出。10 月 6 日、7 日，各池均检出甲醇并有持续升高的趋势。对照中试报告，已经培养 12～13d，判断此时应进行反冲洗。10 月 8 日下午依次对 2 号滤池、6 号滤池、1 号滤池进行反冲洗，10 月 9 日下午对 5 号滤池进行反冲洗。其中，2 号、1 号、6 号滤池，通过底部排泥口排水，将液面降至陶粒滤层上方 10～15cm 处，曝气 5min，2 号滤池反洗 5min（进水流量依据中试报告为 10t/min），1 号、6 号滤池根据现场状况，反洗时间延长为 7min（反洗流量为 8～9t/min）。5 号滤池无排水过程，曝气及反洗时间同上，但反洗流量为 2～3t/min。

（4）恶化及观察调整阶段（10 月 9～15 日）　从图 7-28 可见，在调试的初期阶段，进口甲醇的浓度比较稳定，大致在 50mg/L，根据投加污泥的浓度计算，此时污泥负荷为 8.6kgCH₃OH/(kgMLSS·d)。运行至第 7 天时，各生物滤池出口均有甲醇检出，并呈上升趋势。此时的污泥生长时间为 13～15d，根据中试报告与现场数据判断，工艺进入反冲洗阶段。反冲洗后，各生物滤池的出口甲醇浓度呈现反复趋势，也严重影响最终出水水质（见

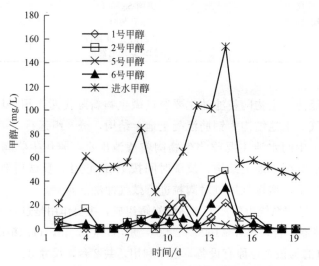

图 7-28　生物滤池对甲醇的去除效果

图 7-28），推测造成此现象的原因可能有以下几种。

①　生物滤池反冲洗强度过大造成污泥过量流失，导致处理效率下降。比较 5 号滤池与其他滤池运行方式与处理效果发现，5 号滤池由于反冲洗强度较小，其反冲洗后甲醇出口浓度基本稳定在 5mg/L 以下，运行 15d 后出口甲醇未检出，而其他滤池出口甲醇浓度则处于较高水平。

②　原水甲醇浓度增加导致处理效率下降。在污泥生长初期，来水甲醇浓度应稳定在 40～50mg/L（依据中试报告数据）。但在第 13 天经过反洗阶段以后，原水甲醇浓度基本上保持在 100mg/L 以上，计算其对应的污泥负荷为 $20kgCH_3OH/(kgMLSS \cdot d)$。当原水甲醇浓度恢复为 50mg/L 左右的水平时，工况较好的 5 号、6 号滤池均无甲醇检出，而相对较差的 2 号、1 号滤池的出口甲醇浓度也大大降低，运行 17d 后甲醇几乎得到完全去除。

图 7-29、图 7-30 显示整个工艺对 COD 的去除情况。其中生物滤池段对 COD_{Mn} 的去除状况良好，出水 COD_{Mn} 值基本上稳定在 5mg/L 以下，对微絮凝-过滤工艺而言，当混凝剂投加量为 5mg/L 时，有机物得到进一步去除，出水 COD_{Mn} 降至 $(2.56 \pm 0.47)mg/L$。

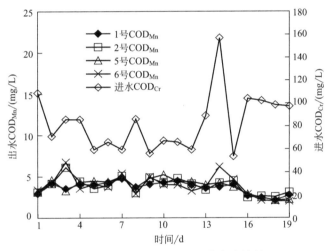

图 7-29　生物滤池对 COD 的去除效果

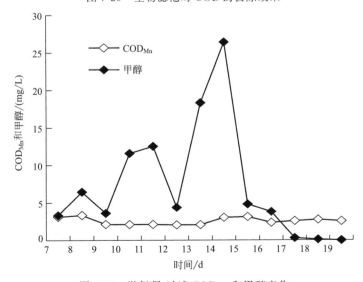

图 7-30　微絮凝-过滤 COD_{Mn} 和甲醇变化

工艺进出水的电导率与浊度变化如图 7-31～图 7-33 所示，结果显示由于营养盐与絮凝剂的投加，虽然最终微絮凝-过滤处理后的出水电导率平均升至 $(73.8 \pm 2.4) \mu S/cm$，但浊度得到了良好的去除，生物滤池出水的浊度在 5～20NTU 之间，微絮凝-过滤处理后的出水浊度降至 $(1.42 \pm 0.38)NTU$。

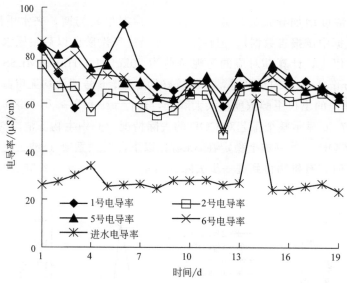

图 7-31　进出水电导率的变化

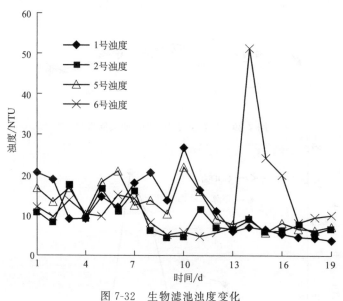

图 7-32　生物滤池浊度变化

综合上述现场运行结果，整个工艺稳定运行出水甲醇几乎得到完全去除，COD_{Mn} $(2.56 \pm 0.47)mg/L$，浊度 $(1.42 \pm 0.38)NTU$，电导率 $(73.8 \pm 2.4) \mu S/cm$，NH_3-N 含量 0.5mg/L 以下，基本满足离子交换树脂进水水质要求。

2. 经济技术分析

本项目的主要经济技术指标如表 7-14 所列。

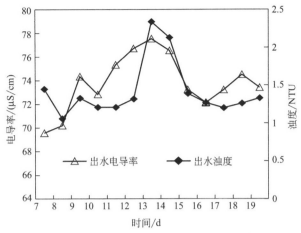

图 7-33 微絮凝-过滤电导率与浊度变化

表 7-14 主要经济技术指标

序号	项目名称	单位与数量	备注
1	工程总投资	357.12 万元	
2	处理水量	600 立方米/天	
3	占地面积	500 立方米	
4	人数	7 人	
	药剂消耗		
5	PAC	3.5 吨/年	价格 1400 元/吨
	营养盐	11.3 吨/年	价格 4000 元/吨
6	药剂费	14.8 万元/年	
7	人工费	25 万元/年	
8	电费	89.4 万元/年	
9	维护费	3 万元/年	
	合计	132.2 万元/年	

四、总结

① 针对合成氨装置排放的含甲醇工艺冷凝液，采用陶粒生物滤池有效去除废水中主要污染物甲醇，无机营养盐的投加促进了滤池中微生物活性的提高，保障了甲醇的生物降解；深度处理微絮凝-过滤工艺进一步净化水质，保障了生化出水水质满足脱盐回用工艺的要求。

② 生化出水采用微絮凝过滤工艺进行深度处理，但会增加电导率，反冲洗周期较短，可以考虑选择其他处理技术。

参 考 文 献

[1] 杜星.聚乙二醇废水处理厂的设计 [D].青岛：中国海洋大学，2013.

[2] 宋玉琼，高迎新，李跃辉，等.厌氧-接触氧化工艺处理光伏线切废水工程设计与运行 [J].给水排水，（1）：72-75，2016.

[3] Ohmi T. Process Innovation established on Fluorine Chemistry [M]. Realize Inc.，Tokyo，1995.

[4] Yang M，Zhang Y，Shao B，et al. Precipitative removal of fluoride from electronics wastewater [J]. Journal of Environmental Engineering，127（10）：902-907，2001.

[5] Parthasarathy N，Buffle J，Haerdi W. Combined use of calcium salts and polymeric aluminium hydroxide for defluori-

dation of waste waters [J]. Water Research, 20 (4)：443-448, 1986.

[6]　王俊中，魏昶，姜琪. 氟硅酸性质 [J]. 昆明理工大学学报（自然科学版），26 (3)：93-96, 2001.

[7]　Eto Y, Takadoi T. Advanced treatment method of F⁻ bearing wastewater [J]. J. Water Waste, 20 (6)：667-674, 1978.

[8]　郑昌琼，冉均国，尹光福，等. 湿法制备羟基磷灰石生物活性陶瓷粉末的热力学分析 [J]. 成都科技大学学报，(5)：67-70, 1996.

[9]　彭继荣，李珍，刘明阳，等. 羟基磷灰石的湿法制备及其对 F⁻ 的吸附特性研究 [J]. 环境科学与技术，28 (4)：33-35, 2005.

[10]　汪严明. 高级氧化与生化组合技术在石油行业废水处理中的应用研究 [D]. 北京：中国科学院生态环境研究中心，2003.

[11]　Yanming Wang, Min Yang, Yu Zhang, Mengchun Gao. Biological removal of methanol from process condensate for the purpose of reclamation [J]. Chinese Journal of Environmental Sciences, 16 (3)：384-386, 2004.